通信线路工程施工与监理

（活页式）

主　编　田绍川　王江汉

副主编　王　磊　刘修军　古世元

主　审　鲁　军

西南交通大学出版社

·成　都·

图书在版编目（C I P）数据

通信线路工程施工与监理：活页式 / 田绍川，王江汉主编. —成都：西南交通大学出版社，2023.3
ISBN 978-7-5643-9208-6

Ⅰ. ①通… Ⅱ. ①田… ②王… Ⅲ. ①通信线路 - 工程施工 - 教材②通信线路 - 施工监理 - 教材 Ⅳ. ①TN913.3

中国国家版本馆 CIP 数据核字（2023）第 047861 号

Tongxin Xianlu Gongcheng Shigong yu Jianli（Huoyeshi）
通信线路工程施工与监理（活页式）

主　编 / 田绍川　王江汉

责任编辑 / 黄庆斌
特邀编辑 / 刘姗姗
封面设计 / 原谋书装

西南交通大学出版社出版发行
（四川省成都市金牛区二环路北一段 111 号西南交通大学创新大厦 21 楼　610031）
发行部电话：028-87600564　028-87600533
网址：http://www.xnjdcbs.com
印刷：四川玖艺呈现印刷有限公司

成品尺寸　185 mm × 260 mm
印张　22.75　　字数　583 千
版次　2023 年 3 月第 1 版　　印次　2023 年 3 月第 1 次

书号　ISBN 978-7-5643-9208-6
定价　75.00 元

课件咨询电话：028-81435775

前言
PREFACE

2022 年初，国家正式印发了《“十四五”数字经济发展规划》，明确了中国数字经济未来五年的发展方向，千兆光通信网络正与 5G、物联网、数据中心等新一代基础设施一起，成为支撑数字经济发展和推动社会数字化转型的战略基石，与之相关的通信线路工程建设力度也不断增大。为适应新形势与技术领域和职业岗位群任职需求，本书编写坚持行业指导、企业参与、校企合作的教材开发机制，遵循技能型人才成长规律，以适应经济发展方式、产业发展水平、岗位对技能型人才的要求，基于本教材第一版、第二版内容进行了合理修改，教材内容更加切实反映了职业岗位能力要求，对接企业用人需求，并以新型活页式教材形式呈现，能帮助学生更加高效地学习。

全书根据通信线路工程施工与监理过程分为五个模块：模块一为通信网基础，模块二为通信线缆基础，模块三为通信线缆常用技术，模块四为通信线路施工，模块五为通信工程监理基础。

全书知识内容部分重点讲解了电（光）缆的结构特点和传输原理，介绍了各类通信线路工程的结构特点及施工方法、通信建设工程监理的基本知识和施工过程监理方法。技能部分重点讲解了光纤接续、电缆接续及各种连接头的制作要求和方法。为了保证理论知识的指导性，本书在编写过程中采用理论知识和实训穿插描述的方式，增强了理论知识的指导作用，能培养学生的实操能力。另外，本书提供了丰富的配套在线视频教学资源及教案。

本书由重庆电讯职业学院田绍川、王江汉担任主编，重庆电讯职业学院王磊、刘修军和中国通信产业服务公司高级项目经理古世元担任副主编。全书由田绍川、王江汉统稿，鲁军主审。

本书在编写过程中参考了众多专家学者的研究成果，在此，向所有作者表示深深的谢意。

由于编者水平有限，书中不妥之处在所难免，诚望读者批评指正。

编 者

2023 年 2 月于重庆

数字资源索引

章节	序次	二维码名称	资源类型	页码
模块一	1	1.1 通信网简介	视频	1
	2	1.2 电话网简介	视频	5
	3	1.4 通信线路传输的特点	视频	19
	4	1.5 通信发展史	视频	24
模块二	5	2.1 光纤基础知识	视频	31
	6	2.2 光缆的基本结构与分类	视频	37
	7	2.2 光缆的型号	视频	37
	8	2.3 全塑电缆结构	视频	48
	9	2.3 全塑电缆色谱	视频	48
	10	2.3 全塑电缆习题	视频	48
	11	2.4 同轴电缆基础知识	视频	67
	12	2.5 双绞线基础知识	视频	83
模块三	13	3.1 光纤熔接	视频	88
	14	3.2 光纤快速连接器接头制作	视频	94
	15	3.4 馈线的接头制作	视频	116
	16	3.5 2M 线的接头制作	视频	122
	17	3.7 双绞线接头制作	视频	135
模块四	18	4.1 单盘检验与配盘	视频	145
	19	4.2 架设电缆吊线	视频	152
	20	4.2 架空电缆敷设	视频	152
	21	4.3 管道系统	视频	170
	22	4.3 管道电缆敷设	视频	170

	23	4.4 直埋线缆敷设	视频	204
	24	4.4 直埋通信线缆案例	视频	204
	25	4.5 水底线缆敷设	视频	210
	26	4.6 墙壁线缆敷设	视频	216
	27	4.7 综合布线	视频	223
	28	4.8 电缆敷设与 5G 网络工程建设	视频	228
	29	4.8 电缆敷设与 5G 网络工程建设案例	视频	228
模块五	30	5.1 通信管线工程建设基本程序	视频	234
	31	5.2 通信建设工程监理的概念	视频	238
	32	5.6 通信杆路监理案例	视频	281
	33	5.7 通信管道工程监理案例 1	视频	291
	34	5.7 通信管道工程监理案例 2	视频	291
	35	5.9 光缆敷设工程监理案例	视频	313

目录

CONTENTS

模块一　通信网基础……/ 001

任务一　通信网简介……/ 001

任务二　通信系统……/ 005

任务三　现代通信有线传输技术……/014

任务四　通信线路传输的特点……/ 019

任务五　通信发展史……/ 024

模块二　通信线缆基础……/ 031

任务一　光纤基础……/ 031

任务二　光缆基础……/ 037

任务三　全塑电缆基础……/ 048

任务四　同轴电缆基础……/ 067

任务五　双绞线基础……/ 083

模块三　通信线缆常用技术……/ 088

任务一　光纤接续……/ 088

任务二　光纤快速连接器接头制作……/ 094

任务三　全塑电缆的接续……/ 100

任务四　馈线的接头制作……/ 116

任务五　2M 线的接头制作……/ 122

任务六　其他常用同轴电缆制作……/ 127

任务七　双绞线接头制作……/ 135

模块四　通信线路施工……/ 145

任务一　单盘检验与配盘……/ 145

任务二　架空线缆敷设……/ 152

任务三　管道线缆敷设……/ 170

任务四　直理线缆敷设……………………………………………………………… / 204
任务五　水底线缆敷设……………………………………………………………… / 210
任务六　墙壁线缆敷设……………………………………………………………… / 216
任务七　楼内线缆敷设……………………………………………………………… / 223
任务八　其他常用线缆敷设方式…………………………………………………… / 228

模块五　通信工程监理基础……………………………………………………… / 234

任务一　通信管线工程建设的基本程序…………………………………………… / 234
任务二　通信建设工程监理的概念………………………………………………… / 238
任务三　通信建设工程监理的主要工作及流程…………………………………… / 247
任务四　安全生产和文明施工管理………………………………………………… / 267
任务五　施工阶段监理资料的管理………………………………………………… / 274
任务六　通信杆路工程监理………………………………………………………… / 281
任务七　通信管道工程监理………………………………………………………… / 291
任务八　市话电缆工程施工与监理………………………………………………… / 306
任务九　光缆敷设工程监理………………………………………………………… / 313
任务十　综合布线工程监理………………………………………………………… / 319
任务十一　光缆线路的维护及施工维护安全……………………………………… / 333

模块一　通信网基础

任务一　通信网简介

1.1　通信网简介

第一部分：课程导读

课次		课时	
课程地位	“通信网简介”课程内容作为《通信线路工程施工与监理》课程的开端，通过介绍通信网基础，让学生进入学习状态，从整体了解本门课程在通信系统中的应用场景		
主要内容	● 通信网的基本概念； ● 通信网的构成； ● 通信网的分类； ● 通信网的基本拓扑结构； ● 通信网的质量要求； ● 现代通信网的构成及发展	教学目标	● 理解通信网基本概念； ● 说出通信网的构成； ● 了解通信网的分类； ● 认识通信网的基本拓扑结构
课程重点	● 通信网的基本概念； ● 通信网的构成； ● 通信网的分类； ● 通信网的基本拓扑结构	课程难点	● 不同通信网基本结构的优缺点及适用范围； ● 电话线的接续及组网过程
课程小结	通信网是由一定数量的节点和连接节点的传输链路组成，以实现两个或多个规定点之间信息传输的通信体系，其传输技术主要有电缆、光缆、数字微波和卫星通信技术。 通信网的基本结构主要有网型、星型、树型、复合型、环型和总线型等		
板书设计	1. 通信网概念：节点、传输链路； 2. 通信网分类 {硬件：终端设备、传输系统、转接交换系统； 软件：信令方案、各种协议、路由方案等； 3. 网络结构：网型、星型、树形、复合型等		
教学资源	1.1 通信网简介		

第二部分：学习内容

1. 通信网的基本概念

通信网是由一定数量的节点和连接节点的传输链路组成，以实现两个以上的规定点之间信息传输的通信体系，如图 1.1 所示。

2. 通信网的构成

一个完整的通信网包括硬件和软件。通信网的硬件一般由终端设备、传输系统和转接交换系统三部分构成，是构成通信网的物理实体。为了使全网协调合理地工作，通信网还要有各种规定，如信令方案、各种协议、网络结构、路由方案、编号方案、资费制度与质量标准等，这些均属于通信网的软件。

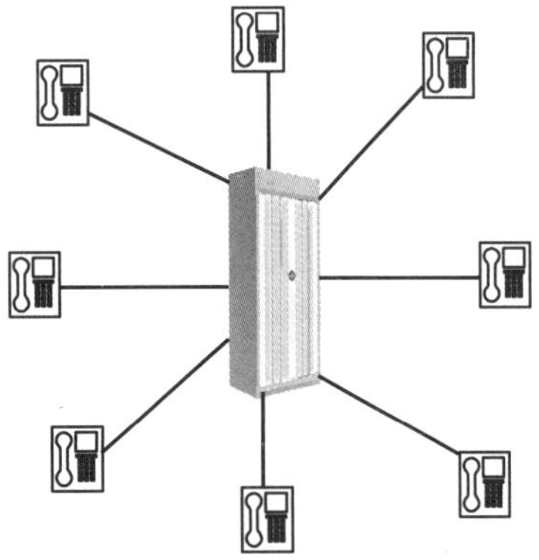

图 1.1　通信网示意图

3. 通信网的分类

（1）按电信业务的种类分为电话网、电报网、数据通信网、传真通信网、图像通信网及有线电视网等。

（2）按服务区域范围分为本地电信网、农村电信网、长途电信网、移动通信网及国际电信网等。

（3）按传输介质种类分为架空明线网、电缆通信网、光缆通信网、卫星通信网、用户光纤网及低轨道卫星移动通信网等。

（4）按交换方式分为电路交换网、报文交换网、分组交换网及宽带交换网等。

（5）按结构形式分为网形网、星形网、环形网、复合型网及总线型网等。

（6）按信息信号形式分为模拟通信网、数字通信网和数字/模拟混合网等。

（7）按信息传递方式分为同步转移模式（STM）的综合业务数字网（ISDN）和异步转移模式（ATM）的宽带综合业务数字网（B-ISDN）等。

4. 通信网的基本拓扑结构

通信网的基本结构主要有网型、星型、树型、复合型、环型和总线型等，如图 1.2 所示。

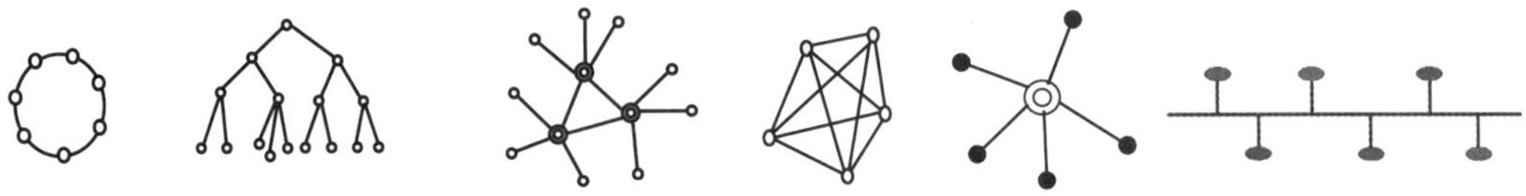

（a）环型　（b）树型　（c）复合型　（d）网型网　（e）星型　（f）总线型

图 1.2　通信网的基本结构形式

1）网型网

有代表性的网型网是完全互连的网结构。具有 N 个节点的互连结构需要 $N(N-1)/2$ 条传输链路。*N* 值较大时传输链路将很大，链路利用率将很低。这种网络结构经济性较差，但接续质量和网络稳定性较好。

2）星型网

具有 *N* 个节点的星型网共需(*N*-1)条传输链路。显然，*N* 值较大时它会较网型网节省大量的链路。但这种网络因需要设置转接中心而增加费用。

3）复合型网

由网型网和星型网复合而成。它以星型网为基础，在通信量较大的地区构成网型网。这种网络结构兼取了上述两种网络的优点。

4）树型网

树型结构是总线型结构的扩展，它是在总线网上加上分支形成的，其传输介质可有多条分支，但不形成闭合回路；也可以把它看成是星型结构的叠加，又称为分级的集中式结构。

5）环型网和总线型网

这两种网络在计算机通信中应用较多，在这两种网中一般传输速率较高。它要求各节点和总线终端节点有较强的信息识别和处理能力。

5. 通信网的质量要求

1）一般通信网的质量要求

对通信网一般提出三个要求：接通的任意性与快速性、信号传输的透明性与传输质量的一致性、网络的可靠性与经济合理性。

2）电话通信网的质量要求

对电话通信网在以下三个方面提出要求：接续质量、传输质量和稳定质量。

6. 现代通信网的构成及发展

1）现代通信网的构成

一个完整的现代通信网，除了有传递各种用户信息的业务网之外，还需要有若干支撑网。现代通信网的构成如图 1.3 所示。

（1）业务网：业务网是向用户提供诸如电话、电报、传真、数据和图像等各种电信业务的网络。业务网包括电话网、数据网、智能网和移动通信网等，可分别提供不同的业务。

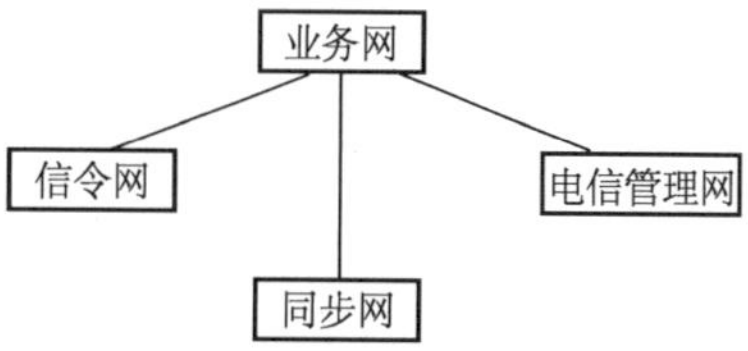

图 1.3　现代通信网构成示意图

（2）支撑网：支撑网是使业务网正常运转，增强网络功能，提高全网服务质量，以满足用户需求的网络。在各个支撑网中传送相应的控制、检测信号。支撑网包括信令网、同步网和电信管理网。

2）现代通信网的发展

现代通信网的未来发展趋势可概括为“六化”，即通信技术数字化、通信业务综合化、网络互通融合化、通信网络宽带化、网络管理智能化和通信服务个人化。

第三部分：学习效果及评价

课次		课时	
课堂笔记			
课后习题			
1. 构成通信网络的软件、硬件有哪些？			
2. 现代通信传输技术的种类、特点和应用领域是什么？			
评定等级		评定教师	

任务二　通信系统

1.2　电话网简介

第一部分：课程导读

课次		课时	
课程地位	“通信系统”课程内容作为《通信线路工程施工与监理》课程模块一第二部分内容，通过介绍通信系统基础，让学生进入学习状态，从整体了解本门课程在通信系统中的应用场景		
主要内容	● 现代通信传输技术； ● 基本通信系统及分类； ● 本地电话网的构成	教学目标	● 说出我国电话网的结构和本地电话网的概念及其类型； ● 简述通信系统及分类
课程重点	● 我国电话网结构； ● 本地电话网的构成； ● 通信系统及分类	课程难点	● 我国电话网构成
课程小结	电话网基本结构形式分为多级汇接网和无级网两种，过去的电话网络采用多级汇接制。我国传统电话网由四级长途交换中心和一级本地网端局组成五级结构。由五级网演变成三级网，这对提高干线网效率和质量将起到良好作用。随着通信的不断发展，今后我国的电话网将进一步形成由一级长途网和本地网所构成的两级网络，实现长途无级网。本地电话网是指在一个长途编号区内，由若干端局（或端局与汇接局）、局间中继线、长市中继线及端局用户线所组成的自动电话网		
板书设计	我国电话网结构：五级电话网→三级电话网→动态无极网		
教学资源	1.2 电话网简介		

第二部分：学习内容

1. 现代通信传输技术

通信是通过某种媒体进行的信息传递。在古代，人们通过驿站、飞鸽传书、烽火报警等方式进行信息传递。今天，随着科学水平的飞速发展，相继出现了无线电、固定电话、手机、互联网甚至可视电话等各种通信方式。

通信系统是用以完成信息传输过程的技术系统的总称。现代通信系统主要借助电磁波在自由空间的传播或在导引媒体中的传输机理来实现，前者称为无线通信系统，后者称为有线通信系统。当电磁波的波长达到光波范围时，这样的电信系统特称为光通信系统，其他电磁波范围的通信系统则称为电磁通信系统，简称为电信系统。由于光的导引媒体采用特制的玻璃纤维，因此有线光通信系统又称光纤通信系统。一般电磁波的导引媒体是导线，按其具体结构可分为电缆通信系统和明线通信系统；无线电信系统按其电磁波的波长则有微波通信系统与短波通信系统之分。按照通信业务的不同，通信系统又可分为电话通信系统、数据通信系统、传真通信系统和图像通信系统等。由于人们对通信的容量要求越来越高，对通信的业务要求越来越多样化，所以通信系统正迅速向着宽带化方向发展，而光纤通信系统将在通信网中发挥越来越重要的作用。

2. 基本通信系统及分类

一般由信源（发端设备）、信宿（收端设备）和信道（传输媒介）等组成，被称为通信的三要素，如图 1.4 所示。

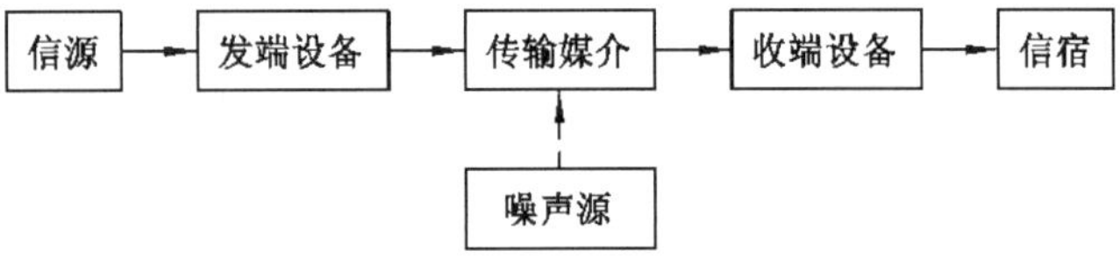

图 1.4　基本通信系统

来自信源的消息（语言、文字、图像或数据）在发信端先由末端设备（如电话机、电传打字机、传真机或数据末端设备等）变换成电信号，然后经发端设备编码、调制、放大或发射后，把基带信号变换成适合在传输媒介中传输的形式；经传输媒介传输，在收信端经收端设备进行反变换恢复成消息提供给收信者。这种点对点的通信大都是双向传输的。因此，在通信对象所在的两端均备有发端和收端设备。

通信系统按所用传输媒介的不同可分为两类：① 利用金属导体为传输媒介，如常用的通信线缆等，这种以线缆为传输媒介的通信系统称为有线电通信系统；② 利用无线电波在大气、空间、水或岩、土等传输媒介中传播而进行通信，这种通信系统称为无线电通信系统。光通信系统也有“有线”和“无线”之分，它们所用的传输媒介分别为光学纤维和大气、空间或水。

通信系统按通信业务（即所传输的信息种类）的不同可分为电话、电报、传真、数据通信系统等。信号在时间上是连续变化的，称为模拟信号（如电话）；在时间上离散、其幅度取值也是离散的信号称为数字信号（如电报）。模拟信号通过模拟-数字变换（包括采样、量化和编码过程）也可变成数字信号。通信系统中传输的基带信号为模拟信号时，这种系统称为模拟通信系统；传输的基带信号为数字信号的通信系统称为数字通信系统。

通信系统都是在有噪声的环境下工作的（图中集中以噪声源表示）。设计模拟通信系统时采用最小均方误差准则，即收信端输出的信号噪声比最大。设计数字通信系统时，采用最小错误概率准则，即根据所选用的传输媒介和噪声的统计特性，选用最佳调制体制，设计最佳信号和最佳接收机。

1）模拟通信与数字通信系统

模拟通信是指在信道上把模拟信号从信源传送到信宿的一种通信方式。由于导体中存在电阻，信号直接传输的距离不能太远，解决的方法是通过载波来传输模拟信号。载波是指被调制以传输信号的波形，通常为高频振荡的正弦波。这样，把模拟信号调制在载波上传输，则可比直接传输远得多。一般要求正弦波的频率远远高于调制信号的带宽，否则会发生混叠，使传输信号失真。

模拟通信系统通常由信源、调制器、信道、解调器、信宿及噪声源组成。

模拟通信的优点是直观且容易实现，但保密性差，抗干扰能力弱。由于模拟通信在信道传输的信号频谱比较窄，因此可通过多路复用使信道的利用率提高。

数字通信是指在信道上把数字信号从信源传送到信宿的一种通信方式。它与模拟通信相比，其优点为：抗干扰能力强，没有噪声积累；可以进行远距离传输并能保证质量；能适应各种通信业务要求，便于实现综合处理；传输的二进制数字信号能直接被计算机接收和处理；便于采用大规模集成电路实现，通信设备利于集成化；容易进行加密处理，安全性更容易得到保证。

2）多路系统

为了充分利用通信信道、扩大通信容量和降低通信费用，很多通信系统采用多路复用方式，即在同一传输途径上同时传输多个信息。通信多路系统示意图如图 1.5 所示。多路复用分为频率分割、时间分割和码分割多路复用。在模拟通信系统中，将划分的可用频段分配给各个信息而共用一个共同传输媒质，称为频分多路复用。在数字通信系统中，分配给每个信息一个时隙（短暂的时间段），各路依次轮流占用时隙，称为时分多路复用。

码分多路复用则是在发信端使各路输入信号分别与正交码波形发生器产生的某个码列波形相乘，然后相加而得到多路信号。完成多路复用功能的设备称为多路复用终端设备，简称终端设备。多路通信系统由末端设备、终端设备、发送设备、接收设备和传输媒介等组成。

3）有线系统

用于长距离电话通信的载波通信系统，是按频率分割进行多路复用的通信系统。它由载波电话终端设备、增音机、传输线路和附属设备等组成。其中载波电话终端设备是把话频信号或其他群信号搬移到线路频谱或将对方传输来的线路频谱加以反变换、并能适应线路传输要求的设备；增音机能补偿线路传输衰耗及其变化，沿线路每隔一定距离装设一部。

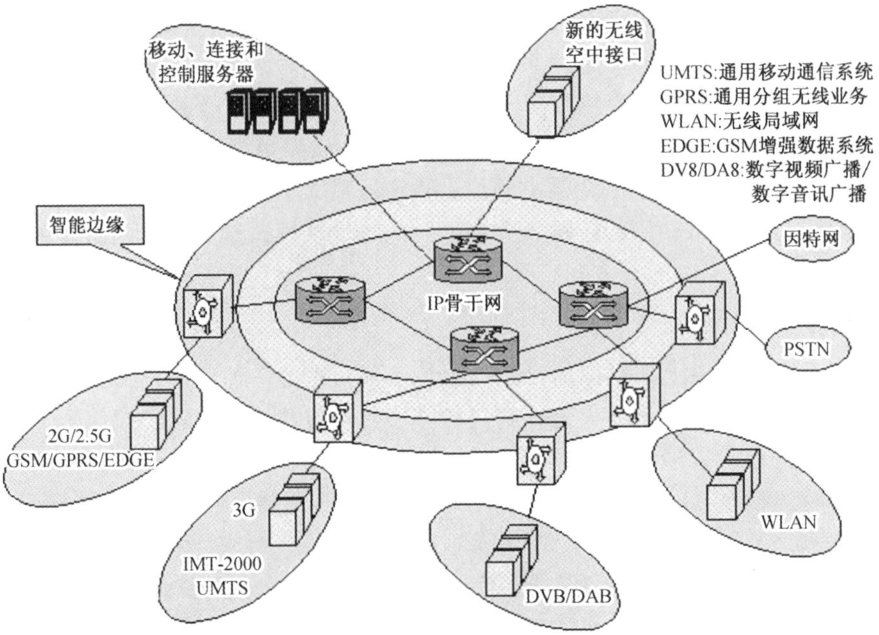

图 1.5　通信多路系统示意图

4）微波系统

长距离大容量的无线电通信系统，因传输信号占用频带宽，一般工作于微波或超短波波段。在这些波段，一般仅在视距范围内具有稳定的传输特性，因而在进行长距离通信时须采用接力（也称中继）通信方式，即在信号由一个终端站传输到另一个终端站所经的路由上，设立若干个邻接的、转送信号的微波接力站（又称中继站），各站间的空间距离一般为 20～50 km。接力站又可分为中间站和分转站。微波接力通信系统的终端站所传信号在基带上可与模拟频分多路终端设备或与数字时分多路终端设备相连接。前者称为模拟接力通信系统；后者称为数字接力通信系统。由于具有便于加密和传输质量好等优点，数字微波接力通信系统日益得到人们的重视。除上述视距接力通信系统外，利用对流层散射传播的超视距散射通信系统，也可通过接力方式作为长距离中容量的通信系统。

5）卫星系统

在微波通信系统中，若以位于对地静止轨道上的通信卫星为中继转发器，转发各地球站的信号，则构成一个卫星通信系统。卫星通信系统的特点是覆盖面积很大，在卫星天线波束覆盖的大面积范围内可根据需要灵活地组织通信联络，有的还具有一定的变换功能，故已成为国际通信的主要手段，也是许多国家国内通信的重要手段。卫星通信系统主要由通信卫星、地球站、测控系统和相应的终端设备组成。卫星通信系统既可作为一种独立的通信手段（特别适用于对海上、空中的移动通信业务和专用通信网），又可与陆地的通信系统结合、相互补充，构成更完善的传输系统。

用上述载波、微波接力、卫星等通信系统作传输分系统，与交换分系统相结合，可构成传送各种通信业务的通信系统。

6）电话系统

电话通信的特点是通话双方要求实时对话，因而要在一个相对短暂的时间内在双方之间临时接通一条通路，故电话通信系统应具有传输和交换两种功能。这种系统通常由用户线路、交换中心、局间中继线和干线等组成。电话通信网的交换设备采用电路交换方式，由接续网络（又称交换网络）和控制部分组成。话路接续网络可根据需要临时向用户接通通话用的通路，控制部分是用来完成用户通话、建立全过程中的信号处理并控制接续网络。在设计电话通信系统时，主要以接收话音的响度来评定通话质量，在规定发送、接收和全程参考当量后即可进行传输衰耗的分配。另一方面根据话务量和规定的服务等级（即用户未被接通的概率——呼损率）来确定所需机、线设备的能力。

由于移动通信业务的需求日益增长，移动通信得到了迅速发展。移动通信系统由车载无线电台、无线电中心（又称基地台）和无线交换中心等组成。车载电台通过固定配置的无线电中心进入无线电交换中心，可完成各移动用户间的通信联络；还可由无线电交换中心与固定电话通信系统中的交换中心（一般为市内电话局）连接，实现移动用户与固定用户间的通话。

7）电报系统

为使电报用户之间互通电报而建立的通信系统。它主要利用电话通路传输电报信号。公众电报通信系统中的电报交换设备采用存储转发交换方式（又称电文交换），即将收到的报文先存入缓冲存储器中，然后转发到去向路由，这样可以提高电路和交换设备的利用率。在设计电报通信系统时，服务质量是以通过系统传输一份报文所用的平均时延来衡量的。对于用户电报通信业务则仍采用电路交换方式，即将双方间的电路接通，而后由用户双方直接通报。

8）数据系统

数据通信是伴随着信息处理技术的迅速发展而发展起来的。数据通信系统由分布在各点的数据终端和数据传输设备、数据交换设备和通信线路互相连接而成。利用通信线路把分布在不同地点的多个独立的计算机系统连接在一起的网络，称为计算机网络，这样可使广大用户共享资源。在数据通信系统中多采用分组交换（或称包交换）方式，这是一种特殊的电文交换方式，在发信端把数据分割成若干长度较短的分组（或称包）然后进行传输，在收信端再加以合并。它的主要优点是可以减少时延和充分利用传输信道。

9）系统指标

如何来衡量一个通信系统的好坏呢？主要是通过有效性和可靠性来衡量的。也就是说一个通信系统越高效可靠，显然就越好。但实际上有效性和可靠性是一对矛盾的指标，两者需要一定的折衷。有效性指的是信息传输的速率，信息传输的速率越快，有效性越好。但信息传输快了，出错的概率也就越高，信息的传输质量就不能保证，也就是可靠性降低了。

那么具体是用哪些指标来说明系统的有效性和可靠性的呢？

对于模拟通信系统来说，有效性是用系统的带宽来衡量的，可靠性则是用信噪比来衡量的。如果一路电话占用的带宽是一定的话，那么系统的总带宽越大，就意味着能容纳更多路电话。而当系统的带宽一定时，要想增加系统的容量，则可以通过降低单路电话占用的带宽来实现，因此单路信号所需的带宽越窄，说明有效性越好。但降低单路信号的占用带宽后，由于两路信号之间的频带隔离变窄，势必会增加相互间的干扰，即增加噪声，使信号功率与噪声功率的比值降低，从而降低了系统的可靠性。

对于数字通信系统来说，有效性是通过信息传输速率来表示的，可靠性则是通过误码率或误信率来体现的。误码率是指接收端收到的错误码元数与总的传输码元数的比值，即表示在传输中出现错误码元的概率。误信率是指接收到的错误比特数与总的传输比特数的比值，即传输中出现错误信息量的概率。

数字信号在信道中传输时，为了保证传输的可靠性，往往要添加纠错编码，纠错编码是要占用传输速率的。当一个信道每秒能传输的总码元数或比特数一定时，如果不要纠错编码，显然每秒传输的信息量比特会多些，效率提高了，但没有了纠错码，可靠性则无法保证。这些为了提高可靠性而增加的编码，也被称为传输开销，原因是传输这些码元或比特的目的是检错纠错，而它们是不携带信息的。

在通信系统中，频率是个任何信号都与生俱有的特征。即使是数字信号，也不例外，传输它们是要占用一定的频率资源的。带宽和数字信号的传输速率是成正比的关系。理想情况下，传输速率除以 2 就是以这个速率传输的数字信号所占用的频带宽度。所以越高速率所占的频带也会越宽，所以高速通信往往也叫“宽带通信”。

3. 本地电话网的构成

1）电话通信系统的基本构成

电话通信系统的基本任务是提供从任一个终端到另一个终端传送话音信息的路由，以完成信息传输、信息交换后，为终端提供良好的服务。电话通信系统的基本构成如图 1.6 所示。

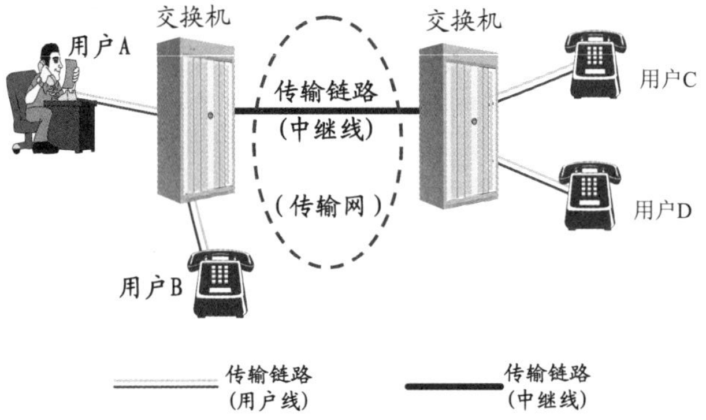

图 1.6　电话通信系统的基本构成示意图

（1）终端设备。在电话业务中，终端设备就是电话机。

（2）传输设备。传输设备是指终端设备到交换中心以及交换中心到交换中心之间的传输线路及其相关设备。

（3）交换设备。交换设备根据主叫终端所发出的选择信号来选择被叫终端，使这两个终端建立连接，然后经过交换设备所连通的路由传递电信号。

2）电话网的结构

电话网是开放电话业务为广大用户服务的通信网络。最早的电话通信形式只是两部电话机中间用导线连接起来便可通话；但当某一地区电话用户增多时，要想使众多用户相互间都能两两通话，就需设一部电话交换机，由交换机完成任意两个用户的连接，这时便形成了一个以交换机为中心的单局制电话网。在某一地区（或城市）随着用户数继续增多，便需建立多个电话局，然后由局间中继线路将各局连接起来，形成多局制电话网。

（1）我国传统的五级电话网结构。

电话网基本结构形式分为多级汇接网和无级网两种，过去的电话网络采用多级汇接制。我国传统电话网由四级长途交换中心和一级本地网端局组成五级结构。其中一、二、三、四级长途交换中心构成长途电话网，由本地网端局和按需要设置的汇接局组成本地电话网，其网络结构如图 1.7 所示。C1 为大区交换中心，C2 为省交换中心，C3 为地区交换中心，C4 为县交换中心。到 1992 年底我国共有 6 个 C1（北京、沈阳、南京、武汉、西安和成都），有 3 个国际局（北京、上海和广州）。本地电话网的网络结构一般设置汇接局（Tm）和端局（C5）两个等级。Tm 局可分为市话汇接局、郊区汇接局及农话汇接局等，C5 称为五级交换中心，即本地电话网端局。

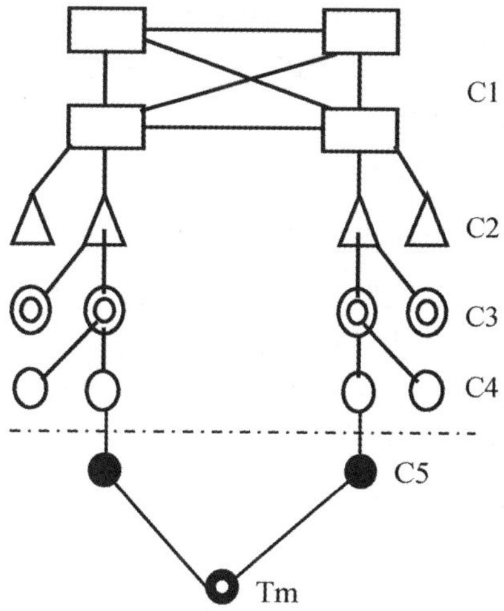

图 1.7　我国早期电话网的网络结构示意图

按电话使用范围分类，电话网可分为本地电话网、国内长途电话网和国际长途电话网。

① 本地电话网。本地电话网是指在一个统一号码长度的编号区内，由端局、汇接局、局间中继线、长市中继线，以及用户线和电话机组成的电话网。

② 国内长途电话网。国内长途电话网是指全国各城市间用户进行长途通话的电话网，网中各城市都设一个或多个长途电话局，各长途电话局间由各级长途电路连接起来。

③ 国际长途电话网。国际长途电话网是指将世界各国的电话网相互连接起来进行国际通话的电话网。为此，每个国家都需设一个或几个国际电话局进行国际去话和来话的连接。一个国际长途通话实际上是由发话国的国内网部分、发话国的国际电话局、国际电路和受话国的国际电话局以及受话国的国内网等几部分组成的。

（2）我国现代电话网的三级结构。

五级电话网采用多级汇接，具有转接次数多、呼损大、传输质量低、可靠性差的特点。现代电信网不但要传电话还要传数据业务，传统的电话网已不能满足要求。由于长途交换机容量增加，全国光缆干线建成，以及各省内本地网的扩大，我国电信网已将 C1 和 C2、C3 和 C4 合并成同级处理，电话网已由原来的五级交换中心转化为三级交换中心，即由原来的 C1、C2 两级长途交换中心变为一级省际交换中心 DCl，由原来的 C3、C4 两级交换中心组成一级汇接本地网的长途交换中心 DC2。DCl 和 DC2 构成我国两级长途电话网结构，如图 1.8 所示。

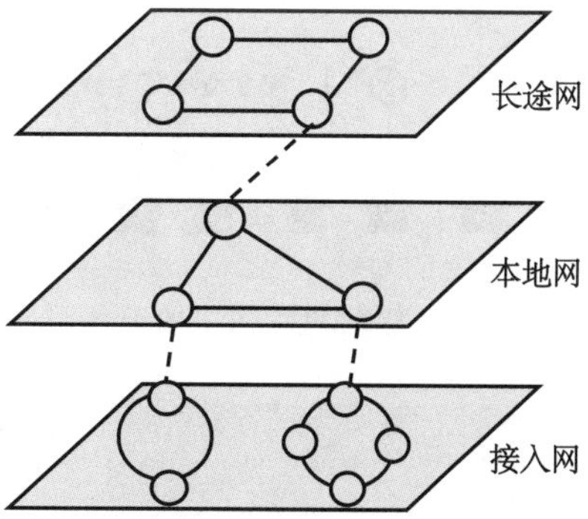

图 1.8　我国现代电话网的三级结构示意图

DCl 的各交换机间采用网型网连接，DCl 与 DC2 间采用星型网连接。为了既保证任意两点间建立通信，又使通信链路有较高的利用率，根据地理条件、行政区域、通信流量的分布等条件设立汇接中心，每个汇接中心汇接一定区域的通信流量，按直达路由、基干路由等多路由方式建立两交换节点间的连接。

由五级网演变成三级网，这对提高干线网效率和质量起到了良好作用。随着通信的不断发展，今后我国的电话网将进一步形成由一级长途网和本地网所构成的两级网络，实现长途无级网。这样，我国的电话网将由三个层面——长途电话网平面、本地电话网平面和用户接入网平面组成。

3）本地电话网

本地电话网是指在一个长途编号区内，由若干端局（或端局与汇接局）、局间中继线、长市中继线及端局用户线所组成的自动电话网。

本地电话网的主要特点是在一个长途编号区内只有一个本地网，同一个本地网的用户之间呼叫只拨本地电话号码，而呼叫本地网以外的用户则需按长途程序拨号。

我国本地电话网有两种类型：

（1）特大城市、大城市本地电话网。

（2）中、小城市及县本地电话网。

4）本地电话网的网络结构

程控数字电话交换机和模拟电话交换机已在本地电话网内同时存在，部分本地电话网将是数字/模拟混合网的格局。特大城市、大城市数字/模拟混合本地电话网一般采用两级网的网络结构，中、小城市及县本地电话网根据服务区的大小和端局的数量可以采用两级网的网络结构或网型网结构。

（1）两级网的网络结构。两级网的网络结构如图 1.9 所示。

（2）网型网结构。网型网结构如图 1.10 所示。

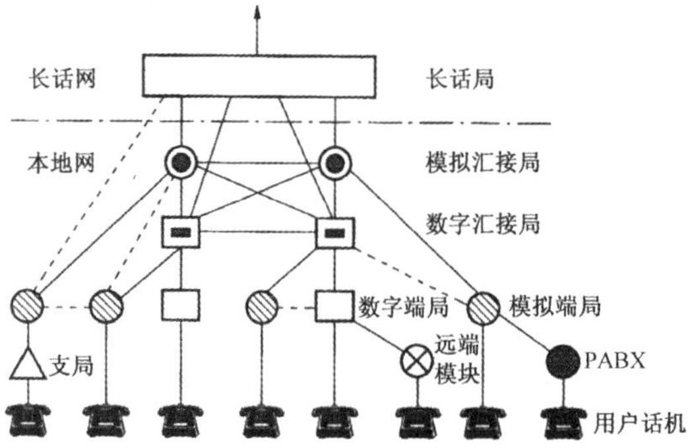

图 1.9　两级网的网络结构示意图

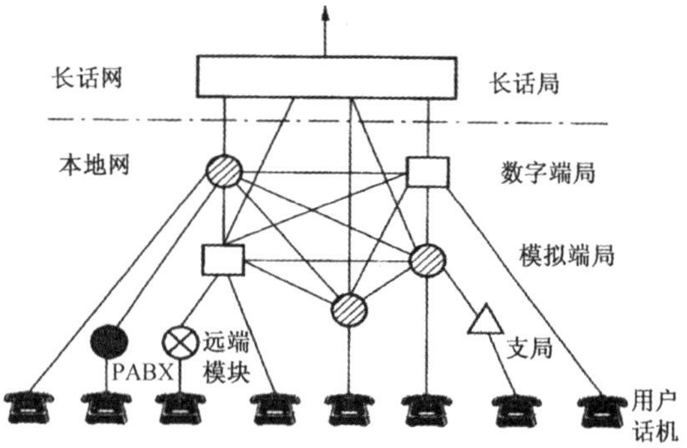

图 1.10　网型网结构示意图

第三部分：学习效果及评价

课次		课时	
课堂笔记			
课后习题			
1. 基本通信系统构成与功能。			
2. 我国电话网络结构发展变化过程。			
评定等级		评定教师	

任务三　现代通信有线传输技术

第一部分：课程导读

课次		课时	
课程地位	“现代通信有线传输技术”课程内容是《通信线路工程施工与监理》课程模块一第三部分内容，在介绍通信网和通信系统后，学生已基本进入学习状态，接下来开始介绍有线传输的意义，从而引出本学期教学内容		
主要内容	● 现代通信传输方式； ● 电缆线路的传输衰减； ● 电缆线路的传输方式：四线制与二线制	教学目标	● 说出现代通信传输方式； ● 简述全塑电缆线路的传输衰减； ● 能说出四线制与二线制的区别
课程重点	● 现代通信传输方式	课程难点	● 电缆线路的传输衰减； ● 四线制与二线制
课程小结	现代通信传输方式包括有线传输和无线传输。有线传输包括铜缆和光纤，无线传输包括微波和卫星		
板书设计	1. 现代传输方式： 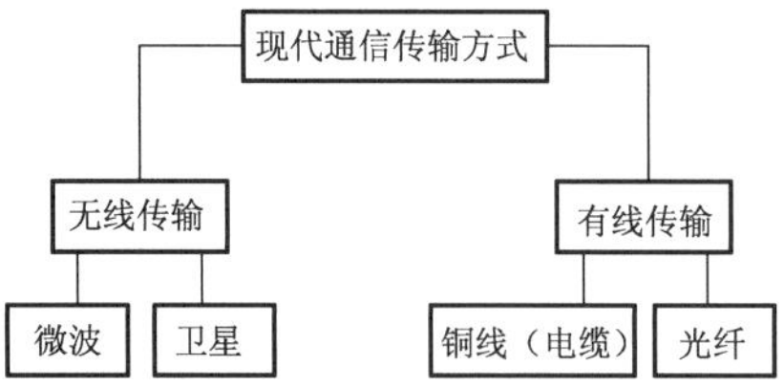 2. 传输衰减：800 Hz 时为 29 dB，它包括两端的用户线路、交换设备、中继线路等的衰减		

第二部分：学习内容

1. 现代通信传输方式

现代通信传输方式可以用图 1.11 来概括。

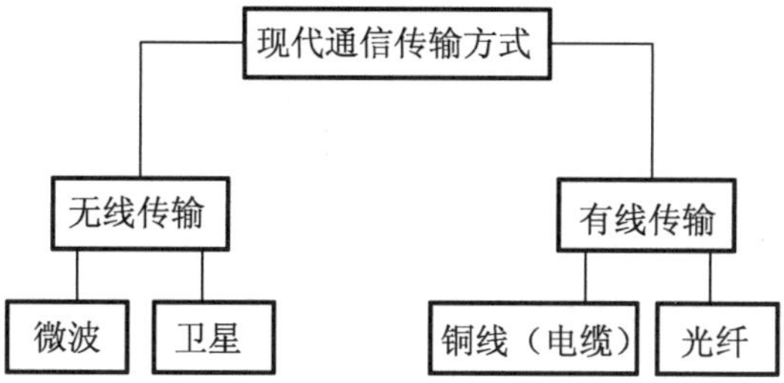

图 1.11　现代通信的传输方式

常用的传输介质：

1）微　波

微波通信技术问世已半个多世纪，它是在微波频段通过地面视距进行信息传播的一种无线通信手段。最初的微波通信系统都是模拟制式的，它与当时的同轴电缆载波传输系统同为通信网长途传输干线的重要传输手段。例如，我国城市间的电视节目传输主要依靠的就是微波传输。微波通信的频率范围为 300 MHz ~ 1 000 GHz。微波按直线传播，若要进行远程通信，则需要在高山、铁塔或高层建筑物顶上安装微波转发设备进行中继通信。微波中继通信是一种重要的传输手段，它具有通信频带宽、抗干扰性强、通信灵活性较大、设备体积小和经济可靠等优点，其传输距离可达几千千米，广泛应用于军事通信、卫星通信、个人移动通信和广播电视等领域。

2）通信卫星

卫星通信是在微波中继通信的基础上发展起来的。它是利用人造地球卫星作为中继站来转发无线电波，从而实现两个或多个地面站之间的通信。卫星通信具有传输距离远、覆盖面积大、通信容量大、用途广、通信质量好和抗破坏能力强等优点。一颗通信卫星总通信容量可实现上万路双向电话和十几路彩色电视信号的传输。

高轨道通信卫星是运行在赤道上空约 36 000 km 的同步卫星，位于印度洋、大西洋和太平洋上空的三颗同步卫星基本可覆盖全球。

低轨道通信卫星是运行在 500 ~ 2 000 km 上空的非同步卫星，一般采用多颗小型卫星组成一个星型网。若能做到在世界上任何地方的上空都能看到其中一颗卫星，则通过星际通信可覆盖全球。

3）通信电缆

通信电缆主要包括双绞线电缆（对称电缆）、同轴电缆等。对绞电缆是传统的话音通信介质，在光纤通信普及之前，对绞电缆作为电信接入网的主要传输线缆。在全球范围内，对绞电缆接入比例高达 94%，其通信业务正在向非话音业务方向发展。利用高速 Modem 上网，其速率可达 56 Kbit/s，利用一线通 ISDN 方式上网，速率进一步上升到 128 Kbit/s，而利用更新的 ADSL 方式，其下行速率为 1.5 ~ 8 Mbit/s，作为新一代家庭网络应用方式，利用电话双绞线的 HomePAN 速率为 1 ~ 10 Mbit/s。随着光纤通信技术的广泛应用，相关电缆连接宽带接入方式也逐渐退出历史舞台。

4）光　纤

光纤是光导纤维的简称。光纤通信是以激光为载波，以光纤为传输介质的一种通信方式。光波的波长为微米级，紫外线、可见光、红外线属于光波范围。目前光纤通信使用的波长多为近红外区内，即波长为 850 nm、1 310 nm 和 1 550 nm 的 3 个传输窗口。光纤具有传输容量大、传输损耗低、抗电磁干扰能力强、易于敷设和资源丰富等众多优点，可广泛用于越洋通信、长途干线通信、市话通信等领域的新型传输介质。

2. 电缆线路的传输衰减及传输方式

用户对通信的满意程度，是衡量通信质量的唯一标准。电话通信系统是从主叫（或被叫）用户的嘴一直到被叫（或主叫）用户的耳，包括声—电—声的变换和传送全部过程。所以电话通信质量的评定应包括发信（如送话器）质量、收信（如受话器）质量和信号的传输质量，传输质量只是其中的一环。

1）传输衰减

我国市话通信网的传输标准规定：任意两用户间的最大传输衰减在频率为 800 Hz 时为 29 dB，它包括两端的用户线路、交换设备、中继线路等的衰减。市内任意两用户间的传输衰减及分配如图 1.12 所示。

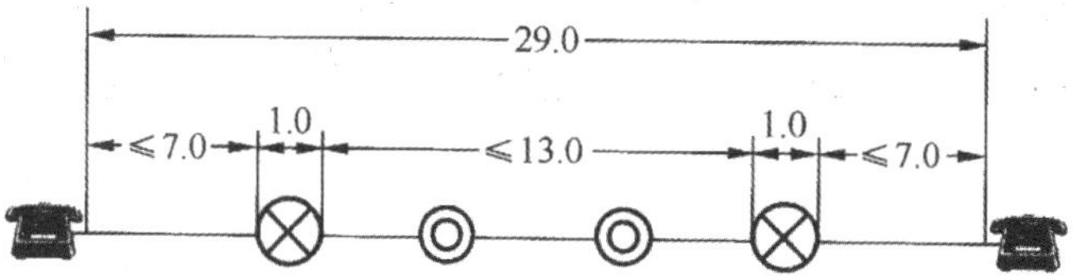

图 1.12　市内用户间传输衰减及分配（单位：dB）

2）参考当量与响度评定值

参考当量的含义是，经过训练的实验员将被测试的电话系统（包括两端话机之间的所有设备）与测试参考当量用的参考系统（NOSFER）按照严格规定的测试方法进行响度比较，当两个系统响度相等时，插入到参考系统中可变衰减器的衰减值即为被测系统的参考当量（RE）。如果将被测系统的一部分，如发送部分、接收部分、中继部分与参考系统相应部分进行比较，则相应称为发送参考当量（SRE）、接收参考当量（RRE）、中继链路参考当量（JRE）和全程参考当量（ORE）等。

响度评定值的含义是，将被测电话系统与测量响度评定值的参考电话系统（称为中间参考系统 IRS）按照规定的方法进行响度比较后，响度相等时插入中间参考系统中可变衰减器的衰减值称为被测系统的响度评定值（LR）。响度评定值能够克服参考当量存在的许多缺点。同参考当量一样，有发送（SLR）、接收（RLR）、中继（JLR）、全程（OLR）响度评定值等。参考当量（RE）、响度评定值（LR）也可统称为响度当量，是电话传输性能的衡量指标。一般参考系统优于被测系统，必须在参考系统中插入衰减器，所以响度当量具有衰减的单位（dB），有时把响度当量也称为响度衰减或参考衰减。由于可变衰减器插入到参考系统中，所以插入的衰减值越大，表示被测系统比参考系统听到的话音越弱，话音电平越低；插入的衰减值越小，说明被测系统听到的话音越强，话音电平越高，若被测系统比参考系统话音强时，应当在参考系统中插入“负衰减”即增益，两个系统听起来响度才相同，这时响度当量是负值。

3）电缆线路的传输方式

（1）二线制与四线制。市话用户线路发话和受话信号共用同一对线路称为二线制。市话中继线路，由于采用 PCM，传输的为数字信号，发话信号和受话信号分别在两对导线或两条光纤上传输，称为四线制。

（2）四线制与二线制的比较。

① 四线制电路稳定性高，通信距离长，因为放大器只能放大单向信号，局间中继线为二线制时，要设置差动系统分开发话和受话支路，而差动系统工艺要求高，否则放大器稳定性差。局间中继线为四线制时，来、去信号由两对线分别传输，不用 2/4 线转换，放大器稳定性高，通信距离长。

② 四线制可传送频分制模拟信号和时分制的数字信号，而二线制只能传输模拟信号。

③ 四线制电路近端串音防卫度小，传输数字信号时，一般市内通信全塑电缆要经过选线或采用双缆制、内屏蔽电缆。

（3）四线制的单缆制与双缆制。

四线制中如果用同一条电缆传输两个方向的信号称为单缆制。单缆四线制中回路间近端串音防卫度较低，必须选择近端串音防卫度大的两对线传输两个方向的信号，或在全塑电缆两个方向的回路群间加入内屏蔽层（PCM 电缆）。采用双电缆制时两个方向的传输信号分别放在两条电缆的金属护套内，提高两对芯线间的近端串音防卫度。

第三部分：学习效果及评价

课次		课时	
课堂笔记			
课后习题			
1. 电缆线路的传输方式有哪些？有什么不同？			
2. 什么是中继线路、用户线路？如何分配传输衰减？			
评定等级		评定教师	

任务四　通信线路传输的特点

1.4　通信线路传输的特点

第一部分：课程导读

课次		课时	
课程地位	在介绍通信网和通信系统后，学生已基本进入学习状态，本节内容是上节课内容的延续，继续介绍有线传输的特点		
主要内容	● 光纤通信的特点； ● 全塑电缆线路的特点	教学目标	● 说出光纤通信的特点； ● 说出全塑电缆线路的特点
课程重点	● 光纤通信的特点	课程难点	● 光纤通信的特点
课程小结	光纤通信具有传输频带宽，通信容量大，传输损耗低，不受电磁干扰，中继距离长，线径细、重量轻，资源丰富，不怕潮湿，耐高压，抗腐蚀等特点；市内通信全塑电缆线路具有电传输特性优良，可以传输数字信号，施工机械化自动化程度高，线路质量好，维护方便，线路故障率低，使用寿命长等优点		
板书设计	1. 光纤的优点：传输频带宽，通信容量大，传输损耗低，不受电磁干扰； 2. 光纤的缺点：质脆易断，分路耦合不方便，光纤怕水； 3. 全塑电缆优点：全塑电缆电特性好，传输质量优良，便于机械化、自动化施工		
教学资源	1.4 通信线路传输的特点		

第二部分：学习内容

1. 光纤通信的特点

光纤通信与电通信方式的主要差异有两点：一是用光波作为载波传输信号，即传输的是光信号；二是用光导纤维构成的光缆作为传输线路，即以光纤作为媒质传输手段。因此，在光纤通信中起主导作用的是产生光波的激光器和传输光波的光导纤维。半导体激光器的发光面积很小，它能输出稳定而且方向性极好的激光，激光可以运载巨大的信息量。光纤是一种介质光波导，具有把光封闭在其中并沿轴向进行传播的导波结构。它是由直径大约只有 0.1 mm 的细玻璃丝构成。

光纤通信之所以能够飞速发展和受到人们的极大重视，这是因为与其他通信手段相比，它具有无与伦比的优越性而决定的。

（1）传输频带宽、通信容量大。

理论上讲，载波频率越高则通信容量越大，因目前使用的光波频率比微波频率高 $10^3 \sim 10^4$ 倍，所以通信容量一般可增加 $10^3 \sim 10^4$ 倍。一根仅有头发丝粗细的光纤可以同时传输 1 000 亿个话路。虽然目前远远未达到如此高的传输容量，但用一根光纤同时传输 24 万个话路的试验已经取得成功，它比传统的明线、同轴电缆、微波等要高出几十乃至上千倍以上。

（2）传输损耗低。

目前实用的光纤均为 SiO_2（石英）系光纤，要减小光纤损耗，主要是靠提高玻璃纤维的纯度来达到，由于目前制成的 SiO_2 玻璃介质的纯净度极高，所以光纤的损耗极低。在光波长 λ=1.55 μm 附近，衰减有最低点，可低至 0.2 dB/km，已接近理论极限值。

（3）不受电磁干扰。

光纤由电绝缘的石英材料制成，绝缘性能好，不受各种电磁场的干扰和闪电雷击的损坏。无金属光缆非常适合于存在强电磁场干扰的高压电力线路周围和油田、煤矿等易燃易爆环境中使用。因此，光纤通信不受电磁的干扰，这是电通信所不能比拟的。

（4）中继距离长。

由于光纤具有极低的衰耗系数（目前商用化石英光纤已达 0.19 dB/km 以下），这是传统的电缆（1.5 km）、微波（50 km）等根本无法与之相比拟的。

（5）线径细、重量轻。

由于光纤的直径很小，只有 0.1 mm 左右，因此制成光缆后，直径要比电缆细，如 8 芯光缆的横截面直径约 10 mm，而标准同轴电缆为 47 mm。这样在长途干线或市内干线上，其空间利用率高，因此节约了地下管道的建设投资；而且重量也轻，便于制造多芯光缆。

（6）资源丰富。

光纤的材料主要是石英（二氧化硅），原材料资源丰富、价格低廉，并且很少的原材料就可拉制出很长的光纤。例如，40 g 高纯度的石英玻璃，可拉制 1 km 的光纤。

（7）挠性好。

光纤经过表面涂敷后，弯曲直径为 3 mm 不会折断。因此，用光纤制成的光缆与铜线制成的电缆有同样好的挠性。

（8）不怕潮湿，耐高压，抗腐蚀。

光纤是玻璃制成的，不怕潮湿，不会锈蚀，石英玻璃的熔点在 2 000 °C 以上，而一般明火的温度在 1 000 °C 左右。因此，光纤耐高温，光纤的化学稳定性好，抗腐蚀能力强，可以在具有有害气体环境下工作。

（9）安全保密。

在传输过程中，光波在光纤中传输是不会跑出光纤之外的，即使在转弯处，弯曲半径很小时，漏出的光波也十分微弱。如果在光纤的表面涂上一层消光剂，光纤中的光就完全不能跑出光纤。这样，用什么方法也无法在光纤外面窃听光纤中传输的信息了。此外，由于光纤中的光不会跑出来，在电通信中常见的串音现象就不存在了。同时，它也不会干扰其他通信设备或测试设备。

当然，在光纤通信中，同样也存在着很多不足。

（1）光纤性质脆，需要适当地涂敷加以保护。此外，为了保证能承受一定的敷设张力，在光纤结构上也需要多加考虑。

（2）切断和连接光纤时，需要高精度的切断接续技术，这在电缆连接时是没有的。

（3）分路耦合不方便。

（4）光纤不能输送中继器所需要的电能。

（5）弯曲半径不宜太小。

光纤通信尽管存在上述问题，但是随着技术的不断发展都是可以克服的，不影响光纤的广泛应用。

2. 全塑电缆线路的特点

凡是电缆的芯线绝缘层、缆芯包带层、扎带和护套均采用高分子聚合物塑料制成的电缆称为全塑市内通信电缆，简称全塑电缆。我国从 20 世纪 50—60 年代开始小规模生产聚乙烯、聚氯乙烯实心小对数对绞式全塑电缆。20 世纪 80 年代以来，从国外引进生产线，生产全塑、全色谱电缆。现已形成大对数（3 600 对、4 800 对、6 000 对）、细线径（0.32 mm）、单位式结构、非填充型或全填充型、综合粘接护套全塑电缆。自 1986 年以来，国内市话通信线路大量采用了全塑电缆。

全塑电缆线路由于采用了全塑电缆，在技术经济方面具有下列特点。

（1）全塑电缆电特性好，传输质量优良。

当芯线绝缘采用高密度聚烯烃时，虽然衰减常数比空气纸绝缘电缆差，但力学、化学特性优良，尤其防潮和易于加工等性能，即使接头防潮处理不好，护套进水也不会马上影响通信；芯线绝缘电阻较高，对填充型和非填充型电缆，信息产业部标准分别要求不低于 3 000 MΩ · km 和 10 000 MΩ · km；串音防卫度高，由于基本单位（10 对或 25 对）内各线对扭矩不同，相当于线对间作了交叉，对于内屏蔽电缆，可传输 PCM 信号，线对利用率接近 100%，一般空气纸绝缘电缆只有 30%。

（2）便于机械化、自动化施工。

全塑电缆重量轻，电缆盘长长（200 ～ 300 m），电缆接头少，护套光滑，便于运输和施工；芯线绝缘和单位间扎带的颜色采用全色谱，便于线对的编号、对号、接续、成端和配线等操作；芯线接续采用卡接法，接续可靠，可以传输模拟信号和数字信号。接续操作可以实现机械化、自动化，加快建设速度，改善劳动条件；护套封合简单可靠，易于掌握，新技术培训时间短。

（3）维护方便、故障少、使用寿命长。

卡接法接续不用剥除芯线绝缘，导线不受损伤，断线故障少；电缆接头封合采用热缩套管等方法，不易进水，即使进水后也不会蔓延，塑料护套是绝缘体，不会产生电灼伤、化学腐蚀和电化学腐蚀，所以全塑电缆使用寿命长；自承式架空不用挂电缆挂钩，所以施工方便。填充型全塑电缆不用气压维护。

第三部分：学习效果及评价

课次		课时	
课堂笔记			
课后习题			
1. 简述说明电缆的特点和光纤的特点。			
2. 请说明为什么用光纤取代了电缆。			
评定等级		评定教师	

任务五　通信发展史

1.5　通信发展史

第一部分：课程导读

课次		课时	
课程地位	本节讲述通信历史，通过一个个小故事激发学生学习通信线路的兴趣		
主要内容	● 通信技术发展三个阶段； ● 通信线路发展史、光纤发展史； ● 光纤通信的展望	教学目标	● 说出通信技术发展三个阶段； ● 简述光纤发展史
课程重点	● 通信技术发展三个阶段； ● 光纤发展史	课程难点	● 光纤发展史
课程小结	现代通信的三个阶段：初级通信阶段（以 1838 年电报发明为标志）、近代通信阶段（以 1948 年香农提出信息论为标志）、现代通信阶段（以 20 世纪 80 年代以后出现的光纤通信应用、综合业务数字网崛起为标志）		
板书设计	1. 通信技术的发展主要经历了三个阶段； 2. 通信线路发展史； 3. 光纤发展史		
教学资源	1.5 通信发展史		

第二部分：学习内容

1. 通信技术发展三个阶段

早在远古时期，人们就通过简单的语言、壁画等方式交换信息。千百年来，人们一直在用语言、图符、钟鼓、烟火、竹简、纸书等传递信息，古代人的烽火狼烟、飞鸽传信、驿马邮递就是这方面的例子。在现代社会中，交警的指挥手语、航海中的旗语等不过是古老通信方式进一步发展的结果。这些信息传递的基本方式都是依靠人的视觉与听觉。

19 世纪中叶以后，电报、电话的发明，电磁波的发现，使人类通信领域产生了根本性的巨大变革，实现了利用金属导线来传递信息，甚至通过电磁波来进行无线通信，使神话中的“顺风耳”“千里眼”变成了现实。从此，人类的信息传递可以脱离常规的视听觉方式，用电信号作为新的载体，由此带来了一系列技术革新，开始了人类通信的新时代。

通信技术的发展主要经历了三个阶段。

1）初级通信阶段（以 1838 年电报发明为标志）

1838 年莫尔斯发明有线电报，开始了电通信阶段。

1864 年，英国物理学家麦克斯韦（J.C.Maxwell）建立了一套电磁理论，预言了电磁波的存在，说明了电磁波与光具有相同的性质，两者都是以光速传播的。

1876 年贝尔利用电磁感应原理发明了电话。

1879 年第一个专用人工电话交换系统投入运行。

1880 年第一个付费电话系统运营。

1888 年，德国青年物理学家海因里斯.赫兹（H.R.Hertz）用电波环进行了一系列实验，发现了电磁波的存在，他用实验证明了麦克斯韦的电磁理论。这个实验轰动了整个科学界，成为近代科学技术史上的一个重要里程碑，导致了无线电的诞生和电子技术的发展。

电磁波的发现产生了巨大影响。不到 6 年时间，俄国的波波夫、意大利的马可尼分别发明了无线电报，实现了信息的无线电传播，其他的无线电技术也如雨后春笋般涌现出来。1904 年英国电气工程师弗莱明发明了二极管。1906 年美国物理学家费森登成功地研究出无线电广播。1907 年美国物理学家德福莱斯特发明了真空三极管，美国电气工程师阿姆斯特朗应用电子器件发明了超外差式接收装置。1920 年美国无线电专家康拉德在匹兹堡建立了世界上第一家商业无线电广播电台，从此广播事业在世界各地蓬勃发展，收音机成为人们了解时事新闻的方便途径。1924 年第一条短波通信线路在瑙恩和布宜诺斯艾利斯之间建立。1933 年法国人克拉维尔建立了英法之间和第一条商用微波无线电线路，推动了无线电技术的进一步发展。

2）近代通信阶段（以 1948 年香农提出信息论为标志）

1948 年香农提出了信息论，建立了通信统计理论。

1950 年时分多路通信应用于电话系统。

1951 年直拨长途电话开通。

1956 年铺设越洋通信电缆。

1957 年发射第一颗人造地球卫星。

1958 年发射第一颗通信卫星。

1962 年发射第一颗同步通信卫星，开通国际卫星电话；脉冲编码调制进入实用阶段。

20 世纪 60 年代彩色电视问世、阿波罗宇宙飞船登月、数字传输理论与技术得到迅速发展、计算机网络开始出现。

1969 年电视电话业务开通。

20 世纪 70 年代商用卫星通信、程控数字交换机、光纤通信系统投入使用；一些公司制定计算机网络体系结构。

3）现代通信阶段（以 20 世纪 80 年代以后出现的光纤通信应用、综合业务数字网崛起为标志）

20 世纪 80 年代开通数字网络的公用业务、个人计算机和计算机局域网出现、网络体系结构国际标准陆续制定。

20 世纪 90 年代蜂窝电话系统开通，各种无线通信技术不断涌现、光纤通信得到迅速普遍应用、国际互联网得到极大发展。

1997 年，68 个国家签订国际协定，互相开放电信市场。

2. 通信线路发展史

1）通信线路世界简史

通信线路是将电信号从一个地点传送到另一个地点的传输介质。在有线电信中，它是传送电信号的导线，叫作电信线路。电信线路的发展，大体上经历了架空明线、对称电缆、同轴电缆、光缆等主要阶段。

1844 年，在美国华盛顿与巴尔的摩之间建造的电报线路是最早的商用架空明线，全长 40 英里，采用单根铜线传送电报。最早传送电报的海底电缆是 1850 年在法国和英国之间的英吉利海峡敷设的，也是单根铜线的电缆。1876 年电话问世，最初的电话是利用电报线通话的。单根导线通话噪声很大，后来为了减少噪声干扰，电话明线和电缆都改用了双线环路。为了减少通话串音，又陆续采用明线交叉，即双线相互换位置的技术，在电缆中则采取双线相互扭绞的办法。将多对由两根相同线质、相同线径、相互绝缘的芯线相互扭绞而成的芯线组合在一起，便成了电缆，叫作对称电缆。对称电缆通常能传送频率为 4 MHz 以下的电信号。为了传送更高频率的电信号，在 20 世纪 30 年代后期，出现了一种新型结构的电缆，叫作同轴电缆。这是由一根中心导线（内导体）和一根包围在它外面的圆管导体（外导体）组合而成的信息传输媒体。中心导体和圆管导体的轴线相同，故有同轴电缆之称。1941 年，美国建成了第一条同轴电缆线路，可以同时开通 480 路电话，后来逐渐发展扩大，最后发展到一条同轴电缆上可同时开通 10 080 路和 13 200 路电话。1970 年，由于用于通信的激光器和光导纤维（光纤）相继研制成功，通信传输的容量进一步扩大。1976 年，美国在亚特兰大用含有 144 根光纤的光缆建成了第一条光纤通信实验系统。1988 年，第一条横跨大西洋的海底通信光缆敷设成功，成为欧美两大洲之间的骨干通信线路。

2）电信线路在我国的发展情况

19 世纪 70 年代电信传入我国。1871 年，丹麦大北电报公司的业务首先通过海缆进入上海，在上海开办了电报局。丹麦、俄罗斯、英国等帝国主义相继侵占我国的电信主权。我国自主建设、自己掌管的第一条电信线路，是 1887 年福建巡抚丁日昌在我国台湾省高雄和台南之间建设的明线电报线路，全长 95 华里。1962 年，在北京和石家庄之间开通了我国设计制造的 60 路载波长途高频对称电缆。1976 年，我国开通了自己设计制造的 1 800 路京沪杭同轴电缆线路，同年还建成了中国上海与日本熊本县之间的海底同轴电缆线路，可以开通 480 路电话。1978 年，我国研制通信光缆成功，20 世纪 80 年代以后逐渐用于长途通信线路，成为我国的主要通信手段。

3. 光纤的发展史

1870 年的一天，英国物理学家丁达尔到皇家学会的演讲厅讲光的全反射原理，他做了一个简单的实验：在装满水的木桶上钻个孔，然后用灯从桶上边把水照亮。结果使观众们大吃一惊。人们看到，放光的水从水桶的小孔里流了出来，水流弯曲，光线也跟着弯曲，光居然被弯弯曲曲的水俘获了。

人们曾经发现，光能沿着从酒桶中喷出的细酒流传输；人们还发现，光能顺着弯曲的玻璃棒前进。这是为什么呢？难道光线不再直进了吗？这些现象引起了丁达尔的注意，经过他的研究，发现这是折射的作用，由于水等介质密度比周围的物质（如空气）大，即光从水中射向空气，当入射角大于某一角度时，折射光线消失，全部光线都反射回水中。表面上看，光好像在水流中弯曲前进。

后来人们造出一种透明度很高、粗细像蜘蛛丝一样的玻璃丝——玻璃纤维，当光线以合适的角度射入玻璃纤维时，光就沿着弯弯曲曲的玻璃纤维前进。由于这种纤维能够用来传输光线，所以称它为光导纤维。

1880 年，Alexandra Graham Bell 发明光束通话传输光纤。

1960 年，电射及光纤发明。

1960 年，玻璃纤维的传输损耗大于 1 000 dB/km，其他材料包括光圈波导、气体透镜波导、空心金属波导管等。

1966 年 7 月，英籍、华裔学者高锟博士（K.C.Kao）在 PIEE 杂志上发表论文《光频率的介质纤维表面波导》，从理论上分析证明了用光纤作为传输媒体以实现光通信的可能性，并预言了制造通信用的超低耗光纤的可能性。

1970 年，美国康宁公司三名科研人员马瑞尔、卡普隆、凯克用改进型化学相沉积法（MCVD 法）成功研制成传输损耗只有 20 dB/km 的低损耗石英光纤。

1970 年，美国贝尔实验室研制出世界上第一只在室温下连续波工作的砷化镓铝半导体激光器。

1972 年，传输损耗降低至 4 dB/km。

1973 年，我国原邮电部的武汉邮电科学研究院开始研究光纤通信。

1974 年，美国贝尔研究所发明了低损耗光纤制作法——CVD 法（气相沉积法），使光纤传输损耗降低到 1.1 dB/km。

1976 年，美国在亚特兰大的贝尔实验室地下管道开通了世界上第一条光纤通信系统的试验线路。采用一条拥有 144 个光纤的光缆以 44.736 Mb/s 的速率传输信号，中继距离为 10 km。采用的是多模光纤，光源用的是发光管 LED，波长是 0.85 μm 的红外光。

1976 年，传输损耗降低至 0.5 dB/km。

1977 年，贝尔研究所和日本电报电话公司几乎同时研制成功寿命达 100 万小时（实际 10 年左右）的半导体激光器。

1977 年，世界上第一条光纤通信系统在美国芝加哥市投入商用，速率为 45 Mb/s。

1977 年，首次实际安装电话光纤网络。

1979 年，赵梓森拉制出我国自主研发的第一根实用光纤，被誉为“中国光纤之父”。

1979 年，传输损耗降低至 0.2 dB/km。

1980 年，多模光纤通信系统商用化（140 Mb/s），并着手单模光纤通信系统的现场试验工作。

1982 年，我国原邮电部重点科研工程“八二工程”在武汉开通。

1990 年，单模光纤通信系统进入商用化阶段（565 Mb/s），并着手进行零色散移位光纤和波分复用及相干通信的现场试验，而且陆续制定数字同步体系（SDH）的技术标准。

1990 年，传输损耗降低至 0.14 dB/km，已经接近石英光纤的理论衰耗极限值 0.1 dB/km。

1990 年，区域网络及其他短距离传输应用之光纤。

1992 年，贝尔实验室与日本合作伙伴成功地试验了可以无错误传输 9 000 km 的光放大器，其最初速率为 5 Gb/s，随后增加到 10 Gb/s。

1993 年，SDH 产品开始商用化（622 Mb/s 以下）。

1995 年，2.5 Gb/s 的 SDH 产品进入商用化阶段。

1996 年，10 Gb/s 的 SDH 产品进入商用化阶段。

1997 年，采用波分复用技术（WDM）的 20 Gb/s 和 40 Gb/s 的 SDH 产品试验取得重大突破。

1999 年，中国生产的 8×2.5 Gb/sWDM 系统首次在青岛至大连开通，沈阳至大连的 32×2.5Gb/sWDM 光纤通信系统开通。

2005 年，3.2Tb/s 超大容量的光纤通信系统在上海至杭州开通。

2005 年，FTTH（Fiber To The Home）即光纤直接到家庭。

2012 年，中国的光纤产能已达到 1 亿 2 000 万芯千米。

4. 光纤通信的展望

近几年来，随着技术的进步，以及电信管理体制改革以及电信市场逐步全面开放，光纤通信的发展又一次呈现了蓬勃发展的新局面。

第一，向超高速系统的发展。传统光纤通信的发展始终按照电的时分复用（TDM）方式进行，每当传输速率提高 4 倍，传输每比特的成本大约下降 30%～40%，因而高比特率系统的经济效益大致按指数规律增长，这就是光纤通信系统的传输速率一直在持续增加的根本原因。目前商用系统已从 45 Mb/s 增加到 10 Gb/s，其速率在 20 年时间里增加了 2 000 倍，比同期微电子技术的集成度增加速度还快得多。高速系统的出现不仅增加了业务传输容量，而且也为各种各样的新业务，特别是宽带业务和多媒体提供了实现的可能。

第二，向超大容量 WDM 系统的演进。采用电的时分复用系统的扩容潜力已尽，然而光纤的 200 nm 可用带宽资源仅仅利用了不到 1%，99%的资源尚待发掘。如果将多个发送波长适当错开的光源信号同时在一极光纤上传送，则可大大增加光纤的信息传输容量，这就是波分复用（WDM）的基本思路。采用波分复用系统的主要好处是：① 可以充分利用光纤的巨大带宽资源，使容量可以迅速扩大几倍至上百倍；② 在大容量长途传输时可以节约大量光纤和再生器，从而大大降低传输成本；③ 与信号速率及电调制方式无关，是引入宽带新业务的方便手段；④ 利用 WDM 网络实现网络交换和恢复可望实现未来透明的、具有高度生存性的光联网。鉴于上述应用的巨大好处及近几年来技术上的重大突破和市场的驱动，波分复用系统发展十分迅速。预计不久实用化系统的容量即可达到 1Tb/s 的水平。

第三，实现光联网。波分复用系统技术尽管具有巨大的传输容量，但基本上是以点到点通信为基础的系统，其灵活性和可靠性还不够理想。如果在光路上也能实现类似 SDH 在电路上的分插功能和交叉连接功能的话，无疑将增加新一层的威力。根据这一基本思路，光的分插复用器（OADM）和光的交叉连接设备（OXC）均已在实验室研制成功，目前两者都已广泛应用。实现光联网的基本目的是：① 实现超大容量光网络；② 实现网络扩展性，允许网络的节点数和业务量的不断增长；③ 实现网络可重构性，达到灵活重组网络的目的；④ 实现网络的透明性，允许互连任何系统和不同制式的信号；⑤ 实现快速网络恢复，恢复时间可达 100 ms。鉴于光联网具有上述潜在的巨大优势，发达国家投入了大量的人力、物力和财力进行预研。光联网已经成为继 SDH 电联网以后的又一新的光通信发展高潮。

第四，新一代的光纤。近几年来随着 IP 业务量的爆炸式增长，构筑具有巨大传输容量的光纤基础设施是下一代网络的物理基础。传统的 G.652 单模光纤在适应上述超高速长距离传送网络的发展需要方面已暴露出力不从心的态势，开发新型光纤已成为开发下一代网络基础设施的重要组成部分。目前，为了适应干线网和城域网的不同发展需要，已出现了两种不同的新型光纤，即非零色散光纤（G.655 光纤）和无水吸收峰光纤（全波光纤）。

第五，光接入网。网络的核心部分发生了翻天覆地的变化，无论是交换，还是传输都已更新了好几代。接入网部分将成为全数字化的、软件主宰和控制的、高度集成和智能化的网络。接入网中采用光接入网的主要目的是：减少维护管理费用和故障率；开发新设备，增加新收入；配合本地网络结构的调整，减少节点，扩大覆盖；充分利用光纤化所带来的一系列好处；建设透明光网络，迎接多媒体时代。

第六，海底光缆系统新发展。海底光缆使国际通信成为可能。其挑战在于：要开发新方法提高效率以满足不断增长的需要。今天的海底系统用掺铒光纤放大器来补偿光缆中的信号损失。这些光放大器置于中继器中，中继器通常是沿光缆放置，间隔为 50 km，有足够的光学带宽，可支持使用波分复用技术的多重光学通道。通过使用更多的光学带宽和更有效地利用光学带宽，海底光纤系统的容量亦会随之增加，“适合”于掺铒光纤放大器中传统通带的最终数字容量取决于如何有效地将带宽用于数据传输。光缆通信因为其技术相对简单，价格相对低廉，在与卫星通信的竞争中占据了绝对的优势，海底光缆系统作为应用于特殊物理环境下的光纤通信系统，它的完善将直接将人类的通信系统带至一个新的高度。光接入网就是采用光纤传输技术的接入网，泛指本地交换机或远端模块与用户之间采用光纤通信或部分采用光纤通信的系统。通常，光接入网指采用基带数字传输技术并以传输双向交互式业务为目的的接入传输系统，能以数字或模拟技术升级传输宽带广播式和交互式业务。在接入网宽带化的各种技术中，光纤传播介质的高宽带、高可靠性和高抗干扰性的优势十分明显。

光纤通信作为当今世界主流的通信方式，经过几十年的发展已经较为完善，整个人类社会也能感受到光纤通信系统所带来的方便。而伴随信息社会的高速发展，人们对信息传递的要求随之加大，光纤通信技术的研究任重而道远，毕竟，光纤通信技术还有着不可限量的发展前景。

第三部分：学习效果及评价

课次		课时	
课堂笔记			
课后习题			
1. 结合我国光纤的发展历程，谈一谈通信行业给我国经济建设起了哪些作用？			
2. 查阅资料，讲述一名为世界通信史上做出重要贡献的人及事迹。（如：谁发明的电报，谁发明的手机等。）			
评定等级		评定教师	

模块二 通信线缆基础

任务一 光纤基础

2.1 光纤基础知识

第一部分：课程导读

<table>
<tr><td>课次</td><td></td><td>课时</td><td></td></tr>
<tr><td>课程地位</td><td colspan="3">光纤是现代通信线缆中最为常见、使用最广的，因此也是通信线缆中最重要的。学习和掌握光纤的结构及原理有助于学生掌握光纤的性能，同时也能为学习光缆基础知识做好铺垫</td></tr>
<tr><td>主要内容</td><td>● 光纤的结构、类型、使用场合；
● 光纤的分类、特点及质量辨别</td><td>教学目标</td><td>● 能叙述光纤通信原理；
● 能画出光纤的结构；
● 了解光纤的类型；
● 会辨别光纤质量</td></tr>
<tr><td>课程重点</td><td>● 光纤的结构；
● 光纤的分类</td><td>课程难点</td><td>● 光纤的结构、类型、使用场合</td></tr>
<tr><td>课程小结</td><td colspan="3">光纤是由多层透明介质构成的，一般为同心圆柱形细丝，为轴对称结构，可分为三部分：折射率较高的纤芯、折射率较低的包层和外面的涂覆层</td></tr>
<tr><td>板书设计</td><td colspan="3">1. 光纤的结构：纤芯，包层，涂敷层；
2. 光纤的分类：
（1）制造材料：玻璃光纤和塑料光纤；
（2）传输数量：单模和多模；
（3）折射率：阶跃型和梯度型；
（4）波长：短波长和长波长；
（5）套塑结构：紧套光纤和松套光纤</td></tr>
<tr><td>教学资源</td><td colspan="3">2.1 光纤基础知识</td></tr>
</table>

第二部分：学习内容

光纤是光导玻璃纤维的简称，就是用来导光的透明介质纤维。光纤外径一般为 125 ~ 140 μm，芯径一般为 3 ~ 100 μm。

1. 光纤的结构

一根实用化的光纤是由多层透明介质构成的，一般为同心圆柱形细丝，为轴对称结构，可分为三部分：折射率较高的纤芯、折射率较低的包层和外面的涂覆层。其外形如图 2.1 所示。

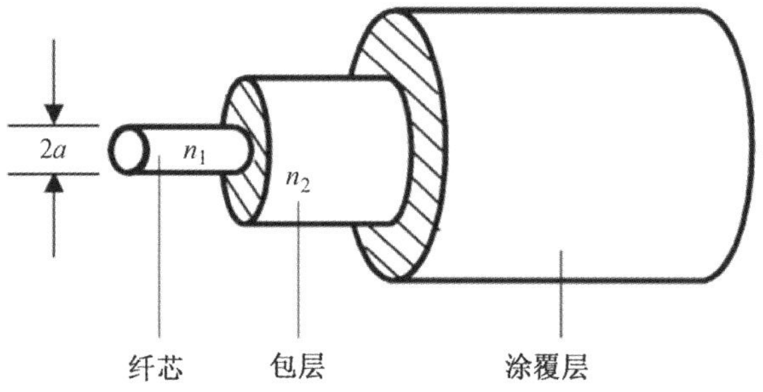

图 2.1　光纤外形示意图

光纤的结构一般是双层或多层的同心圆柱体，如图 2.2 所示。中心部分是纤芯，纤芯以外的部分称为包层。纤芯的作用是传导光波，包层的作用是将光波封闭在光纤中传播。为了达到传波的目的，需要使光纤材料的折射率 n_1 大于包层材料的折射率 n_2。为了实现纤芯和包层的折射率差，必须使纤芯和包层材料有所不同。目前实用的光纤主要是石英。如果在石英中掺入折射率高于石英的掺杂剂，则就可作为纤芯材料。同样如果在石英中掺入折射率比石英低的掺杂剂，则就可以作为包层材料，经过这样掺杂后，上述的目的就可达到了。也就是说，光纤是由两种不同折射率的玻璃材料拉制而成的。

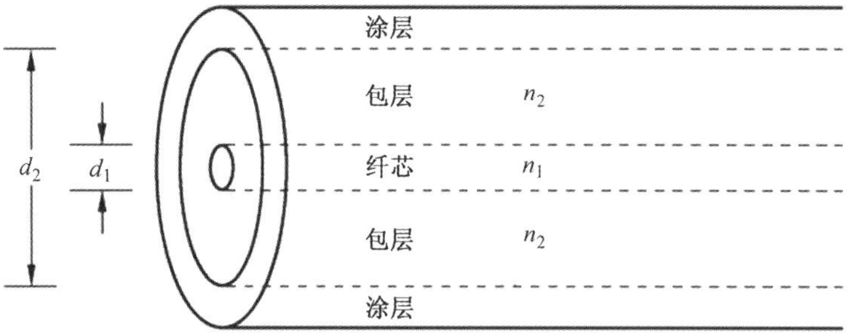

图 2.2　光纤的结构示意图

（1）纤芯位于光纤的中心部位，是光波的主要传输通道。直径 d_1=4 ~ 50 μm，单模光纤的纤芯为 4 ~ 10 μm，多模光纤的纤芯为 50 μm。纤芯的成分是高纯度 SiO_2，掺有极少量的掺杂剂（如 GeO_2、P_2O_5），作用是提高纤芯对光的折射率（n_1），以传输光信号。

（2）包层位于纤芯的周围。直径 d_2=125 μm，其成分也是含有极少量掺杂剂的高纯度 SiO_2。而掺杂剂（如 B_2O_3）的作用则是适当降低包层对光的折射率（n_2），使之略低于纤芯的折射率，即 $n_1 > n_2$，它使得光信号封闭在纤芯中传输。

（3）涂覆层光纤的最外层为涂覆层，包括一次涂覆层、缓冲层和二次涂覆层。一次涂覆层一般使用丙烯酸酯、有机硅或硅橡胶材料；缓冲层一般为性能良好的填充油膏；二次涂覆层一般多用聚丙烯或尼龙等高聚物。涂覆的作用是保护光纤不受水汽侵蚀和机械擦伤，同时又增加了光纤的机械强度与可弯曲性，起着延长光纤寿命的作用。涂覆后的光纤其外径约 1.5 mm。通常所说的光纤为此种光纤。

实用的光纤不是裸露的玻璃丝，而是要在它的外表附加几层塑料涂层。目前，在通信中使用较为广泛的光纤有两种：紧套光纤与松套光纤，如图 2.3 所示。紧套光纤就是在一次涂覆的光纤上再紧紧地套上一层尼龙或聚乙烯等塑料套管，光纤在套管内不能自由活动。松套光纤，就是在光纤涂覆层外面再套上一层塑料套管，光纤可以在套管中自由活动。

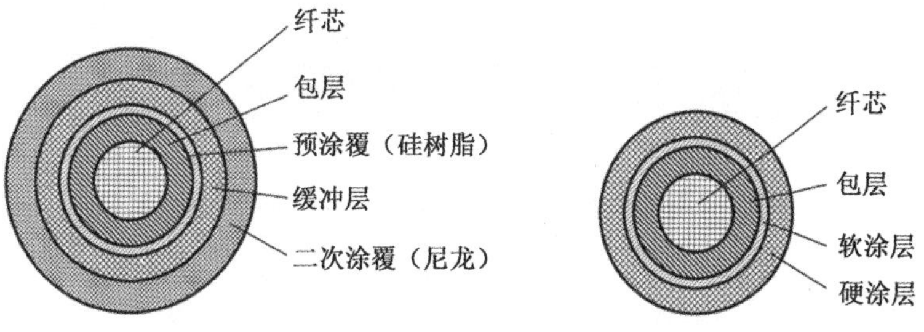

（a）紧套光纤　　（b）松套光纤

图 2.3　套塑光纤结构

2. 光纤的分类

光纤的分类方法很多，可以按材料性质、折射率分布、套塑方式及按照 ITU-T 建议分类等进行。下面介绍通信光纤的分类。

既可以按照光纤截面折射率分布来分类，又可以按照光纤中传输模式数的多少、光纤使用的材料或传输的工作波长来分类。根据不同的分类方法和标准，同一根光纤将会有不同的名称。常用的分类方法有：

1）按光纤的制造材料分类

按照光纤制造材料的不同，光纤可分为玻璃（石英）光纤和塑料光纤。玻璃光纤一般是指由掺杂石英芯和掺杂石英包层构成的光纤。这种光纤有很低的传输损耗和中等程度的传输色散。目前通信用光纤绝大多数为玻璃光纤。塑料光纤是一种通信用新型光纤，尚处于研制、试用阶段。塑料光纤具有传输损耗大、纤芯粗（直径 100 ~ 600 μm）、数值孔径（NA）大（一般为 0.3 ~ 0.5，可与光斑较大的光源耦合使用）及制造成本低等优点。目前，塑料光纤适用于短距离使用，如计算机联网和船舶内通信等。

2）按传输模数量及折射率分布分类

按传输模式的数量可分为多模光纤和单模光纤。按折射率分布状况分类，多模光纤可分为阶跃型（突变型）光纤和梯度型（渐变型、自聚焦型）光纤，单模光纤则分为阶跃型光纤。它们的结构及光传输情况如图 2.4 所示。这三类光纤芯径、折射率差系数、带宽、连接难易的比较，如表 2.1 所示。

表 2.1　三类光纤芯径、折射率差系数、带宽、连接难易的比较

光纤类型		芯径/μm	折射率差系数/%	损耗	带宽/（MHz・km）	连接难易
多模	阶跃型	50	0.8～3	视波长	10～50	容易（1 μm 精度）
	梯度型	50	0.8～1.5	视波长	几百至数 pHz・km	容易（1 μm 精度）
单模	阶跃型	9～10	0.1～0.3	视波长	10	较难（0.1 μm 精度）

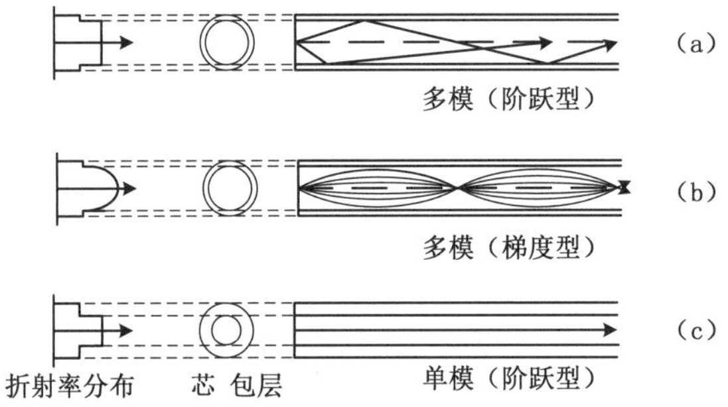

图 2.4　三类光纤的结构及光传输情况

3）按光纤的工作波长分类

石英光纤按波长分类，可分为短波长光纤的和长波长光纤。短波长光纤的波长为 0.85 μm（0.8～0.9 μm），波长为 0.85 μm 的多模光纤，主要用于短距离市话中继线路或专用通信网等线路。长波长光纤的波长为 1.3～1.6 μm，具体波长有 1.3 μm 和 1.5 μm 两个窗口。

4）按套塑结构分类

松套光纤是指如图 2.3（b）所示的光纤，其外边是套上一个较松的套管，光纤在中间可以松动。通常，在松套管内都应充入半流质油剂，以增强防水性能和起缓冲作用。松套管对光纤能起到抗压、抗拉的保护作用。对于尾纤则采用紧套方式。

5）按照 ITU-T 建议分类

为了使光纤具有统一的国际标准，国际电信联盟—电信小组（ITU-T）制订了统一的光纤标准（G 标准）。按照 ITU-T 关于光纤的建议，可以将光纤分为 G.651 光纤（渐变型多模光纤）、G.652 光纤（常规单模光纤或 1.31 μm 性能最佳单模光纤）、G.653 光纤（色散位移光纤，DSF）、G.654 光纤（1 550 nm 性能最佳单模光纤）、G.655 光纤（非零色散位移光纤，主要包括非零色散位移光纤 NZDSF 和大有效面积光纤 LEAF）等。

（1）渐变型多模光纤（G.651 光纤）。

渐变型多模光纤的工作波长有两种：1.31 μm 和 1.55 μm。在这两种工作波长上，光纤均处于多模工作状态。这种光纤在 1.31 μm 处具有最小的色散值，而在 1.55 μm 处具有最小的衰减系数。

塑料光纤（POF）是渐变型多模光纤的一种，在国际电工委员会（IEC）中定为 A4 光纤，可用于光纤到办公桌（FTTD），采用全氟化聚合物 CYTOP 制造的 GI 光纤，其衰减可达 1.5～2.5 dB/100 m，传输速率可达 3 Gbit/s，带宽大于 200 MHz・km，可用于短距离光通信和室内传输线（含家庭和办公自动化）当中，预计在解决全光纤化通信最后“一公里”的进程中，

可能就是这类 GI-POF 光纤的主要用途，预计 POF 将是一个有增长潜力的领域。

（2）常规单模光纤（G.652 光纤）。

常规单模光纤也称为非色散位移光纤，于 1983 年开始商用。其零色散波长在 1 310 nm 处，在波长为 1 550 nm 处衰减最小，但有较大的正色散，其色散系数约为 18 ps/（nm・km）。工作波长既可选用 1 310 nm，又可选用 1 550 nm。这种光纤是使用最为广泛的光纤，它在世界各地敷设数量已高达 7 000 万千米之多，我国已敷设的光缆绝大多数采用这类光纤。

利用 G.652 光纤进行速率为 10 Gbit/s 以上的信号长途传输时，必须引入色散补偿光纤进行色散补偿，并需引入更多的掺铒光纤放大器来补偿由于引入色散补偿光纤所产生的损耗。

1998 年美国朗讯（现在 OFS）公司推出了 G.652C/D 新型单模光纤，即无水峰光纤（ZWPF），它采用一种新的生产制造技术，尽可能地消除 OH 离子 1 383 nm 附近处的"水吸收峰"，使光纤损耗完全由玻璃的本征损耗决定，在 1 280 ~ 1 625 nm 的全部波长范围内都可以用于光通信，而结构上与普通 G.652 单模光纤无异，是目前最先进的城域网用非色散位移光纤。

（3）色散位移光纤（G.653 光纤）。

G.653 光纤又称为色散位移光纤，于 1985 年商用。色散位移光纤通过改变光纤的结构参数、折射率分布形状，来加大波导色散，从而将最小零色散点从 1 310 nm 位移到 1 550 nm，实现 1 550 nm 处最低衰减和零色散一致，并且在掺铒光纤放大器工作波长区域内。这种光纤非常适合于长距离、单信道、高速光纤通信系统，如可在这种光纤上直接开通 20 Gbit/s 系统，而不需要采取任何色散补偿措施。但是，这种光纤在通道进行波分复用信号传输时，在 1 550 nm 附近低色散区存在有害的四波混频等光纤非线性效应，阻碍了光纤放大器在 1 550 nm 窗口的应用，正是这个原因，色散位移光纤正在被非零色散位移光纤所取代。

（4）1 550 nm 性能最佳单模光纤（G.654 光纤）。

1 550 nm 性能最佳单模光纤在 1 550 nm 波长工作窗口具有极小衰减（0.18 dB/km）。与 G.652 光纤比较，这种光纤的优点是在 1 550 nm 工作波长处衰减系数极小，其弯曲性能好。另外，该光纤的最大特点是工作波长为 1 310 nm 的系统将处于多模工作状态。这种光纤主要应用在传输距离很长，且不能插入有源器件的无中继海底光纤通信系统中。这种光纤的缺点是制造困难，价格昂贵，主要用于长距离传输的海缆。

（5）非零色散位移单模光纤（G.655 光纤）。

G.655 光纤常称非零色散位移光纤，是在 1994 年专门为新一代光放大密集波分复用传输系统设计和制造的新型光纤，属于色散位移光纤，在 1 550 nm 处色散不是零值，按 IUT-T.G.655 规定，在波长 1 530 ~ 1 565 nm 范围内对应的色散值为 0.1 ~ 6.0 ps/（nm・km）用以平衡四波混频等非线性效应。由于这种光纤利用较低的色散抑制了四波混频等非线性效应，使其能用于高速率（10 Gbit/s 以上）大容量、密集波分复用的长距离光纤通信系统中。

（6）宽带用非零色散单模光纤（G.656 光纤）。

2004 年 4 月 ITU-T 通过了 G.656 光纤建议。

G.656 光纤的应用范围：在 1 460 ~ 1 625 nm 波长范围内，其色散为一个大于零的数值。该色散减小了链路中非线性效应，这些非线性效应对 DWDM（密集波分复用）系统非常有害。该光纤在比 G.655 光纤更宽的波长范围内，利用非零色散减小四波混频（FWM），交叉相位调制（XPM）效应。在 1 460 ~ 1 625 nm 波长范围内，该光纤可以用于 CWDM（稀疏波分复用）和 DWDM（密集波分复用）系统的传输。

第三部分：学习效果及评价

课次		课时	
课堂笔记			
课后习题			
1. 简述光纤的传输原理。			
2. 画出光纤结构图。			
评定等级		评定教师	

任务二　光缆基础

2.2　光缆的基本结构与分类　　　　2.2　光缆的型号

第一部分：课程导读

课次		课时	
课程地位	光缆，是以一根或多根光纤或光纤束制成符合光学、机械和环境特性的结构。光缆的结构直接影响系统的传输质量，而且与施工也有较大的关系。施工人员在敷设光缆前，必须了解光缆的结构和性能。工程施工应按所选用光缆的结构、性能，采取正确的操作方法，来完成传输线路的建设，并确保光缆的正常使用寿命		
主要内容	● 光缆设计的原则； ● 光缆结构中所用材料及其性能； ● 光缆结构； ● 光缆分类； ● 光缆型号； ● 光缆端别与纤序的识别	教学目标	● 了解光缆设计的原则、所用的材料及其性能； ● 能叙述光缆分类、型号； ● 掌握光缆端别与纤序的识别
课程重点	● 光缆结构； ● 光缆分类； ● 光缆型号	课程难点	● 不同光缆基本结构的优缺点及适用范围； ● 光缆端别与纤序的识别
课程小结	光缆是由光纤、高分子材料、金属-塑料复合带及金属加强件等共同构成的光信息传输介质。光缆的基本结构一般由缆芯、加强构件、填充物和护层等几部分构成，根据实际需要，还要有防水层、缓冲层、绝缘金属导线等构件		
板书设计	1. 光缆结构：缆芯，加强构件，护层结构，填充结构； 2. 层绞式光缆，骨架式光缆，束管式光缆，带状光缆，单芯光缆，特殊光缆		
教学资源	2.2 光缆的基本结构与分类 2.2 光缆的型号		

第二部分：学习内容

1. 光缆设计原则

为适应不同应用场景的光纤通信需求，要求设计制造各种各样结构的光缆。设计光缆，必须规定光缆的结构尺寸和所用材料。设计光缆的一般原则如下：

（1）光纤的余长：根据每管光纤芯数和余长要求，设计松套管尺寸。当松套管是用来制作中心束管式光缆时，松套管中光纤余长应在 0.25%左右；当松套管是用来制作层绞式光缆时，松套管中光缆的余长应在 0.02%左右。

（2）机械强度：根据对光缆机械强度要求，合理选择光缆中的加强构件、直径以及护层结构、铠装结构等。光缆的抗拉强度主要靠加强构件提供。光缆抗侧压力主要靠护层或铠装层提供。光缆防水防潮，主要靠铝-塑粘结护套或钢-塑粘结护套，以及缆中的阻水油膏和阻水材料提供。

（3）使用场合：根据光缆的使用场合，使用不同结构的光缆，以满足使用场合的要求。

（4）阻水：要注意选用阻水油膏，特别是松套光纤用阻水油膏的温度特性要好，不能有淅油等。

（5）光缆结构：合理的光缆结构设计，应对光纤起到最佳的机械保护。在保证光缆所要求的特性下，应尽量使光缆横截面积小，单位长度重量轻，以发挥光缆本身所应具有的优点。

2. 光缆结构中所用材料及其性能

光缆是由光纤、高分子材料、金属-塑料复合带及金属加强件等共同构成的光信息传输介质。

光缆结构设计要点是根据系统通信容量、使用环境条件、敷设方式、制造工艺等，通过合理选用各种材料来赋予光纤抵抗外界机械作用力、温度变化、水作用等保护。

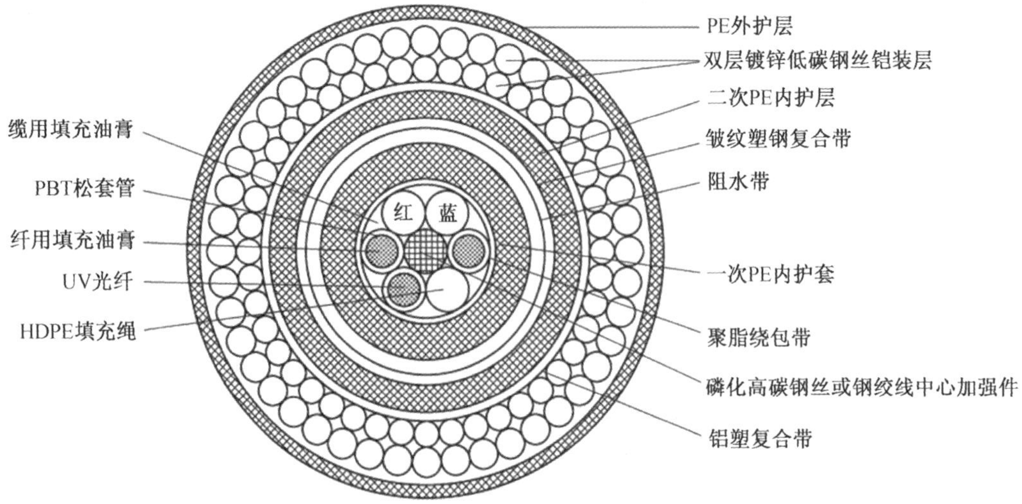

图 2.5　层绞式钢带纵包双层钢丝铠装光缆结构图

如图 2.5 所示的是所用材料种类最多的 GYTY53+333 层绞式钢带纵包双层钢丝铠装光缆

结构。由图可知，层绞式钢带纵包双层钢丝铠装光缆是由光纤、高分子材料、皱纹钢塑复合带、双层钢丝铠装层和金属加强件等共同构成的。通常，除了光纤外，构成光缆的材料可分为三大类：① 高分子材料：松套管材料、聚乙烯护套料、无卤阻燃护套料、聚乙烯绝缘料、阻水油膏、阻水带、聚酯带。② 金属-塑料复合带：钢塑复合带、铝塑复合带。③ 中心加强件：磷化钢丝、不锈钢丝、玻璃钢圆棒等。

众所周知，在光纤传输机械特性优异，光缆结构设计合理，成缆工艺完善的前提下，光缆的机械、温度、阻水等特性主要取决于所选用的各种材料的性能及其匹配的好坏。只有保证了所使用的各种材料的性能和各类材料的综合性能，光缆的机械、温度、阻水、寿命等实用性能才能得到根本保障。

3. 光缆结构

光缆的基本结构一般由缆芯、加强构件、填充物和护层等几部分构成，除了这些基本结构之外，根据实际需要，还要有防水层、缓冲层、绝缘金属导线等构件。

1）缆　芯

为了进一步保护光纤，增加光纤的强度，一般将带有涂覆层的光纤再套上一层塑料层，通常称为套塑。套塑后的光纤称为光纤芯线。将套塑后且满足机械强度要求的单根或者多根光纤芯线以不同的形式组合起来，就组成了缆芯。多芯光缆一般由紧结构或者松结构为单位组成单元式结构，或者在松结构的套管中放入多芯光纤组成的。紧结构光缆的主要形式是绞合型光缆，将光纤以一定的节距绞合成光缆，并被包围在塑料之中，以中心的强度元件来承受张力。松结构光缆中光纤具有较大的活动空间。光缆缆芯的基本结构（基本缆芯组件）大体上有层绞式、骨架式、束管式和带状式四种。

2）加强构件

加强构件的作用是增加光缆的抗拉强度，提高光缆的机械性能。光缆中的加强构件一般应该具有以下条件。

（1）高杨式模量（注：杨氏模量是描述材料抵抗形变能力的物理量，该值越大，材料越不容易变形）。

（2）加强构件的屈服应力大于光缆的给定应力。

（3）单位长度的重量较小。

（4）抗弯曲性能要好。一般光缆的加强构件采用镀锌钢丝、钢丝绳、不锈钢丝或者高强度塑料加强构件等。加强构件一般位于光缆的中心，也有位于护层的，称为护层加强构件。表面经常要包有一层塑料，保证加强构件与光纤接触的表面光滑并具有一定的弹性。

3）护层结构

护层的主要作用是保护缆芯，提高机械性能和防护性能。不同的护层结构适合不同的敷设条件。光缆的护层分为外护层和护套两部分。护套用来防止钢带、加强构件等金属构件损伤光纤；外护层进一步增强光缆的保护作用。

4）填充结构

填充结构用来提高光缆的防潮性能，在光缆缆间空隙中注入填充物，以防止水汽进入光缆。

下面介绍国内外各种典型结构的光缆情况，了解不同光缆的结构特点和施工要点。

1）层绞式光缆

类似传统的电缆结构方式，故又称之为古典光缆，就是把经过套塑的光纤绕在加强芯周围绞合而构成，中央部位是加强构件，外部是光缆外护套，松套结构的光纤围绕在加强芯周围。它属于中心构件配置方式。中心增强构件采用塑料被覆的多股绞合或实心钢丝和纤维增强塑料两种增强件（习惯称加强芯）。纤维增强塑料（如芳纶），其强度能满足光缆要求，这种增强件用于无金属光缆。

根据管道、架空或直埋等不同敷设要求，层绞式光缆还可以用 PVC 或 Al-PE 粘接内护层作内护层，埋式光缆还增加皱纹钢带或钢丝铠装层。

层绞结构的优点是可以很好地保护光纤，在施工敷设过程中引起的损耗较小。但由于结构限制，只适合制作芯数比较小的光缆，从几芯到几十芯。

目前在市话中继和长途线路上采用的几种层绞式结构光缆的示意图如图 2.6~2.10 所示。

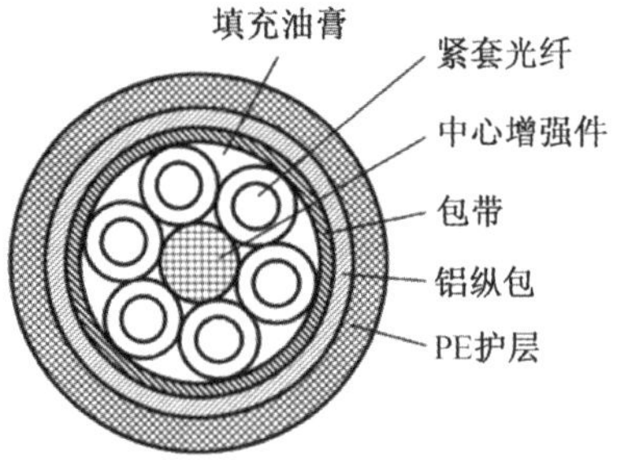

图 2.6　6 芯紧套层绞式光缆

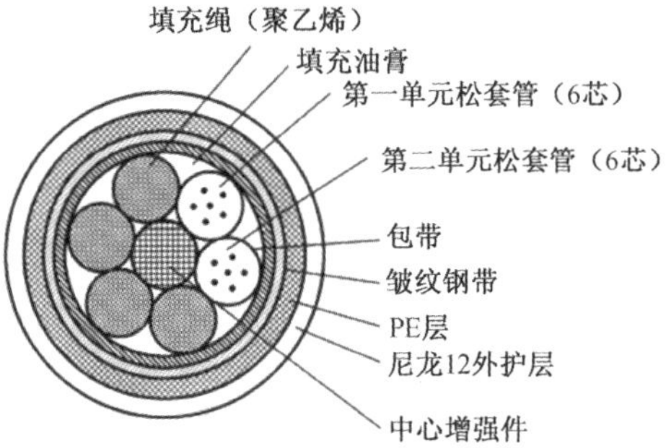

图 2.7　6 芯松套层绞式直埋防蚁光缆

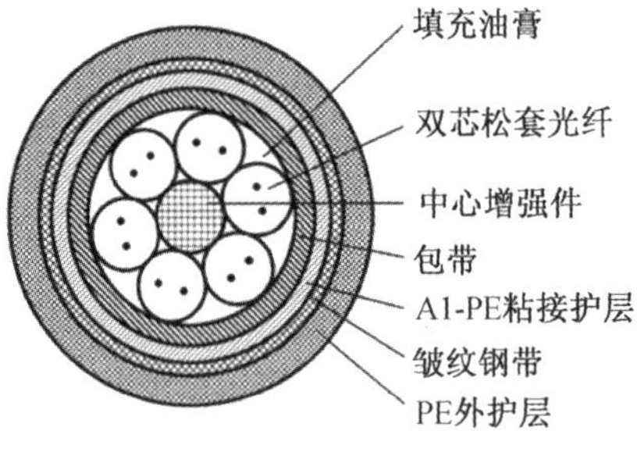

图 2.8　6 芯松套层绞式直埋光缆

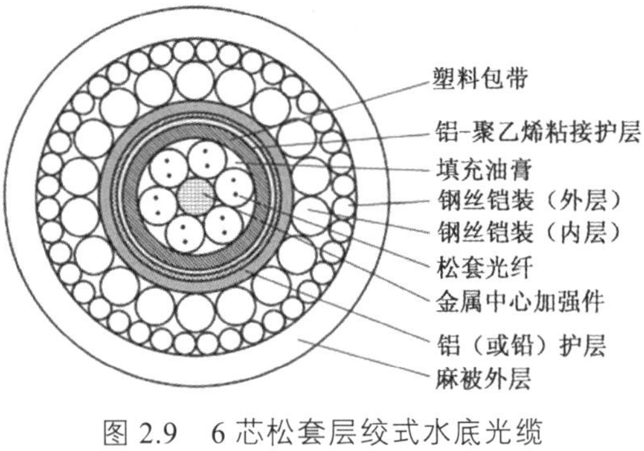

图 2.9　6 芯松套层绞式水底光缆

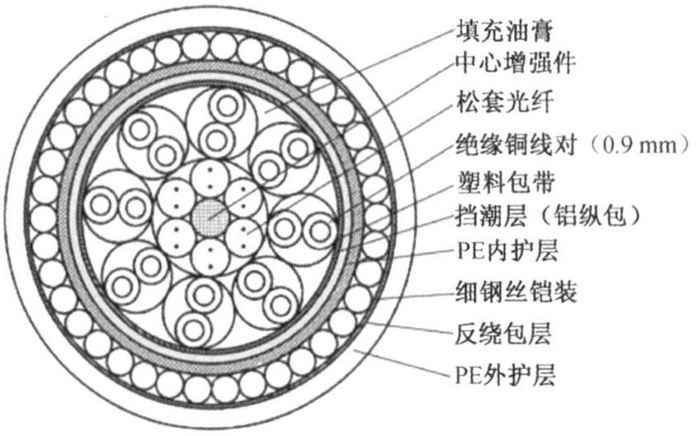

图 2.10　6 芯松套+8 芯×2 线对层绞式直埋光缆

紧套层绞式结构光缆：收容光纤数有限，多数为 6 ~ 12 芯，也有 24 芯。紧套层绞结构应注意的问题是侧压力，在成缆中可用减少外力和使用软的缓冲涂层来降低微弯损耗。一般采用不同模量的多层塑料材料，即内层较软、外层较硬的材料保护光纤。施工中在牵引时应考虑其侧压力的影响。

松套层绞式结构光缆：因为光纤采用松套管作为第二次保护，侧压性能有一定提高。松套管的直径一般为 1.2 ~ 2.0 mm，壁厚为 0.15 ~ 0.55 mm。由于松套质量对成缆和施工接续都有一定影响，因此在检查光缆质量时，应注意到这一点。

从这几种结构可以看出，对于架空、管道、直埋等不同敷设条件的光缆，在结构上主要区别是在护层的材料、方式以及中心加强件的截面积。一般为：架空光缆、管道光缆护层为 AL-PE 粘接护层，中心加强构件按 200 kg 张力设计。

埋式光缆护层由内向外包含三层：A1-PE 粘接内护层、钢丝铠装层和 PE 外护层。中心加强构件按 400 kg 设计。对于用于白蚁地区的埋式（防鼠害）光缆，只是在埋式普通光缆的外护层外边再增加一层尼龙 12 外护层。

2）骨架式结构光缆

目前，骨架式结构光缆较受用户及厂商的欢迎，其原因是它具有下列特点：

（1）骨架结构对光纤有良好的保护性能、侧压强度好，对施工尤其是管道布放有利。

（2）它可以用一次涂层光纤直接放置于骨架槽内，省去了松套管二次被覆过程。但实际工程表明，如用松套管有利于光缆连接。

（3）可用 n 根光纤基本骨架组成不同光纤数量和性能的光缆。如图 2.11 所示，每个光纤槽内放 1 ~ 4 根一次涂层光固化光纤，则可满足 12 ~ 48 芯光缆的要求。

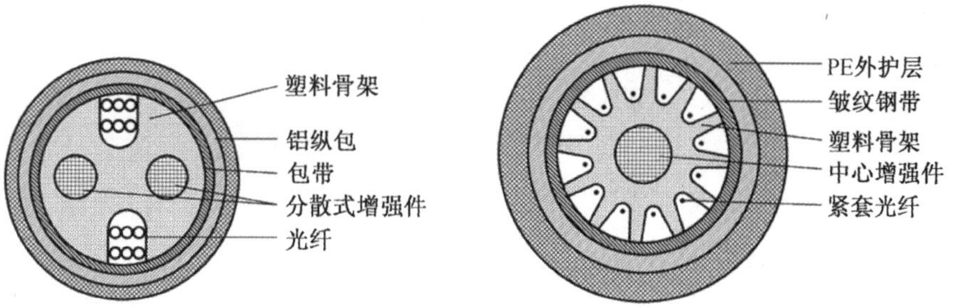

（a）管道、架空　　（b）直埋

图 2.11　芯骨架式光缆

（4）不需要特殊设备，原有电缆制造设备进行适当改进就能满足要求。

骨架式光缆，关键在于具有光纤槽的塑料骨架。材料一般是低密度聚乙烯，加强芯有多股细钢丝或增强型塑料。骨架式有中心增强螺旋型、分散增强基本单元型。目前，我国采用的骨架式结构式光缆，都是如图 2.12 所示的骨架结构的自承式架空光缆。

在光缆制造中，骨架的光纤槽几何形状确定后，通过调节合适的节距，使光纤余长适应光纤应力和热膨胀性能的需要，这是非常重要的技术，它将影响到光缆的机械性能和温度性能，同时对施工及施工后光纤残余应力的产生有一定的影响。

3）束管式结构光缆

从对光纤的保护来说，束管式结构光缆最合理。属于分散加强构件配置方式的束管式结构光缆如图 2.13 所示。由于束管式结构光纤与加强芯分开，因而提高了网络传输的稳定可靠性。同时由于束管式结构直接将一次光固化涂层光纤放置于束管中，所以光缆的光纤数量灵活。

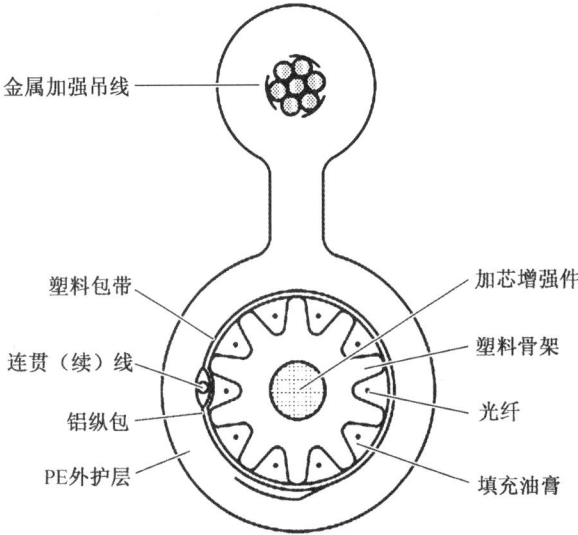

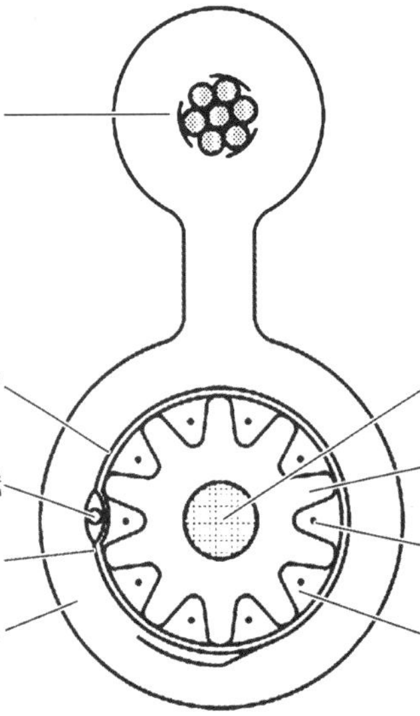

图 2.12　骨架式自承式架空光缆

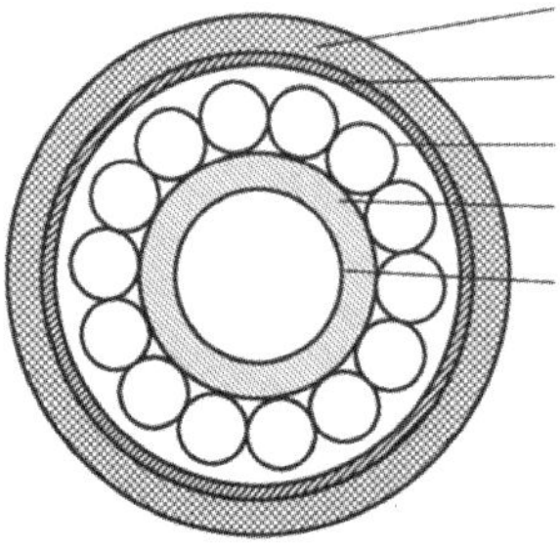

图 2.13　6 芯 ~ 48 芯束管式光缆

4）带状结构光缆

带状结构光缆的优点，是可容纳大量的光纤。带状结构光缆如图 2.14 ~ 图 2.15 所示，其光纤数量在 100 芯以上。作为用户光缆可满足实际需要。同时带状光缆还可以单元光纤的一次连接，以适应大量光纤接续、安装的需要。随着光通信的发展，光纤用户网线路将大量使用这种结构的光缆。

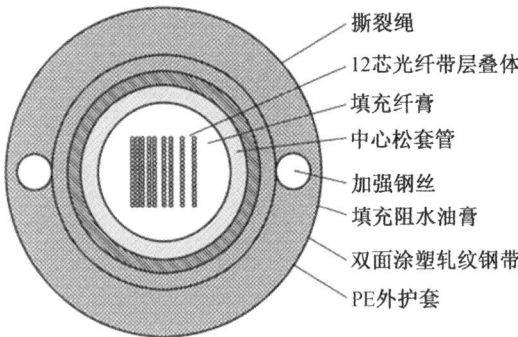

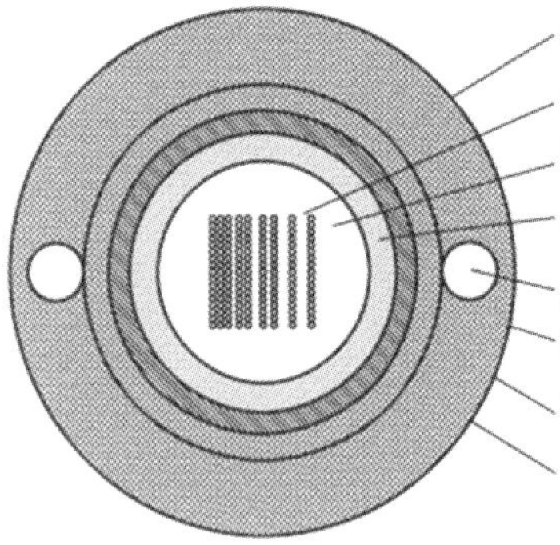

图 2.14　中心束管式带状光缆

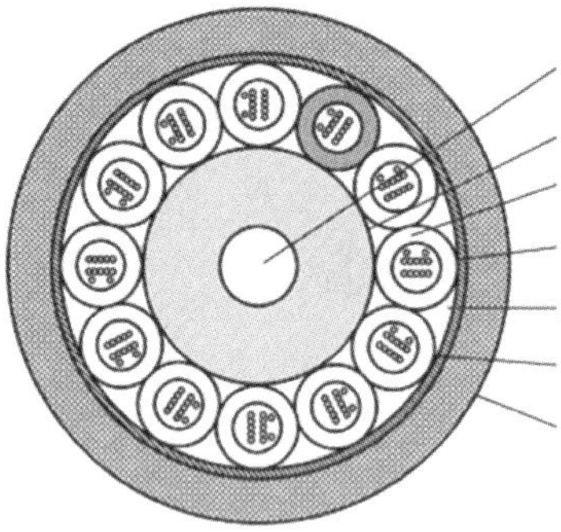

图 2.15　层绞式带状光缆

5）单芯结构光缆

单芯结构光缆简称单芯软光缆，如图 2.16 所示。它是光缆传输系统中不可缺少的单芯软光缆，必须采取紧套光纤来制作。其外护层多数采用具有阻燃性能的聚氯乙烯塑料。这种结构的光缆主要用于局、站光缆内各光纤通过与软光缆间连接引至光纤分配架及设备机盘。另外，用来制作仪表测试软线和特殊通信场所使用的特种光缆以及制作单芯软光缆和光纤，其几何、光学参数要求一致性好，以减少连接损耗。

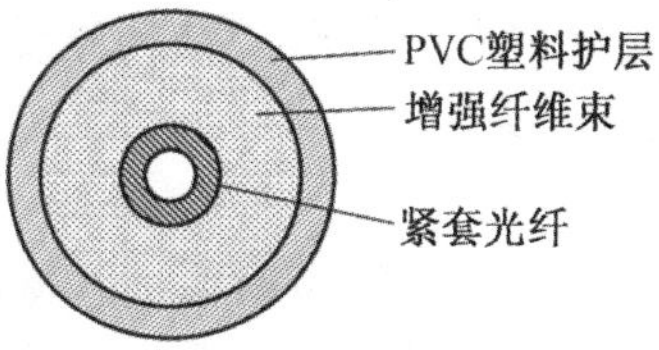

图 2.16　单芯结构光缆

6）特殊结构光缆

除上述各种不同结构的通信光缆外，还有一些特殊结构的光缆，主要有光/电力组合缆、光/架空地线组合缆和深海用光缆及无金属光缆。

（1）海底光缆。用于海底敷设用的通信光缆，对结构和光纤（机械）性能要求很高。

（2）无金属光缆。无金属光缆是指光缆除光纤、绝缘介质外，其他包括增强构件、护层均是全塑结构，适用于强电场合，如电站、电气化铁道及强电磁干扰地带。它具有抗电磁干扰的特点。缆内用油膏填充来提高防水性能。无金属光缆多用于架空线路。

（3）架空复合地线光缆。

架空复合地线光缆（Optical Fiber Composite Overhead Ground Wire，OPGW），如图 2.17 所示，它兼具地线和光缆的双重功能，这种地线光缆结构简单可靠，可以与现有地线相匹配，并且安装在铁塔上不会增加负荷，可以保持铁塔现有挡距，非常适合应用在输电线路上。20 世纪 80 年代初，OPGW 以其高可靠性，优越的机械、电气性能及良好的经济性和实用性在全球得到广泛运用。目前，国际上已公认这种通信方式是电力系统较有发展前途的通信手段之一。光纤复合架空地线开辟了电力系统应用光纤通信技术的新领域。

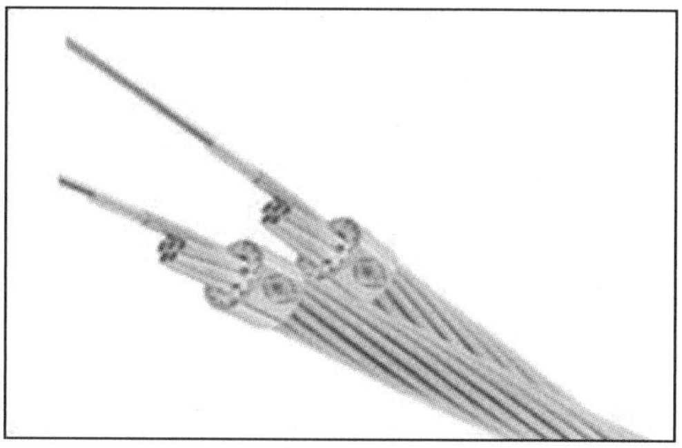

图 2.17　架空复合地线光缆

4. 光缆分类

光缆的种类较多，其分类方法就更多。它的很多分类，不如电缆分类那样单纯、明确。下面介绍一些我们习惯的分类。

（1）根据传输性能、距离和作用，光缆可分为市话光缆、长途光缆、海底光缆和用户光缆。

（2）按光纤的可支持传输光信号数量分为多模光缆、单模光缆；按光纤套塑可分为紧套光缆、松套光缆、束管式光缆和带状多芯单元光缆。

（3）按光纤芯数的多少可分为单芯光缆、双芯光缆、4 芯光缆、6 芯光缆、8 芯光缆、12 芯光缆、24 芯光缆等。

（4）按敷设方式可分为管道光缆、直埋光缆、架空光缆和水底光缆。

（5）按护层材料性质可分为聚乙烯护层普通光缆、聚氯乙烯护层阻燃光缆和尼龙防蚁防鼠光缆。

（6）按传输导体、介质状况可分为无金属光缆、普通光缆（包括有铜导线作远供或联络用的金属加强构件、金属护层光缆）和综合光缆（指用于长距离通信的光缆和用于区间通信的对称四芯组综合光缆，它主要用于铁路专用网通信线路）。

（7）按结构方式可分为扁平结构光缆、层绞式结构光缆、骨架结构光缆、铠装结构光缆（包括单、双层铠装）和高密度用户光缆等。

（8）目前，通信用光缆可分为：

① 室（野）外光缆——用于室外直埋、管道、槽道、隧道、架空及水下敷设的光缆。

② 软光缆——具有优良的曲挠性能的可移动光缆。

③ 室（局）内光缆——适用于室内布放的光缆。

④ 设备内光缆——用于设备内布放的光缆。

⑤ 海底光缆——用于跨海洋敷设的光缆。

⑥ 特种光缆——除上述几类之外，作特殊用途的光缆。

5. 光缆型号

光缆的种类较多，同其他产品一样，有具体的型式和规格。根据《YD/T 908—2000 光缆型号命名方法》的规定，目前光缆型号由它的型式代号和光纤的规格两部分构成，中间用一短线分开。

1）光缆型式

光缆型式由五个部分组成，如图 2.18 所示。

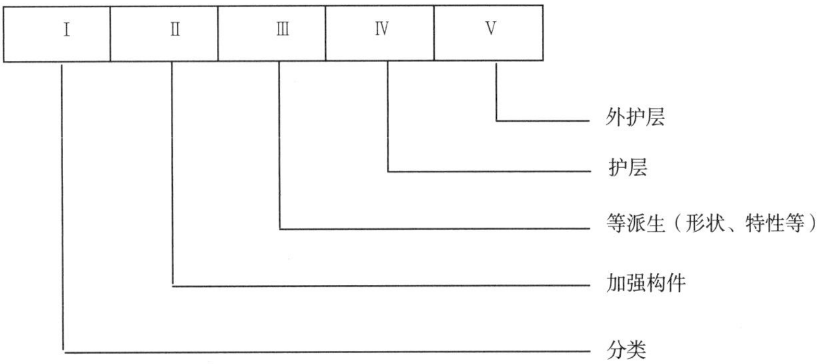

图 2.18　光缆的型式

Ⅰ分类代号及其意义为：

GY——通信用室（野）外光缆　　GR——通信用软光缆

GJ——通信用室（局）内光缆　　GS——通信用设备内光缆

GH——通信用海底光缆　　GT——通信用特殊光缆

Ⅱ加强构件的代号及其意义为：

无符号——金属加强构件　　F——非金属加强构件

G—— 金属重型加强构件　　H—— 非金属重型加强构件

Ⅲ派生特征的代号及其意义为：

B——扁平式结构　　C——自承式结构

D——光纤带结构　　G——骨架槽结构

J——光纤紧套被覆结构　　S—— 松套结构

T——填充式结构　　X——中心束管结构

Z——阻燃

Ⅳ护层的代号及其意义为：

Y——聚乙烯护层　V——聚氯乙烯护层

U——聚氨酯护层　A——铝-聚乙烯粘结护层

L——铝护套　G——钢护套

Q——铅护套　S——钢-聚乙烯综合护套

Ⅴ外护层的代号及其意义为：

外护层是指铠装层及其铠装外边的外被层。外护层的代号及其意义如表 2.2 所示。

表 2.2　外护层的代号及其意义

代号	铠装层（方式）	代号	外被层（材料）
0	无	0	无
1	—	1	纤维层
2	双钢带	2	聚氯乙烯套
3	细圆钢丝	3	聚乙烯套
4	粗圆钢丝	—	—
5	单钢带皱纹纵包	—	—

2）光纤的规格

光纤的规格由光纤数和光纤类别构成。如果同一根光缆含有两种或以上的规格，中间应该“-”连接。

（1）光纤数目代号。光纤的数目用光缆中同类别光纤的实际有效数目来表示。

（2）光纤类别代号。依据《IEC60793-2（2001）〈光纤第二部分：产品规范〉》等标准，用大写字母 A 代表多模光纤，如表 2.3 所示。大写字母 B 代表单模光纤，如表 2.4 所示。接着以数字和小写字母表示不同种类和类别的光纤。

表 2.3　多模光纤

分类代号	特性	纤芯直径/μm	包层直径/μm	材料
A1a	渐变折射率	50	125	二氧化硅
A1b	渐变折射率	62.5	125	二氧化硅
A1c	渐变折射率	85	125	二氧化硅
A1d	渐变折射率	100	140	二氧化硅
A2a	突变折射率	100	140	二氧化硅

表 2.4　单模光纤

分类代号	名称	材料
B1.1	非色散位移型	二氧化硅
B1.2	截止波长位移型	二氧化硅
B2	色散位移型	二氧化硅
B4	非零色散位移型	二氧化硅

3）光缆型号示例

例 1　光缆型号为 GYTA53—12A1。

其含义为：松套层绞结构、金属加强件、铝-聚乙烯粘结护层、单钢带皱纹纵包式铠装、聚乙烯外护套，通信用室外光缆，内装 12 芯二氧化硅系多模渐变型光纤。

例 2　光缆型号为 GYDXS—216B1。

其含义为：金属加强件、带状光纤、中心束管式结构、钢-聚乙烯粘结护层，通信用室外光缆，内装 216 根二氧化硅系单模光纤（G.652）。

6. 光缆端别与纤序的识别

光缆中光纤单元、单元内光纤，采用全色谱或领示色谱来识别光缆的端别与光纤序号。对于工程测量和接续工作，必须首先注意光缆的端别和了解光纤纤序的排列。由于各个国家的产品的色谱排列和标志色不完全一致，所以在施工中主要按照厂家的规定识别光缆的端别和纤序，如果厂家没有规定则按照以下要求进行识别。

一般识别方法是，面对光缆截面，由领示光纤（或导电线或填充线），以红-绿（或蓝-黄等）顺时针为 A 端；逆时针为 B 端。

光纤纤序排列主要有下列几种方式（以下以 A 端截面为例）：

（1）以红-绿领示电导线或填充线中间的光纤为 1 号纤，顺时针数为 2 号。

（2）以红-绿领示色紧套、松套（单芯）骨架（单芯），其红色为 1 号纤，绿色为 2 号纤，顺时针数的 3 号、4 号。

（3）以红-绿（或蓝、黄）领示色松套（双芯），红（或蓝）为 1 管，绿（或黄）2 管，红（或蓝）-绿顺时针计数。

（4）以蓝、黄领示单元松套（6 芯），蓝色为一单元（组），黄色 2 单元（组），单元管内 6 芯光纤折全色谱纤序为：蓝、黄、绿、棕、灰、白。

如按上述方式不能区分端别，则按光缆外护套上标明光缆长度的数码来区分，如规定小数字端为 A 端，大数字端为 B 端。在施工设计中有明确规定的应按设计中的规定来区别光缆端别。在确定了光缆的端别后，就可以确定光纤的纤序了。一般来说，按照端别和光纤涂覆层的颜色可以将光纤的纤芯顺序区分清楚。

第三部分：学习效果及评价

课次		课时	
课堂笔记			
课后习题			
1. 说明光缆的常用结构及各自特点。			
2. 光缆型号为 GYDXS-216B1，它的含义是什么？			
3. 如何判断光缆的 A、B 端？			
评定等级		评定教师	

任务三　全塑电缆基础

2.3　全塑电缆结构　　2.3　全塑电缆色谱　　2.3　全塑电缆习题

第一部分：课程导读

课次		课时	
课程地位	全塑市内通信电缆是市内通线电缆中的一个大类，在各城镇、地区经常用到。现在基本被光缆替代，通过对比光缆课程来学习本节内容，有助于学生加深对通信线路的理解，掌握通信发展规律		
主要内容	● 全塑电缆的分类和型号； ● 全塑电缆的主要电气特性指标； ● 全塑电缆的结构； ● 自承式全塑市内通信电缆； ● 特殊结构的全塑电缆	教学目标	● 认识全塑电缆； ● 认识全塑电缆型号； ● 能叙述全塑电缆结构特征； ● 了解全塑电缆色谱； ● 了解特殊电缆及其应用
课程重点	● 全塑电缆的分类和型号； ● 全塑电缆的结构	课程难点	● 全塑电缆结构； ● 全塑电缆色谱
课程小结	全塑市内通信电缆的缆芯主要由芯线、芯线绝缘、缆芯绝缘、缆芯扎带及包带层等组成。全色谱对绞单位式缆芯色谱在全塑市话电缆中使用最多。它是由白（W）、红（R）、黑（B）、黄（Y）、紫（V）作为领示色（代表 a 线），蓝（Bl）、橘（O）、绿（G）、棕（Br）、灰（S）作为循环色（代表 b 线）		
板书设计	1. 缆芯：芯线、芯线绝缘、缆芯绝缘、缆芯扎带及包带层； 2. 全色谱：5 种主色：白，红，黑，黄，紫；5 种次色：蓝，菊，绿，宗，灰； 3. 端别：A 端（内端） 红色 面向局方 顺时针，B 端（外端） 绿色 面向用户 逆时针		
教学资源	2.3 全塑电缆结构 2.3 全塑电缆色谱 2.3 全塑电缆习题		

第二部分：学习内容

1. 全塑电缆的分类和型号

1）全塑电缆的分类

全塑市内通信电缆无论是芯线绝缘还是成缆后的包层和护套，均采用聚烯烃塑料制成。

全塑市内通信电缆的常见类型：

（1）按电缆结构类型分——非填充型和填充型。

（2）按导线材料分——铜导线和铝导线。

（3）按芯线绝缘结构分——实心绝缘、泡沫绝缘、泡沫/实心皮绝缘。

（4）按线对绞合方式分——对绞式和星绞式。

（5）按芯线绝缘颜色分——全色谱和普通色谱。

（6）按缆芯结构分——同心式（层绞式）、单位式、束绞式和 SZ 绞。

（7）按屏蔽方式分——单层涂塑铝带屏蔽、多层铝及钢金属带复合屏蔽，而屏蔽带又分绕包和纵包。

（8）按护套分——单层塑料护套、双层塑料护套、综合护套、粘接护套、密封金属/塑料护套和特种护套。

（9）按外护层分——单层、双层钢带铠装和钢丝铠装塑料护层。

（10）按敷设方式分——架空、管道、直埋及水底电缆等。

2）全塑电缆的型号

电缆型号是识别电缆规格程式和用途的代号。按照用途、芯线结构、导线材料、绝缘材料、护层材料、外护层材料等，分别用不同的汉语拼音字母和数字来表示，称为电缆型号。按照原邮电部行业标准（YD2001—92），全塑电缆型号的表示方法和意义如下：

（1）类　别。

H——市内通信电缆。

HP——配线电缆。

HJ——局用电缆。

（2）绝　缘。

Y——实心聚烯烃绝缘。

YF——泡沫聚烯烃绝缘。

YP——泡沫/实心皮聚烯烃绝缘。

（3）屏蔽护套。

A——涂塑铝带粘接屏蔽聚乙烯护套。

S——铝、钢双层金属带屏蔽聚乙烯护套。

V——聚氯乙烯护套。

（4）特征（派生）。

T——石油膏填充。

G—— 高频隔离。

C——自承式。

电缆同时有几种特征存在时，型号字母顺序依次为 T、G、C。

（5）外护层。

23——双层防腐钢带绕包铠装聚乙烯外护层。

32——单层细钢丝铠装聚乙烯外护层。

43——单层粗钢丝铠装聚乙烯外护层。

53——单层钢带皱纹纵包铠装聚乙烯外护层。

553—— 双层钢带皱纹纵包铠装聚乙烯外护层。

全塑市内通信电缆型号中各代号的排列次序如图 2.19 所示，各代号的意义如表 2.5 所示。

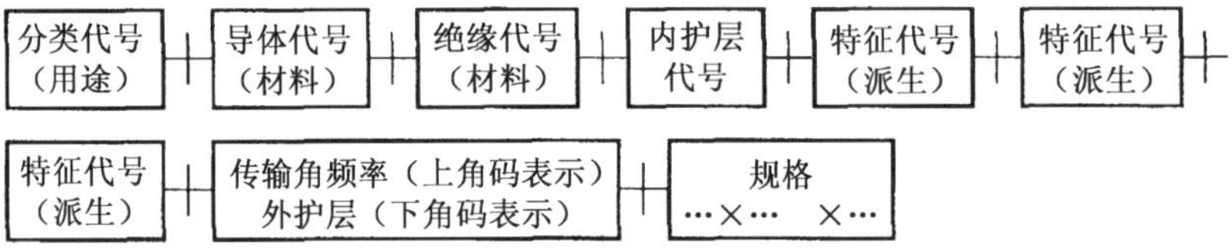

图 2.19　电缆型号构成示意图

表 2.5　电缆型号中各代号的含义

类别、用途	导体	绝缘层	内护层	特　征	外护层	备　注
H 市话电缆	G 钢	M 棉纱	A 铝-聚乙烯	B 扁、平行	02 聚氯乙烯套	—1 第一种
			综合粘接护层	C 自承式	03 聚乙烯套	—2 第二种
				J 交换机用	20 裸钢带铠装	—252
HE 长途通信	L 铝	V 聚氯乙烯	BM 棉纱编织	P 屏蔽	（21）钢带铠装纤维外被	252 kHz
电缆		Y 聚乙烯		T 填充石油膏	22 钢带铠装聚氯乙烯套	—120
HJ 局用电缆	T 铜	YF 泡沫聚乙烯	G 钢管		23 钢带铠装聚乙烯套	120 kHz
HP 配线电缆	（省略不标）	Z 纸 （省略不标） YP 聚乙烯 发泡带 实心皮	GW 皱纹钢管 L 铝管 LW 皱纹铝管 Q 铅包（省略不标） S 钢-铝-聚乙烯 V 聚氯乙烯 Y 聚乙烯 AG 表示铝塑综合粘接护层的复合铝带是轧纹的	Z 表示综合电缆兼有高、低频线对	30 裸细圆钢丝铠装 （31）细圆钢线铠装纤维外被 32 细圆钢丝铠装聚氯乙烯套 33 细圆钢丝铠装聚乙烯套 （40）裸粗圆钢丝铠装 41 粗圆钢丝铠装纤维外被 （42）粗圆钢丝铠装聚氯乙烯套 （43）粗圆钢丝铠装聚乙烯套 441 双粗圆钢丝铠装纤维外被 241 钢带——粗圆钢丝铠装纤维外被 2441 钢带——双粗圆钢丝铠装纤维外被	

2. 全塑电缆的主要电气特性指标

原邮电部部颁标准规定的全塑电缆主要电气特性如表 2.6 所示。

表 2.6　原邮电部部颁标准规定的全塑电缆主要电气特性

<table>
<tr><th>序号</th><th colspan="2">项目名称</th><th colspan="5">指　标</th><th>换算系数</th><th>备　注</th></tr>
<tr><td rowspan="3">1</td><td colspan="2" rowspan="3">导线直流电阻最大值，20 °C（Ω/km）</td><td colspan="5">导线直径/mm</td><td rowspan="3">L/1 000</td><td rowspan="3"></td></tr>
<tr><td>0.32</td><td>0.4</td><td>0.5</td><td>0.6</td><td>0.8</td></tr>
<tr><td>236.0</td><td>148.0</td><td>95.0</td><td>65.8</td><td>36.6</td></tr>
<tr><td>2</td><td colspan="2">绝缘电阻，20 °C，每根绝缘导线与其余导线和屏蔽接地之间最小值（MΩ · km）</td><td colspan="5">填充：3 000
非填充：10 000
（直流电压：100 ~ 300 V，充电 1 min 后）</td><td>1 000/L</td><td></td></tr>
<tr><td rowspan="5">3</td><td colspan="2">工作电容（nF/km）</td><td colspan="2">高电容</td><td colspan="3">低电容</td><td rowspan="5">L/1 000</td><td rowspan="5">高电容 10 对以上可暂时允许下列两个指标中的一个：
（1）平均值为：52±2；
（2）不大于 53</td></tr>
<tr><td rowspan="2">平均值</td><td>10 对</td><td colspan="2">—</td><td colspan="3">—</td></tr>
<tr><td>10 对以上</td><td colspan="2">51±2</td><td colspan="3">不大于 42</td></tr>
<tr><td rowspan="2">最大值</td><td>10 对</td><td colspan="2">61</td><td colspan="3">49</td></tr>
<tr><td>10 对以上</td><td colspan="5">与该盘电缆工作电容
平均值之比
不大于 1.09</td></tr>
<tr><td rowspan="5">4</td><td colspan="2" rowspan="2">绝缘强度，直流电压，(kV)</td><td colspan="2">实心</td><td colspan="3">泡沫</td><td rowspan="5"></td><td rowspan="5">导线直径为 0.32 mm 的电缆，导线与导线间的耐压指标与泡沫绝缘电缆相同</td></tr>
<tr><td>3 s</td><td>60 s</td><td>3 s</td><td colspan="2">60 s</td></tr>
<tr><td colspan="2">导线与导线间</td><td>2</td><td>1</td><td>1.5</td><td colspan="2">0.75</td></tr>
<tr><td colspan="2">导线与屏蔽间</td><td>6</td><td>3</td><td>6</td><td colspan="2">3</td></tr>
<tr><td colspan="2">导线与高频隔离带间（内屏蔽电缆）</td><td>5</td><td>2.5</td><td>5</td><td colspan="2">2.5</td></tr>
<tr><td rowspan="5">5</td><td colspan="2">电容不平衡，（pF/km）</td><td colspan="5"></td><td rowspan="5">L/1 000</td><td rowspan="5"></td></tr>
<tr><td colspan="2">线对-线对　最大值</td><td colspan="5">350</td></tr>
<tr><td rowspan="3">线对—地</td><td>最大平均值（10 对电缆除外）</td><td colspan="5">570
490（仅对 0.6，0.8 mm 实心绝缘）</td></tr>
<tr><td>最大个别值</td><td colspan="5">2 630</td></tr>
<tr><td>允许个别最大变异</td><td colspan="5">3 940（泡沫、泡沫/实心皮）
3 280（实心）</td></tr>
<tr><td rowspan="7">6</td><td colspan="2" rowspan="2">固有衰减，20 °C</td><td colspan="5">导线直径（mm）</td><td rowspan="7">L/1 000</td><td rowspan="7"></td></tr>
<tr><td>0.32</td><td>0.4</td><td>0.5</td><td>0.6</td><td>0.8</td></tr>
<tr><td colspan="2">150 kHz，标称值（dB/km）
不大于</td><td>*15.5
—</td><td>11.7
—</td><td>8.6
—</td><td>6.9
—</td><td>5.4
—</td></tr>
<tr><td colspan="2">1 024 kHz，标称值（dB/km）
不大于</td><td>31.1
—</td><td>26.0
—</td><td>21.4
—</td><td>17.6
—</td><td>13.0
—</td></tr>
<tr><td rowspan="3">与标称值偏差，百分数</td><td>10 对</td><td colspan="5">− 10 ~ +15</td></tr>
<tr><td>10 对以上</td><td colspan="5">− 10 ~ +5</td></tr>
<tr><td>允许最大变异</td><td colspan="5">+15</td></tr>
</table>

续表

序号	项目名称	指标		换算系数	备注
7	远端串音防卫度（dB/km）同层相邻及间隔线对间和中心线对与它的相邻层各线对间均方根值，不小于	非内屏蔽电缆（150 kHz）	内屏蔽电缆（1 024 kHz）	$-10\lg\dfrac{L}{1\,000}$	*今后改定为平均值
		68	51		
	任意线对组合，不小于	58	41		
	允许个别最大变异	52	—		
8	近端串音衰减，1 024 kHz 非内屏蔽电缆长度≥300 m	M-S（dB）		如果被测电缆长度在300 m以下时 $-10\lg\left[\dfrac{1-10-\dfrac{aL\times10^{-3}}{5}}{1-10-\dfrac{a\times0.3}{5}}\right]$ 其中：a 用 dB 表示的单位长度的衰减	（ ）内值为10 对电缆的值
	（1）10 对电缆和子单位内，不小于	54　（S3）			
	（2）20 对电缆及基本单位内，不小于	58			
	（3）相邻子单位间，不小于	63			
	（4）相邻基本单位间，不小于	64			
	（5）不相邻单位所有线对间，不小于	79			
	内屏蔽电缆长度≥300 m（高频隔离带两侧的线对间）	M-S（dB）			
	电缆内线对总数：	70			
	10 对，不小于	77			
	20 对，不小于	80			
	30 对，不小于	84			
	等于或大于 50 对，不小于	注：M—平均值，S—标准差			
9	线芯断线，混线	不断线，不混线			
备注	1. 表中 L 为被测电缆长度，单位：m； 2. 线对对地电容不平衡的测量：在没有超单位的电缆内测试线对对地电容不平衡时，电缆内所有非被测线对均应与屏蔽连接接地，在有超单位的电缆内将该单位内所有被测线对与屏蔽连接接地； 3. 绝缘强度试验：对内屏蔽电缆，测量导线与隔离带之间的绝缘强度时，电缆的屏蔽带和铠装层应悬空，测量导线与屏蔽之间的绝缘强度时，电缆的隔离带应悬空				
说明	根据我国法定计量单位使用方法的国家标准：毫微法/千米改为纳法/千米；微微法/千米改为皮法/千米				

3. 全塑电缆的结构

1）缆芯结构

全塑市内通信电缆的缆芯主要由芯线、芯线绝缘、缆芯绝缘、缆芯扎带及包带层等组成。

（1）芯线。芯线由金属导线和绝缘层组成。导线是用来传输电信号的，要求具有良好的导电性能、足够的柔软性和机械强度，同时还要求便于加工、敷设和使用。导线的线质为电解软铜，铜线的线径主要有 0.32 mm、0.4 mm、0.5 mm、0.6 mm、0.8 mm 五种。导线的表面应均匀光滑，没有毛刺、裂纹、伤痕和锈蚀等缺陷。芯线绝缘层简称绝缘，芯线绝缘的优劣对于信号传输及使用是十分重要的。理想的芯线绝缘应具有介电常数低、介质损耗小和绝缘强度高，并具有一定的机械强度、耐老化和性能稳定等特点。

① 绝缘材料。全塑市内通信电缆的芯线绝缘主要采用高密度的聚乙烯、聚丙烯或乙烯-丙烯共聚物等高分子聚合物，称为聚烯烃塑料。优点是对各种溶剂具有较好的稳定性，防潮性能好，机械强度高，有较好的弹性和延展性，加工方便。

② 绝缘结构。全塑市内通信电缆芯线绝缘主要有：

- 实心聚烯烃绝缘，如图 2.20（a）所示。
- 泡沫聚烯烃绝缘，如图 2.20（b）所示。
- 泡沫/实心皮聚烯烃绝缘，如图 2.20（c）所示。

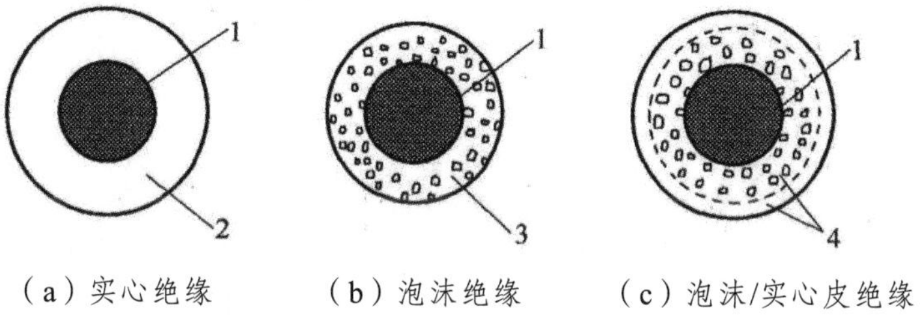

1—金属导线；2—实心聚烯烃绝缘层；3—泡沫聚烯烃绝缘层；4—泡沫/实心皮聚烯烃绝缘层。

图 2.20　全塑市内通信电缆芯线绝缘示意图

实心聚烯烃绝缘耐电压性能、机械性能和防潮性能好，加工方便。实心绝缘层厚度一般为 0.2 ~ 0.3 mm。实心绝缘电缆适用于架空电缆和要求张力较大的场合，是使用量最多、应用范围最广的一种。

泡沫聚烯烃绝缘是在发泡剂的作用下挤制出来的，含有互不相通的微孔（气泡）。绝缘体中空气所占空间的比例称为发泡度，大约为 33%。发泡的作用在于降低绝缘层的含塑量，空气是最好的绝缘体，它具有较低的介电常数，在同等工作电容和同等外径条件下能够容纳较多的对数。与实心绝缘相比，在相同外径电缆中可提高容量 20%左右。这种电缆目前主要用于大对数中继电缆和高频信号的传输。有时为使充石油膏电缆不增大外径而又具有与不充油电缆相同的传输效果，也采用泡沫绝缘。

泡沫/实心皮绝缘共有两层：内层为泡沫层，发泡度为 45% ~ 60%；外层为实心塑料皮层，厚约为 0.05 mm。这种绝缘具有独特的优点：耐压强度高，绝缘芯线在水中的平均击穿电压可达 6 kV；由于实心塑料皮的作用可防止或减少各种填充剂的渗入，用在石油膏填充电缆中较为理想；绝缘层的针孔故障概率小；在全色谱电缆中，只要对表皮着色即可，减少了颜料消耗，又减少了由于颜料引起的电容改变和颜料与发泡剂的相互作用；避免了铜导线与着色泡沫绝缘接触而引起的聚烯烃寿命的缩短；芯线表面质量好，外径均匀。

为便于识别线号，上述三种芯线绝缘都有颜色标志，要求颜色鲜明易辨、不褪色、不迁移。要求芯线绝缘层应均匀、连续、表面光洁、圆整和无针孔等。

（2）芯线扭绞。全塑市内通信电缆线路为双线回路，因此必须构成线对（组）。为了减少线对之间的电磁耦合，提高线对之间的抗干扰能力，便于电缆弯曲和增加电缆结构的稳定性，线对（或四线组）应当进行扭绞。扭绞是将一对线的两根导线或一个四线组的四根导线均匀地绕着同一轴线旋转。电缆芯线沿轴线旋转一周的纵向长度称为扭绞节距。芯线扭绞常用对绞和星绞两种，如图 2.21 所示。

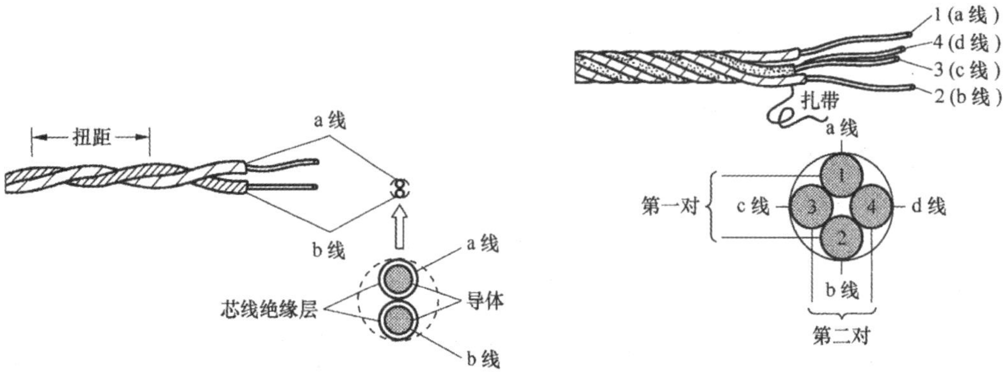

（a）对绞式　　（b）星绞式

图 2.21　芯线扭绞示意图

要求对绞式的扭绞节距（简称扭矩）在任意一段 3 m 长的线对上均不超过 155 mm，相邻线对的扭矩均不相等，电缆制造时要适当搭配，使线对间串音最小。星绞式的扭绞节距平均长度一般不大于 200 mm，星绞组组内的两对线处于互为对角线的位置，由分布电容构成的电桥接近于平衡，所以串音较小，一般多用于长途通信电缆。线对是传输信号的回路，为了保证导电可靠、绝缘良好、串音最小，扭绞时应使芯线张力不过松或过紧，松紧一致而且平衡，便于成缆。

（3）缆芯。芯线扭绞成对（组）后，再将若干对（组）按一定规律绞合（即绞缆）成为缆芯。常用对绞式缆芯和星绞式缆芯。

① 对绞式缆芯。对绞式全塑市内通信电缆的缆芯结构，有同心式、单位式、束绞式和 SZ 绞四种。

• 同心式缆芯。同心式缆芯也称为层绞式缆芯。中心层一般为 1 对、2 对或 3 对，然后每层大约依次增加 6 个线对，绞绕若干层，同层相邻线对扭矩不同，为减少邻层线对间的串音和使线束绞绕得较为紧凑，电缆便于弯曲及芯线接续时分线方便，邻层的层绞方向相反。为了便于分层，每层稀疏地扎以扎带。

同心式缆芯结构稳定，但在层数较多时寻找线号不便，所以用于对数较少（800 对以下）的全塑电缆。同心式缆芯各层线对数的排列如表 2.7 所示。

表 2.7　同心式缆芯各层线对数的排列

线对数		各层线对数															
标称	实际	中心	1	2	3	4	5	6	7	8	9	10	11	12	13	14	15
5	5	5															
10	10	2	8														
15	15	4	11														

续表

线对数		各层线对数															
标称	实际	中心	1	2	3	4	5	6	7	8	9	10	11	12	13	14	15
20	20	1	6	13													
25	25	2	8	15													
30	30	4	10	16													
50	50	3	9	16	22												
80	81	4	10	16	22	29											
100	101	1	6	13	20	27	34										
150	151	3	9	15	22	28	34	40									
200	202	4	10	16	22	28	34	41	47								
300	303	3	9	15	21	27	33	39	46	52	58						
400	404	1	6	12	18	24	31	37	43	49	55	61					
500	505	3	9	15	21	27	33	39	45	51	57	63	68	74			
600	606	3	9	16	22	28	34	40	46	53	59	65	71	77	83		
700	707	5	11	17	23	29	35	41	47	53	59	65	71	77	84	90	
800	808	5	11	17	23	29	35	41	47	54	60	66	72	78	84	90	96

• 单位式缆芯。单位式缆芯是把 10、25（12+13）、50、100 个线对采用编组方法分成单位束，然后再将若干个单位束分层绞合而成单位式缆芯，对于大多数市内通信电缆在接续、配线和安装电话时都较方便。

根据芯线绝缘的颜色可将全塑市内通信电缆分为普通色谱单位式缆芯和全色谱单位式缆芯。

全色谱单位式缆芯的单位束可根据单位束内线对的多少，将这些单位束分为子单位（12 对和 13 对）、基本单位（10 对或 25 对，代号为 U）和超单位（50 对，代号为 S、SI 或 SJ；100 对，代号为 SD；150 对，代号为 SC；200 对，代号为 SB）。全色谱电缆是先把单位束分为基本单位或子单位，再由基本单位或子单位绞合成超单位。

普通色谱电缆的单位束一般是 50 对或 100 对。单位式市内通信电缆的缆芯组成单位（子单位、基本单位、超单位）均用非吸湿性带色扎带疏扎加以区分，并要求颜色鲜明易辨，在规定条件下不褪色，不污染相邻芯线。组成同一基本单位的子单位，其扎带颜色是相同的。

当电缆内既有 50 对又有 100 对超单位时，若用 100 对超单位序号计数，2 个 50 对超单位占一个序号；而用 50 对超单位序号计数时，1 个 100 对超单位则要占用两个序号；全塑市内通信电缆的导线直径与对数如表 2.8 所示。

表 2.8　全塑市内通信电缆的导线直径与对数

导线直径/mm	0.8	0.6	0.5	0.4	0.32
缆芯中线对系列	10	10	10	10	
	15	15	15	15	
	20	20	20	20	
	30	30	30	30	

续表

导线直径/mm	0.8	0.6	0.5	0.4	0.32
	50	50	50	50	
	100	100	100	100	
	200	200	200	200	
	300	300	300	300	
	400	400	400	400	
	600	600	600	600	
		800	800	800	
（300 对及以下可以制作成自承式电缆）		900	900	900	
		1 000	1 000	1 000	
			1 200	1 200	
			1 600	1 600	
				1 800	
				2 000	2 000
				2 400	2 400
					2 700
					3 000

为了保证成品电缆具有完好的标称对数，100 对及以上的全色谱（80 对及以上的同心式电缆）单位式电缆中设置备用线对（又叫作预备线对），其数量均为标称对数的 1%，最多不超过 6 对（其中 0.32 mm 及以下线径最多不超过 10 对），备用线对作为一个预备单位或单独线对置于缆芯的间隙中。备用线对的各项特性与标称线对相同。

• 束绞式缆芯。束绞式缆芯是许多线对以一个方向绞合成束状结构，其特点是生产效率高，但束内线对位置不固定，相互有挤压。束绞式缆芯可作为单位式缆芯中的一个单位，也可单独使用于市内通信电缆中。

• SZ 绞缆芯。SZ 绞是一种专门的缆芯绞合工艺，它是将被绞合的绝缘线对按顺时针及逆时针方向旋转，从而得到左向及右向的绞合，所以 SZ 绞又称为“左右绞”。左右绞的缆芯，在一定长度上，既有左向又有右向的绞合。

② 星绞电缆的缆芯。星绞电缆结构的缆芯是由若干星绞组绞合而成，也有同心式和单位式之分。星绞同心式缆芯每层由若干个星绞组构成，自中心层起顺次排列成同心圆，相邻四线组扭矩不同，相邻层绞合方向相反，各层疏扎分层扎带。星绞同心式缆芯截面如图 2.22 所示。星绞单位式缆芯通常是以 5 个星绞组（10 对），25 个星绞组（50 对）或 50 个星绞组（100 对）为单位分层绞合而成。

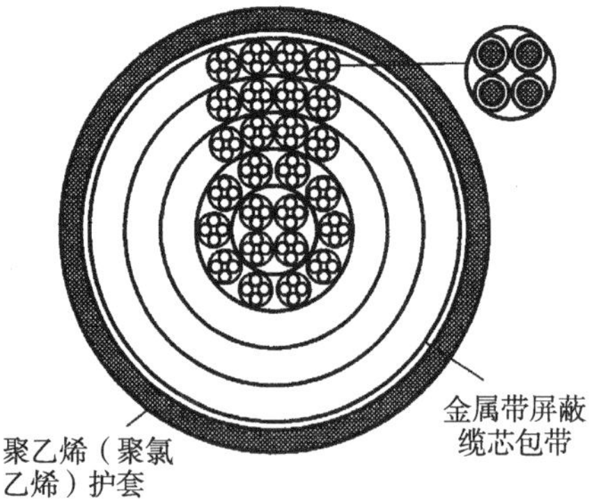

图 2.22　星绞同心式缆芯

（4）全塑电缆规格程式。全塑电缆的规格程式（芯线总绞合方式）可分为基本单位、子单位、50 对超单位、100 对超单位。

① 基本单位由 10 对线对或 25 对线对组成。

② 子单位。把一个基本单位 25 对分为 12 对和 13 对（12 对+13 对 = 25 对），称为 2 个子单位（或半单位）。

③ 50 对超单位，由 2 个基本单位（25 对）组成。

④ 100 对超单位，由 4 个基本单位（25 对）组成。

（5）缆芯包层。在总绞缆完成后，为保证缆芯结构的稳定性，必须在缆芯外面重叠绕包或纵包一二层非吸湿性的绝缘材料带（聚乙烯或聚酯薄膜带）作为缆芯包层。然后，再用非吸湿性的扎带疏扎牢固。缆芯包层应隔热性能好和机械强度高，以保证缆芯在加屏蔽层和挤压塑料护套后以及在使用过程中，不会遭到损伤、变形或粘接。

在缆芯包层的外表面，有的电缆还附加纵向标志带，带上印有产品规格、制造长度、制造厂名和制造年、月、日等（有的电缆印在外护套上）。

2）色　谱

电缆的缆芯色谱可分为普通色谱和全色谱两大类。

（1）普通色谱。普通色谱对绞同心式缆芯线对的颜色有蓝/白对、红/白对（分子为 a 线色谱，分母为 b 线色谱）两种，每层中有一对特殊颜色的芯线作为该层计算线号的起始标记，这一对线称为标记（或标志）线对，作为本层最小线号，其他线对称为普通线对。如普通线对为红/白对，则标记线对为蓝/白对；反之如普通线对为蓝/白对，则标记线对为红/白对。100 对及以上的市内通信电缆设置备用线对，备用线对数为电缆标称对数的 1%，色谱与普通线对相同。

图 2.23　对绞同心式缆芯

对绞同心式缆芯如图 2.23 所示。普通色谱对绞单位式缆芯的单位束一般是由若干个 100 对同心式缆芯组成的，其线对颜色与同心式缆芯相同。在单位式缆芯中，每一层的第一个单位称为标志单位，其余为普通单位。在标志单位中，每层的第一对线（即标记线）色谱为红/白，其余普通线对为蓝/白，在普通单位中每一层的第一对线（标志线）色谱为蓝/白，其余普通线对为红/白。为分辨单位，每个单位均梳扎白色扎带。普通色谱星绞同心式缆芯和单位式缆芯，每个四线组色谱均为红（a 线）、黄（白）（b 线）、蓝（c 线）、绿（d 线）。

（2）全色谱。全色谱的含义是指电缆中的任何一对芯线，都可以通过各级单位的扎带颜色以及线对的颜色来识别。换句话说，给出线号就可以找出线对，拿出线对就可以说出线号。

① 全色谱对绞同心式缆芯。全色谱对绞同心式缆芯是由若干个规定色谱的线对按同心方式分层绞合而成。其线对色谱如表 2.9 所示。

从表 2.9 中可看出，全色谱对绞同心式缆芯每层的第一对线为橘（黄）/白，最后一对线为绿/黑，其余偶数线对为红/灰，奇数线对为蓝/棕重复循环排列构成。

全色谱对绞同心式缆芯每层均疏扎特定的扎带，扎带的色谱如表 2.10 所示。

② 全色谱对绞单位式缆芯。全色谱对绞单位式缆芯色谱在全塑市话电缆中使用最多。它是由白（代号 W）、红（R）、黑（B）、黄（Y）、紫（V）作为领示色（代表 a 线），蓝（Bl）、橘（O）、绿（G）、棕（Br）、灰（S）作为循环色（代表 b 线）。10 种颜色组成 25 对全色谱线对，如表 2.11 所示。

表 2.9　市内通信全塑电缆对绞同心式缆芯芯线全色谱

<table>
<tr><td colspan="4" rowspan="2">线对号</td><td rowspan="2">1</td><td rowspan="2">2</td><td rowspan="2">3</td><td rowspan="2">4</td><td rowspan="2">5</td><td colspan="2">其他线对号</td><td rowspan="2">最末线对号</td></tr>
<tr><td>偶数号</td><td>奇数号</td></tr>
<tr><td colspan="4">芯　线</td><td>a，b</td><td>a，b</td><td>a，b</td><td>a，b</td><td>a，b</td><td>a，b</td><td>a，b</td><td>a，b</td></tr>
<tr><td rowspan="6">电缆容量和线对色谱</td><td colspan="3">1 对</td><td>橘（黄）/白</td><td></td><td></td><td></td><td></td><td></td><td></td><td></td></tr>
<tr><td colspan="3">5 对</td><td>橘（黄）/白</td><td>红/灰</td><td>蓝/棕</td><td>红/灰</td><td>绿/黑</td><td></td><td></td><td></td></tr>
<tr><td rowspan="4">5 对以上</td><td rowspan="3">中心层</td><td>1 对</td><td>橘（黄）/白</td><td></td><td></td><td></td><td></td><td></td><td></td><td></td></tr>
<tr><td>2 对</td><td>橘（黄）/白</td><td>绿/黑</td><td></td><td></td><td></td><td></td><td></td><td></td></tr>
<tr><td>3 对</td><td>橘（黄）/白</td><td>红/灰</td><td>绿/黑</td><td></td><td></td><td></td><td></td><td></td></tr>
<tr><td colspan="2">其他层</td><td>橘（黄）/白</td><td>红/灰</td><td>蓝/棕</td><td>红/灰</td><td>蓝/棕</td><td>红/灰</td><td>蓝/棕</td><td>绿/黑</td></tr>
</table>

表 2.10　全色谱对绞同心式缆芯扎带色谱

层的位置	中心及偶数层	奇数层
扎带颜色	蓝	橘

表 2.11　全色谱与线对编号色谱

线对编号	1	2	3	4	5	6	7	8	9	10	11	12	13
a 线 b 线	白 蓝	白 橘	白 绿	白 棕	白 灰	红 蓝	红 橘	红 绿	红 棕	红 灰	黑 蓝	黑 橘	黑 绿
线对编号	14	15	16	17	18	19	20	21	22	23	24	25	
a 线 b 线	黑 棕	黑 灰	黄 蓝	黄 橘	黄 绿	黄 棕	黄 灰	紫 蓝	紫 橘	紫 绿	紫 棕	紫 灰	

我们已知全色谱单位式缆芯的基本单位有 25 对和 10 对两种，其中 25 对基本单位线对色谱如图 2.24 所示，10 对基本单位线对色谱取表 2.11 中的前 10 对色谱如图 2.25 所示。

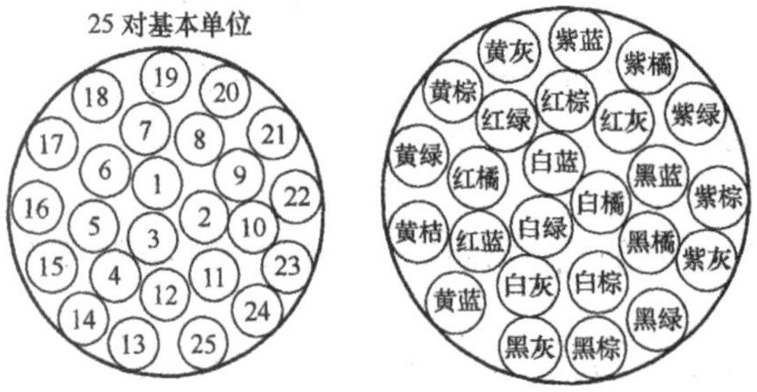

图 2.24　25 对基本单位线对色谱

图 2.25　10 对基本单位线对色谱

50 对的单位称超单位，它是由 2 个 25 对基本单位（代号：S）[或含有 2 个 12 对和 2 个 13 对的子单位即 2×（12+13）对组成]或 5 个 10 对基本单位[（代号：SI），扎带为 W，R，B，Y，V；（代号：SJ），扎带为 B1，O，G，Br，S]组成。每个基本单位的线对色谱如前所述，超单位内各基本单位的序号和扎带色谱如表 2.12 所示。

100 对超单位（代号：SD）是由 4 个 25 对的基本单位[（4×25）对]或 10 个 10 对的基本单位[（10×10）对]组成。

基本单位采用 25 对，超单位为 100 对，由若干超单位组成的大对数电缆内超单位序号和扎带色谱如表 2.12 所示。从表 2.12 中可看出，超单位的扎带色谱有 6 个白色、6 个红色、6 个黑色、6 个黄色和 6 个紫色。超单位的序号是从中心层中向外层排列的，扎带色谱顺序为白、红、黑、黄、紫。但要在同色扎带的超单位中识别出先后顺序，则要根据基本单位的扎带色谱来判断。

表 2.12　全色谱单位式电缆的线对序号与扎带色谱

基本单位序号	100 对超单位序号	1 ~ 6	7 ~ 12	13 ~ 18	19 ~ 24	25 ~ 30
	50 对超单位序号	1 ~ 12	13 ~ 24	25 ~ 36	27 ~ 48	49 ~ 60
	超单位扎带颜色 / 线对序号 / 基本单位扎带颜色	白	红	黑	黄	紫
1	白/蓝	1 ~ 25	601 ~ 625	1 201 ~ 1 225	1 801 ~ 1 825	2 401 ~ 2 425
2	白/橘	26 ~ 50	626 ~ 650	1 226 ~ 1 250	1 826 ~ 1 850	2 426 ~ 2 450
3	白/绿	51 ~ 75	651 ~ 675	1 251 ~ 1 275	1 851 ~ 1 875	2 451 ~ 2 475
4	白/棕	76 ~ 100	676 ~ 700	1 276 ~ 1 300	1 876 ~ 1 900	2 476 ~ 2 500
5	白/灰	101 ~ 125	701 ~ 725	1 301 ~ 1 325	1 901 ~ 1 925	2 501 ~ 2 525
6	红/蓝	126 ~ 150	726 ~ 750	1 326 ~ 1 350	1 926 ~ 1 950	2 526 ~ 2 550
7	红/橘	151 ~ 175	751 ~ 775	1 351 ~ 1 375	1 951 ~ 1 975	2 551 ~ 2 575
8	红/绿	176 ~ 200	776 ~ 800	1 376 ~ 1 400	1 976 ~ 2 000	2 576 ~ 2 600
9	红/棕	201 ~ 225	801 ~ 825	1 401 ~ 1 425	2 001 ~ 2 025	2 601 ~ 2 625
10	红/灰	226 ~ 250	826 ~ 850	1 426 ~ 1 450	2 026 ~ 2 050	2 626 ~ 2 650
11	黑/蓝	251 ~ 275	851 ~ 875	1 451 ~ 1 475	2 051 ~ 2 075	2 651 ~ 2 675
12	黑/橘	276 ~ 300	876 ~ 900	1 476 ~ 1 500	2 076 ~ 2 100	2 676 ~ 2 700
13	黑/绿	301 ~ 325	901 ~ 925	1 501 ~ 1 525	2 101 ~ 2 125	2 701 ~ 2 725
14	黑/棕	326 ~ 350	926 ~ 950	1 526 ~ 1 550	2 126 ~ 2 150	2 726 ~ 2 750
15	黑/灰	351 ~ 375	951 ~ 975	1 551 ~ 1 575	2 151 ~ 2 175	2 751 ~ 2 775
16	黄/蓝	376 ~ 400	976 ~ 1 000	1 576 ~ 1 600	2 176 ~ 2 200	2 776 ~ 2 800
17	黄/橘	401 ~ 425	1 001 ~ 1 025	1 601 ~ 1 625	2 201 ~ 2 225	2 801 ~ 2 825
18	黄/绿	426 ~ 450	1 026 ~ 1 050	1 626 ~ 1 650	2 226 ~ 2 250	2 826 ~ 2 850
19	黄/棕	451 ~ 475	1 051 ~ 1 075	1 651 ~ 1 675	2 251 ~ 2 275	2 851 ~ 2 875
20	黄/灰	476 ~ 500	1 076 ~ 1 100	1 676 ~ 1 700	2 276 ~ 2 300	2 876 ~ 2 900
21	紫/蓝	501 ~ 525	1 101 ~ 1 125	1 701 ~ 1 725	2 301 ~ 2 325	2 901 ~ 2 925
22	紫/橘	526 ~ 550	1 126 ~ 1 150	1 726 ~ 1 750	2 326 ~ 2 350	2 926 ~ 2 950
23	紫/绿	551 ~ 575	1 151 ~ 1 175	1 751 ~ 1 775	2 351 ~ 2 375	2 951 ~ 2 975
24	紫/棕	576 ~ 600	1 176 ~ 1 200	1 776 ~ 1 800	2 376 ~ 2 400	2 976 ~ 3 000

备用线对的顺序及色谱如表 2.13 所示。

表 2.13　备用线对线序及色谱

线序	1	2	3	4	5	6	7	8	9	10
色谱	白红	白黑	白黄	白紫	红黑	红黄	红紫	黑黄	黑紫	黄紫

③ 全色谱星绞同心式或单位式缆芯。全色谱星绞同心式或单位式缆芯，每个四线组的色谱如表 2.14 所示。

表 2.14　星绞四线组组号和色谱排列

星绞四线组组　号	星绞四线组色谱			
	a 线	b 线	c 线	d 线
1	白	蓝	天蓝	紫
2	白	橘	天蓝	紫
3	白	绿	天蓝	紫
4	白	棕	天蓝	紫
5	白	灰	天蓝	紫
6	红	蓝	天蓝	紫
7	红	橘	天蓝	紫
8	红	绿	天蓝	紫
9	红	棕	天蓝	紫
10	红	灰	天蓝	紫
11	黑	蓝	天蓝	紫
12	黑	橘	天蓝	紫
13	黑	绿	天蓝	紫
14	黑	棕	天蓝	紫
15	黑	灰	天蓝	紫
16	黄	蓝	天蓝	紫
17	黄	橘	天蓝	紫
18	黄	绿	天蓝	紫
19	黄	棕	天蓝	紫
20	黄	灰	天蓝	紫
21	紫	蓝	天蓝	紫
22	紫	橘	天蓝	紫
23	紫	绿	天蓝	紫
24	紫	棕	天蓝	紫
25	紫	灰	天蓝	紫

3）全塑市内通信电缆的端别

普通色谱对绞式市话电缆一般不作 A、B 端规定。为了保证在电缆布放、接续等过程中的质量，全塑全色谱市内通信电缆规定了 A、B 端。

全色谱对绞单位式全塑市话电缆 A、B 端的区分为：面向电缆端面，按表 2.12 单位序号由小到大顺时针方向依次排列，30 对以下电缆按表 2.11 线序号顺时针方向排列，则该端为 A 端，另一端为 B 端。

全塑市内通信电缆 A 端用红色标志，又叫内端，伸出电缆盘外，常用红色端帽封合或用红色胶带包扎，规定 A 端面向局方。另一端为 B 端，用绿色标志，常用绿色端帽封合或绿色胶带包扎，一般又叫外端，紧固在电缆盘内，绞缆方向为反时针，规定外端面向用户。

4）电缆屏蔽层

为了减少电缆线对受外界电磁场的干扰，电缆缆芯的外层（护套的里层）包覆金属屏蔽层，将缆芯与外界隔离。

全塑市内通信电缆的金属屏蔽层有绕包和纵包两种结构。绕包是用金属带以缆芯为轴，在缆芯外层重叠包绕 1 ~ 2 层，并纵向放置一根直径为 0.3 ~ 0.5 mm 软铜线，作为屏蔽层接地的连接线；纵包是用金属带沿电缆轴向方向卷成管状，包在缆芯的外层，纵包屏蔽层有轧纹和不轧纹两种形式，屏蔽带重叠宽度一般不少于 6 mm。

根据使用场合与使用要求的不同，常用的屏蔽带类型有以下几种：裸铝带、双面涂塑铝带、铜带、铜包不锈钢带、高强度改性铜带、裸铝及裸钢双层金属带、双面涂塑铝及钢双层金属带。

5）电缆护套和外护层

（1）护套。全塑市内通信电缆的护套包在屏蔽层（或缆芯包带层）的外面，其材料主要采用高分子聚合物塑料。护套的种类有：单层护套、双层护套、综合护套、粘接护套和特殊护套等。

① 单层护套。单层护套是由低密度聚乙烯树脂加炭黑及其他助剂或普通聚氯乙烯塑料制成的。这类护套的特点是加工方便、质轻柔软、容易接续等。

a. 黑色聚乙烯护套分为两类：PE-HJ 适用于一般场合；PE-HH 适用于耐火环境和对外力开裂要求苛刻的场合。黑色聚乙烯护套的防潮性能和机械强度比聚氯乙烯护套好，又能耐腐蚀，所以还广泛代替其他双护套、综合护套或粘接护套使用。

b. 单层聚氯乙烯护套是发展较早、应用较广泛的一种护套，它具有耐磨、不延燃、耐老化、柔软等特点。

② 双层护套。双层护套主要有两种：聚乙烯-聚氯乙烯双层护套和聚乙烯-黑色聚乙烯双层护套。其结构如图 2.26 所示。

双层护套的挤制，是先在屏蔽层（或缆芯包层）外，挤包一层内护套，然后再挤包一层外护套。其中聚乙烯-聚氯乙烯双层护套，是由聚乙烯、聚氯乙烯两种材料制成，由于它们各具特点，相互取长补短，从而使护套性能更加完善。至于聚乙烯-黑色聚乙烯双层护套，则能提高电缆的机械强度和防潮效果。单层护套、双层护套均由单纯的高分子聚合物塑料构成，所以又称为普通塑料护套。

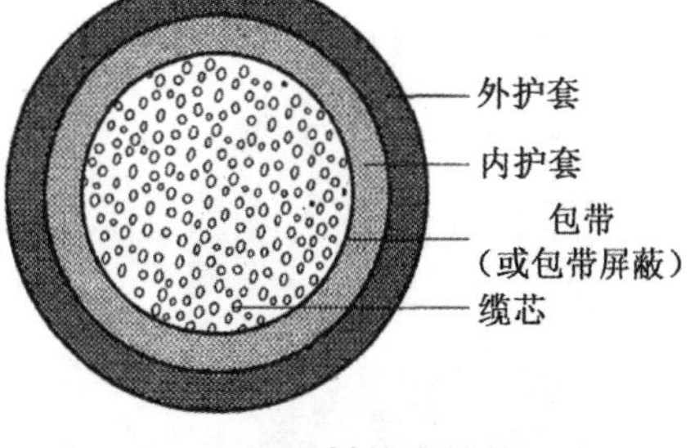

图 2.26　双层塑料护套结构示意图

普通塑料护套的缺陷是具有一定透潮性。原因是高分子聚合物的分子比水分子大，当这类护套电缆在湿度较大的环境下使用，就会因护套内外存在水汽浓度差，使得水分子从浓度较高的一侧透过高分子聚合物向浓度较低的一侧“跃迁”，形成扩散。这种扩散不同于由于护套缺陷所造成的漏水现象。塑料护套透潮会造成电缆芯线绝缘电阻下降，衰减常数增加，甚至造成芯线短路，严重影响通信质量。因此普通塑料护套电缆应尽量避免在潮湿环境下使用。

③ 综合护套。通常把电缆金属屏蔽层与塑料护套组合在一起，称为电缆综合护套，综合护套有下列几种。

a. 铝-聚乙烯（聚氯乙烯）护套：这种护套有两层，里面先套一层 0.15 ~ 0.2 mm 厚铝带轧纹纵包，外面再套一层黑色聚乙烯（或聚氯乙烯）护套。这种护套的全塑市内通信电缆主要适用于架空安装。

b. 聚乙烯-铝-聚乙烯（聚氯乙烯）护套：这种护套主要有两种，即聚乙烯-铝-聚乙烯护套和聚乙烯-铝-聚氯乙烯护套。在缆芯包层外先挤包一层聚乙烯内护套，然后，再包覆一层铝带屏蔽层，最后再挤包一层黑色聚乙烯或聚氯乙烯护套。

综合护套的特点是机械强度高，芯线对屏蔽层的耐压强度高，防潮效果也较好，用途较广泛。

④ 粘接护套。为了解决塑料护套的防潮问题，将黑色聚乙烯护套和铝屏蔽层紧密地粘接构成了铝-塑粘接护套，其防潮、防电磁干扰和机械强度等方面的性能，都比上述一些塑料护套优良，其中防潮效果可提高 50 ~ 200 倍。

粘接护套的挤包过程是采用化学处理方法或直接粘合的方法，先在屏蔽铝带的两面各粘覆一层塑膜（即聚乙烯薄膜、乙烯-丙烯酸共聚物或乙烯-缩水甘油甲基丙烯酸-醋酸乙烯薄膜），制成双面涂塑铝带（又称复合带或层压带），再将双面涂塑铝带重叠纵包在缆芯包带的外面，然后在涂塑铝带的外面立即热挤包一层黑色聚乙烯护套，利用护套挤制过程的热量及附加热源，将双面涂塑铝带的纵包缝处的塑料熔合，并把双面涂塑铝带外表面的聚合物薄膜层与黑色聚乙烯护套融合为一体，形成铝/塑粘接护套（又称铝/塑综合粘接护套），其结构如图 2.27 所示。

⑤ 特殊护套（层）。

a. 用于改善电缆护层机械强度和屏蔽性能的裸钢、铝双层金属-聚乙烯护层，双面涂塑钢、铝双层金属-聚乙烯粘接护层，铜包钢带-聚乙烯护层，高强度改性铜带-聚乙烯护层，铜带-聚乙烯护层。

b. 用于防昆虫（如白蚁、蜂等）叮咬的半硬塑料护套。

c. 用于防冻裂的耐寒塑料护套。

（2）外护层。全塑市内通信电缆的外护层，主要包括内衬层、铠装层和外被层三层结构，如图 2.28 所示。

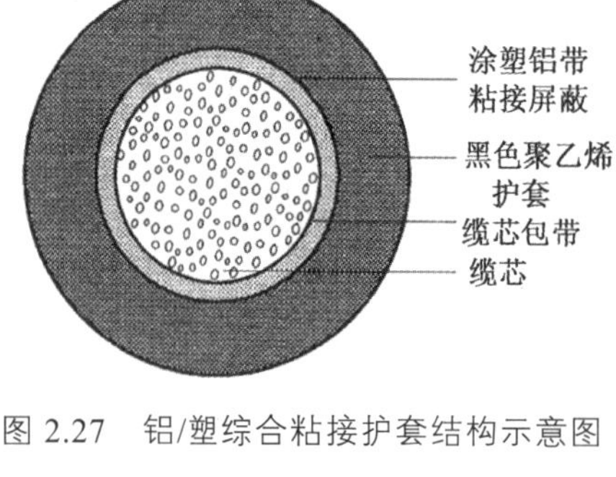

图 2.27　铝/塑综合粘接护套结构示意图

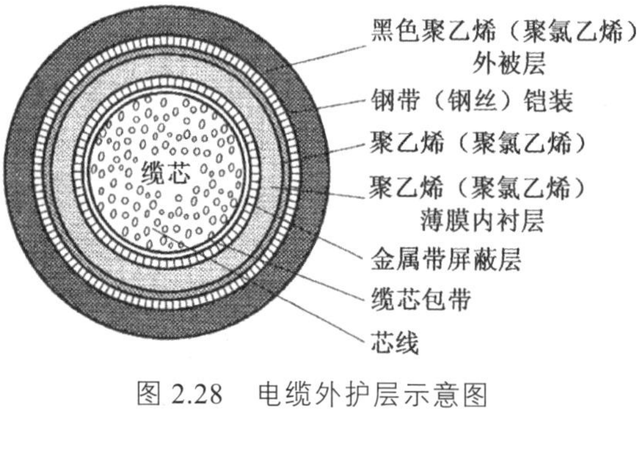

图 2.28　电缆外护层示意图

① 内衬层。内衬层是铠装层的衬垫，防止塑料护套因直接受铠装层的强大压力而受损。内衬层可在黑色聚乙烯或聚氯乙烯护套外，重叠绕包三层聚乙烯或聚氯乙烯薄膜带；也可先绕包两层聚乙烯或聚氯乙烯薄膜带，再绕包两层浸渍皱纹纸带，然后再绕包两层聚乙烯或聚氯乙烯薄膜带作为铠装的内衬层。当电缆塑料护套较厚，具有一定的机械强度时，也可不加内衬层，在电缆护套外直接绕包铠装层。

② 铠装层。铠装层有两大类：钢带铠装、钢丝铠装。

a. 钢带铠装是在塑料护套或内衬层外纵包一层钢带（厚 0.15 ~ 0.20 mm 的钢带或涂塑钢带），在纵包过程中浇注防腐混合物；或者绕包两层防腐钢带并浇注防腐混合物，这就是钢带铠装层。钢丝铠装是在塑料护套或内衬层外缠细圆镀锌钢丝或粗圆镀锌钢丝铠装层，并浇注防腐混合物。

b. 钢丝铠装电缆一般敷设在水下，有单钢丝和双钢丝之分，轻型单钢丝通常用于静止水域和有岩石的沟里，粗型单钢丝用于水流不急和不受船锚伤害的水域。双层钢丝通常用于流速较大，岩底河床和有可能带锚航行的水域，为防止钢丝受摩擦损伤，可对钢丝挤制一层氯丁橡胶。双层钢丝的绞向是相反的，而双层钢带的绞向则相同。

③ 外被层。为了保护铠装层，在金属铠装层外面还要加一层 1.4 ~ 2.4 mm 厚的黑色聚乙烯或聚氯乙烯外被层。其主要作用是增强电缆的屏蔽、防雷、防蚀性能和抗压及抗拉机械强度，加强保护缆芯。

4. 自承式全塑市内通信电缆

自承式全塑市内通信电缆是为架空敷设而设计的。其特点是电缆和钢绞线合为一体，架设时不需另装吊线和电缆挂钩，施工和维护都极为方便。钢绞线有塑料护套保护，不易发生锈蚀与电击，可以延长电缆寿命并减少障碍。

自承式全塑市内通信电缆的一般结构特性与全塑市内通信电缆相同，电缆带有自承吊线。自承吊线为钢绞线，它与缆芯处在同一护套内，安装后承受电缆自身重量与附加载荷。自承式全塑电缆的钢绞线必须符合规格要求：外径 12 mm 以下的电缆使用 7 mm×1.0 mm 的钢绞线；外径 12.1 ~ 36 mm 的电缆使用 7 mm×1.6 mm 的钢绞线；外径 36.1 ~ 50 mm 的电缆使用 7×2.0 mm 的钢绞线。自承式全塑市内通信电缆的钢绞线必须与电缆平行，钢绞线应紧密扭合，端头剥除 20 cm 塑料护套后，钢绞线不得松散。

自承式全塑市内通信电缆分为同心型和葫芦型两种结构。葫芦型自承式全塑市内通信电缆如图 2.29 所示。

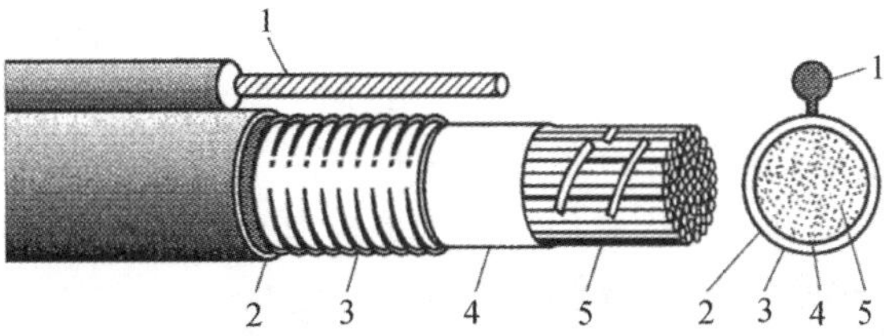

1—自承钢绞线　4—缆芯包带
2—护套　5—芯线
3—屏蔽

图 2.29　葫芦型自承式全塑市内通信电缆

5. 特殊结构的全塑电缆

全塑市内通信电缆随着其使用领域的扩大，为适应特殊情况，相继出现了几种特殊结构的全塑电缆，如填充型全塑市内通信电缆、内屏蔽（PCM）电缆等。

1）填充型全塑市内通信电缆

填充型全塑市内通信电缆是利用亲水或憎水的绝缘介质材料填充在缆芯内绝缘芯线之间和缆芯与包带之间的所有空隙，防止护套外面的水沿径向（垂直于电缆中心线）进入缆芯和沿纵向流动，即使护套损坏时水也无法进入缆芯或沿电缆内流动，从而确保通信的可靠性，也便于电缆障碍的修复。填充型全塑市内通信电缆不需充气维护，从而减少了维护工作量和费用。

（1）石油膏填充型全塑市内通信电缆。普通塑料护套电缆由于存在着“透潮”问题而影响使用，即使是防潮性能较好的铝/塑粘接护套，当护套受损伤或粘接不完备时，也会造成缆芯进水。1963 年有人提出了电缆填充的理论，导致了填充型全塑市内通信电缆的出现。其中发展最快的是石油膏填充型全塑市内通信电缆，其结构如图 2.30 所示。

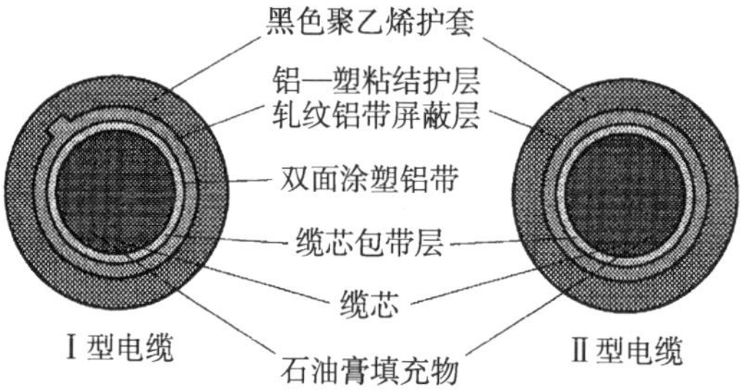

图 2.30　石油膏填充型全塑市内通信电缆

石油膏填充材料主要是采用石油膏烃类混合物。石油膏烃类混合物的技术性能对电缆的传输特性、防潮效果、机械强度和使用寿命关系很大，电缆制造厂家选用最佳配方和优质石油膏混合物，以确保电缆的电气特性和机械性能。

（2）粉末填充型全塑市内通信电缆。粉末填充型全塑市内通信电缆，是在缆芯内绝缘芯线之间和缆芯与包带之间的所有空隙中填入绝缘粉末填充剂。该填充剂包括经脂肪酸处理过的碳酸钙和亲水的高分子聚合物树脂。它们一般按 95∶5 的比例配制而成。采用粉末填充后，电缆具有可靠的防潮效果。电缆护套出现破损时，如果电缆浸入水中，水和水汽克服了碳酸钙粉末的表面应力而进入缆芯，亲水的聚丙烯酰胺粉末就迅速溶解于水中，与碳酸钙粉末一起形成具有粘性的糊状物。这种糊状物只能沿缆芯流动一个很短的距离，对于电缆外的水或水汽来说是阻挡层，阻止水继续向缆芯（径向）和纵向渗透。

粉末填充型全塑市内通信电缆，在使用和维护方面类似于石油膏填充型全塑市内通信电缆。在电缆接续或测试中，开剥外护套后只要稍加抖掸就可去掉缆芯内的填充粉末，比石油膏填充型全塑市内通信电缆操作简单方便。

（3）纤维素微囊填充型全塑市内通信电缆。纤维素微囊填充型全塑市内通信电缆是在芯线绝缘层套塑后尚未冷却前，采用静电吸附的方法把聚乙烯粉末和纤维素沉积于绝缘外表层上。所吸附的纤维和粉末层的厚度要均匀，以形成防水填充层。当电缆护套破裂进水，水一接触到绝缘芯线，绝缘层上的纤维素立刻膨胀，阻止水继续进入缆芯和沿缆芯流动。与此同时，受潮的纤维绝缘电阻大为下降，因而可检测出障碍的准确位置，以利于及时排除障碍。

填充型全塑市内通信电缆也有一个缺陷，在芯线测试和接续时，必须先将填充物抖掉或洗掉，才能进行测试和接续。

2）脉冲编码调制电缆

脉冲编码调制电缆俗称 PCM 电缆，又叫内屏蔽电缆，是为了适应市内通信网传输数字信号而生产的，能实现电路时分制多路复用，并能在同一条电缆上进行双向传输。其主要特点是：一般工作电容值较低；所有线对都可以开通 PCM 电话；增加了信号传输的可靠性；为了解决电缆的串音问题，在普通屏蔽层市内通信电缆传统的单圆柱屏蔽结构之内的线群间，另加纵向分隔屏蔽结构把线对分成二等份。纵向分隔一般呈“Z”形，如图 2.31（a）所示。为了扩大屏蔽效果，可以把“Z”的端部沿缆芯外缘向两侧延伸，一侧延伸就成为单“D”型，如图 2.31（b）所示，两侧延伸就成为双“D”型，如图 2.31（c）所示。

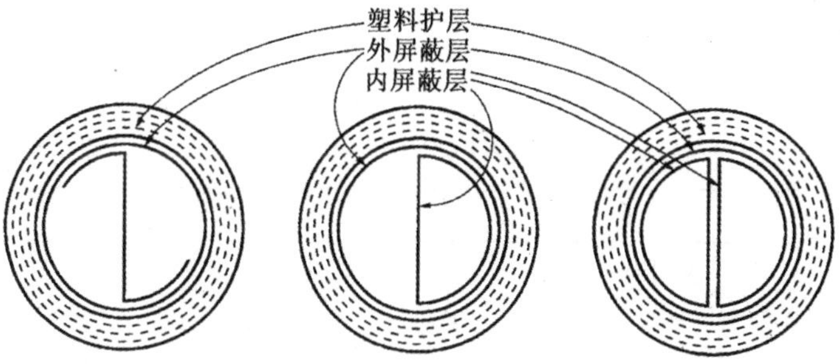

（a）“Z”型内屏蔽　（b）单“D”型内屏蔽　（c）双“D”型内屏蔽

图 2.31　纵向分隔内外屏蔽电缆

脉冲编码调制电缆线对绝缘、扎带的色谱与全塑市内通信电缆相同，内外屏蔽铝带双面都贴有粘接薄膜。内屏蔽的作用是把缆芯中“来、去”线对群用隔离带隔开，实现同缆四线制传输。

3）室内全塑电缆

室内全塑电缆主要用于局内、室内、楼内配线和成端，又称局内配线电缆。由于防火的需要，其绝缘和护套都是聚氯乙烯，缆芯结构、色带等均类似于全塑市内通信电缆。

第三部分：学习效果及评价

<table>
<tr><td>课次</td><td></td><td>课时</td><td></td></tr>
<tr><td>课堂笔记</td><td colspan="3"></td></tr>
<tr><td colspan="4">课后习题</td></tr>
<tr><td colspan="4">1. 看右图电缆切口平面回答问题。
（1）这条电缆的对数为多少？
（2）这条电缆是 A 端还是 B 端？
（3）这条电缆的缆芯结构类型是什么？
（4）这条电缆中的 256 对芯线在哪里？其基本扎带色谱和线对色谱是什么？
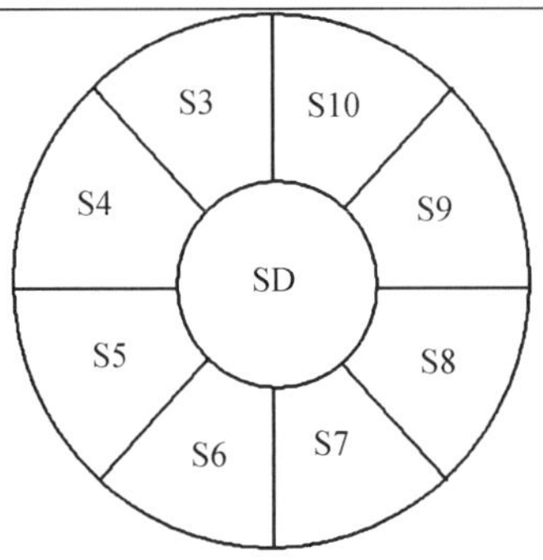

图　电缆切口平面图</td></tr>
<tr><td>评定等级</td><td></td><td>评定教师</td><td></td></tr>
</table>

任务四　同轴电缆基础

2.4　同轴电缆基础知识

第一部分：课程导读

课次		课时	
课程地位	同轴电缆（Coaxial cable）可用于模拟信号和数字信号的传输，适用于各种各样的应用场合，其中最重要的有电视传播、长途电话传输、计算机系统之间的短距离连接以及局域网等。同轴电缆作为将电视信号传播到千家万户的一种手段发展迅速，这就是有线电视。长期以来同轴电缆都是长途电话网的重要组成部分。如今，它面临着来自光纤、地面微波和卫星的日益激烈的竞争		
主要内容	● 同轴电缆简介； ● 同轴电缆的结构与材料； ● 同轴电缆的性能要求及检测项目； ● 2M 线简介； ● 馈线简介	教学目标	● 了解同轴电缆及应用场合； ● 能叙述同轴电缆结构； ● 能叙述同轴电缆的性能要求及检测项目
课程重点	● 同轴电缆的结构与材料； ● 同轴电缆的性能要求及检测项目	课程难点	● 同轴电缆的结构、类型、使用场合
课程小结	同轴电缆是一种电线及信号传输线，一般是由四层物料造成：最内里是一条导电铜线，线的外面有一层塑胶（作绝缘体、电介质之用）围拢，绝缘体外面又有一层薄的网状导电体（一般为铜或合金），然后导电体外面是最外层的绝缘物料作为外皮		
板书设计	1. 同轴电缆的结构：内导体、绝缘介质、外导体（屏蔽层）和护套； 2. 馈线分为 1/2 馈线、7/8 馈线、8D 馈线和 10D 馈线，通常馈线直径越大，信号衰减越小		
教学资源	2.4 同轴电缆基础知识		

第二部分：学习内容

同轴电缆是通信电缆中的一种，其从开始制造到现在已发展了四代。

第一代：聚乙烯<LDPE>材料作实芯绝缘介质的电缆，使用型号有 SBVD 带状型、SYV 实芯型。

第二代：化学发泡 PE 材料作绝缘介质的电缆，使用型号有 SYFV 型。

第三代：藕芯纵孔 PE 材料作绝缘介质的电缆，使用型号有 CAT 型。

第四代：物理发泡 PE 材料作绝缘介质，使用型号 SYWV，94/95 年。

同轴电缆在早期的信号传输中得到了广泛的应用，随着光纤通信技术的不断发展，过去十多年来，“光进铜退”工程稳步推进，截止 2023 年 1 月，我国光纤用户渗透率已超过 93%，同轴电缆接入方式已逐渐退出历史舞台。

1. 同轴电缆简介

1）同轴电缆的定义

同轴电缆（Coaxial）是指有两个同心导体，而导体和屏蔽层又共用同一轴心的电缆。最基本的同轴电缆由绝缘材料隔离的铜线导体组成，在里层绝缘材料的外部是另一层环形导体及其绝缘体，然后整个电缆由聚氯乙烯材料的护套包住。最常见最简单的同轴电缆如图 2.32 所示。

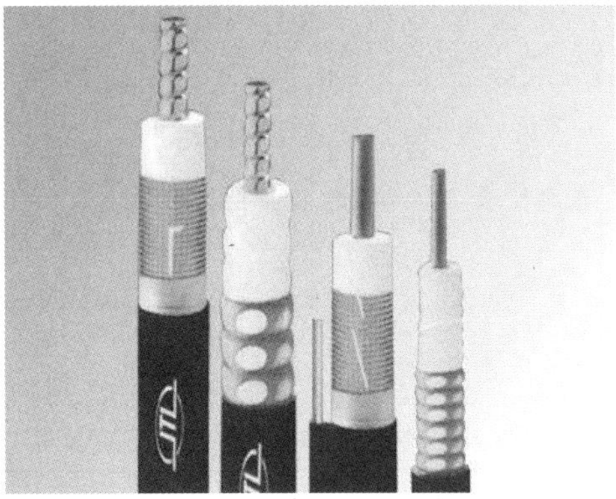

图 2.32　常见同轴电缆

同轴电缆同心结构使电磁场封闭在内外导体之间，故辐射损耗小，受外界干扰影响小。常用于传送多路电话和电视。同轴电缆也是局域网中最常见的传输介质之一。

2）同轴电缆的分类

同轴电缆的使用场合较多，使用要求各种各样，故其型号规格较为繁多，很难将其进行具体分类，人们只是将其进行简单归类。

同轴电缆按用途可分为两种基本类型。

（1）基带同轴电缆。目前基带常用的电缆，其屏蔽线是用铜做成的网状的，特征阻抗为 50，如 RG-8、RG-58 等。

（2）宽带同轴电缆。宽带同轴电缆常用的电缆的屏蔽层通常是用铝冲压成的，特征阻抗为 75，如 RG-59 等。

同轴电缆的直径大小：

（1）粗同轴电缆。粗缆适用于比较大型的局部网络，它的标准距离长、可靠性高。由于安装时不需要切断电缆，因此可以根据需要灵活调整计算机的入网位置。但粗缆网络必须安装收发器和收发器电缆，安装难度大，所以总体造价高。

（2）细同轴电缆。细缆安装则比较简单，造价低，但由于安装过程要切断电缆，两头须装上基本网络连接头（BNC），然后接在 T 型连接器两端，所以当接头多时容易产生接触不良的隐患，这是目前运行中的以太网所发生的最常见故障之一。为了保持同轴电缆的正确电气特性，电缆屏蔽层必须接地。同时两头要有终端器来削弱信号反射作用。

同轴通信电缆按照同轴对的结构尺寸大小（d/D，d—内导体外直径，D—外导体内直径）可分为如下系列。

① 小同轴：1.2/4.4 mm。

② 中同轴：2.6/9.5 mm。

③ 大同轴：5/18 mm，5.5/20 mm，11/41 mm。

④ 微同轴：0.6/2.0 mm，0.7/2.9 mm，0.9/3.2 mm。

3）同轴电缆的工作原理

同轴电缆由里到外分为四层：中心铜线，塑料绝缘体，网状导电层和电线外皮。电流传导于中心铜线和网状导电层形成的回路中，因为中心铜线和网状导电层为同轴关系而得名。同轴电缆的等效回路如图 2.33 所示。

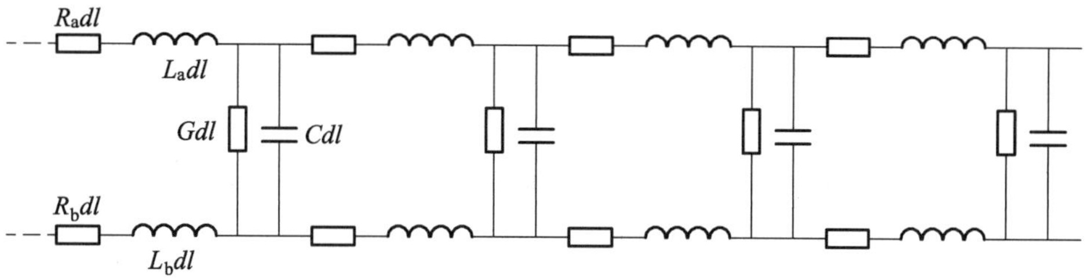

图 2.33　同轴电缆的等效回路

同轴电缆传导交流电而非直流电，也就是说，每秒会有好几次的电流方向发生逆转。如果使用一般电线传输高频率电流，这种电线就会相当于一根向外发射无线电的天线，这种效应损耗了信号的功率，使得接收到的信号强度减小。同轴电缆的设计正是为了解决这个问题。中心电线发射出来的无线电被网状导电层所隔离，网状导电层可以通过接地的方式来控制发射出来的无线电，这样就能尽可能地减少信号的衰减。

同轴电缆也存在一个问题，就是如果电缆某一段发生比较大的挤压或者扭曲变形，那么中心电线和网状导电层之间的距离就不是始终如一的，这会造成内部的无线电波会被反射回信号发送源。这种效应减低了可接收的信号功率。为了克服这个问题，中心电线和网状导电层之间被加入一层塑料绝缘体来保证它们之间的距离始终如一。这也造成了这种电缆比较僵直而不容易弯曲的特性。

4）同轴电缆生产工艺

同轴电缆从内到外依次是：内导体→绝缘层→屏蔽层+外导体→护套。

工序结构从内到外依次是：芯线结构→编织结构→护套结构。

其生产工艺流程是：内导体生产→绝缘→编织（屏蔽层和外导）→护套→成圈→包装。

也可以按以下流程：芯线工序→编织工序→护套工序→包装工序。

每道工序都需要检验，检验必须做到自检和专检，常规每盘线都必须进行专检。

5）同轴电缆质量检验

（1）观察绝缘介质的圆整度。标准同轴电缆的截面很圆整，电缆外导体、铝箔贴于绝缘介质的外表面，介质的外表面越圆整，铝箔与它外表的间隙就越小，越不圆整间隙就越大。实践证明，间隙越小电缆的性能越好，另外，大间隙空气容易侵入屏蔽层而影响电缆的使用寿命。

（2）检测同轴电缆绝缘介质的一致性。同轴电缆绝缘介质直径波动主要影响电缆的回波系数，此项检查可剖出一段电缆的绝缘介质，用千分尺仔细检查各点外径，看其是否一致。

（3）检测同轴电缆的编织网。同轴电缆的编织网线对同轴电缆的屏蔽性能起着重要作用，在集中供电有线电视线路中，它还是电源的回路线，因此同轴电缆质量检测必须对编织网是否严密平整进行查看，方法是剖开同轴电缆外护套，剪一小段同轴电缆编织网，对编织网数量进行鉴定，如果与所给指标数值相符为合格，比所给指标数值少为不合格。另外，对单根编织网线用螺旋测微器进行测量，在同等价格下，线径越粗质量越好。

（4）检查铝箔的质量。同轴电缆中起重要屏蔽作用的是铝箔，它在防止外来开路信号干扰与有线电视信号泄露方面具有重要作用，因此对新进同轴电缆应检查铝箔的质量。首先，剖开护套层，观察编织网线和铝箔层表面是否保持良好光泽；其次是取一段电缆，紧紧绕在金属小轴上，拉直向反向转绕，反复几次，再割开电缆护套层观看铝箔有无折裂现象，也可剖出一小段铝箔在手中反复揉搓和拉伸，经多次揉搓和拉伸仍未断裂，具有一定韧性的为合格，否则为次品。

（5）检查外护层的挤包紧度。高质量的同轴电缆外护层都包得很紧，这样可缩小屏蔽层内间隙，一方面防止空气进入造成氧化，另一方面防止屏蔽层的相对滑动引起电性能飘移，但挤包太紧会造成剥头不便，增加施工难度。检查方法是取 1 m 长的电缆，在端部剥去护层，以用力不能拉出线芯为合适。

（6）观察电缆成圈形状。电缆成圈不仅是个美观问题，而且也是质量问题。电缆成圈平整，各条电缆保持在同一同心平面上，电缆与电缆之间成圆弧平行地整体接触，可减少电缆相互受力，堆放不易变形损伤，因此在验收电缆质量时对此不可掉以轻心。

2. 同轴电缆的结构与材料

1）同轴电缆产品的结构组成

同轴电缆由内导体、绝缘介质、外导体（屏蔽层）和护套 4 部分组成。最基本的同轴电缆结构如图 2.34 所示。

（1）内导体。内导体通常由一根实心导体构成，利用高频信号的集肤效应，可采用空铜管，也可用镀铜铝棒，对不需供电的用户网采用铜包钢线，对于需要供电的分配网或主干线建议采用铜包铝线，这样既能保证电缆的传输性能，又可以满足供电及机械性能的要求，减轻了电缆的重量，也降低了电缆的造价。

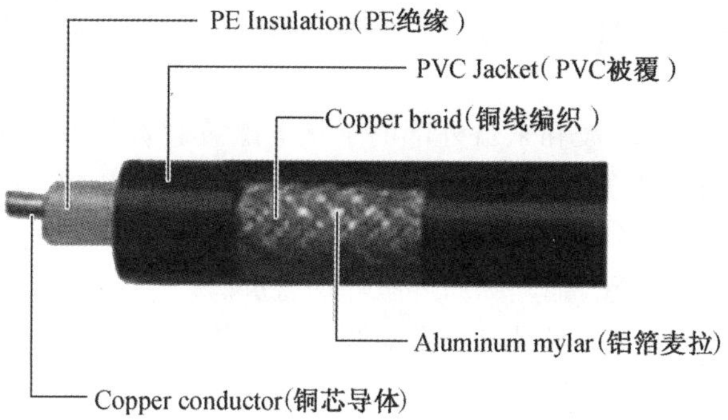

图 2.34　同轴电缆结构

（2）绝缘介质。绝缘介质可以采用聚乙烯、聚丙烯、聚氯乙烯（PVC）和氟塑料等，常用的绝缘介质是损耗小、工艺性能好的聚乙烯。

（3）外导体。同轴电缆的外导体有双重作用，它既作为传输回路的一根导线，又具有屏蔽作用，外导体通常有 3 种结构。

① 金属管状。这种结构采用铜或铝带纵包焊接，或者是无缝铜管挤包拉延而成，这种结构形式的屏蔽性能最好，但柔软性差，常用于干线电缆。

② 铝塑料复合带纵包搭接。这种结构有较好的屏蔽作用，且制造成本低，但由于外导体是带纵缝的圆管，电磁波会从缝隙处穿出而泄漏，应慎重使用。

③ 编织网与屏蔽箔纵包组合。这是从单一编织网结构发展而来的，它具有柔软性好、重量轻和接头可靠等特点。实验证明，采用合理的复合结构，对屏蔽性能有很大提高，目前这种结构形式被大量使用。

（4）护套。

2）同轴电缆用材料

（1）导体用材料。导体作为传输信号的主要原件，其材料一般为金属材料（除光缆外），目前同轴电缆导体最常用材料为铜。铜作为主要的导体材料，其有以下优势：

① 优良的导电性能。

② 优良的导热性能。

③ 优良的延展性。

④ 优良的机械物理强度。

⑤ 耐腐蚀性优良。

对金属材料铜性能影响最大是材料中含有的杂质总量和杂质成分。

（2）绝缘用材料。线缆常用的绝缘材料有塑料、橡皮、漆、油、纤维等。同轴电缆中常用的绝缘材料是塑料，塑料成本低、取材方便，易加工等特点；塑料种类繁多，而同轴电缆对绝缘材料的介电常数和介电损耗以及绝缘强度要求较高，故而常用的绝缘材料有聚乙烯以及泡沫聚乙烯。

聚乙烯又分为高密度、中密度、低密度聚乙烯。泡沫聚乙烯因发泡机理不同，可分化学和物理发泡两种：化学发泡就是将聚乙烯和发泡剂直接制的；物理发泡是将聚乙烯和成核剂混合再注入氮气制的。与实体聚乙烯相比，泡沫聚乙烯介电常数更小，比重轻，较适合高频传输的通信电缆。

（3）屏蔽用材料。屏蔽（电磁屏蔽）是传输高频电磁波或微弱电流的电线电缆，是为了阻拦外界电磁波的干扰，或是防止电线电缆中的高频信号对外界产生干扰，以及线对之间的相互干扰而设置的结构。

屏蔽层对内部产生的电磁波和来自外部的干扰电磁波起着三方面作用，即吸收能量（涡流损耗）、反射能量（电磁波在屏蔽层的界面反射）和抵消能量（电磁感应在屏蔽层上产生反向的电磁场；能抵消部分电磁波）。

常见屏蔽结构：带状屏蔽、铜丝编织屏蔽和综合屏蔽。

同轴电缆中起屏蔽作用的一般是各种金属箔（包括复合箔），编织的外导体线也起到屏蔽作用。

① 常见的金属箔：铜箔、铝箔、铝塑复合箔。

铜箔：厚度一般为 0.15 和 0.25 mm，允许偏差 0.008；铜箔应笔直、平坦、表面应光滑清洁，不应有裂纹、起皮、气泡、起刺、压折以及划伤等切线。

铝箔：应笔直、平坦、表面应光滑清洁，不应有裂纹、起皮、气泡、起刺、压折以及划伤等切线。

铝塑复合箔：要求较严格，必须确定铝基和塑料基含量，应进行专业检测，详见检验标准。

② 常见的编织网材料：铜丝、合金丝、铜包铝。

（4）护套用材料。护套作为保护整个电缆其他部件，分很多类型，但同轴电缆较常用的一般为塑料，因塑料综合性能较优越。常用塑料护套材料：

① 聚氯乙烯护套：具有良好耐油、耐磨、耐酸碱等性能，较为常用。

② 聚乙烯护套：相比聚氯乙烯较好，但成本高。

③ 聚氨酯护套：耐磨性好。

④ 氟塑料护套：温度范围较广。

3）导体结构和种类

内导体是起电信号引导作用的构件，呈圆柱形结构，其具有较高的电导率，较好的机械强度和柔软性。

内导体是同轴电缆重要组成原件，其种类比较繁多，分类也有不同。

按结构形式分，内导体可分为：

（1）实心内导体。其电气性能好，结构简单，加工方便，成本低，但柔软性较差。

（2）绞制型内导体。由多根导线绞合而成，柔软性好，但电阻损耗和成本较高。

（3）管状内导体。主要用于大功率、低衰减电缆，大大节约了材料和成本，但其柔软性较差，且加工麻烦。

（4）皱纹管状内导体。管状导体表面压螺旋形皱纹，具有较好的柔软性。

我们一般较常用的是实心型和绞制型，因其工艺较为简单，易于加工，适合大范围生产。

按组成材料分，内导体可分为：

（1）裸铜线。导电、导热性好，加工制造方便。

（2）铜包钢线。兼具铜的良导电性和钢的高强度。

（3）铜包铝线。兼具铜的良导电性和铝比重小。

（4）镀银铜线。提高导电性和耐温性。

（5）镀锡铜线。提高抗氧化和耐腐蚀性。

（6）镀镍铜线。耐温性较好。

（7）铜合金线。高强度铜合金，主要是铬铜、锆铜等，主要应用于微小型电缆。

（8）高阻线。采用镍、镍铬合金，主要应用于大衰减电缆。

4）导线的基本要求及常见质量问题

同轴电缆的内导体作为信号传递的媒介，其性能的优劣直接影响同轴电缆的电气性能，故内导体有以下要求。

（1）具有较高的电导率，足够的机械强度和必要的柔软性。

（2）表面应清洁光滑、圆整，不应有污垢、碰伤及弯曲等现象。

（3）直径公差要小。

（4）导体不允许焊接。

常见问题：

（1）导体结构及尺寸不合格。

（2）导体表面不圆整有压痕。

（3）导体表面氧化。

（4）导体排丝混乱致使导体扭转、弯曲。

（5）导体粗细不均。

（6）导体机械性能不达标。

（7）导体电性能不合格。

（8）铜包钢铜层掉下。

5）绝缘结构

绝缘层：是导体外层起着电绝缘作用的构件。它保证传输的电流或电磁波只能沿着导体行进而不流向外面、导体上具有的电位能被隔绝；通信电缆中其是信号传输的介质。

绝缘层按绝缘结构形式可分为：

（1）实心绝缘。用短线或要求柔软的时候。

（2）组合绝缘。垫片绝缘、鱼泡式绝缘、绳管绝缘、螺旋绝缘、竹节式绝缘和泡沫绝缘等。

也可以归类为实心绝缘、空气绝缘、半空气绝缘。

（1）实心绝缘：电缆内外导体间充满密实介质，较常见聚乙烯实心绝缘。

实心绝缘结构的优点：结构稳定、电气强度高、热阻小、弯曲性好。

实心绝缘结构的缺点：材料损耗多、介电常数大、电缆衰减大。

（2）空气绝缘：电缆内外导体间，除了以一定间隔或螺旋式固定在内导体上的支持物外，余均为空气。

优点：有效介电常数和介电损耗小、衰减低，传输功率大。

缺点：柔软性差，耐电性差等。

（3）半空气绝缘：最常用的是泡沫塑料绝缘，目前是使用最多，也是最好的一种绝缘形式。

6）绝缘芯线的生产工艺

目前同轴电缆的绝缘芯线主要是发泡塑料绝缘。发泡塑料有两种发泡形式：化学发泡（聚乙烯+发泡剂）和物理发泡（聚乙烯+成核剂+发泡气体）。

相对于化学发泡和其他形式绝缘，物理发泡介电常数小、高频衰减低、性能稳定、防水防潮和弯曲性能好、电缆外径小、使用寿命长等，故物理发泡被广泛采用，本书主要介绍物理发泡。

发泡机理：利用塑料挤出过程中直接注入气体或液态气体来实现发泡绝缘。物理发泡过程中采用不产生损耗的气体作为发泡剂，优于化学发泡。通常聚合物与成核剂混合后，经挤塑机挤出，挤出过程中注入氮气，形成发泡状的绝缘。

生产设备：物理发泡绝缘生产设备。

7）绝缘线芯的基本要求及常见问题

绝缘芯线作为同轴电缆最基本、最主要的构件，其质量的好坏直接决定线缆性能，故对绝缘线芯有以下要求。

（1）绝缘外径必须达标且绝缘表面必须平整、光滑、无缺陷（同一截面上相互垂直的两个方向上进行，测五个点以上，取平均值）。

（2）绝缘同心度必须大于 95%。

（3）绝缘椭圆度不应大于标称外径公差的绝对值（同一截面上测量的最大外径与最小外径之差）。

（4）绝缘重量必须达标。

（5）内薄层与绝缘层无气泡、均匀。

（6）粘附力需优良。

（7）介电强度达到标准。

常见问题：

（1）绝缘线芯内层绝缘不粘、粘死或一段粘一段不粘。

（2）芯线截面穿孔。

（3）芯线偏心、表面毛糙。

（4）芯线表面出现波纹、焦料、气孔、竹节。

（5）线芯发泡度不够、圆整度不够。

（6）内导体外露。

（7）电缆长度不合理、排线太乱。

8）编织结构

（1）编织结构的类型。编织结构作为同轴电缆最常用的一种结构（其他两类为管状、铝箔纵包），作为同轴电缆的外导体，其常见有以下两种形式：

① 编织外导体（一屏蔽）：铜丝编织、铜包铝编织。

② 箔加编织丝结构。

常见有三种形式：a. 箔+编织丝（二屏蔽）；b. 箔+编织丝+箔（三屏蔽）；c. 箔+编织丝+箔+编织丝（四屏蔽）。

编织结构既起到外导体作用，又起到屏蔽作用，故也可称为屏蔽网。同轴电缆中屏蔽网把导线和电介体严密地包围起来，起两个作用：一是作为信号的公共地线为信号提供电流回路；二是作为信号的屏蔽网，抑制电磁噪声对信号的干扰。

屏蔽网的结构以金属编织网和箔最常见。金属编织网比箔具备更低的直流阻抗，但对电磁干扰的屏蔽率只有 90%，箔对电磁干扰的屏蔽率高达 100%。所以很多专业的线缆会采取金属编织网与箔双重屏蔽结构，可以更有效地提高信号的信噪比。在其他条件相同时，编织网的支数越多屏蔽效果越好。

（2）编织生产工艺。编织：采用编织机将纤维材料或金属丝并成的股线，以一定的规律相互交织并覆盖在线缆产品上，成为一层紧密的保护层或屏蔽层的工艺过程；编织中所有的股线分成两组，每一组股线以同方向平行地缠绕在芯线上，股线间以一定规律交叉，编织线缆最常用的规律是一股盖住反方向的两股，同时又为相反方向的两股所覆盖。

按编织材料来分：纤维编织、金属编织、混合编织；同轴电缆编织属于金属编织范畴。

编织机有 16、24、32、36、72 锭之分；有立式和卧式之分。

金属编织层生产工艺过程：并丝→编织→涂覆防锈漆。

编织工艺参数：编织节距、编织角、编织密度。

（3）编制的基本要求及常见质量问题。同轴电缆的外导体材料的要求：导电性能好，有一定的机械强度，较高柔软性等。

对整个编织结构的要求：

① 屏蔽带包覆完好，无反边、打折、断裂、脱节等问题。

② 编织平整，外观无毛刺、漏网、损伤、氧化等。

③ 编织排线均匀、整齐，收线张力稳定，不宜过大或过小。

④ 编织根数与节距必须达标。

⑤ 编织结构必须符合要求。

常见问题：

① 编织丝用错、编错。

② 节距不符、花纹不均匀。

③ 编织丝氧化。

④ 编织太松、出现漏包。

⑤ 接丝太乱太大、断丝超长。

⑥ 编入异物、出现长丝节、短丝节。

⑦ 排线混乱。

9）护套结构

（1）护套的基本作用。保护层是对电缆内部所有成分进行全面保护的一层外皮，很容易受气温、化学药品、液体和日光的影响。电缆的保护层必须适应任何条件的安装环境。一般安装要外套 PVC 管、户外安装可防紫外线辐射而老化。

（2）护套的基本要求及常见问题。同轴电缆的护套应柔软、坚固、能抵抗环境污染、化学试剂、辐照、高低温、腐蚀以及霉菌等作用，表面光滑圆整、不透潮气，并印有公司、型号及长度标记。

护套有以下要求：

① 护套外径，表面圆整、光滑、无偏心、无进水、无击穿、无毛刺、无印模、无异物。

② 护套印字必须正确、清晰、耐擦、字体大小均匀、整齐、间距符合要求、米数正确。

③ 护套外径及厚度必须达标。

④ 护套偏心度必须达标。

常见问题：

① 护套偏心、太薄、脱节、破疤、大肚、小节、蹬节。

② 印字出错、不清晰、出现油墨线。

③ 材料用错、编织线用错。

④ 编织线融化导致偏心。

3. 同轴电缆的性能要求及检测项目

1）同轴电缆产品的性能要求

同轴电缆产品作为特殊线缆产品，其除了满足电缆基本电性能和机械性能之外，还应满足以下性能要求：

（1）要求电缆的固有衰减要小。

（2）要求所传输的信息具有尽可能小的失真。

（3）抗干扰能力要强。

（4）在保证传输质量前提下，使用频带应尽量宽广。

2）同轴电缆的性能检测项目

（1）外观质量检查。

① 电缆印字内容与流转卡要求的一致性。

② 电缆印字美观度。

③ 电缆米标间距。

④ 护套表面光洁度。

⑤ 电缆圆整度。

⑥ 护套紧密度。

⑦ 成圈整齐度。

⑧ 盘具正确使用。

（2）结构尺寸检查。

① 电缆外径。

② 绝缘厚度。

③ 内外护套厚度。

④ 各类金属带厚度。

⑤ 电缆结构符合性。

⑥ 绝缘线芯的外径。

3）电性能试验项目

（1）特性阻抗。电缆处于匹配状态（即线路上无反射波）时沿线的电压与电流的比值。计算公式：

$$Z = \ln\frac{60}{\sqrt{\varepsilon_r}}\frac{d_2}{d_1}$$

式中　Z——特性阻抗；

d_2——外导体有效直径；

ε_r——相对介电常数；

d_1——内导体有效直径。

阻抗匹配：在 CATV 系统中，电缆的特性阻抗应尽可能和负载的阻抗相一致。否则，

① 造成信号的反射，使负载得到的功率减少，电缆的传输效率下降；② 会造成传输信号的畸变，使电缆图像传输出现重影。阻抗匹配是保证电磁波行波传输的重要条件。阻抗失配将造成电磁波的部分反射。

电缆因受长期的自身重量、风压负荷等作用使其机械特性变差时，电缆的特性阻抗将会发生变化，其结果使网络的反射损耗变小，严重时使图像产生重影现象。在网络的铺设施工中，对电缆的弯曲程度和绑扎工艺都有一定的要求，目的就是防止因为施工不当造成电缆的机械性能变差，使电缆的特性阻抗变值，从而使网络的反射损耗指标变差。

（2）衰减损耗。衰减损耗主要体现在损耗常数上。

定义：$\alpha=10(1/L)\lg(P_2/P_1)$[dB/100 m]，反映电磁波能量沿电缆传输时的损耗的大小，通常要求电缆有尽可能小的衰减常数。

规律：衰减由内外导体的损耗与绝缘材料的介质损耗之和构成。在低频段主要是导体的衰减，频率越高，介质引起的衰减就越大。

衰减的频率特性曲线：评价电缆衰减指标最有效的依据。基本要求主要是：

① 曲线上各频率点的衰减值要达到技术指标，且越低越好。

② 曲线越光滑越平坦越好，不得有吸收点。

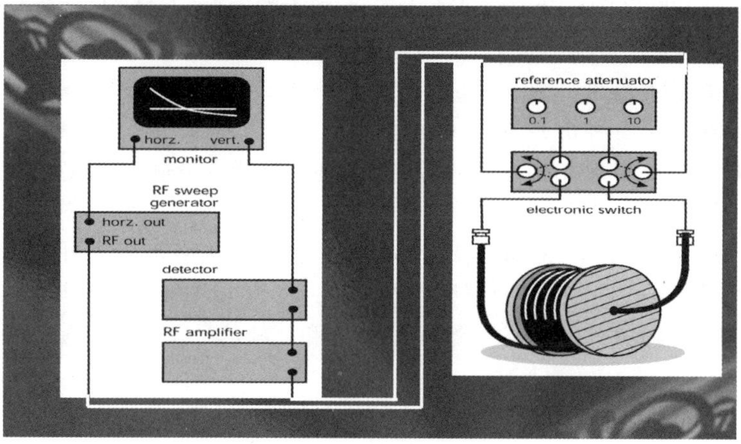

图 2.35　同轴电缆衰减测试

（3）回波损耗。

回波损耗 $LR=-10\lg$[（反射功率）/（入射功率）。式中 ρ 代表电缆输入端本质：回波损耗表示电缆内部均匀性好坏。回波损耗 LR 越大，反射系数越小，也就是驻波系数 S 越小，则表示电缆内部均匀性好。

回波损耗曲线是判断电缆传输信号时反射程度的依据，它是在电缆的信号输入端测到的各使用频率点的反射损耗数据组成的连续曲线。优质电缆的反射损耗曲线上没有孤立的特别低的峰值。

（4）屏蔽特性。

屏蔽衰减α_s定义：向电缆内外导体间形成的内回路（一次系统）馈入的功率 P_1 与根据测得表面电流的最大值计算出电缆的外导体和周围环境形成的非回路（二次系统）的最大功率 P_{2max} 的对数比。

本质：屏蔽衰减越大，则表示电缆的屏蔽性能越好。

4. 2M 线简介

1）硬件接口类型

主要有非平衡的 75 Ω、平衡的 120 Ω两种接口类型。目前自有机房内的 2M 接口基本上是非平衡的 75 Ω物理接口（一收一发），部分电信机房内使用的是平衡式 120 Ω物理接口（一收一发两地）。

2）2M 速率帧结构

（1）信号的传输首先是将模拟信号转化成数字信号，目前广泛使用的是脉冲编码调制。即 PCM 编码进行模数转换。

（2）在进行信号数字化后，为了适合数字传输线路上的传输特性还需进行传输码型编码，2M 使用的传输码型是 HDB3 码。HDB3 码的主要特点是“0”码变换后仍是“0”码不变，“1”码交替变换为+1 或 – 1，当码字序列中的“0”码多于 3 个时，则第 4 个“0”码就用一个传号代替，用来增加其定时时钟信息的含量以利于时钟提取。

（3）2M 是 2 048 Kbit/s 的简称，那 2 048 Kbit/s 是怎么计算出来的呢，2M 有帧的这种概念，一帧内有 32 个信道，每个信道由 8 个 bit 组成，1 秒传送的帧数是 8 000 帧，因此，总的速率就是 32×8×8 000=2 048 Kbit/s。2M 内的每个信道的速率算法为：8×8 000=64 Kbit/s，这就是 64K 信道的由来。

（4）2M 的帧结构有五种：第一种是非帧结构，第二种是 PCM30，第三种是 PCM31，第四种是 PCM30 CRC，第五种是 PCM31 CRC。

① 非帧结构。2M 的非帧结构主要传送的是数据，其特点是每一帧只有 1 个 0 时隙，其余 31 个时隙不做区分。

② PCM30。为什么会有 PCM30 和 PCM31 的区分呢？ PCM30 最大可传送 30 个信道的信息，PCM31 最大可传送 31 个信道的信息。PCM30 一般是用于使用 1 号信令（即随路信令）的话务业务，主要特点是第 16 时隙传送 1 号信令和复帧信号及复帧告警，一个复帧包含 16 个子帧。

③ PCM31。PCM31 一般用于 7 号信令电路（即共路信令），其特点是 31 个时隙均可用于业务信息。PCM31 没有复帧，目前使用的 2M 电路绝大多数都是此类型电路，另外，DDN 电路也是采用该类型帧结构的电路。

④ PCM30 CRC。此类帧结构与 PCM30 的不同在于多了 CRC 字节。

⑤ PCM31 CRC。同样，与 PCM31 相比，多了 CRC 字节。目前使用的有些 2M 电路中，均没有加 CRC，此类电路一般用于专网，用于对电路质量要求较高的网络。

（5）2M 速率帧结构各时隙含义。以上介绍的 5 种帧结构中每一帧都有 0 时隙，它主要携带的信息有 4 种，1 是帧同步信号，2 是 CRC，3 是 A 告（即对告），4 是冗余信息。2M 每秒传送 8 000 帧信号，帧同步信息是在偶数帧内的第 2 至第 8 的 BIT，是固定的码流，为 0011011。奇数帧内的第 1 个 BIT 以前一般定义为 1，叫作国际国内电路，是一个识别信号，现在已经没有很严格规定如何使用了。CRC 是在偶数帧的第 1 个 BIT，每 4 个偶数帧构成 1 个 CRC-4，因此，2M 内的校验码就叫 CRC-4。A 告在奇数帧的第 2 个 BIT 上，如出现 A 告，该比特置 1。冗余信息是在偶数帧的第 3 至第 8 比特上，一般较少用。2M 的帧时隙如表 2.15 所示。

表 2.15　2M 的帧时隙

Alternate frames	1	2	3	4	5	6	7	8
Frame containing the frame alignment signal	Si	0	0	1	1	0	1	1
	Note1	Frame alignment signal						
Frame not containing the frame alignment signal	Si	1	A	Sa4	Sa5	Sa6	Sa7	Sa8
	Note1	Note2	Note3	Note4				

NOTE1：用于国际通信勤务。如果国际通信勤务不用，则当数字链路跨越国际边界时应固定为“1”。如数字链路不跨越国际边界，则此比特可用于国内通信勤务。另一种用法是循环冗余校验（即 CRC）。

NOTE2：固定为“1”，以区别帧定位信号。

NOTE3：用于指示远端告警。非告警状态为“0”，告警状态为“1”。

NOTE4：用于国内通信勤务。当数字链路跨越国际边界，或这些比特不被利用时则将其固定为“1”。

CRC-4 帧结构如表 2.16 所示。

表 2.16　CRC-4 帧结构

	Sub-multiframe（SMF）	Frame number	Bits 1 to 8 of the frame							
			1	2	3	4	5	6	7	8
Multiframe	I	00	C1	0	0	1	1	0	1	1
		01	0	1	A	Sa4	Sa5	Sa6	Sa7	Sa8
		02	C2	0	0	1	1	0	1	1
		03	0	1	A	Sa4	Sa5	Sa6	Sa7	Sa8
		04	C3	0	0	1	1	0	1	1
		05	1	1	A	Sa4	Sa5	Sa6	Sa7	Sa8
		06	C4	0	0	1	1	0	1	1
		07	0	1	A	Sa4	Sa5	Sa6	Sa7	Sa8
	II	08	C1	0	0	1	1	0	1	1
		09	1	1	A	Sa4	Sa5	Sa6	Sa7	Sa8
		10	C2	0	0	1	1	0	1	1
		11	1	1	A	Sa4	Sa5	Sa6	Sa7	Sa8
		12	C3	0	0	1	1	0	1	1
		13	E	1	A	Sa4	Sa5	Sa6	Sa7	Sa8
		14	C4	0	0	1	1	0	1	1
		15	E	1	A	Sa4	Sa5	Sa6	Sa7	Sa8

注：这里的复帧指的是 CRC-4 的复帧，而不是时隙的复帧。

（6）PCM30 帧结构中 16 时隙的结构。关于 PCM30 和 PCM31 的区别就是在 16 时隙，在这里要简略提一下两种常用的信令格式：一种是随路信令（即 1 号信令），另一种是共路信令（即 7 号信令）。顾名思义，随路信令是每个 2M 内都有信令链路，共路信令是共用信令链路，不用每个 2M 都有信令链路。而 PCM30 这种帧格式主要就是应用于 1 号信令的业务的，主要特点就是固定第 16 时隙传送信令链路及其他相关的开销字节。因此，下面就介绍一下 1 号信令中 16 时隙到底有什么。

在 PCM30 这种结构中，有复帧的概念（PCM31 及非帧结构是没有复帧的），一个复帧由 16 个子帧组成，记为 F0-F15，每个子帧有 32 个时隙，记为 TS0-TS31，TS0 已经在前面介绍过了，这里就不重复了，TS16 传送的是复帧同步和数字型线路信令。

F0 帧的 TS16 传送复帧同步和帧失步告警。前 4 位的四个“0”就是复帧定位信号，第 5、7、8 个比特为勤务比特，不用则置“1”，第 6 比特是复帧失步告警指示，失步置“1”，同步的时候则置“0”。

F1 帧的 TS16 传送第 1 话路和第 16 话路的线路信令。

F15 帧的 TS16 传送第 15 话路和第 30 话路的线路信令。

实际上，每个话路的数字型线路信令只用 3 位码就够了，前向信令为 af、bf、cf，后向信令为 ab、bb、cb，其中 cf、cb 是表示话务员再振铃或强拆的前、后向信令，在市话和长途全自动接续中，一般只用 2 位码即可。

3）2M 速率信号的应用

（1）交换网络上应用。① 目前 MSC 之间的话务使用的是 PCM31 格式的 2M 结构，2M 内的整个 64 Kbit/s 时隙承载 1 路话路。② 目前交换网络设备的备用时钟均是通过提取 2M 内 0 时隙的帧同步信号。③ 机站的时钟同步提取方式同样是用 2M 内 0 时隙的帧同步信号进行 BSC 和 BTS 之间的信号同步。④ MSC-BSC、BSC-BTS 之间的 A 接口使用的信道速率有 16 Kbit/s、32 Kbit/s 等不同的速率，这种速率在传输上是怎么实现的呢？就是把 2M 的成帧的 64 Kbit/s 的信道进行复用和解复用，目前部分的 2M 测试仪表有 A 接口的测试功能，可进行 16 Kbit/s 及 32 Kbit/s 的性能监测和监听。

（2）信令网上的应用。目前有些全网内使用的都是 7 号信令系统，对于信令链，目前有两种，一种是 64 Kbit/s 信令链路，另一种是 2M Kbit/s 信令链路。当使用 64 Kbit/s 信令链路时，承载的 2M 电路的帧结构为 PCM31 结构，并且根据安全考虑，在 1 个 2M 内不能承载多于 8 个 64 Kbit/s 的信令链路。对于 2M Kbit/s 信令链路，同样是使用成帧的 PCM31 进行传送，只是在业务层交换机再进行封装。

（3）数据网上的应用。目前数据网上用的 2M 电路使用的是非帧格式，但在实际使用中，有时候会有以下的误解：2M 的数据链路实际的带宽就是 2 048 bit/s，由于数据是异步传送方式，因此就不需要 0 时隙进行同步。然而，实际上 2M 数据链路实际能使用的带宽是 1 984 bit/s，2M 内的 0 时隙是保留的。

（4）网管网上的应用。目前网管对于 2M 的应用基本上都使用的是 PCM31 格式。由于部分网管的需求带宽要求不高，因此就使用了 64 Kbit/s 的交叉设备将不同类型的网管上的网管时隙交叉到同一个 2M 上进行传送。

（5）关于 2M 的测试。2M 测试最主要的有两种方法：一种是在线测试，第二种是断线测试。① 在线测试是将仪表的两个收端高阻跨接到 2M 电路上，其测试误码的原理是检测 HDB3 码的码型是否符合 HDB3 码的编码规则（即不能出现 4 个连“0”信号），所以根据其原理，在线测试测的是码型误码率，而不是比特误码率，只能用于判断其 2M 的质量是否有问题，如要精确判断其质量等级，还需进行断线测试。② 断线测试的主要原理就是在一端环路，另外一端接仪表的收端和发端，然后通过仪表发送伪随机码进行 2M 或 64K 测试，还有一种方法是两端均挂仪表，用一台仪表发送伪随机码，另外一台仪表进行接收，此种测试方法的精度较高，但需要两台高精度的仪表进行。

5. 馈线简介

所谓馈线就是指纯粹的由电源母线分配出去的配电线路，直接到负荷的负荷线。而出线尽管也是从电源母线分配出去的线路，但是它可能是连接别的电源的联络线，所谓“馈”，含有赠予、给的含义。

1）配电术语

馈线是配电网中的一个术语，它可以指与任意配网节点相连接的支路，可以是馈入支路，也可以是馈出支路。但因为配电网的典型拓扑是辐射型，所以大多馈线中的能量流动是单向的。但为提高供电可靠性，由于配网结构变化很复杂，功率的传输也并非绝对是一个方向。所以粗略地讲，配电网中的支路都可称之为馈线。

2）信号双线

馈线是早期电视机与室外天线连接的信号线，其线扁平一般为双线，两线之间有较宽的距离目的是减小线间分布电容对电视微弱信号的衰减，线体为绝缘塑料，外部没有屏蔽层，抗干扰能力极差，室外使用其性能还会受阴雨天气的影响。现在由于有线电视的普及，电视信号线完全由同轴电缆取代。它的主要任务是有效地传输信号能量，因此，它应能将发射机发出的信号功率以最小的损耗传送到发射天线的输入端，或将天线接收到的信号以最小的损耗传送到接收机输入端，同时它本身不应拾取或产生杂散干扰信号，这样，就要求传输线必须屏蔽。当馈线的物理长度等于或大于所传送信号的波长时，传输线又叫作长线。

3）馈线的种类

超短波段的传输线一般有两种：平行双线传输线和同轴电缆传输线；微波波段的传输线有同轴电缆传输线、波导和微带。平行双线传输线由两根平行的导线组成，它是对称式或平衡式的传输线，这种馈线损耗大，不能用于 UHF 频段。同轴电缆传输线的两根导线分别为芯线和屏蔽铜网，因铜网接地，两根导体对地不对称，因此叫作不对称式或不平衡式传输线。同轴电缆工作频率范围宽、损耗小，对静电耦合有一定的屏蔽作用，但对磁场的干扰却无能为力。使用时切忌与有强电流的线路并行走向，也不能靠近低频信号线路。

4）馈线分类

馈线分为 1/2 馈线、7/8 馈线、8D 馈线和 10D 馈线，通常馈线直径越大，信号衰减越小。

第三部分：学习效果及评价

课次		课时	
课堂笔记			
课后习题			
1. 请描述同轴电缆的基本结构。			
2. 请说明目前在哪些地方还在应用同轴电缆。			
评定等级		评定教师	

任务五　双绞线基础

2.5　双绞线基础知识

第一部分：课程导读

课次		课时	
课程地位	双绞线是一种综合布线工程中最常用的传输介质，是由两根具有绝缘保护层的铜导线组成的。与其他传输介质相比，双绞线在传输距离、信道宽度和数据传输速度等方面均受到一定限制，但价格较为低廉		
主要内容	● 双绞线简介； ● 双绞线分类； ● 双绞线的使用； ● 双绞线的特性	教学目标	● 叙述双绞线的结构； ● 会辨别双绞线质量
课程重点	● 双绞线的结构 ● 双绞线的特性	课程难点	双绞线的结构、类型、使用场合
课程小结	双绞线是一种最常用的传输介质。双绞线是由两根具有绝缘保护的铜导线组成的。目前双绞线可分为非屏蔽双绞线和屏蔽双绞线两种		
板书设计	1. 双绞线的结构：两根具有绝缘保护的铜导线； 2. 双绞线的分类：非屏蔽双绞线和屏蔽双绞线； 3. 双绞线标准：1、2、3、4、5 类，超 5 类，6 类		
教学资源	2.5 双绞线基础知识		

第二部分：学习内容

1. 双绞线简介

双绞线（Twisted Pairwire，TP）是一种最常用的传输介质。双绞线是由两根具有绝缘保护的铜导线组成的。把两根绝缘的铜导线按一定密度互相绞在一起，可降低信号干扰的影响程度。每一根导线在传输中辐射出来的电波会被另一根线上发出的电波抵消。双绞线一般由两根 22 号到 26 号绝缘铜导线相互缠绕而成。如果把一对或多对双绞线放在一条导管中，便成了双绞线电缆。与其他传输介质相比，双绞线在传输距离、信道宽度和数据速度等方面均受到一定的限制，但价格较为低廉。

2. 双绞线分类

目前双绞线可分为非屏蔽双绞线（Unshileded Twisted Pairwire，UTP）和屏蔽双绞线（Shileded Twisted Pairwire，STP，也称八线头和四线头双绞线）两种。屏蔽双绞线电缆在缆芯和外护套层之前添加了金属屏蔽层，因此它的价格相对要贵一些。非屏蔽双绞线和屏蔽双绞线的物理形式如图 2.36 所示。

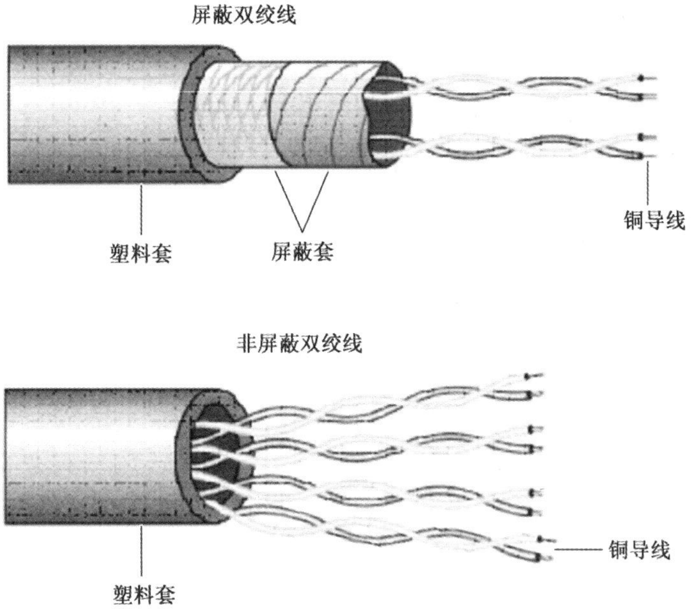

图 2.36　屏蔽和非屏蔽双绞线

虽然双绞线主要是用来传输模拟声音信息的，但同样适用于数字信号的传输，特别适用于较短距离的信息传输。在传输期间，信号的衰减比较大，并且使其波形畸变。为了克服这一弱点，一般在线路上采用放大技术来再生波形。

采用双绞线的局部网络的带宽取决于所用导线的质量、每一根导线的精确长度及传输技术。只要精心选择和安装双绞线，就可以在短距离内达到几百万位/秒的可靠传输率。当距离很短，并且采用特殊的电子传输技术时，传输率可达 100 Mb/s 甚至更高的传输速率。用双绞线传输数据时距离通常是 100 m。双绞线最适合用于局部网络内点对点之间的设备连接。但它很少用来作为广播方式传输的媒体。因为广播方式的总线通常需要相当长距离的非失真传输。

因使用双绞线传输信息时要向周围辐射，这很容易被窃听，所以要花费额外的代价加以屏蔽，以减小辐射（但不能完全消除）。而且双绞线电缆一般具有较高的电容性，这可能会使信号失真，故双绞线电缆不太适合高速率的数据传输。之所以选用双绞线作为传输媒体，是因为其实用性较好、价格较低，比较适用于应用系统。

1991 年，两个标准组织：TIA（电信工业协会）和 EIA（电子工业协会），联合开发了 TIA/EIA 568 标准，在 TIA/EIA 568 标准中完成了他们对双绞线的规范说明。从那以后，这两个组织一直继续在为新的以及被修改的传输介质修订国际标准。他们的标准目前覆盖的内容包括电缆介质、设计以及安装规范，TIA/EIA 568 标准将双绞线电线分成若干类。因此你可能听说双绞线被称为 1 、2 、3 、4 或 5 类，不久又出现了 6 类，所有这些电缆都必须符合 TIA/EIA 568 标准，局域网经常使用 3 类或 5 类电缆。

1 类线（CAT 1）：一种包括 2 个电线对的 UTP 形式。1 类适用于话音通信，而不适用于数据通信。它每秒最多只能传输 20 千位（Kbps）的数据。

2 类线（CAT 2）：一种包括 4 个电线对的 UTP 形式。数据传输速率可以达到 4Mbps。但由于大部分系统需要更高的吞吐量，因此 2 类很少用于现代网络中。

3 类线（CAT 3）：一种包括 4 个电线对的 UTP 形式。在带宽为 16 MHz 时，数据传输速度最高可达 10 Mbps。3 类一般用于 10 Mbps 的 Ethernet 或 4 Mbps 的 Token Ring。虽然 3 类比 5 类便宜，但为了获得更高的吞吐量，网络管理员正逐渐用 5 类代替 3 类。

4 类线（CAT 4）：一种包括 4 个电线对的 UTP 形式。它能支持高达 10 Mbps 的吞吐量，CAT 4 可用于 16 Mbps 的 Token Ring 或 10 Mbps 的 Ethernet 网络中。它可确保信号带宽高达 20MHz。并且与 CAT 1、CAT 2 或 CAT 3 相比，它能提供更多的保护以防止串扰和衰减。

5 类线（CAT 5）：用于新网安装及更新到快速 Ethernet 的最流行的 UTP 形式。CAT 5 包括 4 个电线对，支持 100 Mbps 吞吐量和 100 Mbps 信号速率。除 100 Mbps Ethernet 之外，CAT 5 电缆还支持其他的快速连网技术。

超 5 类：为 CAT 5 电缆的更高级别的版本。它包括高质量的铜线，能提供一个高的缠绕率，并使用先进的方法以减少串扰。超 CAT 5 能支持高达 200MHz 的信号速率，是常规 CAT 5 容量的 2 倍。

6 类线（CAT 6）：包括四对电线对的双绞线电缆。每对电线被箔绝缘体包裹，另一层箔绝缘体包裹在所有电线对的外面，同时一层防火塑料封套包裹在第二层箔层外面。箔绝缘体对串扰提供了较好的阻抗，从而使得 CAT 6 能支持的吞吐量是常规 CAT 5 吞吐量的 6 倍，由于 CAT 6 是一种新技术且大部分网络技术不能利用它的最高容量，因此 CAT 6 很少用于当今的网络中。

3. 双绞线的使用

同种设备互联使用交叉线，如：PC 与 PC、集线器与集线器、交换机与交换机、路由器与路由器；不同种设备互联使用直连线，如：主机与集线器、集线器与交换机。

4. 双绞线的特性

STP 和 UTP 具有许多共同的特性，下面列出它们主要的相同和不同之处。

吞吐量：STP 和 UTP 能以 10 Mb/s 与 100 Mb/s 之间的速度传输数据。

成本：STP 和 UTP 的成本区别在于所使用的铜态级别、缠绕率以及增强技术。一般来说，STP 比 UTP 更昂贵，但高级 UTP 也是非常昂贵的。例如，超 CAT 5 每英尺比常规 CAT 5 多花费 20%，新的 CAT 6 电缆甚至比超 CAT 5 还要昂贵得多。

连接器：STP 和 UTP 使用的连接器和数据插孔看上去类似于电话连接器和插孔。在本章后面的安装电缆一节将更详细描述如何使用 RJ-45 连接器和数据插孔。

抗噪性：STP 具有屏蔽层，因而它比 UTP 具有更好的抗噪性。但是，在另一方面，UTP 可以使用过滤和平衡技术抵消噪声的影响。

尺寸和可扩展性：STP 和 UTP 的最大网段长度都是 100 m。它们的跨距小于同轴电缆所提供的跨距，这是因为双绞线更易受环境噪声的影响。双绞线的每个逻辑段最多仅能容纳 1 024 个节点，整个网络的最大长度与所使用的网络传输方法有关。

第三部分：学习效果及评价

课次		课时	
课堂笔记			
课后习题			
1. 目前市面上常用的双绞线标准是采用哪一个？为什么？			
2. 双绞线如何判断质量好坏？			
评定等级		评定教师	

模块三　通信线缆常用技术

任务一　光纤接续

3.1　光纤熔接

第一部分：课程导读

课次		课时	
课程地位	“光纤接续”课程是实训课程的开始，它是将前面知识内容转化为技能的过程，同时也能为光缆接续、光纤快速连接器接头制作奠定基础。光纤接续是通信线路工程中大量应用的实用性技能，通过该内容的学习，学生能逐渐适应通信线路工程岗位的能力要求。并且逐渐培养其规范操作、独立制作、检查、分析、处理、解决问题能力，团队合作、多人共同作业的协作能力，以及对人际关系和突发事件处理能力		
主要内容	● 光纤的接续； ● 光纤接续的规范及注意事项	教学目标	● 能够独立完成光纤接续并达到工程使用标准（损耗小于 0.08 dB）
课程重点	● 光纤的接续	课程难点	● 掌握光纤接续的规范及流程
课程小结	1. 光纤接续是将两根光纤永久连接在一起，并使两光纤之间光功率耦合的操作； 2. 光纤的接续过程：剥除光纤涂覆层、光纤端面处理、光纤熔接、光纤接头保护、余纤的盘留		
板书设计	光纤的接续过程： （1）剥除光纤涂覆层； （2）光纤端面处理； （3）光纤熔接； （4）光纤接头保护； （5）光纤的盘留		
教学资源	3.1 光纤熔接		

第二部分：学习内容

光纤接续是将两根光纤永久连接在一起，并使两光纤之间光功率耦合的操作。

光纤接续一般可分为两大类：光纤的固定接续（俗称死接头）、活动连接（俗称活接头）。活动连接一般是在机房内进行连接，利用光法兰盘把带有连接头的光纤进行连接。该方法灵活方便、操作简单。光纤固定接续是光缆线路施工中较常见的一种方法，其接续方法有熔接法和非熔接法两种。光纤的固定接续大都采用熔接法，这种方法的优点是光纤的接点损耗小、反射损耗大、安全可靠、受外界影响小，最大缺点是需要价格昂贵的熔接设备。

1. 光纤的接续过程

第一步：准备工作。

光纤熔接工作不仅需要专业的熔接工具，还需要很多普通的工具辅助才能完成这项任务，如剪刀、裁纸刀等。光纤熔接工具如图 3.1 所示。

第二步：安装工作。

一般用户都是通过光纤收容箱来固定光纤的，将户外接来的用黑色保护外皮包裹的光纤从收容箱的后方接口放入光纤收容箱中。在光纤收容箱中将光纤环绕并固定好以防止日常使用松动。光纤收容箱如图 3.2 所示。

图 3.1　光纤熔接工具

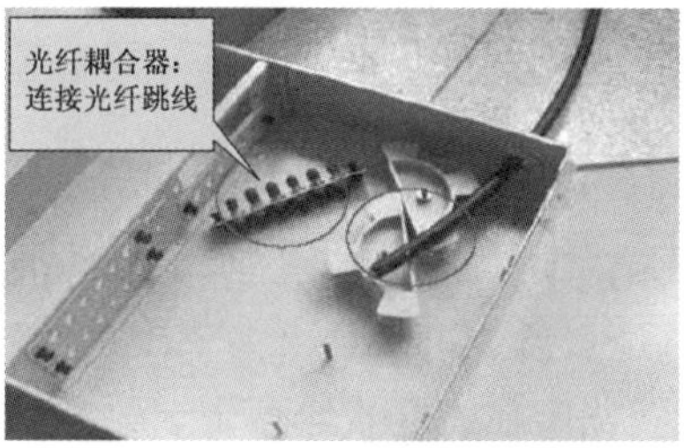

图 3.2　光纤收容箱

接着使用美工刀将光纤内的保护层去掉，示意如图 3.3、3.4 所示。要特别注意的是由于光纤线芯是用玻璃丝制作的，很容易被弄断，一旦弄断就不能正常传输数据了。

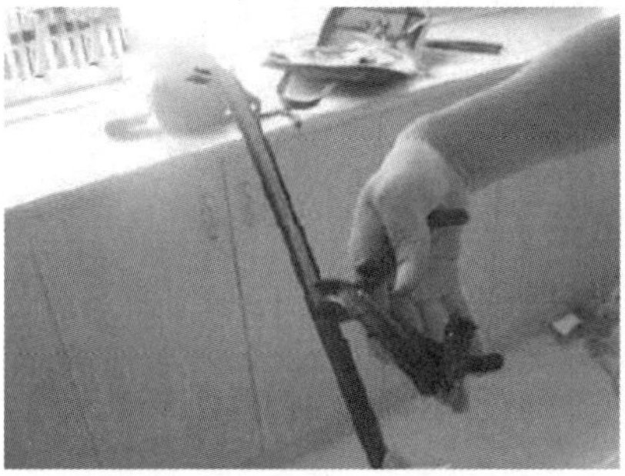

图 3.3　光纤去保护层

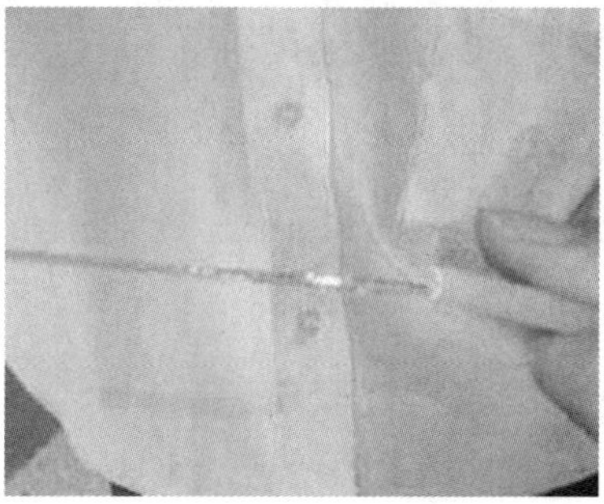

图 3.4　抽出纤芯

第三步：清洁工作。

不管我们在去皮工作中多小心也不能保证玻璃丝没有一点污染，因此在熔接工作开始之前必须对玻璃丝进行清洁。比较普遍的方法就是用纸巾沾上酒精，然后擦拭清洁每一小根光纤。示意如图 3.5 所示。

第四步：套接工作。

清洁完毕后我们要给需要熔接的两根光纤各自套上光纤热缩套管，光纤热缩套管主要用于在玻璃丝对接好后套在连接处，经过加热形成新的保护层。示意如图 3.6 所示。

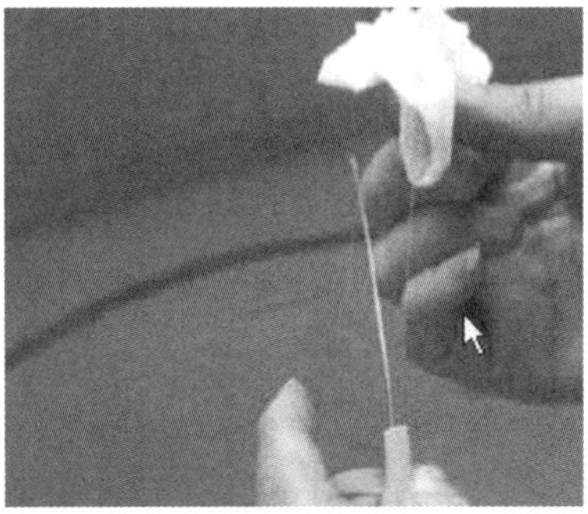

图 3.5　无水酒精擦拭

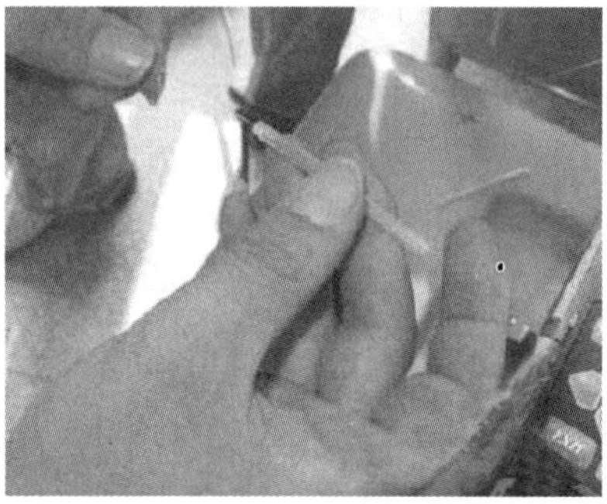

图 3.6　套入热缩管

第五步：熔接工作。

将两端剥去外皮露出玻璃丝的光纤放置在光纤熔接器中，示意如图 3.7 所示。

然后将玻璃丝固定，按 SET 键开始熔接。可以从光纤熔接器的显示屏中看到两端玻璃丝的对接情况。如果对得不是太歪的话仪器会自动调节对正，当然我们也可以通过按钮 X、Y 手动调节位置。等待几秒钟后就完成了光纤的熔接工作。示意如图 3.8 所示。

第六步：包装工作。

若熔接完的光纤玻璃丝还露在外头，很容易折断。这时就可以使用刚刚套上的光纤热缩套管进行固定了。将套好光纤热缩套管的光纤放到加热器中，再按“HEAT”键开始加热（图 3.9），过 10 s 后就可以拿出来了，至此就完成了一个线芯的熔接工作。最后还需要把熔接好的光纤放置固定在光纤收容箱中。

图 3.7　将光纤放置熔接器

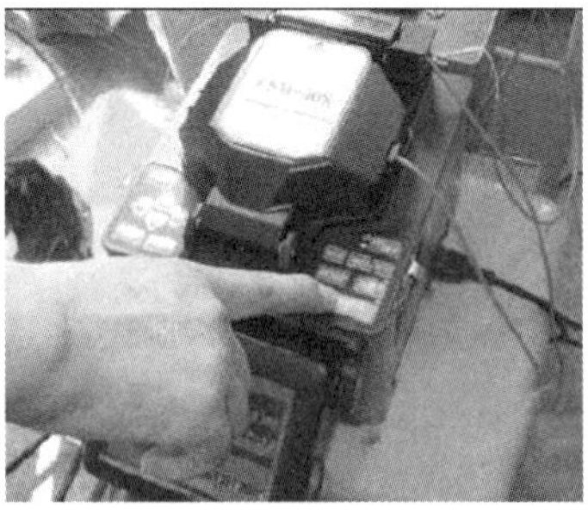

图 3.8　按熔接键熔接

图 3.9　加热热缩管

2. 光纤的收容处理

盘绕光纤的规则：

第一步，沿松套管或光缆分枝方向为单位进行盘纤。前者适用于所有的接续工程；后者仅适用于主干光缆末端，且为一进多出。分支多为小对数光缆。该规则是每熔接和热缩完一个或几个松套管内的光纤，或一个分支方向光缆内的光纤后，盘纤一次。优点：避免了光纤松套管间或不同分支光缆间光纤的混乱，使之布局合理，易盘、易拆，更便于日后维护。

第二步，以预留盘中热缩管安放单元为单位盘纤，此规则是根据接续盒内预留盘中某一小安放区域内能够安放的热缩管数目进行盘纤。例如 GLE 型桶式接头盒，在实际操作中每 6 芯为一盘，极为方便。优点：避免了由于安放位置不同而造成的同一束光纤参差不齐、难以盘纤和固定，甚至出现急弯、小圈等现象。

第三步，特殊情况，如在接续中出现光分路器、上/下路尾纤、尾缆等特殊器件时，要先熔接、热缩、盘绕普通光纤，再依次处理上述情况。

盘纤的方法：

（1）先中间后两边，就是先将熔接好的热缩管逐个放置在固定槽中，然后再处理两侧余纤。这样盘绕有利于保护光纤接点，避免盘纤可能造成的损坏。在光纤盘纤预留盘空间小，光纤不易盘绕和固定时，使用该方法。

（2）以一端开始盘纤，依次固定热缩管，逐步处理余侧端的光纤。该方法的优点在于避免出现急弯、小圈现象，对光传输要求很高的接续，用户首选该方法。

（3）特殊情况的处理：当出现个别光纤很长（或很短）时，可将其放置在最后单独盘绕。带有特殊光器件（如分光器），可将其另盘（垫隔）处理，若与普通光纤共盘处理时，应将其轻置于其他光纤之上，两者间加缓冲衬垫，以防挤压造成断纤，且特殊光器件的尾纤不可过长。

（4）按余纤长度和预留盘空间大小，顺势自然盘绕，切勿生拉硬拽，应灵活采用圆、椭圆、“∞”等多种图形盘纤，但要确保盘纤直径 $D \geqslant 4$ cm，尽可能最大限度地降低盘纤造成的附加损耗。示意如图 3.10 所示。

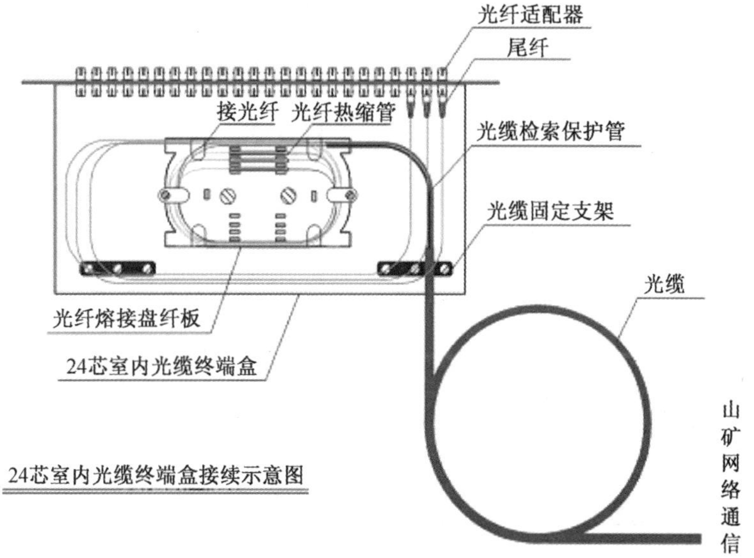

图 3.10　盘纤示意图

第三部分：学习效果及评价

课次		课时	
项目	光纤接续		
目的和要求			
设备、工具、材料			
实训过程			
注意事项			
心得体会			
课后习题			
1. 为什么要进行盘纤？盘纤的要求是什么？			
评定等级		评定教师	

线上线下混合式教学评分表

测评	内容	评分要求	分数	评分		成绩
				自评	互评	
线上随堂测试	1. 光纤的分类 2. 光纤的优点 3. 光纤的缺点 4. 光纤使用注意事项	1. 在规定时间内完成作答（5 分） 2. 回答正确（5 分） 3. 同学间点赞数量(5 分)	15 分			
线上学习互动情况	1. 线上教学内容 2. 签到情况 3. 参加投票、头脑风暴等课堂活动	1. 完成线上教学内容学习（20 分） 2. 签到（5 分） 3. 参加课堂活动（10）	35 分			
实训操作	1. 准备工作 2. 安装工作 3. 清洁工作 4. 套接工作 5. 熔接工作 6. 包装工作	1. 在规定时间完成且操作规范（15 分） 2. 测试通过合格（15 分） 3. 职业素质体现（10 分）	40 分			
线上交流	1. 经验方法交流 2. 分享心得体会 3. 讨论探索	1. 完成总结报告（5 分） 2. 参与心得交流（5 分）	10 分			
合计			100 分			

任务二　光纤快速连接器接头制作

3.2　光纤快速连接器接头制作

第一部分：课程导读

<table>
<tr><td>课次</td><td></td><td>课时</td><td></td></tr>
<tr><td>课程地位</td><td colspan="3">光纤连接器的主要用途是用以实现光纤的接续。光纤快速连接器是一种极具创新性的现场端接连接器，它内部包含工厂预装的光纤、陶瓷插芯以及一个机械接续机制。端接时只需将引入光纤或室内光纤插入到该机械接续机即可，无需借助其他工具，端接过程只要 2 分钟左右，大大节省了安装时间</td></tr>
<tr><td>主要内容</td><td>● 光纤快速连接器的组成；
● 光纤冷接头接续制作流程；
● 光纤冷接头接续制作完成后的检测；
● 光纤冷接头接续制作注意事项</td><td>教学目标</td><td>● 能够独立完成光纤快速连接器接头的制作，并达到 0.3 dB 以下使用要求</td></tr>
<tr><td>课程重点</td><td>● 光纤冷接头接续制作流程；
● 光纤冷接头接续制作完成后的检测</td><td>课程难点</td><td>● 掌握光纤快速连接器接头制作的规范及流程</td></tr>
<tr><td>课程小结</td><td colspan="3">皮线光纤接头制作步骤：将皮线光缆从拧帽穿入；按接头尺寸剥离套塑层涂覆层；酒精擦拭，用切割刀切割光纤；把光纤从快速连接器尾部的光纤导入孔穿入光纤冷接体直至光缆产生微弯；锁住，套上外壳</td></tr>
<tr><td>板书设计</td><td colspan="3">1. 皮线光纤简介；
2. 皮线光纤接头制作要求：0.3 dB 以下；
3. 皮线光纤接头制作步骤</td></tr>
<tr><td>教学资源</td><td colspan="3">3.2 光纤快速连接器接头制作</td></tr>
</table>

第二部分：学习内容

1. 入户皮线光纤简介

在国内光纤接入市场呈现出良好发展势头情况下，光纤接入已成为光通信领域中的热点。在光纤接入工程中，靠近用户的室内布线是最为复杂的环节，常规室内光缆的弯曲性能、抗拉性能已不能满足 FTTH（光纤到户）室内布线的需求。

皮线光缆多为单芯、双芯结构，也可做成四芯结构，横截面呈 8 字型，加强件位于两圆中心，可采用金属或非金属结构，光纤位于 8 字型的几何中心。皮线光缆内光纤采用 G.657 小弯曲半径光纤，可以以 20 mm 的弯曲半径敷设，适合在楼内以管道方式或布明线方式入户。皮线光缆独特的 8 字型构造可以在最短时间内实现现场成端，目前康宁、3M、藤仓公司制造的多种现场连接器均可以与 2.0 mm×3.1 mm 标准尺寸的皮线光缆适配，并在全球得到广泛应用。

2. 皮线光纤接头制作要求

制作光纤机械接续连接插头是 FTTH 入户光缆施工中最基本的一项技术，也是一门不可缺少的基本功。光纤机械接续连接插头制作质量的优劣不仅直接影响光纤传输损耗的容限、传输距离的长度，而且会影响系统使用的稳定性、可靠性。一般 SC 型单芯光纤机械接续连接插头和连接插座（适配器）组成的插拔式机械接续连接器的连接损耗应控制在 0.5 dB 以下（最好在 0.3 dB 以下）。

在蝶形引入光缆两端制作光纤机械接续连接插头时，必须对光缆进行基本处理，其内容包括：蝶形引入光缆的开剥与护套的去除、剥离光纤的涂覆层、裸纤的清洁及其端面的切割等。这些基本处理在使用不同厂商的光纤机械接续连接插头中是相同的，也是非常重要的步骤。基本处理的恰当与否，会直接影响光纤机械接续连接插头制作的质量，所以在细心的同时还必须要有熟练的技术。

3. 皮线光纤接头制作步骤

首先，清点工具。所用工具如图 3.11、表 3.1 所示。

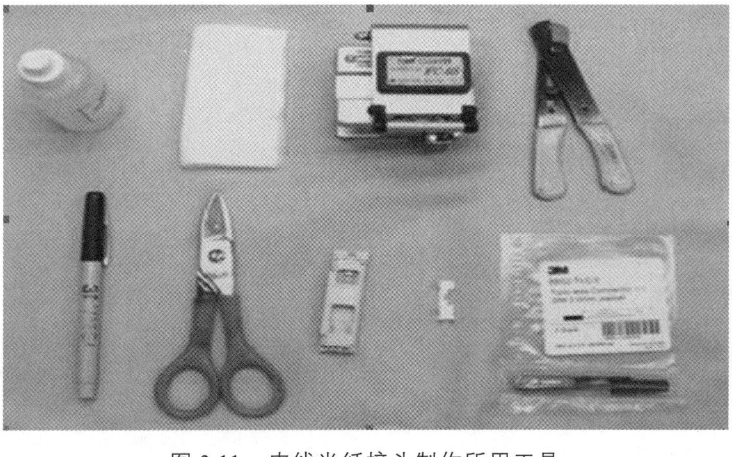

图 3.11　皮线光纤接头制作所用工具

表 3.1 皮线光纤接头制作所用工具

编号	名 称	编 号	名 称
1	酒精瓶	6	剪 刀
2	无纺布	7	适配器
3	切割刀	8	重复开启工具
4	剥线钳	9	连接插头及包装袋
5	记号笔		

打开包装袋，连接器共有主体、外壳、尾帽 3 个部件。示意如图 3.12 所示。

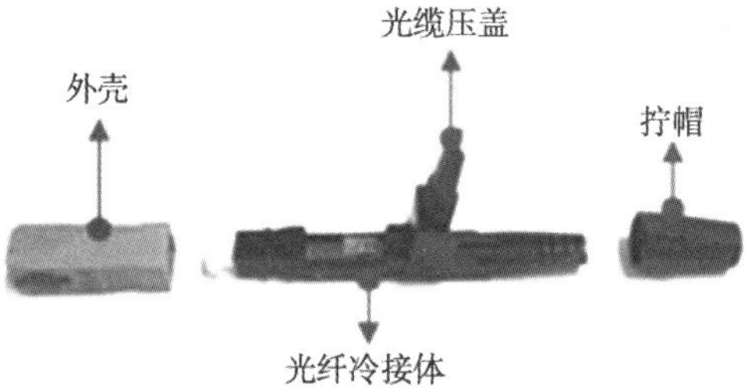

图 3.12 光纤连接器结构

图 3.12 为预埋式快速连接器实物图，其分为 SC 外壳保护头、光纤冷接体、光纤锁扣、光缆压盖、拧帽。将皮线光缆从拧帽穿入，示意如图 3.13 所示。

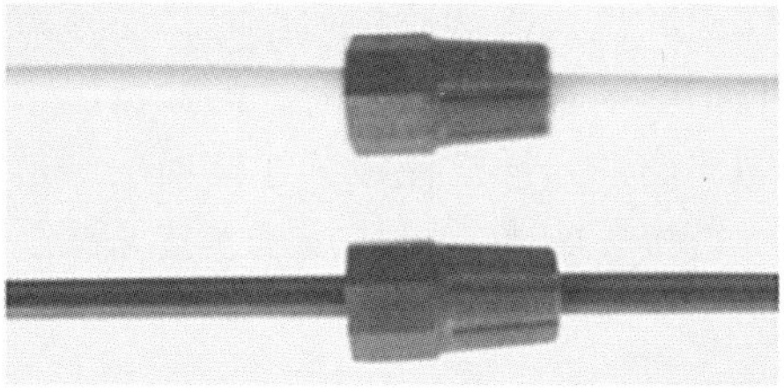

图 3.13 穿入拧帽

用皮线光缆开剥器剥去光缆外皮护套，示意如图 3.14 所示。

将光纤插入定长开剥器剥去光纤着涂覆层，如图 3.15 所示，并用酒精将杂物清洗干净。

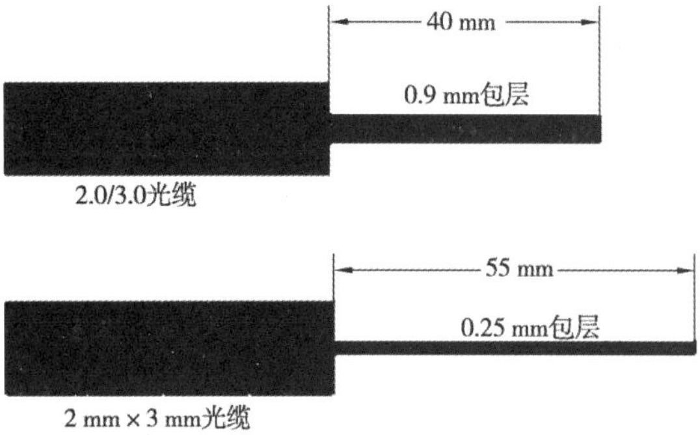

图 3.14 去除外皮护套

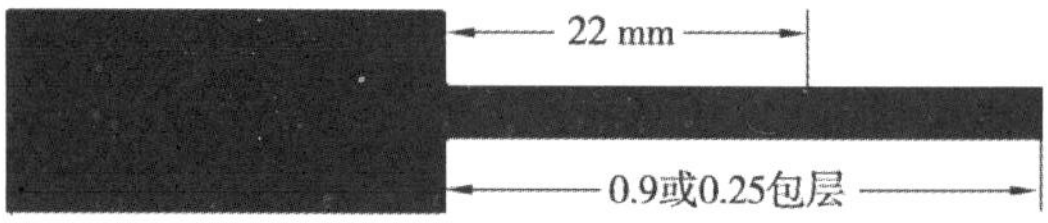

图 3.15 去除涂覆层

将光纤插入导轨条，并平放至光纤切割刀端面；将多余光纤切除；此处导轨条的选择一定要正确。目前市面上常用的导轨条分为预埋式和直埋式两种，选择的时候一定要根据快速连接器的型号对应起来，否则会导致光纤切割后长度过长，示意如图 3.16 所示。

把光纤从快速连接器尾部的光纤导入孔穿入光纤冷接体直至光缆产生微弯，注意不要弯曲过大，超出皮线光缆的弯曲半径将导致光纤断开并留在冷接主体内，示意如图 3.17 所示。

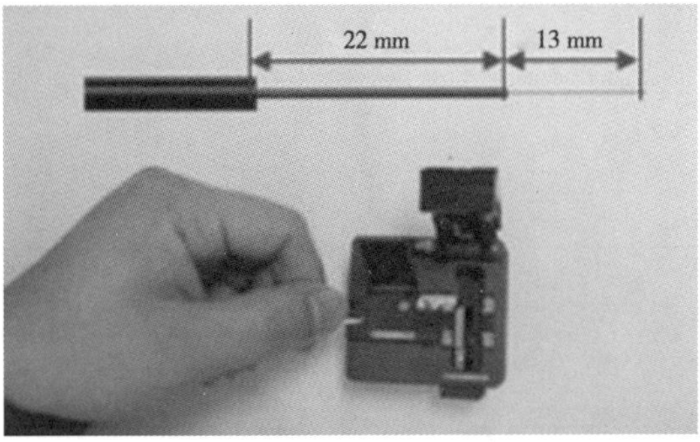

图 3.16　切割刀切割

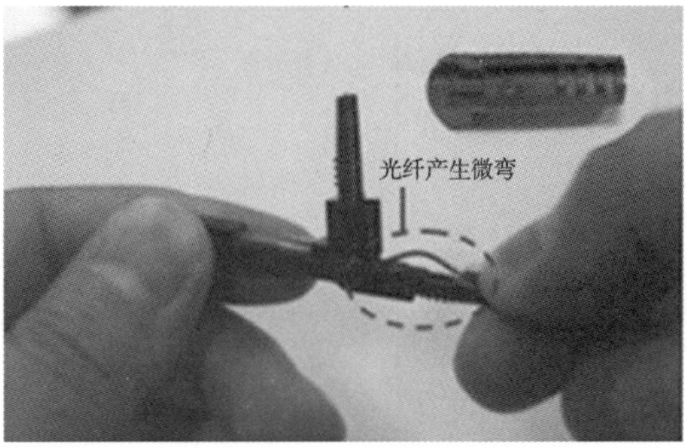

图 3.17　插入导入孔

右手捏住光缆和快速连接器保持光缆微弯，左手向前推进光纤锁扣至顶端，夹紧裸光纤，示意如图 3.18 所示。

用压盖盖上光缆并用手压紧压盖和冷接体，拧上拧帽，示意如图 3.19 所示。

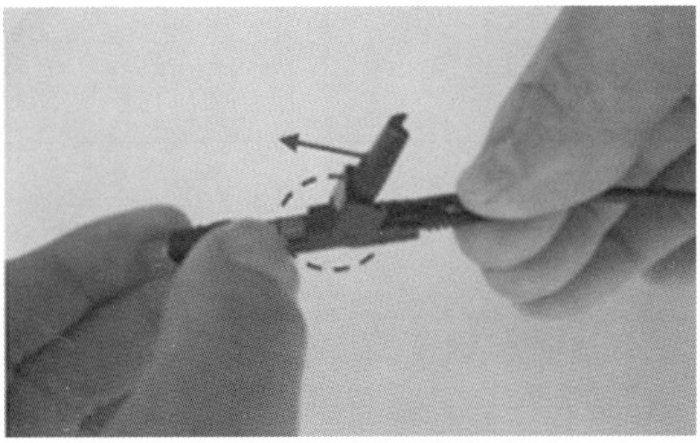

图 3.18　锁上锁扣

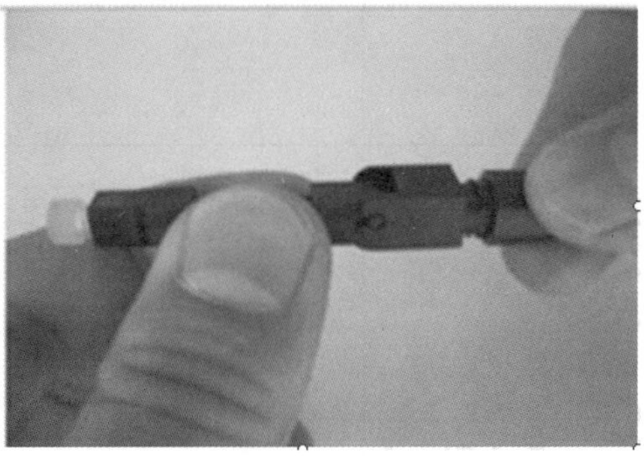

图 3.19　拧上拧帽

套上外壳，制作完成，如图 3.20 所示。

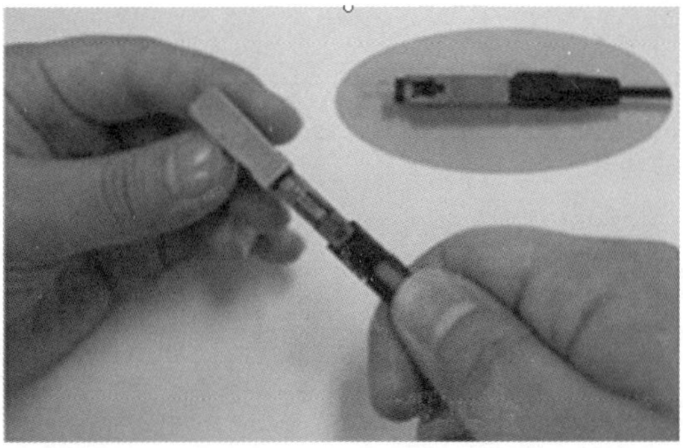

图 3.20　套入外壳

第三部分：学习效果及评价

<table>
<tr><td>课次</td><td></td><td>课时</td><td></td></tr>
<tr><td>项目</td><td colspan="3">光纤快速连接器制作</td></tr>
<tr><td>目的和要求</td><td colspan="3"></td></tr>
<tr><td>设备、工具、材料</td><td colspan="3"></td></tr>
<tr><td>实训过程</td><td colspan="3"></td></tr>
<tr><td>注意事项</td><td colspan="3"></td></tr>
<tr><td>心得体会</td><td colspan="3"></td></tr>
<tr><td colspan="4">课后习题</td></tr>
<tr><td colspan="4">请简述光纤快速连接器的优缺点。</td></tr>
<tr><td>评定等级</td><td></td><td>评定教师</td><td></td></tr>
</table>

线上线下混合式教学评分表

项目	内容	评分要求	分数	评分		成绩
				自评	互评	
线上随堂测试	1. 光缆的结构 2. 光缆的分类 3. 光缆的型号 4. 光缆端别和纤序（任选其一）	1. 在规定时间内完成作答（5分） 2. 回答正确（5分） 3. 同学间点赞数量（5分）	15分			
线上学习互动情况	1. 线上教学内容 2. 签到情况 3. 参加投票、头脑风暴等课堂活动	1. 完成线上教学内容学习（20分） 2. 签到（5分） 3. 参加课堂活动（10）	35分			
实训操作	1. 工具、材料准备工作 2. 剥线工作 3. 清洁工作 4. 定长、切割工作 5. 制作接续工作 6. 检测工作	1. 在规定时间完成且操作规范（15分） 2. 测试通过合格（15分） 3. 职业素质体现（10分）	40分			
线上交流	1. 经验方法交流 2. 分享心得体会 3. 讨论探索	1. 完成总结报告（5分） 2. 参与心得交流（5分）	10分			
合计			100分			

任务三　全塑电缆的接续

第一部分：课程导读

课次		课时	
课程地位	全塑电缆是市内通信电缆中的一个大类，在各城镇、地区经常用到。掌握全塑电缆的接续方法，是通信领域技术技能型人才的必备技能		
主要内容	● 电缆芯线的编号与对号； ● 全塑电缆常用的接续方法； ● 电缆接续的注意事项	教学目标	● 掌握对号器的使用； ● 能够完成全塑电缆的接续
课程重点	● 扣式接线子接续法； ● 模块式接线子接续法	课程难点	● 扣式接线子接续法； ● 模块式接线子接续法
课程小结	全塑电缆接续一般采取的方法有：扣式接线子和模块式接线子接续法、套管式和槽式接线子接续法、销钉式接线子接续法。我国现在采用的是扣式接线子和模块式接线子接续法		
板书设计	1. 全塑电缆常用的接续方法：扣式、模块式； 2. 电缆接续的要求：接续可靠、长期保持性能；施工效率高，劳动强度低，操作简便，易于掌握；要求工料费少；适合多种使用场合		

第二部分：学习内容

1. 电缆芯线的编号与对号

电缆芯线的编号与对号是保证电缆芯线接续质量的一项重要工作。

1）电缆芯线的编号

全塑电缆多为全色谱电缆，单位式结构中往往以 25 对（或 10 对）为一个基本单位，并按色谱规定其芯线顺序，全色谱电缆芯线顺序是由中心层起向外层顺序编号的。在电缆盘上的电缆是有方向的，一般规定 A 端线号是面向电缆按顺时针方向进行编号，而 B 端线号则按逆时针方向进行编号。敷设电缆时电缆的 A 端应靠近局方，对号时则从远离局方处面对电缆按色谱线序编号。全塑全色谱电缆的线序使用原则为“由远到近，从小到大”。

2）电缆芯线的对号

（1）电缆芯线对号的目的和要求。电缆芯线对号的目的，主要是核对和辨认一段全塑电缆的芯线序号，防止因电缆出厂质量不良（制造错误或错接）造成错接的一种手段。全塑电缆为单位式电缆，采用的扎带和芯线是全色谱，寻找线对序号比较容易。一般一字型接续按色谱直接进行，无须事先对号。但在下列情况下一般也要对号，以避免产生差错。

① 掏线对号。

② 查找障碍线对对号。

③ 合拢对号、引上对号、分歧电缆对号、分线设备接头对号、安装再生中继器对号等。

④ 对旧电缆线号。

⑤ 全程接续对号。

⑥ 全部中继线及专线电缆对号。

对号时一般以靠近电话局或交接箱的一端为准，用放音对号器与另一端对号，使两端线序一致。一般全塑电缆对号后要套上塑料号码管，管上印有 000 ~ 999 号码，每一对线套上一根号码管。对号与套号码管两道工序同时进行，套号码管相当于铅包电缆的编麻线，如果没有号码管供应，也可以用麻绳编线。

对号、编号是细致重要的工作，全塑电缆一旦投入使用，使用时间可达十几年以至几十年，为了今后维护和扩建方便，要坚持进行。

（2）全塑电缆对号特点。现代化的线路不仅传送话音，还要传送各种信息。有些信息（高速数据等）对通信线路的要求很高，要求芯线及接续点不得发生瞬断现象。否则，高速数据信息在传送时可能发生误码，从而引起信号的差错造成错误信息。其次，由于传输手段的进步，用户线传输衰减允许放宽，又由于用户密度增加，一般大量使用 0.4 mm 线径的导线。因此，不允许用传统的直接接触方式对号，即用小钳或小刀割破芯线绝缘塑料皮接触铜导线以连通对号电路。因为这样做将会因在对号时割伤导线留下断线或似断非断的故障隐患。全塑电缆应使用专用静电感应式的全塑电缆对号器来进行对号，这样就可不必割开芯线塑料绝缘，只用探头或手碰触芯线（一只手拿住探头另一只手去摸线）来探测，不仅能区分出所对号的线对，并能清楚地判别 A、B 线。

（3）全塑电缆对号器的使用。全塑电缆对号器是一个抗干扰性能优良的直流电源音频放大器，主要指标如下。

放大能力：不低于 80 dB。

抗干扰能力：不低于 60 dB（50 Hz）。

静态情况下电源消耗：不大于 10 mA。

全塑电缆对号器的探头是电容高阻抗输入。对号时，利用电容耦合的输入，经过放大后，根据耳机听到的声音强弱来判断线号。

全塑电缆对号器使用方法：

① 在对号器放音一端，一般把放音器的地线端子接地（即屏蔽线），从放音端子连出另一根放音线，逐对连接需要对号的线对（一般从小号到大号逐一对号）。

② 如果在新建的电缆中对号，放音一端用联络线把芯线号及其色谱通知对号一方（如该线由测量室配线架放音则告诉线号及 A 线或 B 线），对号一方根据放音一方提供的情况测找线号。

③ 为了提高效率，第一根线对号方法是：对号一方把电缆按大单位分开，左手拿探针，右手一把把地抓各个大单位，如果所抓的这个单位的声音比其他单位略大，则被查找的芯线必在此单位中，下一步再用同样方法找小单位，然后再根据色谱来测找被放音线对的线号。这时应反复验证是否正确。如果是按顺序对第二号线，放音方应按色谱放音，先放 A 线后放 B 线。查找方也应按色谱摸音。

④ 如果被对号的线对正在使用中或在旧电缆中摸音，这时对号的困难程度较大。查找方用左手拿住探头后，用右手一束一束地分线，对于其中声音较大的一束应反复比较与分析，找出声音较大的一束，然后把该束一分为二，比较两束的声音的大小，取其中声音大的一束再一分为二比较，直到找出所放音的线对。

以上方法是对芯线线序比较混乱的电缆的对号。一般情况下，只要能找出被放音的线号，按线号去查找所对号的线对，然后根据扎带及线对色谱，很快就能查到其他线对，最后再放音其他线对以核实对错。

2. 全塑电缆常用的接续方法

全塑电缆芯线接续是全塑电缆敷设施工中的一个重要组成部分，对质量要求较高：必须接续可靠和长时期保持应有的性能，以保证通信畅通；要求施工有较高的效率，劳动强度低，操作简便，易于掌握；要求工料费少；适合架空、直埋或管道等各种使用场合。

全塑电缆芯线接续技术主要采用接线子压接法，如：美国（3M 公司）生产的扣式接线子与模块式接线子的接线法；英国（BICC 公司、EGERTON 公司）生产的套管式（B 型）与槽式（6 号）接线子接线法；日本生产使用的销钉式接线子接线法等。我国全塑电缆芯线的接续方法主要采用扣式接线子和模块式接线子接续法。

1）扭接法的缺点和存在的问题

扭接法是用斜嘴钳剥去芯线绝缘皮后，再用手进行扭接。它是在纸绝缘铅套电缆广泛使用阶段和全塑电缆推广初期的主要芯线接续方法，并已形成了一定的接续标准。这种方法工序多、费工时，而且要求由技术熟练的工人操作。在剥除绝缘皮时，易损伤铜导线，从而造成断线故障的隐患或接续不牢靠。当前，市内通信网往往为数模兼容，不仅要传送话音，还要传送各种速率的电信号。由于扭接法接续前没有除去铜线表面的氧化膜，接续后在接线处仅靠铜线扭接时的微小压力维持导线接触；另一方面在接续点未做与外界隔离的保护，如果电缆接头内侵入潮气，在气温变化及长期受潮气的作用下，将产生新的氧化膜使原有的氧化膜加厚，造成接触不良。这样一来，当有振动时容易产生时断时续的瞬断现象。对话音来说这种影响小，仅能感到杂音增加而已，但在中高速数字通信中，这将造成误码。对于可靠数字通信来说，在整个通信回路中，不应存在任何这类隐患，又由于扭接法施工复杂，因此扭接法已被接线子接续法取代。

2）全塑电缆芯线压接接续的原理和要求

在全塑电缆芯线压接接续中，一般都是采取措施让导线在接续处保持一定的机械压力。导线连接后其电阻值决定于导体材料的电阻、两接触面间的接触电阻和因污染或氧化而产生的薄膜电阻。

任何金属表面在显微镜下都能看出是凸凹不平的，当两个金属面间彼此接触时，不平的尖顶部分互相接触而构成了电的连通。如果施加于接触面两侧的压力增大，那么，微小的接触点就会变形而形成更大的接触面和更多的新的接触点以产生足够的承受面积来支持所施加的压力。在使用接线子压接条件下，压力使材料的总体变形，使其实际的接触面积显著增大。但与外观的几何面积相比则仍然是很小的。

由于电流到达接触面时，只能通过真正接触的小区域，这就相当于接触面的实际面积减小了，其结果表现为接续处有一定的接触电阻。其电阻值与所用导体的电阻率、材料硬度、粗糙度以及所受压力等因素有关。当接触压力增大时，接触电阻减小；导体的硬度与电阻率增大时，接触电阻则增大。

金属表面通常都覆盖一层污染物或腐蚀产物的薄膜。当这种薄膜很薄时，例如为 10 埃～15 埃（1 埃=10^{-8} cm）时，薄膜对接触电阻值的影响可以忽略不计。当薄膜的厚度继续增大时，薄膜处的电阻值将迅速增大，当薄膜的厚度达到一定值时，覆盖在导体上的氧化膜电阻可高达几兆欧。在这种情况下，必须首先清除或破坏金属导体表面的氧化膜，使其重新露出金属表面再进行接续才能得到较小的接触电阻。

铜导体上的氧化铜膜，其击穿电压为每埃 1 mV。由于薄膜一般都厚于 50 埃，因此击穿电压应在 50 mV 以上。在击穿过程中，电流将通过氧化膜形成金属桥，并通过此桥而导通，击穿后在接触点上的电压降应介于该金属材料的熔化点电压和软化电压之间。铜的熔化点电压为 430 mV，软化点电压为 120 mV。当薄膜击穿电压低于上述数值时，金属桥将不会形成，击穿后的电阻仍然很高。因而芯线的接续除了要考虑增大和保持接触面间的压力外，还要做到以下两点：

（1）要除去或刺穿任何存在于导线表面上的不导电薄膜，因为信号电压不一定能够击穿它。

（2）让这些接触面上没有或不产生新的氧化膜，这就需要有足够牢固的气密接触面。不仅在正常状态下使金属接触面上没有接触空气的可能，还要在昼夜和季节性的温差下，当出现金属胀缩时，仍然不让氧气和腐蚀性气体进入接触面，以免产生新的氧化膜。如果不是这样，久而久之，接触面的有效面积将会逐步减小，最后将导致接头失效。因而如何能长期保持接触面的气密状态是需要认真考虑的。

归纳上述各点，对良好的芯线接续提出如下要求。

（1）在芯线接续过程中，要除去或刺穿导线表面的不导电薄膜。

（2）在接头处要有一个紧密的接触面，形成一个可靠的气密面接触状态，即两金属导体之间不透进空气。

（3）接续后要在芯线接头处长期保持稳定与持久的压力，这个压力应能保证接触面的气密状态以防止新的氧化膜产生，压力也应能增加接触面使接触电阻降低。

（4）芯线接头应加硅脂保护，以便与外界空气隔离，以免再生成新的氧化膜。

3）全塑电缆芯线接续的一般规定

（1）电缆芯线接续前，应保证气闭良好（填充型电缆除外），并应核对电缆程式、对数，检查端别，如有不符合规定者应及时返修，合格后方可进行电缆接续。

（2）全塑电缆芯线接续必须采用压接法，不得采用扭接法。

（3）电缆芯线的直接、复接线序必须与设计要求相符，全色谱电缆必须色谱、色带对应接续。

（4）电缆芯线接续不应产生混线、断线、地气、串音及接触不良。接续后应保证电缆的标称对数全部合格。

（5）填充型全塑电缆的清洗应使用专用清洗剂。

3. 扣式接线子接续法

扣式接线子接续法是我国广泛采用的小对数全塑全色谱电缆芯线接续方式。下面主要介绍接线子的型号、扣式接线子（HJK）的结构和接续原理、扣式接线子的程式、扣式接压接钳、扣式接线子接续操作方法和步骤。

1）接线子的型号

目前，市话全塑电缆的接线子品种较多，按其接续方式、器件外形和内部结构及特点可分为套管型、纽扣型、槽型、销钉型、齿型和模块型等多种。接线子的型号分类必须按原邮电部标准《市内通信电缆接线子》（YD334—87）的规定，其型号编写方法如下：

专业：H—市内通信电缆；
主称：J—接线子；
类型：K—纽扣型；
X—销钉型（又称销套型、销子型）；
C—齿型；
M—模块型；
填充：T—含防潮填充剂，如无填充则不写；
系列：1，2，…，9—系列编号。

接线子的型号表示方法如图 3.21 所示。

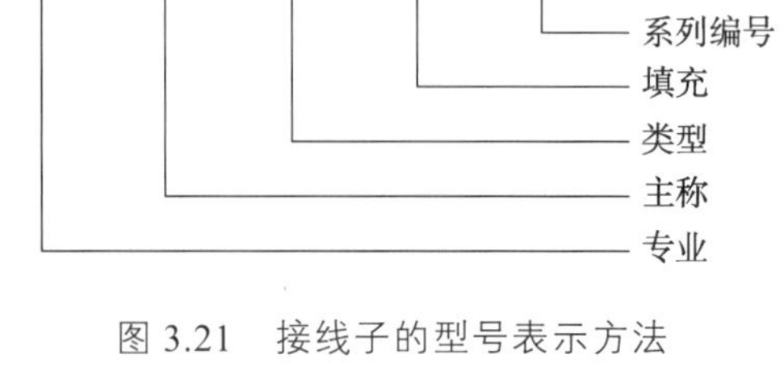

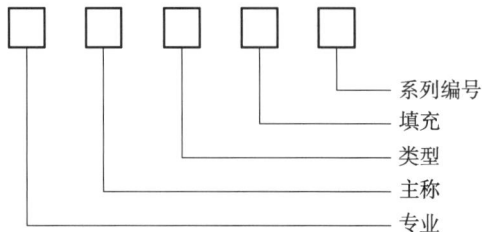

图 3.21　接线子的型号表示方法

接线子形式分类如表 3.2 所示。

表 3.2　接线子形式分类

接线子名称 \ 有无填充 \ 型号	代号	
	不含防潮填充剂	含防潮填充剂
纽扣式接线子	HJK	HJKT
销套型接线子	HJX	—
齿型接线子	HJC	—
模块式接线子	HJM	HJMT

2）扣式接线子（HJK）的结构和接续原理

扣式接线子外形如图 3.22 所示，它由扣身、扣帽、U 形卡接片三部分组成。其结构（二线）如图 3.23 所示。

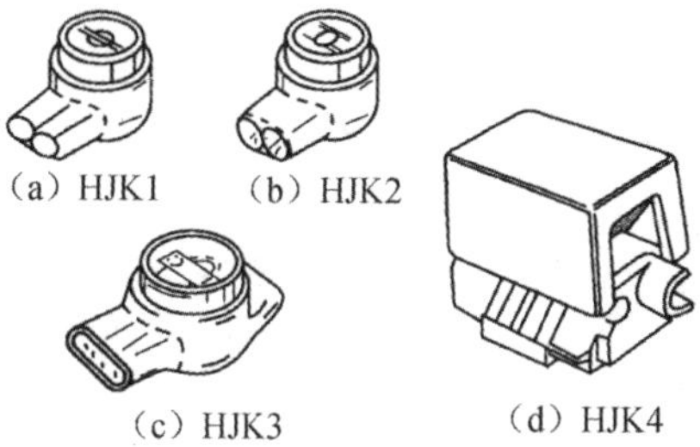

图 3.22　扣式接线子外形

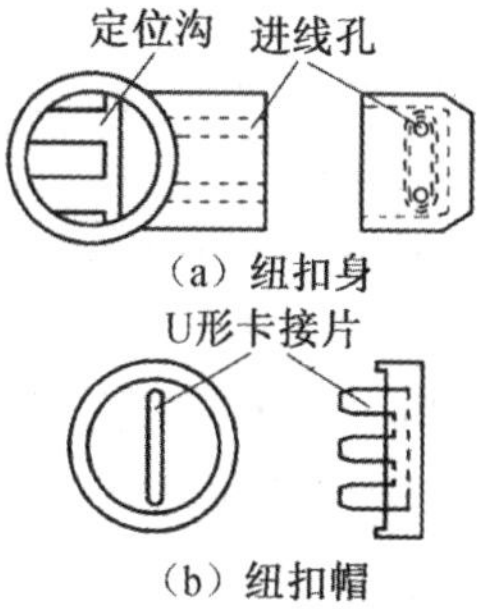

图 3.23　扣式接线子结构图（二线）

扣式接线子 U 形卡接片卡接示意图（二线）如图 3.24 所示。在塑料盖内镶嵌镀锡的铜合金 U 形卡接片，在接续时将待接芯线放入沟槽内，用专用手压钳将塑料盖压入塑料座内，芯线被压入“U”形卡接槽内。由于芯线可压入槽内比线径稍窄处，刀口可卡破芯线绝缘及氧化层，卡接片能与铜线本体接触，同时能够保持一定的接续压力，形成无空隙接续。充有硅脂的接线子，具有防潮、防氧化性能。

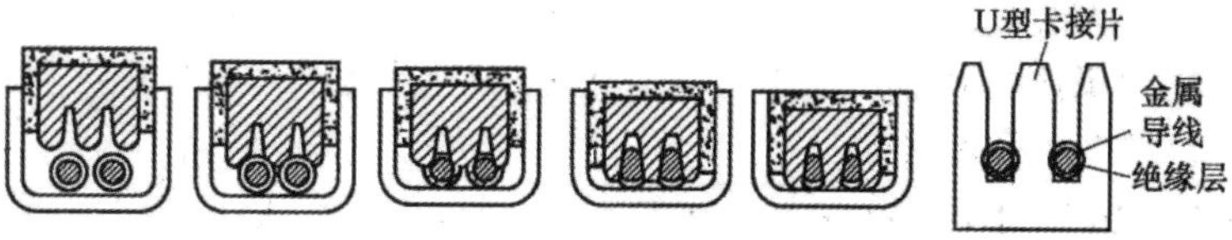

图 3.24　扣式接线子 U 形卡接片卡接示意图（二线）

3）扣式接线子的程式

扣式接线子的种类很多，分进口和国产两大类。国产扣式接线子的程式及使用范围如表 3.3 所示。

表 3.3　扣式接线子的程式及适用范围

规格型号	接线形式		连接片形式	适用范围	
				聚烯烃塑料绝缘	
				绝缘层最大外径/mm	填充或非填充聚烯烃塑料绝缘电缆/mm
HJK1	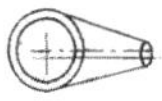	一线接续	单式	1.52	—
HJKT1					0.4 ~ 0.5
HJK2	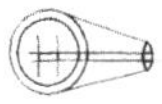	二线接续	双式	1.80	—
HJKT2					0.4 ~ 0.9
HJK3	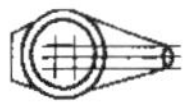	三线或二线接线	双式	1.67	—
HJKT3					0.4 ~ 0.5
HJK4		不中断线路复接	单式	1.27	—
HJKT4					0.4 ~ 0.9
HJKT5	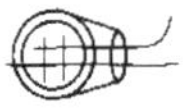	不中断线路复接	双式	1.67	0.4 ~ 0.9

4）扣式接线子压接钳

扣式接线子压接时，为了保证接续良好，要求将待接续的接线子完全放入钳口内，钳口要平行夹住接线子扣盖和扣身上下两个平面，钳口张合时应完全平行不可偏斜。各种型号的压接钳如图 3.25 所示。

（1）E-9Y 压接钳：带有剪线钳口，在架空作业及修理时使用，是最轻便的一种。如图 3.25（a）所示。

（2）E-9E 压接钳：在压紧时，钳口动作平行度好。使用功能与 E-9Y 相同，但无剪线钳口。如图 3.25（b）所示。

（3）E-9B/E-9BM 压接钳：用途最广的接线钳，可适用于各种接线子，其压接钳口间距可用调节螺丝调节。如图 3.25（c）所示。

（4）E-9C 压接钳：用来压接链带式的接线子。每个链带上装有接线子 10 只，可在一定程度上提高接续效率。如图 3.25（d）所示。

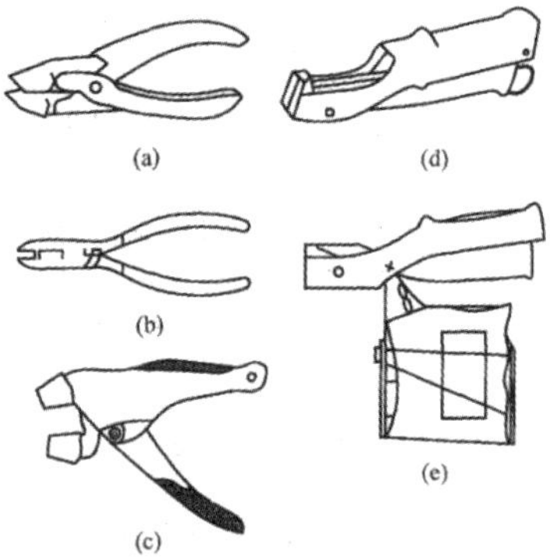

图 3.25　扣式接线子压接钳

（5）E-9CH 高容量压接钳：为了进一步提高接续效率，对于 50 对以上电缆的接续，可采用这种压接钳，钳下有一个铁架，用于存放链带接线子，可以连续接续。如图 3.25（e）所示。

5）扣式接线子接续规定

（1）按设计要求的型号选用扣式接线子。

（2）接续长度为 50 mm，并扭绞 3 ~ 4 花。

（3）接线子排列整齐、均匀，每 5 对（同一领示色）为一组，分别倒向两侧的电缆切口。

（4）无接续差错，芯线绝缘电阻合格。

6）扣式接线子接续操作方法和步骤

扣式接线子接续方法一般适用于 300 对以下电缆，或在大对数电缆中接续分歧电缆。

（1）扣式接线子排数及持续长度。

全塑电缆接续长度及扣式接线子的排数应根据电缆对数、电缆直径及封合套管的规格等来确定。接线子排列及接续长度如表 3.4 所示。

表 3.4　扣式接线子排数及接续长度

电缆对数/对	接线子排数	接续长度/mm
25	2 ~ 3	149 ~ 160
50	3	180 ~ 300
100	4	300 ~ 400
200	5	300 ~ 450
300	6	400 ~ 500

（2）直接口与分歧接口接续步骤。

① 根据电缆对数、接线子排数，电缆芯线留长应不小于接续长度的 1.5 倍。

② 剥开电缆护套后，按色谱挑出第一个超单位线束，将其他超单位线束折回电缆两侧，临时用包带捆扎以便操作，将第一个超单位线束编好线序。

③ 把待接续单位的局方及用户侧的第一对线（4 根），或三端（复接、6 根）芯线在接续扭线点疏扭 3 ~ 4 花，留长 5 cm，对齐剪去多余部分，要求四根导线平直、无钩弯。A 线与 A 线、B 线与 B 线压接。

④ 将芯线插入接线子进线孔内[直接口：两根 A 线（或 B 线）插入二线接线孔内。复接：将三根 A 线（或 B 线）插入三线接线孔内]。必须观察芯线是否插到底。

⑤ 芯线插好后，将接线子放置在压接钳钳口中，可先用压接钳压一下扣帽，观察接线子扣帽是否平行压入扣身并与壳体齐平，然后再一次压接到底。用力要均匀，扣帽要压实压平，如有异常，可重新压接。

⑥ 压接后用手轻拉一下芯线，防止压接时芯线跑出没有压牢。扣式接线子接续如图 3.26 所示。

芯线接续尺寸，直接口如图 3.27 所示，分歧接口如图 3.28 所示。

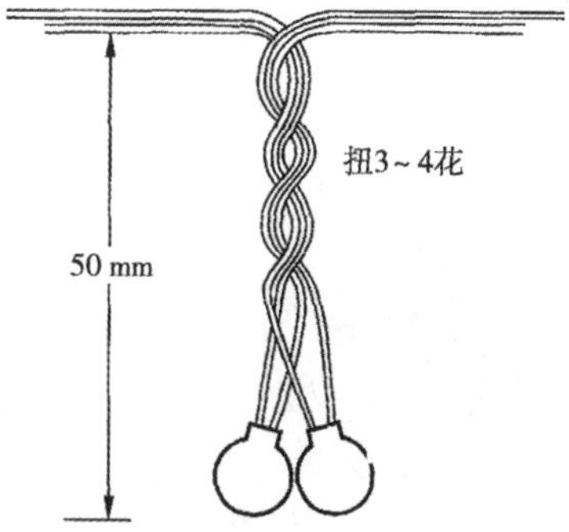

图 3.26　扣式接线子接续示意图

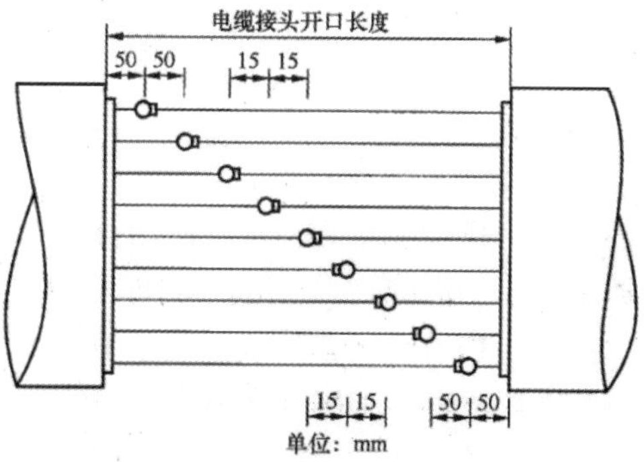

图 3.27　直接口扣式接线子排列示意图

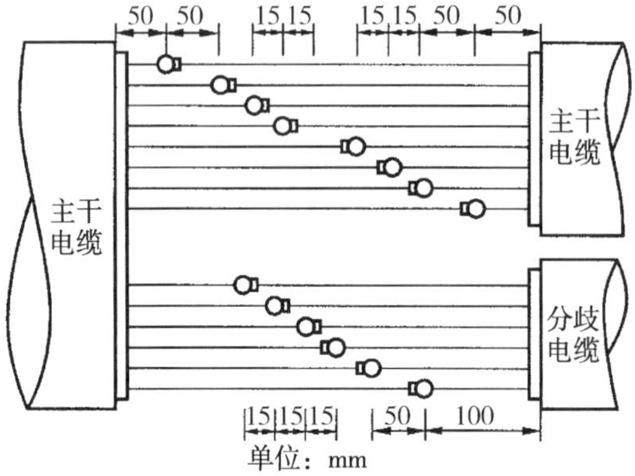

图 3.28　分歧接口扣式接线子排列示意图

（3）芯线的掏线搭接（T 字形接）步骤。

① 将直通电缆芯线从 4 型或 5 型接线子侧面凹进的开口线槽套入，将扣式接线子在芯线上滑动，使扣式接线子悬挂在芯线上并放在预掏线的位置上。

② 将被搭接的电缆芯线插入 4 型或 5 型扣式接线子半通的进线孔内，通过透明的扣帽检查芯线位置及色谱，确认无误后预压扣帽，使接线子在芯线上固定。

③ 选用压接钳进行正式压接。

④ 电缆芯线的掏线搭接，常用在电缆装设分线设备的接头中。4 型接线子掏线搭接示意图如图 3.29 所示。

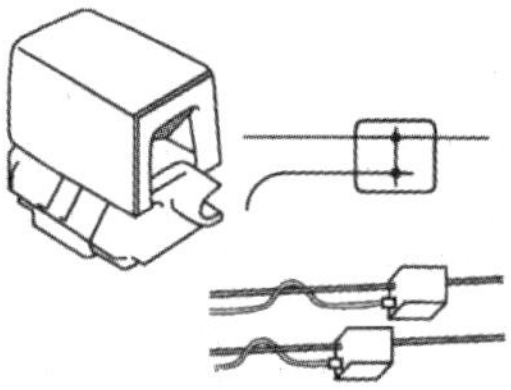

图 3.29　4 型接线子掏线搭接示意图

4. 模块式接线子接续法

模块式接线子也称为模块型卡接排，简称模块或卡接排，具有接续整齐、均匀、性能稳定、操作方便和接续速度快等优点。一般模块式接线子一次接续 25 对。利用模块式接线子可进行直接、桥接和搭接，常用于大对数电缆。

1）模块式接线子的结构

模块式接线子由底板、主板和盖板三部分组成。主板由基板、U 形卡接片、刀片组成。基板由塑料制成上、下两种颜色。靠近底板一侧与底板颜色相同，一般为金黄色，靠近盖板一侧与盖板颜色一致，一般为乳白色。一般用底板与主板压接局方芯线，主板与盖板压接用户芯线。模块式接线子的结构如图 3.30 所示。

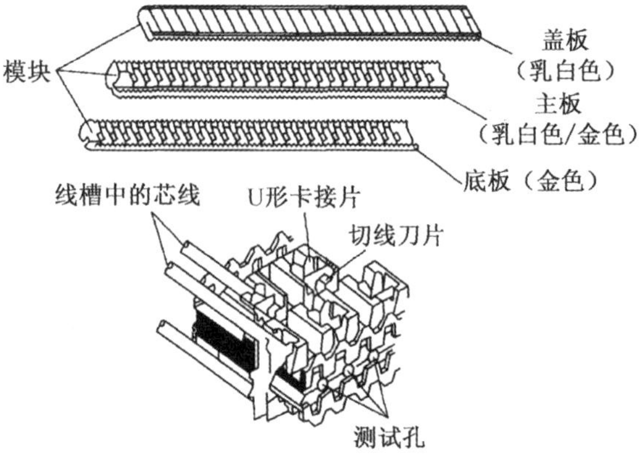

图 3.30　模块式接线子的结构

2）模块式接线子的型号

目前常用的模块式接线子有国产和进口（主要是 3M 公司）两大类。表 3.5 和表 3.6 分别为国产和 3M 公司模块式接线子型号、规格和适用范围。HJMT1 是在 HJM1 的基础上加一个密封盒，盒内装有防潮硅脂，将压接好的模块安放在密封盒内封存，适用于填充型电缆的接续。

表 3.5　模块式接线子（HJM、HJMT）型号、规格及适用范围

规格型号	接线形式	适用范围	
		聚烯烃塑料绝缘电缆芯线	
		接续对数	线径/mm
HJM1	标准接续	25	0.32 ~ 0.6（0.63）
HJMT1	标准接续	25	0.32 ~ 0.6（0.63）
HJM2	桥接	25	0.32 ~ 0.6（0.63）
HJMT2	桥接	25	0.32 ~ 0.6（0.63）

表 3.6　3M 公司卡接排型号及选用表

用　途	编写（美式）	类　别		有无硅脂保护	适用电缆线径/mm		备　注
		标准型	超小型		线　径	最大绝缘外径	
一字型接续直接	4000-B	√			0.32 ~ 0.7	1.17	
	4000-D		√		0.32 ~ 0.8	1.65	
	4000-DWP		√	√	0.32 ~ 0.8	1.65	
	4000-UWP		√	√	0.4 ~ 0.8	1.65	4000D 防潮盒
Y 字型接续桥接	4002-B	√			0.32 ~ 0.7	1.17	
	4005-D		√		0.32 ~ 0.8	1.65	
T 字型接续搭接	4008-B	√			0.32 ~ 0.7	1.17	
	4008-D		√		0.32 ~ 0.8	1.65	

3）模块式接线子的压接工具

用模块式接线子接续时，要用专用的压接工具。压接工具主要由接线架和压接器两部分组成。接线架包括有接线机头 1 ~ 2 个、支架管（电缆固定架）、接线机头支架、电缆扣带 2 个、检线梳及试线塞子等组成，如图 3.31 所示。

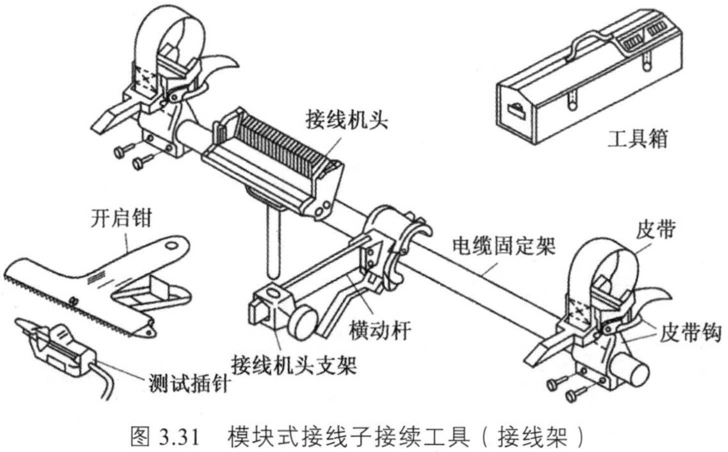

图 3.31　模块式接线子接续工具（接线架）

接线机头：安装模块式接线子及进行接续的部件。它由两边的金属挡板、带色谱的进线板、蓝色分线齿和两排导线固定弹簧组成。

电缆固定架：安放两侧。（局方和用户方）已剖开护套的电缆，两侧各由一组皮带和皮带钩组成。

接线机头支架：由接续机头固定夹及横动杆组成。

检线梳：用于检查卡线质量，左移时仅显示 A 线，右移时仅显示 B 线。

开启钳：用于开启未卡接好芯线的模块式接线子。

测试插针：接续完成后，从模块式接线子测试插孔插入，检测接续质量，尾部导线可接测试仪表。

修补工具：有大、小两种，主要用于修补个别未卡好的芯线，重新卡接好。

压接器：提供导线压接时的动力，常用手动液压器。它常由液压器主体、夹具和高压软管等组成，液压器提供 30 MPa 的压强，可对顺好线的底、主、盖板进行压接，加压时先旋紧气闭旋钮，上下扳动手柄，听到液压器发出“唧、唧”声时，压接工序完成。模块式接线子接续工具——压接器如图 3.32 所示。

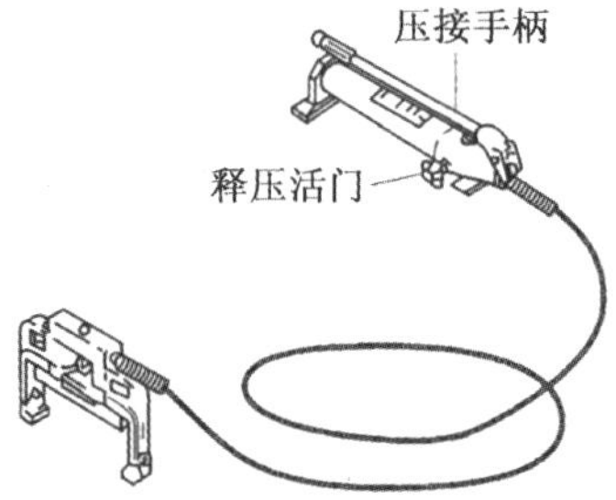

图 3.32　模块式接线子接续工具（压接器）

4）模块式接线子接续规定

（1）按设计要求的型号选用模块式接线子。

（2）接续配线电缆芯线时，模块下层接局端线，上层接用户端线；接续中继电缆芯线时，模块下层接 B 端线，上层接 A 端线；接续不同线径芯线时，模块下层接细线径线，上层接粗线径线。

（3）模块排列整齐，松紧适度，线束不交叉，接头呈椭圆形。

（4）无接续差错，芯线绝缘电阻合格。

5）模块式接线子的接续方法

（1）准备工作和接口开长。

① 准备接线工具及接续器材，安装接线架，并把接线机头装在接线架上。

② 电缆接续长度及模块式接线子排数，应根据电缆对数、芯线直径及接头套管的直径等确定，两排模块式接线子接续尺寸可参考表 3.7。

表 3.7　模块式接线子电缆接续开口长度参照表

对　数	线径/mm	接续长度/mm	直接头直径/mm	折回接头直径/mm
400	0.4	432	66	69
	0.5		74	81
	0.6		79	107
600	0.4	432	79	89
	0.5		89	104
	0.6		97	133

续表

对　数	线径/mm	接续长度/mm	直接头直径/mm	折回接头直径/mm
1 200	0.4	432	107	135
	0.5		114	160
2 400	0.4	483	157	198

③ 全塑电缆护套开剥长度，根据电缆芯线接续长度而定。一般一字形接续（直接头）开剥长度至少为接续长度的 1.5 倍。例如：接续长度为 483 mm，则护套开剥长度至少为 483 mm×1.5=724.5 mm，如图 3.33 所示。

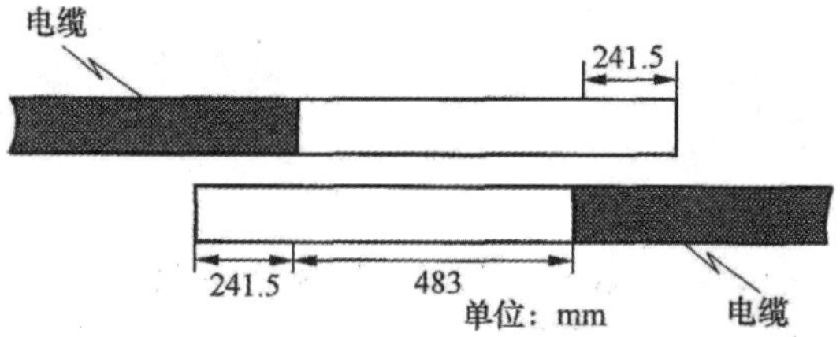

图 3.33　一字形接续护套开剥尺寸示意图

若为折回直接，塑料护套开剥长度至少为接续长度的 2 倍，并另加 152 mm。例如：接续长度为 483 mm，则护套开剥长度至少为 483 mm×2+152 mm=1 118 mm。为了简化计算，一般也可乘 2.5 倍，无需另加 152 mm（483 mm×2.5=1 207.5 mm）。

④ 模块式接线子的排列：一般 400 ~ 1 200 对电缆按两排模块安排。1 200 对（含 1 200 对）以上的电缆一般也按两排模块安排，但也可根据套管长度、直径安排 3 ~ 4 排。模块接线子的排列及间隔，如图 3.34 所示。模块式接线子接续后，应排列及绑扎整齐，并应在模块盖面上标明电缆线序。

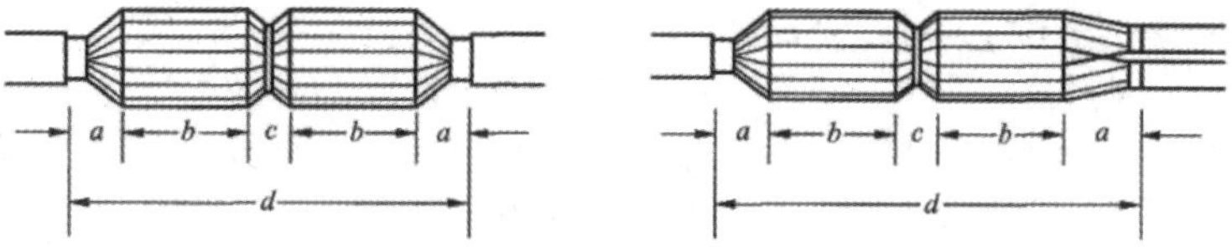

d	a	b	c
432	36	165	30
483	61.5	165	30

（a）直接接续

d	a	a	b	c
432	30	42	165	30
483	45	78	165	30

（b）分歧接续

图 3.34　模块式接线子排数与间隔（单位：mm）

⑤ 模块式接线子接续 100 对超单位的接续顺序，应先下后上，先远后近。

⑥ 全塑电缆的备用线对，应采用扣式接线子接续。

⑦ 电缆、支架及接续机头的装置如图 3.35 所示。

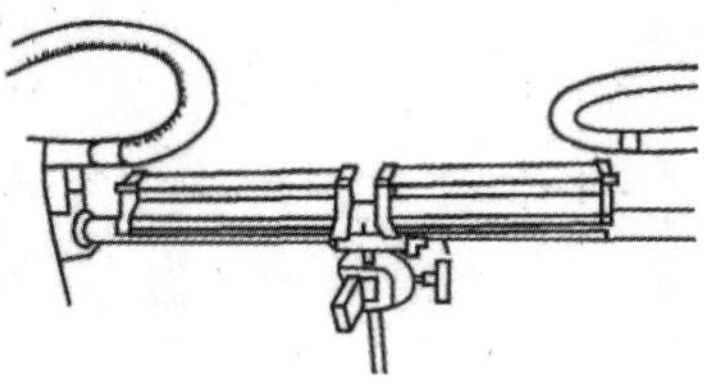

图 3.35　电缆、支架及接线机头的位置图

（2）模块型接线子直接。

模块型接线子直接步骤：

① 在接续器头内安装衬板，并使两端的弹簧片卡紧。

② 检查芯线固定弹簧是否符合适当的线径，接 0.4 mm 的芯线时红色弹簧朝上，接 0.5 mm 及以上线径的芯线时，黑色弹簧朝上，如图 3.36 所示。

③ 将模块的底板 4 000-D（金黄色）置于固定座内，斜角位置均在接续器的左上方，底板以接续机头上的弹片卡紧，如图 3.37 所示。

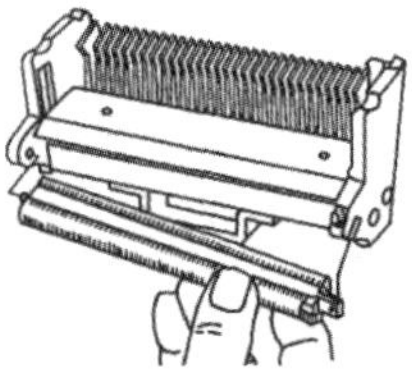

图 3.36　在接续机头内安装固定弹簧

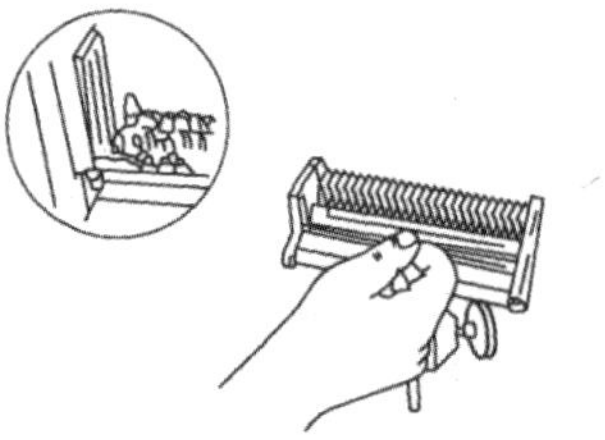

图 3.37　模块底板的安装

④ 从前下方开始，取出局向（中继线为龙头局向）相应 100 对线，按色谱取出第一个 25 对线，根部以色带结扎后，按照色谱次序用手的拇指和食指引导每一对芯线通过接线机头和底板置入固定弹簧夹紧，使 A 线在左、B 线在右，如图 3.38 所示。

⑤ 用检查梳检查 A，B 线及色谱是否正确，将检查梳滑至左边时仅有 A 线出现，滑向右边时仅有 B 线出现。同时检查是否有两根芯线在同一线槽内，有无空线槽，如图 3.39 所示。

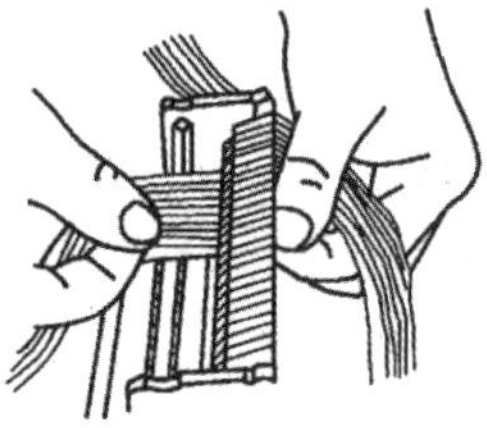

图 3.38　下层卡线

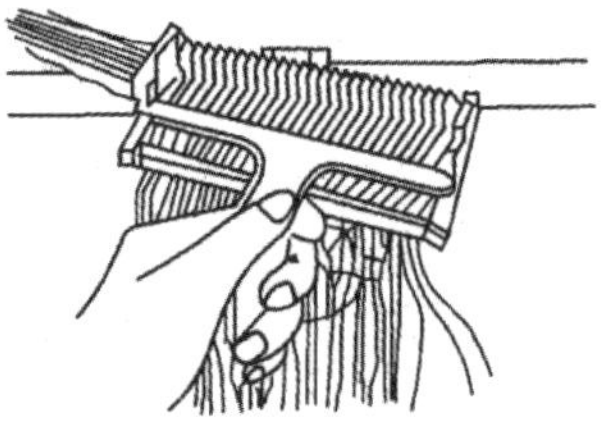

图 3.39　检查梳检查

⑥ 安装 4000-D 主板（下为金黄色，上为乳白色）置于底板上，斜角的位置在左上方，并以接续机头两侧的弹性片卡紧，如图 3.40 所示。

⑦ 从前下方开始，取出用户（中继线为龙尾局方）相应百对中的 25 芯线，根部以色带结扎，按照色谱次序，引导每对芯线，通过接续机头和主板置入固定弹簧夹紧，使 A 线在左、B 线在右，重复第⑥步骤，如图 3.41 所示。

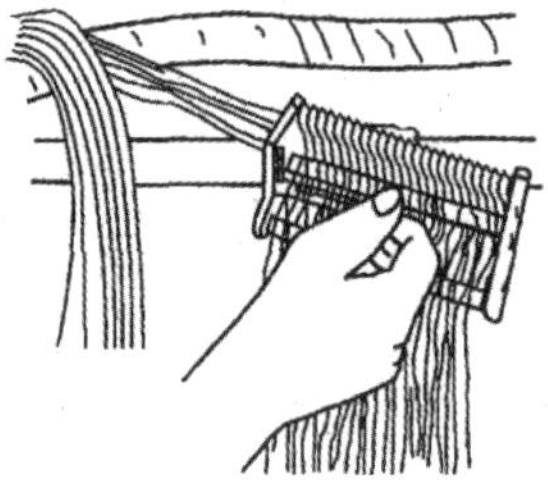

图 3.40　主板安装

图 3.41　上层卡线

⑧ 25 对芯线就位后，安装 4000-D 盖板（乳白色）于主板上，如图 3.42 所示。

⑨ 每次排完芯线后，放上模块主板或上盖板前务必用检查梳检查 A 线或 B 线是否有排错或有空线槽，如图 3.43 所示。

图 3.42　安装盖板

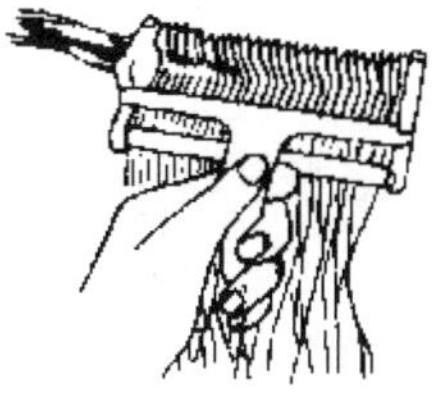

图 3.43　检查

⑩ 将液压压接器固定夹内沿的凸梢置于接续器头的凹槽内，如图 3.44 所示。

⑪ 转动固定夹至直立位置，使压接器固定夹固定于接续器上，如图 3.45 所示。

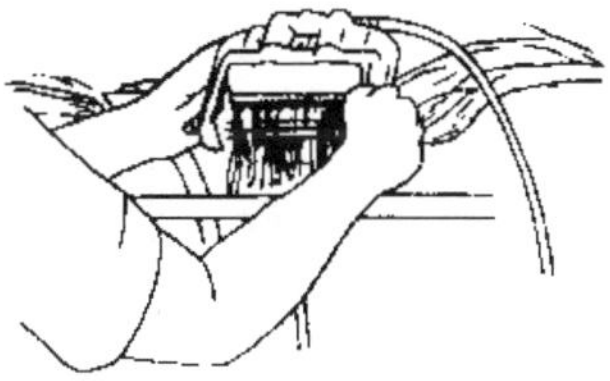

图 3.44

图 3.45

⑫ 旋紧释压活门，使用手动液压器操作柄进行压接，压紧模盖，听到三次排气声，说明压力已达 308 kg/cm^2，应停止压接。

⑬ 用手握住欲切除部分的芯线，上抬使芯线离开固定弹簧，同时检查芯线是否重叠和模块是否有空槽，再分 2 ~ 3 次拉去切掉的芯线，如图 3.46 所示。

⑭ 放松释压活门使得压接面升至原位再旋紧释压活门，然后转动压接器固定夹，使其倒向后方。拆卸压接器并检查模块另侧是否存在二线并槽及空槽现象，如图 3.47 所示。

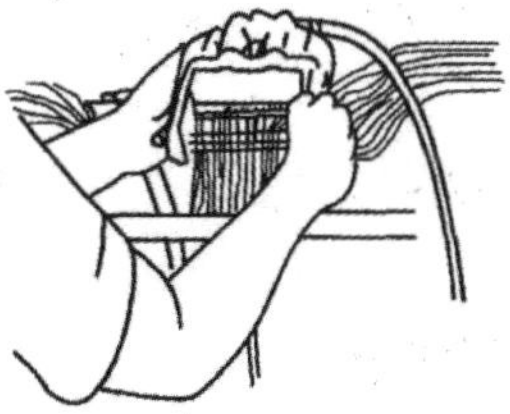

图 3.46　压接器固定夹放置

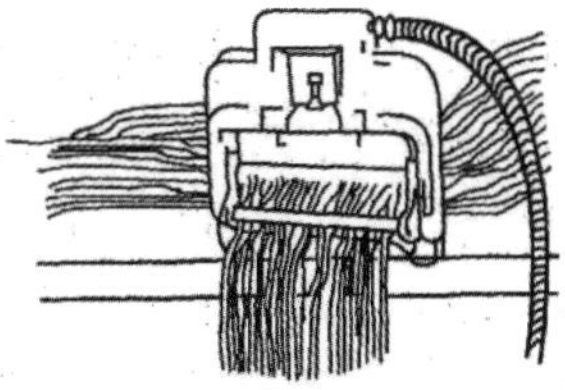

图 3.47　压接器固定夹固定于接续器上

⑮ 不断调整接续器与被接续芯线间位置（电缆大小不一，此距离一般为 5 ~ 10 cm），重复上述接续步骤直到全部芯线接续完毕。

⑯ 各接续完成的模块应标注线号。

⑰ 整理模块，使模块的芯线部分朝向缆芯，模块排列成圆形，将塑料带扎在两模块间的芯线部分。

⑱ 用双手紧握模块，以面向局方作逆时针转动，使芯线全部包容在模块圈内以后，用聚乙烯带将模块两侧扎紧。如图 3.48 所示。

（3）芯线复接。

芯线复接步骤如下：

① 芯线复接应与相应的直接接续同时进行。

② 将被复接的分支电缆进行线序编排，使芯线束环头后，在另端电缆切口处附近固定，如图 3.49 所示。

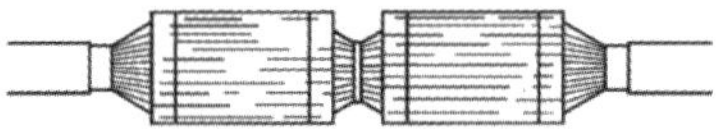

图 3.48　模块整理及包扎

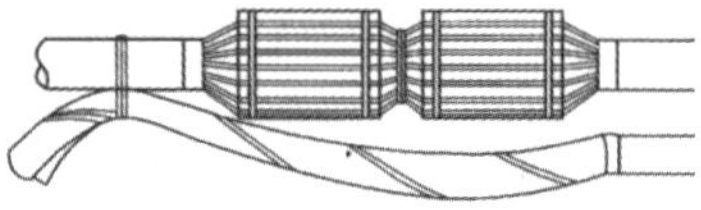

图 3.49　分支电缆固定

③ 打开主干电缆已完成接续的相应模块的盖板，在打开盖板前应仔细检查复接线束，被复接线束的超单位色带、基本单位色带与设计规定的复接线序是否相符。

④ 安装 4005-D 复接模块的主板于 4000-D 主板之上，并以手指压紧。

⑤ 取出分支电缆中的相应线束，按照色谱，通过接续机和 4005-D 主板，置入固定弹簧夹，使 A 线在左、B 线在右，并用检查梳检查。

⑥ 装上 4005-D 盖板于主板之上，与接续机头上的弹簧卡紧。

⑦ 装液力压接器，切除多余线头，并检查芯线是否重复入槽和模块空槽的现象。

⑧ 重复上述操作，直至全部复接工作完成。

整理模块，使模块的芯线部分朝向缆芯，模块排列成圆形，用塑料带扎住两模块间的芯线部分。

6）模块接续注意事项

（1）模块接续时对不同线径的处理：将细线径芯线置于模块的下方，将较粗线径的芯线置于模块上方，即先放置较细线径、后放置较粗线径。

（2）模块三排列：3 000 对及以上的大对数电缆的模块接续，为适应现有的热缩套管的最大外径，模块需分列三排，开口长度为 678 mm。

（3）防潮措施：宜采用模块本体加防潮胶体为好，如 4000DWP。

第三部分：学习效果及评价

课次		课时	
课堂笔记			
课后习题			
1. 简述扣式接线子接续法的使用场合和技术特点。			
2. 简述模块式接线子的接续步骤。			
评定等级		评定教师	

任务四 馈线的接头制作

3.4 馈线的接头制作

第一部分：课程导读

课次		课时	
课程地位	为通信基站天馈系统施工奠定基础。馈线接头制作是通信基站建设或抢修中必备的实用性技能之一。通过该内容的学习，学生能逐渐适应通信线路工程岗位的能力要求		
主要内容	● 馈线应用场景、结构和类型； ● 馈线性能指标； ● 基站馈线及其附件设备安装	教学目标	● 理解回波损耗和驻波比的含义； ● 能够独立完成馈线接头制作并达到工程使用标准（驻波比小于 1.3）
课程重点	● 基站天馈系统组成结构； ● 馈线结构及其性能指标参数； ● 馈线接头制作	课程难点	● 基站馈线在基站天馈系统中的应用； ● 馈线接头制作
课程小结	所谓馈线就是指纯粹的由电源母线分配出去的配电线路，直接到负荷的负荷线。馈线分为 1/2 馈线、7/8 馈线、8D 馈线和 10D 馈线，通常馈线直径越大，信号衰减越小。 馈线接头制作步骤：剥除馈线外皮及切割馈线；安装连接器后套；安装连接器前套		
板书设计	1. 应用场景； 2. 基站天馈系统结构 分类：室内，室外； 主要连接器设备：馈线、连接器、避雷针、接地卡、防水胶带、二联卡具、扎带； 3. 馈线接头制作步骤：剥除馈线外皮及切割馈线；安装连接器后套；安装连接器前套		
教学资源	3.4 馈线的接头制作		

第二部分：学习内容

1. 目的和意义

统一天馈线施工人员在工程施工和维护抢修及整改工作中制作馈线接头的方法和提高馈线接头的制作工艺水平，避免因工具或人为原因导致的天馈线系统驻波比过高，从而造成网络性能下降和引起隐性故障。

2. 馈线接头制作工具要求

制作馈线接头必须使用专用的工具，专用工具包括：馈线切割刀、小金属丝毛刷、固定尺寸呆扳手或大号活动扳手、小号扁锉刀、细齿小手锯、一字及十字螺丝刀、美工刀，等等。

3. 馈线接头制作要求

（1）馈线切割口处内外导体必须平整光滑，不起毛刺，馈线内外导体表面不能有凹陷。

（2）绝缘层表面和内导体内不能残留有任何的金属碎屑。

（3）接头必须拧紧，在馈线上用人手大力拧动，应不能出现松动的情况，接头连接处应紧密，间隙应不能大于 0.5 mm。

（4）馈线皮切削处的内导体表面应无明显和深的切割或划痕。

（5）接头包装内的所有配件必须全部使用到位，不能遗漏和少装。

（6）接头包封必须严密不进水。

（7）驻波比测试小于 1.1。

4. 7/8" 馈线接头制作基本步骤和方法

第一步，准备制作馈线接头，如图 3.50、图 3.51 所示。

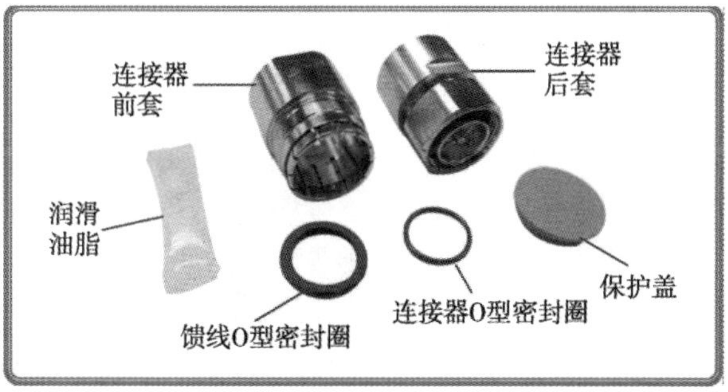

图 3.50　接头的结构

图 3.51　馈线

说明：① 选取适合的长度和位置（15 cm）制作接头，将多余的馈线用锯子锯掉。② 确定制作接头段的馈线没有弯曲的情况，必须是直的，对不直的部分需校直，校直段馈线的长度不小于 15 cm。

第二步，剥除馈线外皮及切割馈线，如图 3.52、3.53 所示。

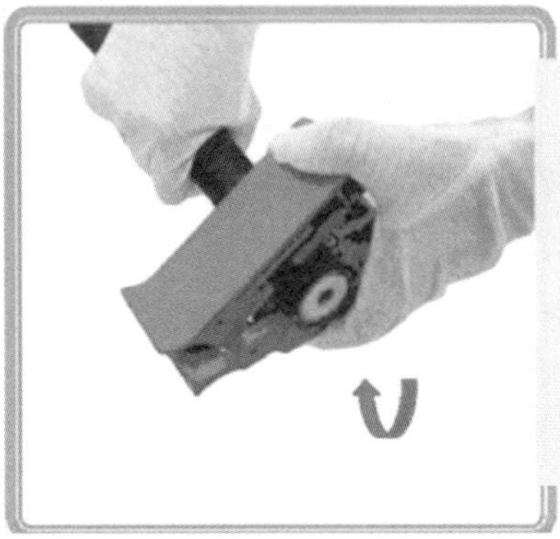

图 3.52　旋转切割刀

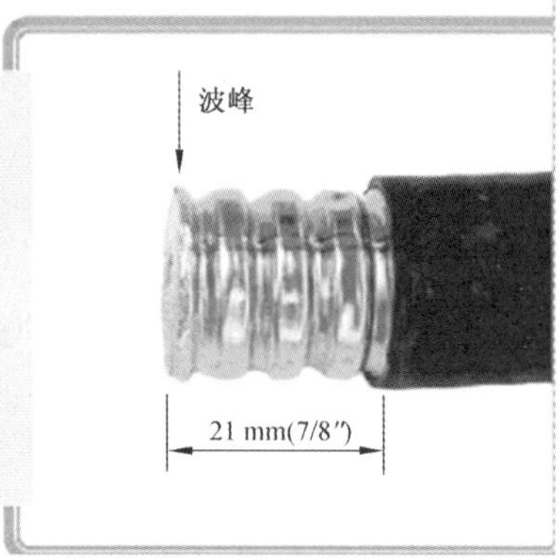

图 3.53　切割好的馈线

说明：

（1）选择在将要制作接头馈线断口 5 mm 处的一圈馈线波纹的波谷中央位置，用馈线切割刀在该处的馈线外皮进行环切，用手轻压馈线切割刀，按馈线切割刀旋转的方向进行旋转以恰好能切断馈线皮为佳，应尽量避免切伤馈线外导体。

（2）使用馈线安全刀从环切处开始向外将这小段馈线皮剥掉，剥削时，馈线安全刀的刀刃应微微向上，避免划伤外导体的表面。

第三步，馈线接口处理，如图 3.54 ~ 图 3.57 所示。

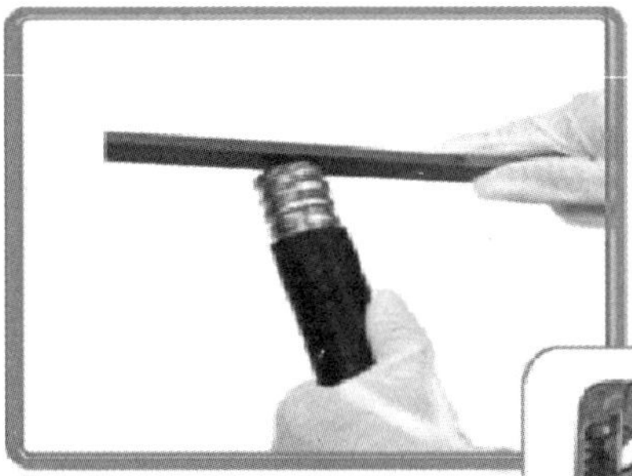

图 3.54　锉平毛刺

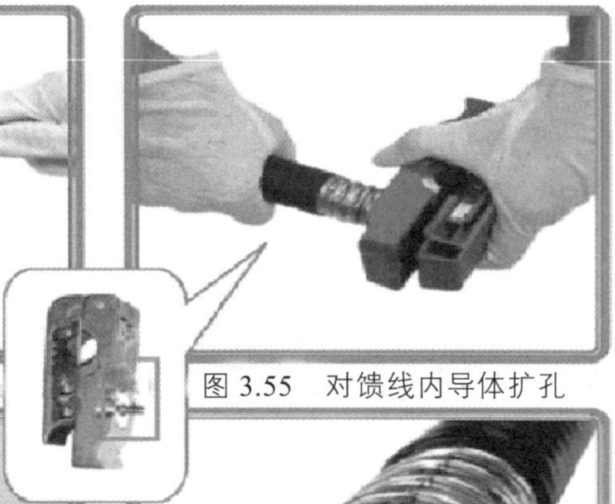

图 3.55　对馈线内导体扩孔

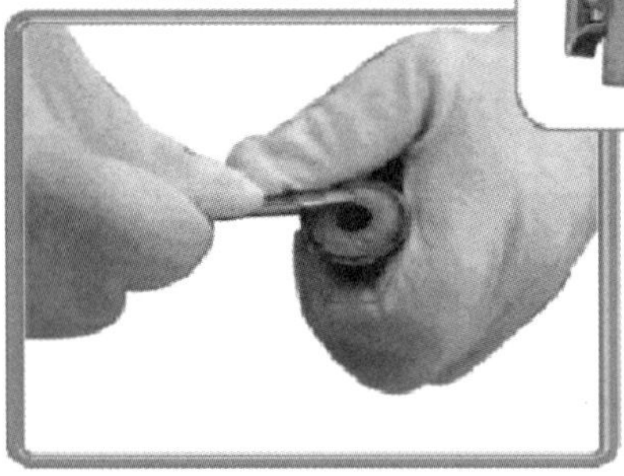

图 3.56　挤压馈线端的绝缘层边沿

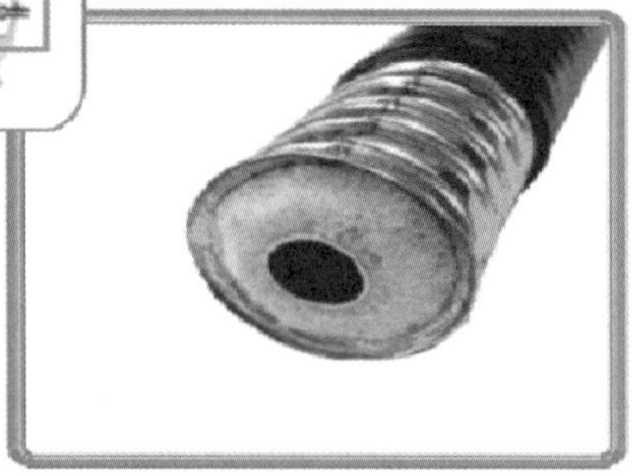

图 3.57　绝缘层边沿与馈线外导体呈 45°角

说明：

（1）用小金属刷将刚切割好的馈线端进行清洁，如有毛刺的则用锉刀锉平，用钢刷将金属导体内的和表面的碎屑清理干净，然后再取一小块防水胶，对切割口进行粘贴，则吸附更细小的金属碎屑，一般粘贴 2 次就能彻底将切割口的碎屑清理干净，如图 3.54 所示。

（2）使用专用的接头扩孔器，顺时针旋转 2 ~ 3 圈对馈线口做扩孔和定型，如图 3.55 所示。

（3）用一字螺丝刀小心地将清理后的馈线端的绝缘层边缘，与馈线的外导体呈 45°角向内导体方向环绕一圈压开，如图 3.56、图 3.57 所示。

第四步，安装连接器后套，如图 3.58 ~ 图 3.61 所示。

图 3.58　套 O 型圈

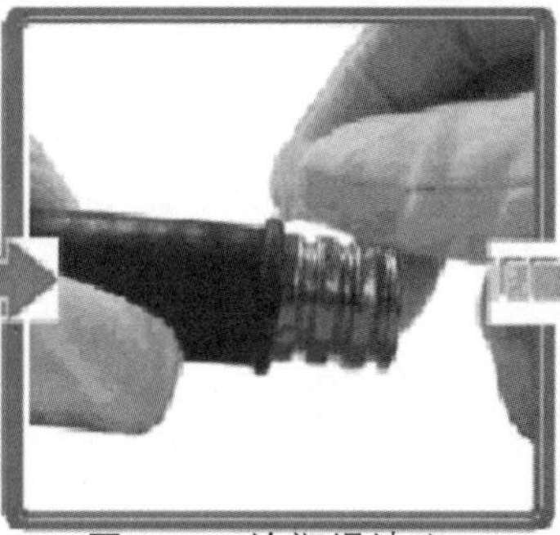

图 3.59　涂润滑油脂

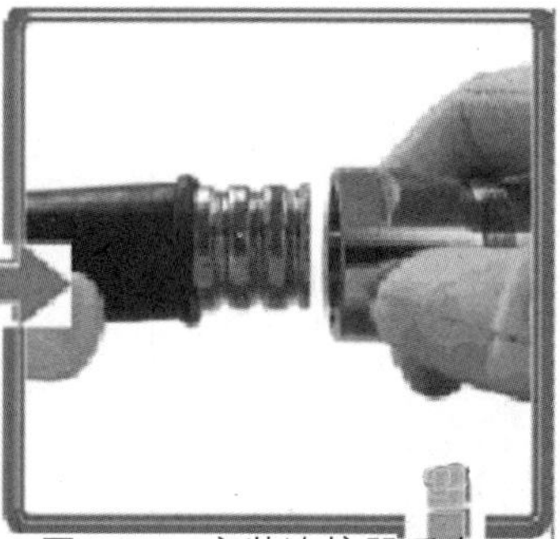

图 3.60　安装连接器后套

（a）内外套对平　（b）左手不动，右手把后套外套往左推　（c）安装连接器后的效果

图 3.61　安装过程

第五步，安装连接器前套。

说明：

（1）先用手将接头的前端（外套件）和后端（内套件）拧紧，需要注意的是，拧紧的过程中外套件需固定不动，只旋转套在馈线端的内导体，待手拧紧后，再用扳手将接头拧紧，拧紧的方法仍然是旋转内套件，外套件用扳手夹紧固定，直到将接头两边紧密连接到位，如图 3.62 ~ 图 3.64 所示。

（2）如果旋转连接器前套件，在拧动过程中，连接前套件内导体与馈线内导体因摩擦而产生的金属碎屑容易残存在两者接触面之间，会影响馈线的电气性能。

第六步，完成，如图 3.65 所示。

图 3.62　准备

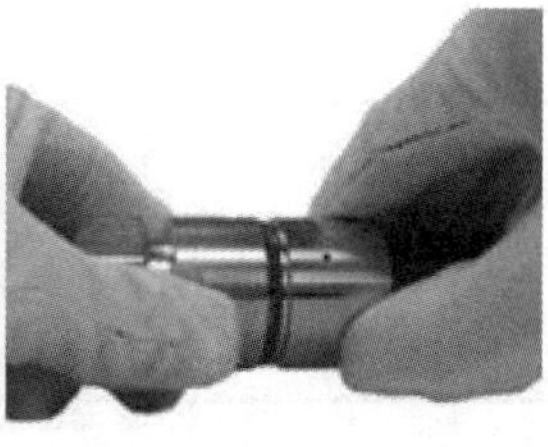

图 3.63　旋转内套件

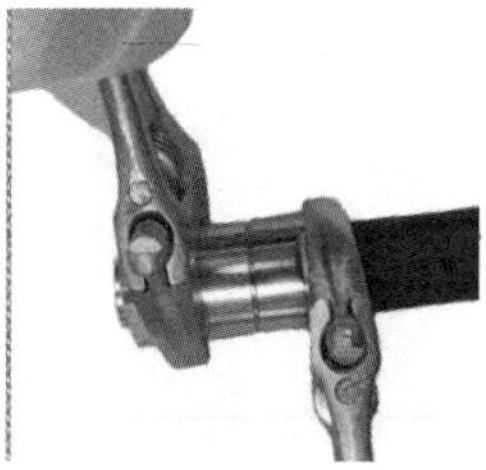

图 3.64　拧紧

图 3.65　完成效果

第三部分：学习效果及评价

课次		课时	
课堂笔记			
课后习题			
1. 馈线接头制作需要哪些专业工具？			
2. 试述馈线接头制作步骤。			
评定等级		评定教师	

线上线下混合式教学评分表

项目	内容	评分要求	分数	评分		成绩
				自评	互评	
实地参观	基站天馈系统结构图	1. 绘制基站天馈系统结构图（10分） 2. 描述各个子模块功能（10分）	20分			
理论学习	馈线相关知识	1. 馈线结构及其功能（10分） 2. 基站建设中常用馈线型号（5分） 3. 驻波比含义及驻波比值高产生的原因（5分）	20分			
实训操作	制作馈线接头	1. 在规定时间内完成且操作规范（15分） 2. 测试通过合格（15分） 3. 职业素质体现（10分）	40分			
课后交流	1. 经验方法交流 2. 分享心得体会 3. 讨论探索	1. 完成总结报告（10分） 2. 馈线接头制作中工具改进方法（10分）	20分			
合计			100分			

任务五　2M 线的接头制作

3.5　2M 线的接头制作

第一部分：课程导读

课次		课时	
课程地位	2M 线接头制作是通信基站建设或抢修中必备的实用性技能之一。通过该内容的学习，学生能逐渐适应通信线路工程岗位的能力要求		
主要内容	● 2M 线应用场景、结构和类型； ● 2M 线性能指标； ● 2M 线及其附件设备安装	教学目标	● 能描述 2M 线应用场合； ● 能识别不同规格 2M 线物理结构； ● 熟练掌握基站机房传输设备 2M 线连接的注意事项； ● 能够独立完成 2M 线接头制作并达到工程使用标准
课程重点	● 2M 线组成结构及应用场合； ● 2M 线头制作	课程难点	● 完成 2M 线头制作，并符合标准
课程小结	2M 线接头的制作方法：剥开同轴缆外皮；将尾部外套、压接套管套在同轴线上；将同轴缆外皮剥去 12 mm；将屏蔽网从左至右分开，留长为 8 mm；将内绝缘层剥去 2 mm；穿入同轴插头压接套管内；将同轴缆芯线插入同轴体铜芯杆，并焊接；将屏蔽层贴附在同轴体接地管上，用压线钳将压接管与接地管充分压接		
板书设计	1. 2M 线应用场景、结构和类型； 2. 2M 线性能指标； 3. 2M 线接头制作步骤		
教学资源	3.5 2M 线的接头制作		

第二部分：学习内容

本实验需要 75 Ω 同轴电缆 1 根，其长度根据具体需要确定，一般为传输设备出厂附件。还需要同轴插头（L9-J 连接头）1 对，电烙铁、工具刀、专用的压线钳 1 把，如图 3.66 所示。

2M 线的接头制作步骤如下：

步骤 1：将同轴缆外皮剥开，如图 3.67 所示。

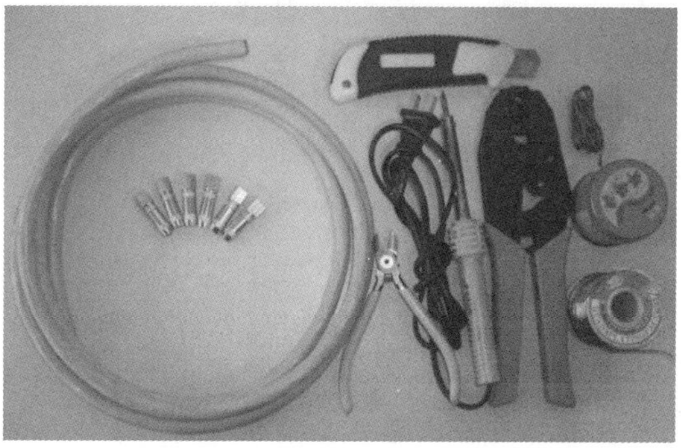

图 3.66　制作工具

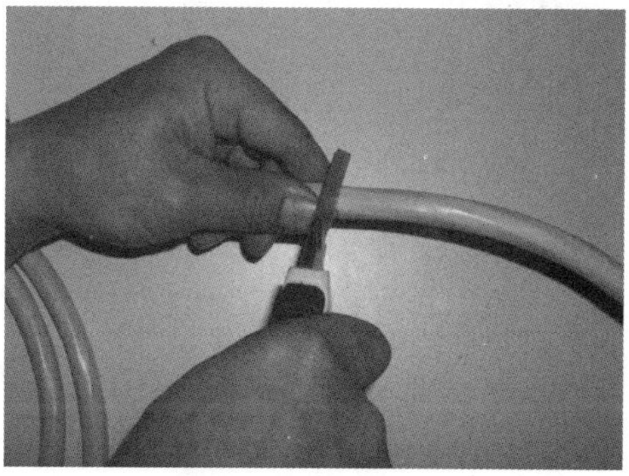

图 3.67　剥开外皮

步骤 2：将 2M 头尾部外套拧开，并将尾部外套、压接套管套在同轴线上，如图 3.68 所示。

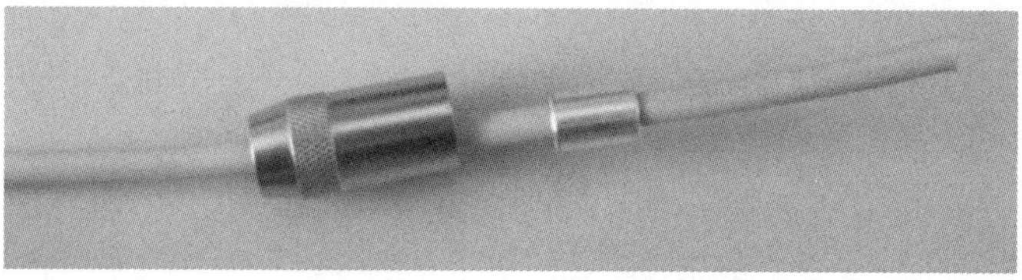

图 3.68　套入外套、压接套管套

步骤 3：用工具刀将同轴缆外皮剥去 12 mm，剥时力量适当，注意不得伤及屏蔽网，如图 1.2 所示。2 Mbit/s 同轴线是成对使用的，其中一根用作发信，另一根用作收信，实验人员对其用途做了定义后应做好标签，剥去外皮的同轴线，如图 3.69 所示。

步骤 4：将露出的屏蔽网从左至右分开，用斜口钳剪去 4 mm，使屏蔽网长度为 8 mm，如图 3.70 所示。

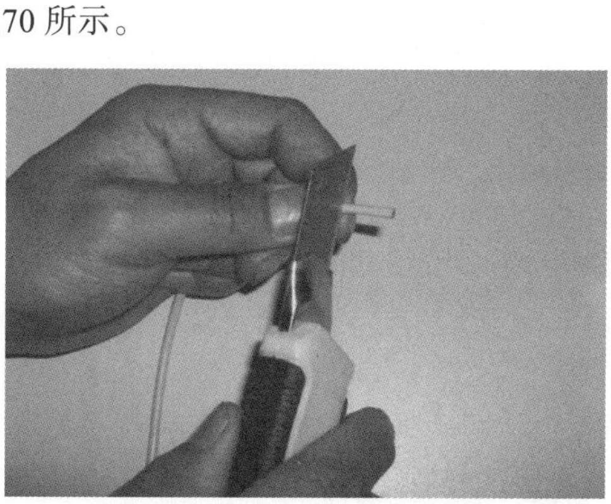

图 3.69　剥去单线外皮

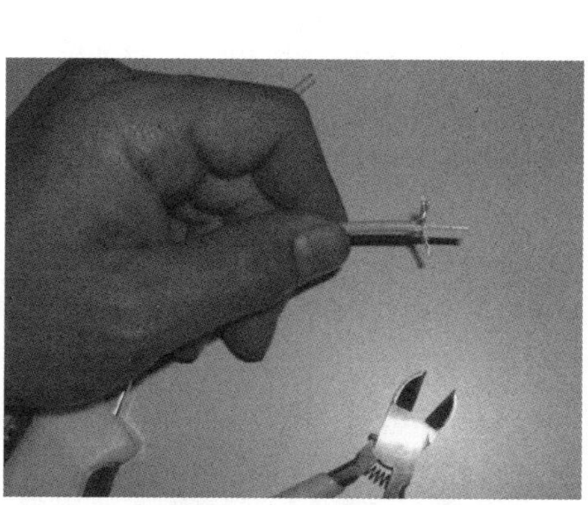

图 3.70　留好屏蔽网

步骤 5：用工具刀将内绝缘层剥去 2 mm，注意不要伤及同轴缆芯线，将露出的屏蔽网从左至右分开，用斜口钳剪去 4 mm，使屏蔽网长度为 8 mm，如图 3.71、图 3.72 所示。

图 3.71　剪剥绝缘层

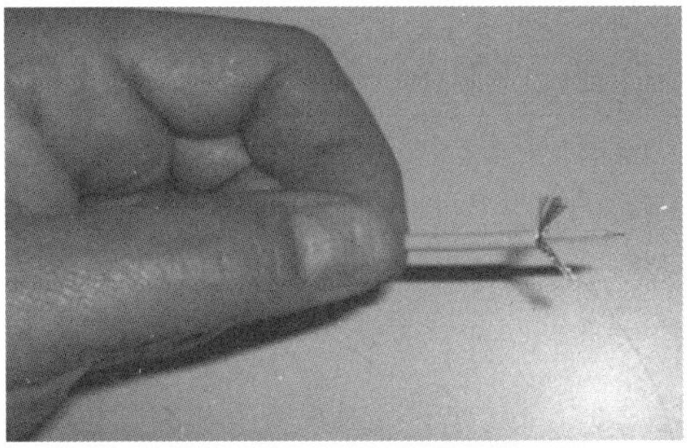

图 3.72　分开屏蔽网

步骤 6：将剥好的同轴线穿入同轴插头压接套管内，如图 3.73 所示。

步骤 7：将同轴缆芯线插入同轴体铜芯杆，涂少许焊锡膏在同轴芯线上，用电烙铁沾锡点焊，焊接时间不得太长，以免破坏内绝缘，导致同轴芯线接地，要求焊点光滑、整洁、不虚焊，如图 3.74 所示。

注意：焊接时应确保焊锡充分融化，并且焊点大小适中，避免虚焊导致同轴芯线与同轴体短路。

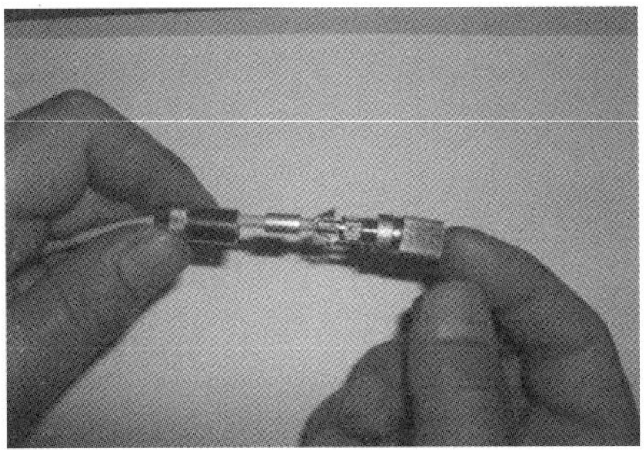

图 3.73　穿入压接套管

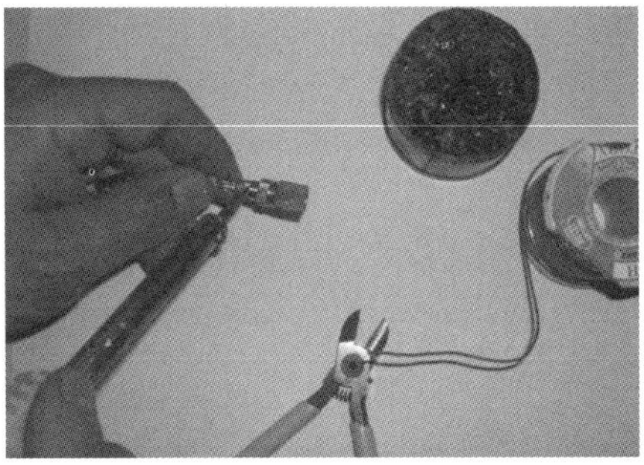

图 3.74　焊接

步骤 8：将屏蔽层贴附在同轴体接地管上，使屏蔽网尽可能大面积地与接地管接触，将压接套管套在屏蔽网上，保持压接套管与接地管留有 1 mm 的距离，并保证屏蔽层不超出导压接管，如图 3.75 所示。

步骤 9：用压线钳将压接管与接地管充分压接，但用力适当，不得压裂接地管，如图 3.76 所示。

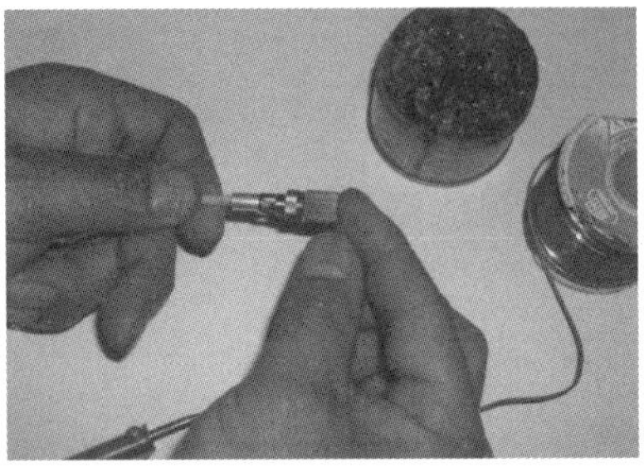

图 3.75　套紧压接套管

图 3.76　压线钳压紧

第三部分：学习效果及评价

课次		课时	
课堂笔记			
课后习题			
1. 2M 线主要应用在哪些地方？			
2. 简述 2M 线接头的制作步骤。			
评定等级		评定教师	

线上线下混合式教学评分表

项目	内容	评分要求	分数	评分		成绩
				自评	互评	
实地参观	监控室设备及结构图	1. 绘制监控系统结构图（10分） 2. 描述各子系统功能（10分）	20分			
线上学习	2M线相关知识	1. 2M线结构及其功能（10分） 2. 2M线性能指标（5分） 3. 2M线的应用场合（5分）	20分			
实训操作	制作2M线接头	1. 在规定时间内完成且操作规范（15分） 2. 测试通过合格（15分） 3. 职业素质体现（10分）	40分			
课后交流	1. 经验方法交流 2. 分享心得体会 3. 讨论探索	1. 完成总结报告（10分） 2. 2M线接头制作中工具改进方法（10分）	20分			
合计			100分			

任务六　其他常用同轴电缆制作

第一部分：课程导读

<table>
<tr><td>课次</td><td></td><td>课时</td><td></td></tr>
<tr><td>课程地位</td><td colspan="3">同轴电缆是通信传输系统的重要组成部分，制作质量的好坏直接影响通信质量。本节讲述了通信接入网中常用的SYV75-5-2的接头制作，BNC、RCA、音频接头、VGA的制作方法，供大家参考学习</td></tr>
<tr><td>主要内容</td><td>● 视频线SYV75-5-2的接头制作；
● BNC、RCA、音频接头、VGA的制作方法</td><td>教学目标</td><td>● 能够掌握同轴电缆接头制作要求并达到工程使用标准</td></tr>
<tr><td>课程重点</td><td>● 视频线组成结构及应用场合；
● 视频线头制作</td><td>课程难点</td><td>● 标准的视频线头制作</td></tr>
<tr><td>课程小结</td><td colspan="3">制作视频线的过程：首先，必须选择正确的视频电缆和连接头。其次，必须保证良好的压接质量或焊接质量。最后，必须检查是否有开路或短路的情况</td></tr>
<tr><td>板书设计</td><td colspan="3">视频接头制作：
1. 剥开线缆护套；
2. 芯线上锡；
3. 剪齐屏蔽层；
4. BNC头上锡；
5. 焊接</td></tr>
</table>

第二部分：学习内容

1. 视频线 SYV 75-5-2 的接头制作

视频线最常用型号为 SYV 75-5-2，其表述为：S——射频，Y——聚乙烯绝缘，V——聚氯乙烯护套，75——75 Ω，5——线径为 5 mm，2——代表芯线为多芯。

第一步：用壁纸刀剥开线缆外护套，将屏蔽网在线缆一侧理顺，可割断另一侧部分屏蔽网，如图 3.77 所示。但注意不能割伤绝缘层，注意不能有毛刺。绝缘层高出外护套约 3 mm。

第二步：用尖头电烙铁给整理过的屏蔽网线和芯线上锡，如图 3.78 所示。注意屏蔽网上锡时不能太厚，如太厚可能造成 BNC 头的丝帽拧不上。可适当减少屏蔽网的根数和将屏蔽网焊扁。

图 3.77　剥开护套

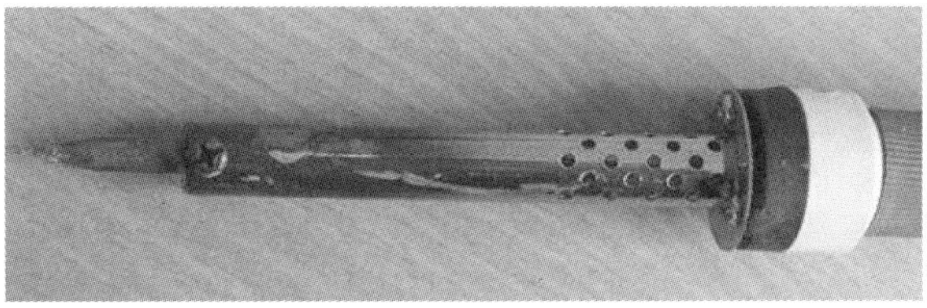

图 3.78　上锡

第三步：将屏蔽层剪齐，如图 3.79 所示。

第四步：用电烙铁给 BNC 头上锡，一定要用足够的锡以保证焊接强度，如图 3.80 所示。

图 3.79　剪齐屏蔽层

图 3.80　上锡

第五步：将上过锡的线缆与上过锡的 BNC 头直接焊接，整理毛刺，如图 3.81 所示。

图 3.81　焊接

（1）安装视频监控时布线要求。

① 不同的施工环境有不同的要求。

② 视频线最好不要有接头。

③ 如果有动点的话，控制线最好要减少星型节点。

④ 有强电设备，要根据强电电压保持一定距离（见国标）。

⑤ 电源线算好电流大小后，选择合适的线经，以尽量节省布线。

⑥ 根据环境情况配相应的线管。

（2）视频监控使用前注意事项。

① 主机通电前，须先检查，避免因接触不良而烧坏配件。检查方法如下：

a. 晃动主机以检查内部是否有松脱的现象。

b. 从主机后面检查各插卡是否有歪斜而接触不良的现象。

c. 电压选择开关是否设置在 230 的位置，并与供电电压匹配。

有不正常现象，请不要通电，立即通知供货商，听取处理意见。

② 后面板很多接口是插针式的，连接前要检查插针是否歪斜，避免损伤接口。

③ 接口匹配不好的，如音频和视频接头匹配较紧等，请先更换接头。

④ 主机为插卡结构，外接接头时不得硬推和硬拉，避免造成接触不良。

⑤ 主机工作时，请固定安放位置，不要拖动。

⑥ 按主机接口属性，将相关外设全部连接完毕，并检查接触是否良好。

⑦ 用在线式不间断电源（UPS）为本主机供电，避免停电造成硬盘损坏。

⑧ 按正确程序关机，不得用关电源方式关机，避免造成系统损坏。

（3）硬盘录像机的保养。

计算机系统如果保养不当，即使在正常使用情况下，也可能出现故障。关于硬盘录像主机的保养，请用户注意以下几点。

① 指定专人操作主机，定时对系统及数据进行备份和维护，将故障可能造成的损失降到最低。

② 按照正常程序关机，不要用断电方式关机。

③ 长期不间断运行主机时，建议每周关机几分钟，然后重新启动运行。

④ 建议为主机配备不间断电源设备（在线式 UPS），避免掉电或电压不稳造成系统破坏。

⑤ 硬盘录像主机为监控专用，不要作为普通计算机使用。

2. BNC（同轴电缆）接头的制作

制作如图 3.82、图 3.83 所示。BNC 接头（Q9 接头）的常用工具是螺丝刀、电烙铁、剥线钳。

图 3.82　BNC 接头

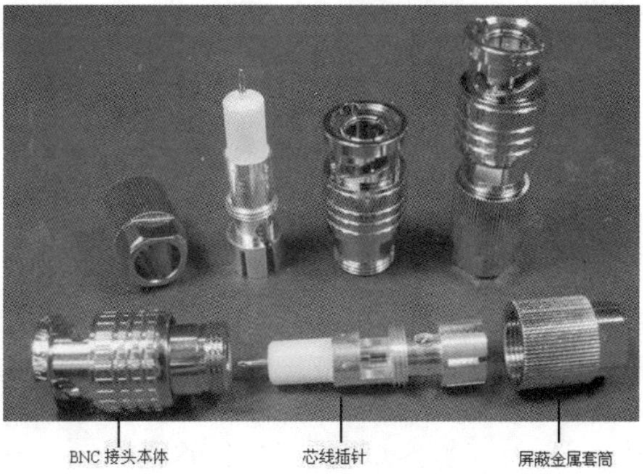

图 3.83　BNC 接头结构

接头制作的基本步骤和方法：

（1）剥线。同轴电缆由外向内分别为保护胶皮、金属屏蔽网线（接地屏蔽线）、乳白色透明绝缘层和芯线（信号线），芯线由一根或多根铜线构成，金属屏蔽网线是由金属线编织的金属网，芯线和屏蔽网之间用乳白色透明绝缘物填充。剥线时，可用小刀将同轴电缆外层保护胶皮剥去 1 ~ 2 cm，尽量不要割断金属屏蔽线，再将芯线外的乳白色透明绝缘层剥去 0.5 ~ 1 cm，使芯线裸露。

（2）芯线的连接。BNC 接头一般由 BNC 接头本体、芯线插针、屏蔽金属套筒三部分组成，芯线插针用于连接同轴电缆芯线。在剥线之后，将芯线插入芯线插针尾部的小孔，使用卡线钳前部的小槽用力夹一下，使芯线压紧在小孔中。当然，也可以使用电烙铁直接焊接芯线与芯线插针，焊接时注意不要将焊锡流露在芯线插针外表面。如果没有专用卡线钳可用电工钳代替，需要注意将芯线压紧以防止接触不良，但要用力适当以免造成芯线插针变形。

（3）装配 BNC 接头。连接好芯线后，先将屏蔽金属套筒套入同轴电缆，再将芯线插针从 BNC 接头本体尾部孔中向前插入，使芯线插针从前端向外伸出，最后将金属套筒前推，使套筒将外层金属屏蔽线卡在 BNC 接头本体尾部的圆柱体内。

（4）压线。保持套筒与金属屏蔽线接触良好，用卡线钳用力夹压套筒，使 BNC 接头本体固定在线缆上。重复上述方法在同轴电缆另一端制作 BNC 接头即制作完成。待 BNC 电缆制作完成，最好用万用电表进行检查后再使用，断路和短路均会导致信号传输故障。

3. RCA 接头的制作

RCA 接头通常采用同轴传输信号（BNC）的方式，中轴用来传输信号，外沿一圈的接触层用来接地，可用于传输音频、视频信号，是工程应用中最常见的接头之一，如图 3.84 所示。

先将 RCA 接头金属套筒套入同轴电缆，待剥线完成后，使用电烙铁焊接电缆芯线与 RCA 接头插针，焊接电缆屏蔽层与 RCA 接头金属外壳，再套上接头金属筒套即可。焊接中注意电缆的芯线和屏蔽层不能有接触，在可能的情况下可以使用热缩套管或其他绝缘材料进行隔离。如图 3.85 所示。

图 3.84　RCA 接头

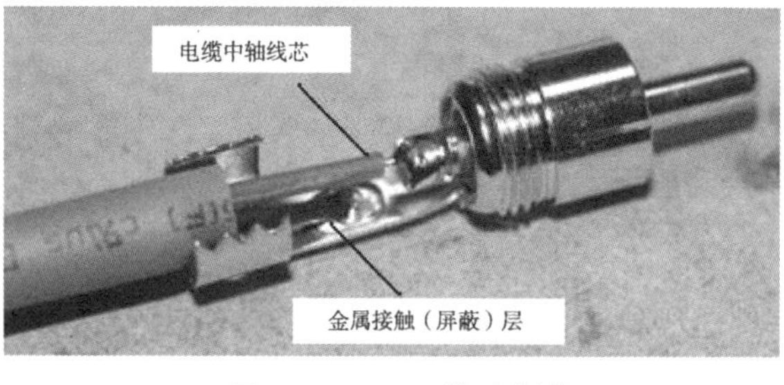

图 3.85　RCA 接头制作

4. 音频接头的制作

（1）XLR（卡侬）接头。用于输出/输入音频平衡信号，具有高阻抗，是一种三线的连接端子，三根导线分别是正极（高端）、负极（低端）和屏蔽（接地）。由于使用 XLR 端子传输平衡信号可实现较长距离传输，并具有较好的抗电磁、射频干扰的能力，因此在专业音响系统中使用最多。XLR 接头分为 male（公）、female（母）两种，规定 male（公头）用于输出信号，通常作为设备的信号输出端口，例如使用 XLR（公）将音频信号输入调音台；female（母头）主要用来接收信号。音频电缆通常采用 RVVP2*0.5 或 RVVP3*0.5 等型号，将线缆中的二根或三根导线分别与卡侬公（母）的 1、2、3 三个接点分别进行连接，接点 1 接屏蔽层（或接地），接点 2 接信号热端（正极），接点 3 接信号冷端（负极）。如图 3.86 所示。

（2）TRS 立体声接头。TRS（Tip-Ring-Sleeve）接头按接线数目可以分为二芯（TS 单声道）、三芯（TRS 立体声）两类产品。按插头直径区分，同心式连接器有 6.25 mm、3.5 mm、2.5 mm 三种规格。在专业音响设备中常用插头直径为 6.25 mm 的这一种，即人们常说的“大二芯插头”和“大三芯插头”。3.5 mm 接头常用于 CD 播放机、MP3 播放机、计算机声卡的音频立体声信号输入\输出。TRS 接头常被用在音响设备之间的信号馈送，如功率放大器至音箱间的信号馈送，调音台的线路输入端口以及一些话筒输入端口等。在制作方面，常用 RVVP2、RVVP3 等型号电缆，将电缆的两根导线分别与 TRS 立体声接头的头端（正级）、环端（负级）进行连接，屏幕层与 Sleeve（地端，Ground）连接。如图 3.87、3.88 所示。

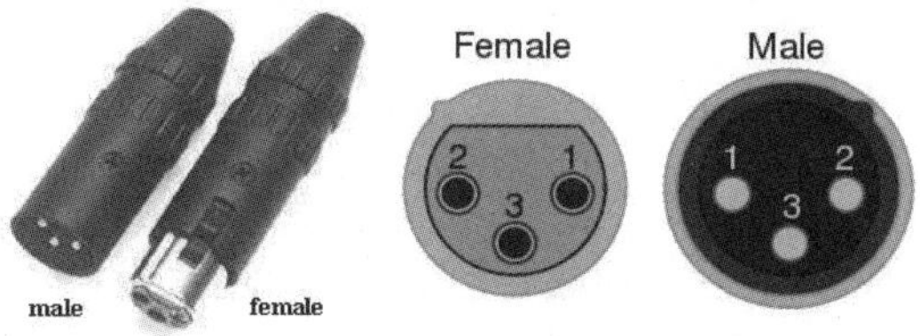

图 3.86　XLR 接头

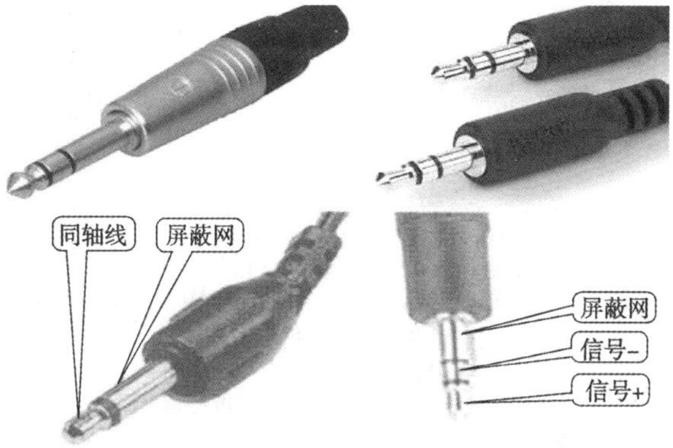

图 3.87　TRS 立体声接头

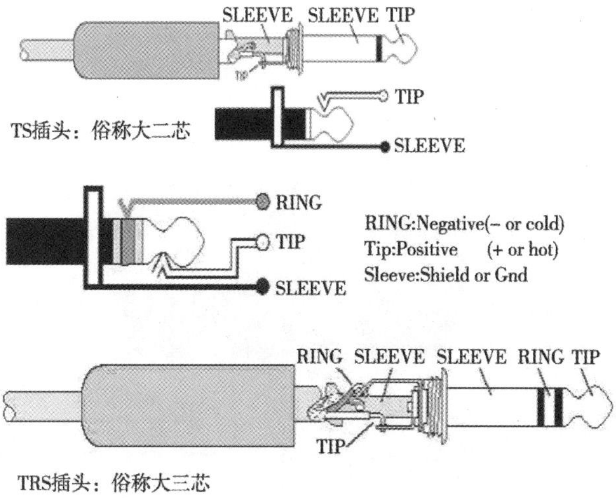

图 3.88　TRS 内部结构

（3）XLR 与 TRS 的转接。XLR 卡侬接头转换成 TRS 立体声接头。将 XLR 接头的接点 1（屏蔽接地）对接 TRS 立体声的接地（Sleeve）；XLR 接点 2 热端（正极）对接 TRS 的头端（Tip 正极）；XLR 接点 3 冷端（负极）对接 TRS 的环端（Ring 负极），这也是一种信号的平衡传输方式，在专业音响系统中经常使用。如图 3.89 所示。

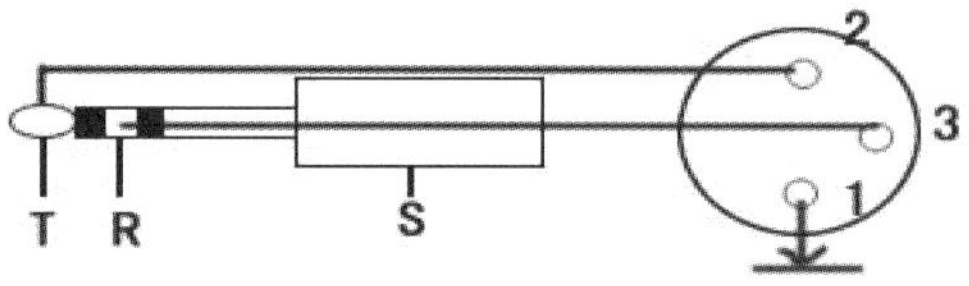

图 3.89　XLR 与 TRS 转接

5. 5 mm 音频接头转 RCA 头

在音频系统应用中，经常会需要将微型接口的音频输出（例如计算机声卡音频输出）转换成 RCA 左右两路音频信号用于后级设备的输入端，在没有转接头和现成线缆的情况下，需要自己动手制作。基本步骤和方法如下：

（1）准备适当长度的 RVVP 二芯通信线缆，剥线 15 ~ 20 cm。

（2）将线缆的屏蔽铜线层分为两组，分别将屏蔽铜线撮合在一起。最好套上黑色热缩套管。

（3）分别将上述两组铜线与通信线缆中的红、白两根芯线互绞。

（4）按照 RCA 接头制作方法焊接 RCA 接头，并套上金属筒套。

（5）通信线缆的另一端按照 TRS 的制作方法，焊接 3.5 mm 接头。

（6）对焊接好的 3.5 mm 接头加黑色热缩套管（用热风枪使之紧缩），套上金属外壳。

图 3.90　VGA 接头

6. VGA 接头的制作

VGA 接头在视频系统中应用非常广泛，是视频展示台、计算机、投影机、中央控制器以及各类显示设备自带或相互通信的基本接口，如图 3.90 所示。通常 VGA 信号线包含八条通信线路，依次为红（R，带屏蔽层）、绿（G，带屏蔽层）、蓝（B，带屏蔽层）、黄、白、灰（或棕）、黑，以及 VGA 信号线的总屏蔽层，如图 3.91 所示。

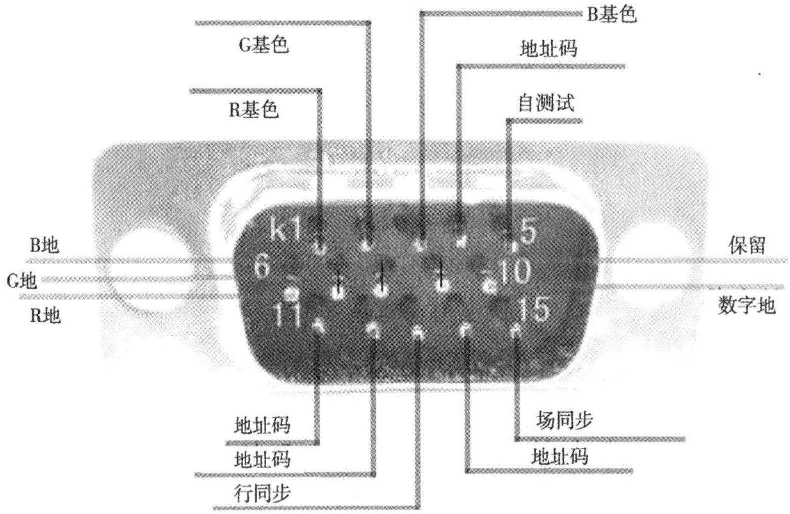

图 3.91　针接口

按照 VGA 接头（15HD）的标准，各引脚的定义和接线方式如表 3.8 所示。

表 3.8

3+4 计算机视频线的传统焊法（VGA 接头必须选用金属外壳）			
针脚序号	接线标准	针脚序号	接线标准
1PIN	接红色信号线（R 基色）	9PIN	No.Pin
2PIN	接绿色信号线（G 基色）	10PIN	接黑色信号线（GND，数字地端）
3PIN	接蓝色信号线（B 基色）	11PIN	接灰色信号线（ID Bit，控制或地址码）
4PIN	ID Bit，控制或地址码	12PIN	ID Bit，屏幕与主机之间的控制或地址码
5PIN	N/C，自检测	13PIN	接黄色信号线（行同步信号，H Sync）
6PIN	接红色信号线屏蔽线（R 基色地）	14PIN	接白色信号线（场同步信号，V Sync）
7PIN	接绿色信号线屏蔽线（G 基色地）	15PIN	N/C，自检测
8PIN	接蓝色信号线屏蔽线（B 基色地）	VGA 线屏蔽层压接到 VGA 金属外壳	

除了上述“3+4”焊接方法外，在实际工程中，还可采用一种更加简单的焊接方法：将 VGA 接头（D15）的 5 至 10 脚焊接在一起作为公共地端，即将红、绿、蓝的屏蔽线绞在一起接到公共地端；1、2、3 脚接红、绿、蓝的芯线；13 接黄线；14 接白线；外层屏蔽压接到 D15 插头端壳，灰线（有时为棕线）和黑线不用接，但是要剪短剪齐，以防和其他信号线串接。待所有信号线焊接完成后，需要检查有没有虚焊或短路的情况，若无，再将接头（盖板）拧紧。

第三部分：学习效果及评价

课次		课时	
课堂笔记			
课后习题			
1. 通信中常用的同轴电缆接头有哪些？用于什么场景？			
2. 简述视频监控使用前注意事项。			
评定等级		评定教师	

任务七　双绞线接头制作

3.7　双绞线接头制作

第一部分：课程导读

课次		课时	
课程地位	双绞线是通信传输线缆的重要组成部分，本节课为局域网的组建、网络综合布线奠定基础。双绞线接头制作是通信线路工程中大量应用的实用性技能，通过该内容的学习，学生能逐渐适应通信线路工程岗位的能力要求		
主要内容	● 双绞线的结构、类型、使用场合； ● 双绞线的分类、特点及质量辨别； ● 双绞线的接头制作（网线接头的制作）； ● 双绞线接头制作的规范及注意事项	教学目标	● 进一步巩固双绞线的结构、类型、使用场合； ● 重点掌握双绞线接头制作的规范及流程； ● 能够独立完成双绞线接头的制作并达到工程使用标准
课程重点	● 双绞线的结构、类型、使用场合； ● 双绞线的接头制作（网线接头的制作）	课程难点	● 双绞线的接头制作（网线接头的制作）
课程小结	当双绞线两端使用的是同一个标准时，为直连线（也叫直通线），用于连接计算机与交换机、HUB（集线器）等；当双绞线两端分别使用不同的标准，为交叉线，用于连接计算机与计算机，交换机与交换机等		
板书设计	1. 网线接头的制作方法：先剪好所需网线长度，剪掉外部保护皮，将双绞线理顺并排列线序，插入水晶头，用压线钳压实； 2. 电话线接头的制作方法：先剪好所需电话线长度；剪掉外部保护皮；留下 2 根线并插入水晶头；用压线钳压实		
教学资源	3.7 双绞线接头制作		

第二部分：学习内容

1. 网线接头制作

要连接局域网，网线是必不可少的。在局域网中常见的网线主要有双绞线、同轴电缆、光缆三种。双绞线是由许多对线组成的数据传输线。它的特点就是价格便宜，所以被广泛应用，如常见的电话线等。它是用来和 RJ45 水晶头相连的，分 STP 和 UTP 两种，常用的是 UTP。

1）工具介绍

在制作网线前，大家必须准备相应的工具和材料。首要的工具是 RJ-45 工具钳，如图 3.92 所示，该工具上有三处不同的功能：最前端是剥线口，它用来剥开双绞线外壳；中间是压制 RJ-45 头工具槽，这里可将 RJ-45 头与双绞线合成；离手柄是锋利的切线刀，此处可以用来切断双绞线。

压线钳目前市面上有好几种类型，而实际的功能以及操作大同小异，这里就以图 3.92 的一把为例，该工具上有三处不同的功能。

在压线钳的最顶部的是压线槽，压线槽提供了三种类型的线槽，分别为 6P、8P 以及 4P，中间的 8P 槽是最常用到的 RJ-45 压线槽，而旁边的 4P 为 RJ11 电话线路压线槽，如图 3.93 所示。

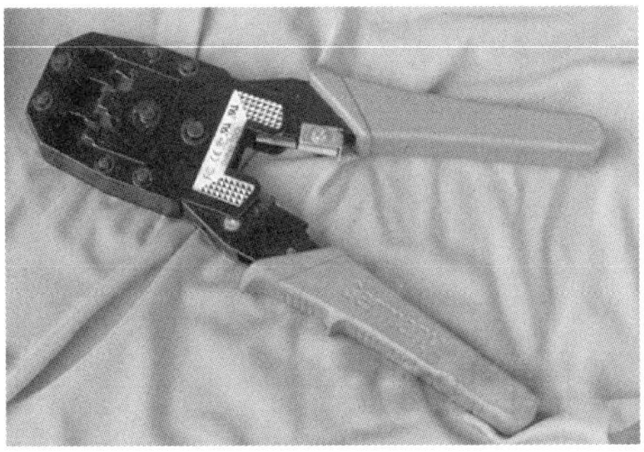

图 3.92　RJ-45 工具钳

图 3.93　RJ11 电话线路压线槽

在压线钳 8P 压线槽的背面，如图 3.94 所示，可以看到呈齿状的模块，主要是用于把水晶头上的 8 个触点压稳在双绞线之上。

图 3.94

最前端是剥线口，刀片主要是起到切断线材，如图 3.95、图 3.96 所示。

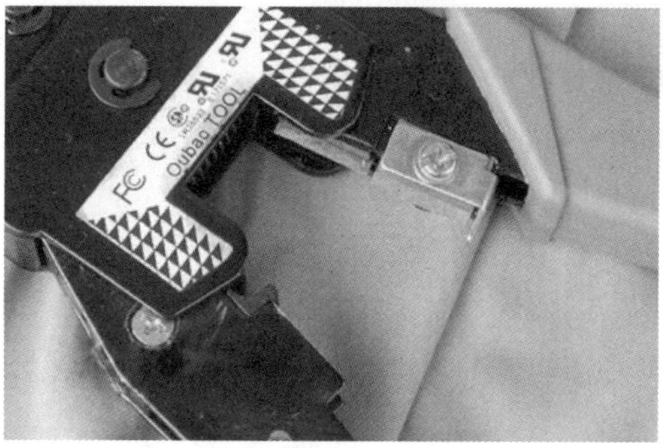

图 3.95　刀片展示

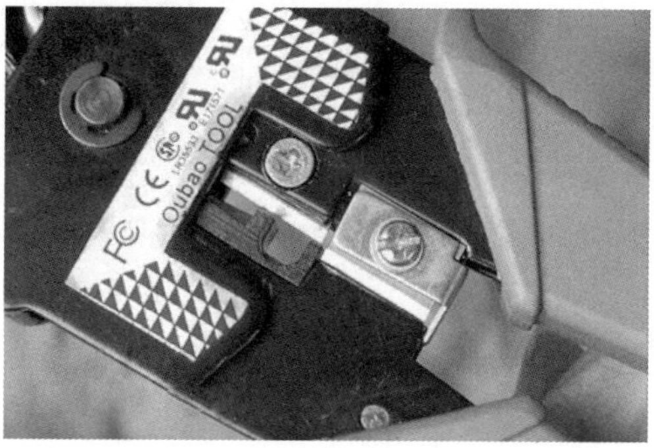

图 3.96

接下来需要的材料是 RJ-45 头（图 3.97）和双绞线。由于 RJ-45 头像水晶一样晶莹透明，所以也被俗称为水晶头，每条双绞线两头通过安装 RJ-45 水晶头来与网卡和集线器（或交换机）相连。而双绞线是指封装在绝缘外套里的由两根绝缘导线相互扭绕而成的四对线缆，它们相互扭绕是为了降低传输信号之间的干扰。

图 3.97　RJ-45 头

俗话说："工欲善其事，必先利其器。"在这里我们要向大家介绍如何使你的工具很"利"，以达到事半功倍的效果。像上面我们看到的 RJ-45 工具钳，有时会出现制作出不合格的网线，这是因为工具钳的齿口没有对准水晶头上的金属片，从而导致金属片不能与网线正确接触，因此就出现网线连不通等现象。所以在选择 RJ-45 工具钳时，一定要注意工具钳压下来后它上面的每个齿口都能与水晶头上的金属片一一对应好，这样才能保证制作出合格的网线。

2）制作线序

双绞线 RJ45 水晶头的制作线序：

将水晶头金属片面向自己（小尾巴在背面，朝下）。

从左到右线序：1 2 3 4 5 6 7 8；

568A 标准：白绿 绿 白橙 蓝 白蓝 橙 白棕 棕；

568B 标准：白橙 橙 白绿 蓝 白蓝 绿 白棕 棕。

当双绞线两端使用的是同一个标准时，为直连线（也叫直通线），用于连接计算机与交换机、HUB（集线器）等。当双绞线两端分别使用不同的标准，为交叉线，用于连接计算机与计算机，交换机与交换机等，如图 3.98 所示。

PC－PC（机对机）：	交叉线缆
PC－集线器Hub ：	直通线缆
集线器Hub－集线器Hub（普通口）：	交叉线缆
集线器Hub－集线器Hub（级连口-级连口）：	交叉线缆
集线器Hub－集线器Hub（普通口-级连口）：	直通线缆
集线器Hub－交换机Switch ：	交叉线缆
集线器Hub（级联口）－交换机Switch ：	直通线缆
交换机Switch－交换机Switch：	交叉线缆
交换机Switch－路由器Router：	直通线缆
路由器Router－路由器Router：	交叉线缆

图 3.98　双绞线应用场合

可理解为同级设备使用交叉线，不同级则使用直通线。在通常的工程中做平行线时，用 B 标准的更多一些。

RJ-45 各脚功能（10BaseT/100BaseTX）：

（1）传输数据正极 Tx+；

（2）传输数据负极 Tx-；

（3）接收数据正极 Rx+；

（4）备用（当 1236 出现故障时，自动切入使用状态）；

（5）备用（当 1236 出现故障时，自动切入使用状态）；

（6）接收数据负极 Rx-；

（7）备用（当 1236 出现故障时，自动切入使用状态）；

（8）备用（当 1236 出现故障时，自动切入使用状态）。

3）制作过程

第一步，首先利用压线钳的剪线刀口剪裁出计划需要使用到的双绞线长度，如图 3.99 所示。

第二步，需要把双绞线的灰色保护层剥掉，可以利用到压线钳的剪线刀口将线头剪齐，再将线头放入剥线专用的刀口，稍微用力握紧压线钳慢慢旋转，让刀口划开双绞线的保护胶皮，如图 3.100 所示。

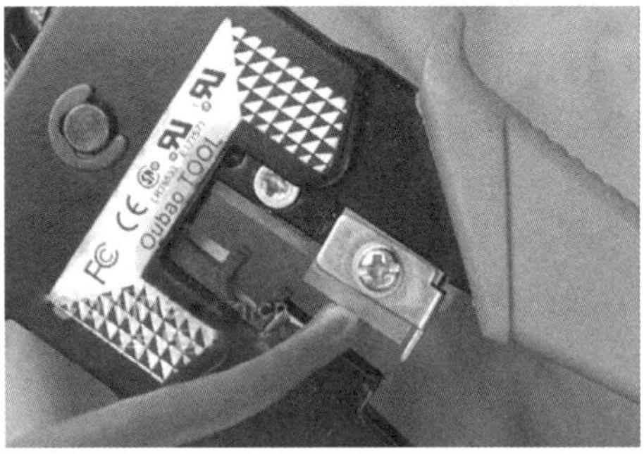

图 3.99　剪齐网线

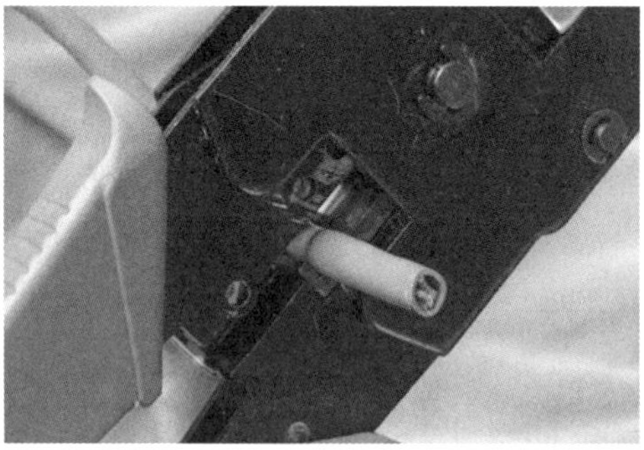

图 3.100　划开外皮

把一部分的保护胶皮去掉。在这个步骤中需要注意的是，压线钳挡位离剥线刀口长度通常恰好为水晶头长度，这样可以有效避免剥线过长或过短。若剥线过长看上去肯定不美观，另因网线不能被水晶头卡住，容易松动；若剥线过短，则因有保护层塑料的存在，不能完全插到水晶头底部，造成水晶头插针不能与网线芯线完好接触，当然也会影响到线路的质量。如图 3.101 所示。

剥除灰色的塑料保护层之后即可见到双绞线网线的 4 对 8 条芯线，并且可以看到每对的颜色都不同。每对缠绕的两根芯线是由一种染有相应颜色的芯线加上一条只染有少许相应颜色的白色相间芯线组成。四条全色芯线的颜色为：棕色、橙色、绿色、蓝色。每对线都是相互缠绕在一起的，制作网线时必须将 4 个线对的 8 条细导线逐一解开、理顺、扯直，然后按照规定的线序排列整齐。

第三步，需要把每对都是相互缠绕在一起的线缆逐一解开。解开后则根据需要接线的规则把几组线缆依次地排列好并理顺，排列的时候应该注意尽量避免线路的缠绕和重叠。如图 3.102 所示。

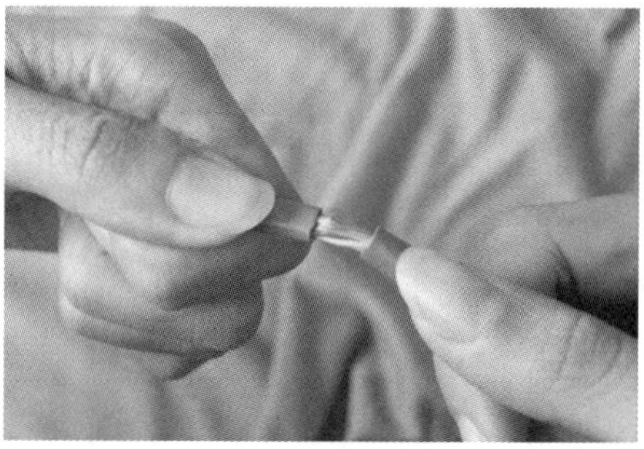

图 3.101　剥去外皮

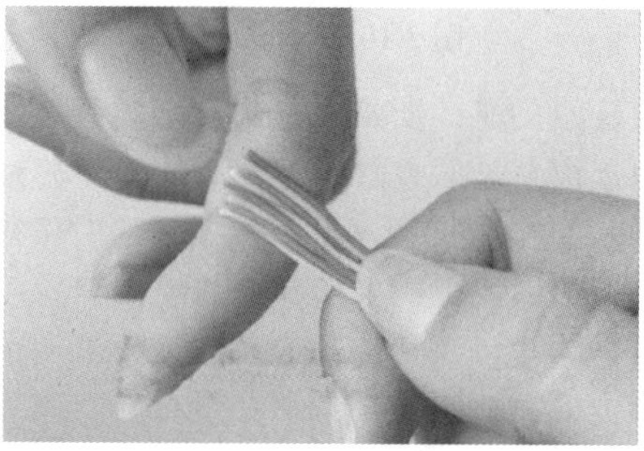

图 3.102　排好线序

把线缆依次排列并理顺之后，由于线缆之前是相互缠绕着的，因此线缆会有一定的弯曲，因此应该把线缆尽量扯直并尽量保持线缆平扁。

把线缆扯直的方法也十分简单，利用双手抓着线缆然后向两个相反方向用力，并上下扯一下即可，如图 3.103 所示。

第四步，把线缆依次排列好并理顺压直之后，应该细心检查一遍，之后利用压线钳的剪线刀口把线缆顶部裁剪整齐，需要注意的是裁剪的时候应该是水平方向插入，否则线缆长度不一样会影响到线缆与水晶头的正常接触，如图 3.104 所示。若之前把保护层剥下过多的话，可以在这里将过长的细线剪短，保留的去掉外层保护层的部分约为 15 mm，这个长度正好能将各细导线插入到各自的线槽。如果该段留得过长，一来会由于线对不再互绞而增加串扰，二来会由于水晶头不能压住护套而可能导致电缆从水晶头中脱出，造成线路的接触不良甚至中断。

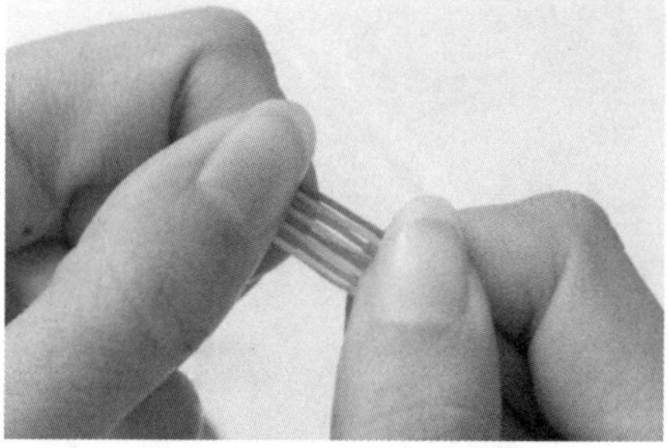

图 3.103　拉直芯线

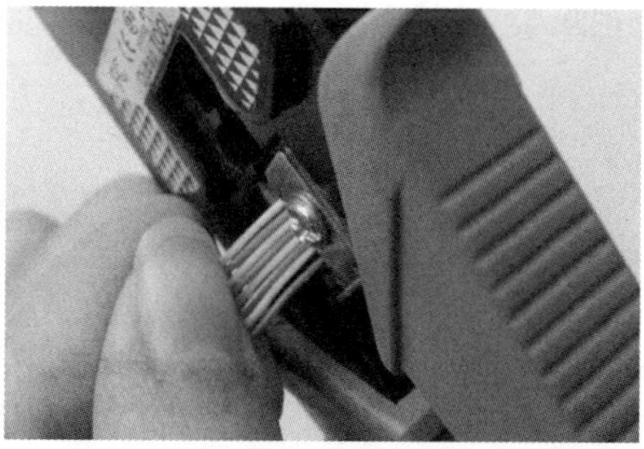

图 3.104　剪齐

裁剪之后，大家应该尽量把线缆按紧，并且应该避免大幅度地移动地者弯曲网线，否则也可能会导致几组已经排列且裁剪好的线缆出现不平整的情况，如图 3.105 所示。

第五步，把整理好的线缆插入水晶头内，如图 3.106 所示。

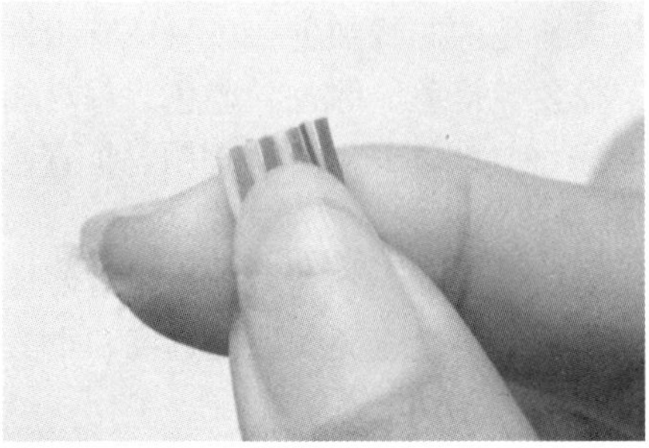

图 3.105　按紧

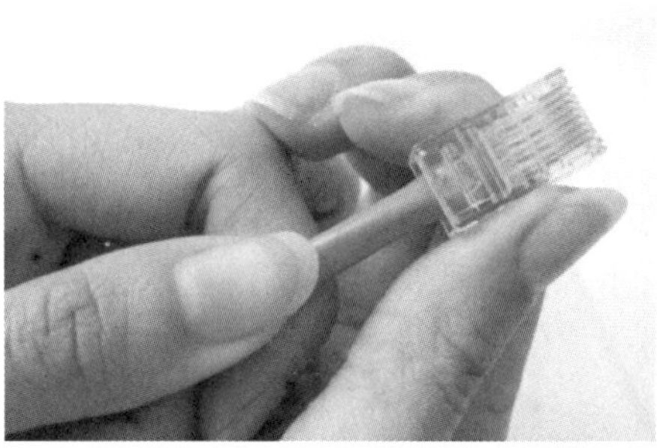

图 3.106　插入水晶头

需要注意的是，要将水晶头有塑料弹簧片的一面向下，有针脚的一方向上，使有针脚的一端指向远离自己的方向，有方型孔的一端对着自己。此时，最左边的是第 1 脚，最右边的是第 8 脚，其余依次顺序排列。插入的时候需要注意缓缓地用力把 8 条线缆同时沿 RJ-45 头内的 8 个线槽插入，一直插到线槽的顶端。

在最后一步的压线之前，可以从水晶头的顶部检查，看看是否每一组线缆都紧紧地顶在水晶头的末端，如图 3.107 所示。

第六步，当然就是压线了，确认无误之后就可以把水晶头插入压线钳的 8P 槽内压线了，把水晶头插入后，用力握紧线钳，若用力不够，可以使用双手一起压，这样操作使得水晶头凸出在外面的针脚全部压入水晶头内，受力之后听到轻微的"啪"一声即可，如图 3.108 所示。

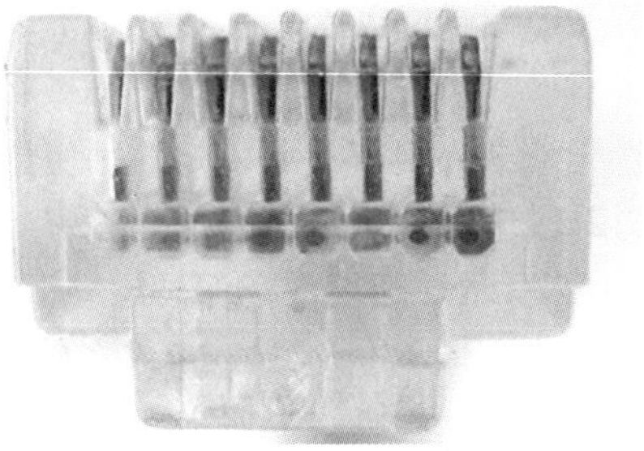

图 3.107　观察是否插紧

图 3.108　压线

如上图所示，压线之后水晶头凸出在外面的针脚全部压入水晶头内，而且水晶头下部的塑料扣位也压紧在网线的灰色保护层之上，如图 3.109 所示。

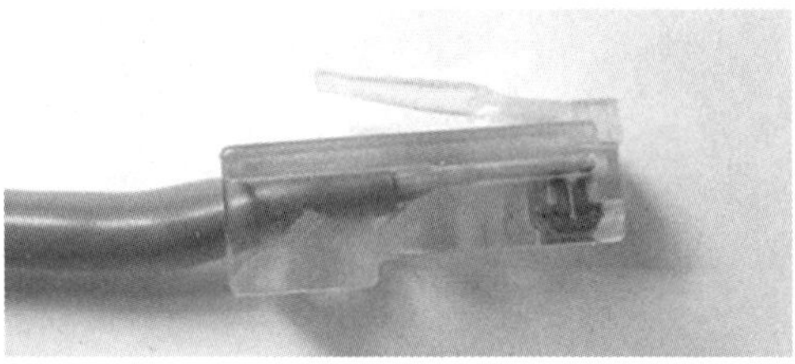

图 3.109　完成

4）检测方法

网线的检测应使用网络测试仪，如图 3.110 所示。

先简单地介绍一下测试仪上的几个接口，这个测试仪可以提供对同轴电缆的 BNC 接口网线以及 RJ-45 接口的网线进行测试。我们把在 RJ-45 两端的接口插入测试仪的两个接口之后，打开测试仪可以看到测试仪上的两组指示灯都在闪动。若测试的线缆为直通线缆的话，在测试仪上的 8 个指示灯应该依次为绿色闪过，证明了网线制作成功，可以顺利地完成数据的发送与接收。若测试的线缆为交叉线缆的话，其中一侧同样是依次由 1 ~ 8 闪动绿灯，而另外一侧则会根据 3、6、1、4、5、2、7、8 这样的顺序闪动绿灯。若出现任何一个灯为红灯或黄灯，都证明存在断路或者接触不良现象，此时最好先对两端水晶头再用网线钳压一次，再测，如果故障依旧，再检查一下两端芯线的排列顺序是否一样，如果不一样，随便剪掉一端重新按另一端芯线排列顺序制作水晶头。如果芯线顺序一样，但测试仪在测试后仍显示红色灯或黄色灯，则表明其中肯定存在对应芯线接触不好的情况。此时没办法了，只好先剪掉一端按另一端芯线顺序重做一个水晶头了，再测，如果故障消失，则不必重做另一端水晶头，否则还得把原来的另一端水晶头也剪掉重做。直到测试全为绿色指示灯闪过为止。

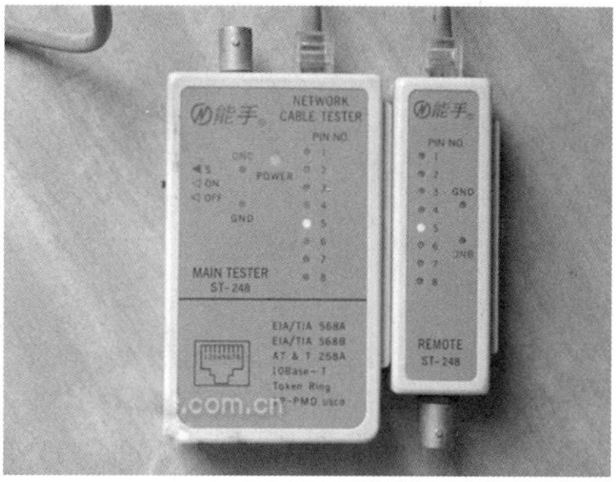

图 3.110　网络测试仪

2. 电话线的接头制作

1）电话线简介

电话线（图 3.111），适用于电信工程布线，室内电话通信电缆系统布线之间的连接，语音通信系统之间主干线，程控交换机，电话，传真和数字电话。

图 3.111　电话线

电话线就是电话的进户线，连接到电话机上，才能打电话。颜色可分为白色、黑色、灰色。其中白色较常见。

2）电话线说明

（1）产品执行标准：参考原邮电局 YD/T630—93 标准和奋进达企业标准。

（2）内导体：单支退火裸铜丝。直径：0.4 mm、0.5 mm。

（3）绝缘材料：高密度聚乙烯或聚丙烯，按照国标色谱标明绝缘线的颜色。

（4）绝缘成对：把单根绝缘按照不同的节距扭绞成对，并采用规定的色谱组合以识别线对；降低了线索之间的互相干扰串音，功率耗损小。

3）电话线的制作方法

一般电话线都是 4 芯的，也有 2 芯的，但不经常用。信息插座中的电话模块一般是 4 芯的模块化插头，称为电话模块，普通电话使用中间的两芯进行通信；数字电话，就需要 4 条线都接。下面就以四芯电话线为例介绍电话线制作方法。

首先将四芯电话线剥去一段护套，如图 3.112 所示。

取用两根单芯线，这里两芯线不用管线序，如图 3.113 所示。

图 3.112　去除护套

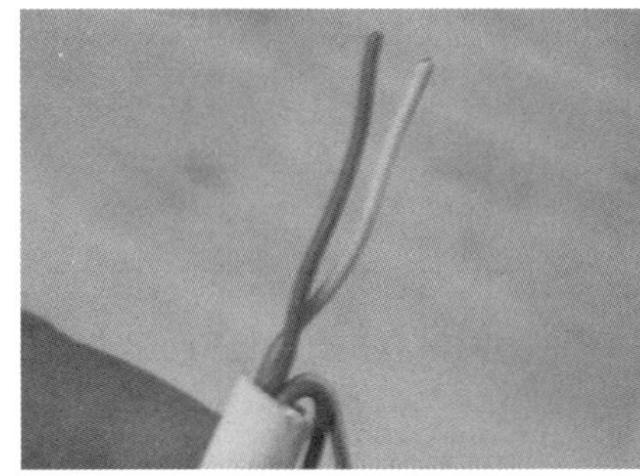

图 3.113　留取 2 根单芯

同样插进电话水晶头里，家用的一般买两芯水晶头就够了，本文为四芯水晶头，四芯的就穿中间两个孔，如图 3.114 所示。

用压线钳将电话线与水晶头压紧，如图 3.115 所示。

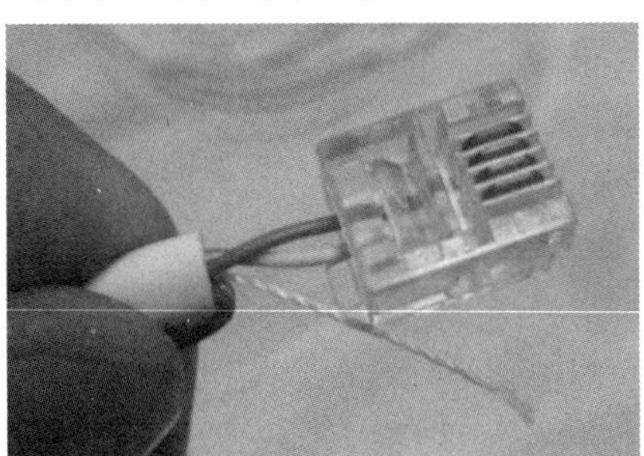

图 3.114　插入接头

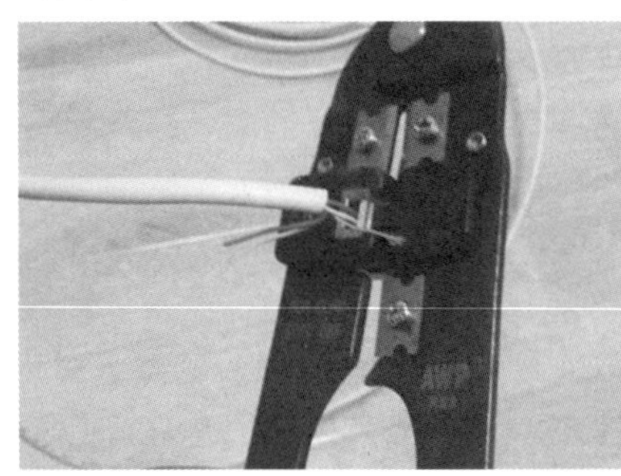

图 3.115　压紧接头

用测线仪测试，不用管顺序，只要两对灯亮就行，错开也行，如图 3.116 所示。

图 3.116　测试

然后，制作完成的电话线即可投入使用了。

一般四根线可以同时接两部电话使用，电话线的布线没有线序之分，只要能保证导通即可实现电话信号的传输，将线对打在中间两个卡口上即可。

值得注意的是，如果没有专用的电话线，也可以使用网线的橙、白橙来代替电话线接入；双绞线分电话线的接法也是如此。

第三部分：学习效果及评价

课次		课时	
课堂笔记			
课后习题			
1. 试述常用网线的线序。			
1. 电话线是否存在线序?			
评定等级		评定教师	

线上线下混合教学评分表

项目	内容	评分要求	分数	评分		成绩
				自评	互评	
线上随堂测试	1. 双绞线的结构特点 2. 双绞线的种类 3. 双绞线的主要用途 4. 双绞线的选择方法（任选其一）	1. 在规定时间内完成作答（5分） 2. 回答正确（5分） 3. 同学间点赞数量（5分）	15分			
线上学习互动情况	1. 线上教学内容 2. 签到情况 3. 参加投票、头脑风暴等课堂活动	1. 完成线上教学内容学习（20分） 2. 签到（5分） 3. 参加课堂活动（10）	35分			
实训操作	1. 准备材料和工具 2. 制作网线接头 3. 测试与故障处理	1. 规定时间完成且操作规范（15分） 2. 测试通过合格（15分） 3. 职业素质体现（10分）	40分			
线上交流	1. 经验方法交流 2. 分享心得体会 3. 讨论探索	1. 完成总结报告（5分） 2. 参与心得交流（5分）	10分			
合计			100分			

模块四　通信线路施工

任务一　单盘检验与配盘

4.1　单盘检验与配盘

第一部分：课程导读

课次		课时	
课程地位	“单盘检验与配盘”是光缆、电缆线路工程施工中很重要的一个环节。光缆在生产、贮存和长途运输过程中，光纤有可能受到损伤。在光缆盘运至施工现场后，必须对每盘光缆的每根光纤进行测试，符合技术指标后方可进行配盘和布放		
主要内容	● 单盘检验的项目； ● 配盘的目的	教学目标	● 说出单盘检验的主要项目，以及对不同项目采取什么样的方法进行检验； ● 理解配盘的目的
课程重点	● 单盘检验的项目	课程难点	● 单盘检验的项目
课程小结	1. 光缆单盘检验是利用光时域后向反射仪（OTDR）对单盘光缆的长度、光纤衰减系数和光纤后向散射曲线进行测量检查，以确定光缆的主要性能指标是否达到工程设计要求，并为光缆配盘提供依据。 2. 单盘电缆检验的主要项目有：不良线对检验、电缆气闭性检验、绝缘电阻检验、耐压检验及全塑电缆传输端别（A，B 端）标记检验等。电缆配盘是根据电缆检验记录和电缆线路图等按一定的要求把长度不等、电气性能不同的电缆（尽量做到全线路电缆规格程式相同）安排在预计的段落内，以保证电缆线路的传输质量和合理的经济效果		
板书设计	1. 单盘检验：光缆——长度、光纤衰减系数、光纤后向散射曲线； 电缆——不良线对检验、电缆气闭性检验、绝缘电阻检验、耐压检验及全塑电缆传输端别（A，B 端）标记检验； 2. 配盘：保证传输质量和合理的经济效果		
教学资源	4.1 单盘检验与配盘		

第二部分：学习内容

为保证工程质量，电缆敷设前应进行单盘检验和配盘工作，本节主要介绍电缆的单盘检验与配盘工作。

1. 光缆的单盘检验

光缆单盘检验是光缆线路工程施工中很重要的一个环节。它主要是利用光时域后向反射仪（OTDR），来对单盘光缆的长度、光纤衰减系数和光纤后向散射曲线进行测量检查，以确定光缆的主要性能指标是否达到工程设计要求，并为光缆配盘提供依据。

光缆单盘检验同时也是界定光缆质量问题与工程施工责任的重要环节。光缆在生产、贮存和长途运输过程中，光纤有可能受到损伤。在光缆盘运至施工现场后，必须对每盘光缆的每根光纤进行测试，符合技术指标后方可进行配盘和布放。而有的施工单位并不重视这一环节，认为厂家已提供了相关资料，测试时只是进行抽测或者只检测一下光纤长度，其他指标一概忽略，更有甚者，干脆不做单盘检验，这都是十分错误的。一旦在光缆布放完毕后才发现光缆性能指标不合格，就很难区分是光缆质量问题还是施工质量问题。

认真做好单盘检验，才能保证施工质量，其主要程序如下。

第一步：检查资料。到达测试现场后，应首先检查光缆出厂质量合格证，并检查厂方提供的单盘测试资料是否齐全，其内容包括光缆的型号、芯数、长度、端别、结构剖面图及光纤的纤序、衰减系数、折射率等，看其是否符合订货合同的规定要求。

第二步：外观检查。主要检查光缆盘包装在运输过程中是否损坏，然后开盘检查光缆的外皮有无损伤，缆皮上打印的字迹是否清晰、耐磨，光缆端头封装是否完好。对存在的问题，应做好详细记录，在光缆指标测试时，应做重点检验。

第三步：核对端别。从外端头开剥光缆约 30 cm，根据光纤束（或光纤带）的色谱判断光缆的外端端别，并与厂方提供的资料相对照，看是否有误。然后在光缆盘的侧面标明光缆的 A、B 端，以方便光缆布放。

第四步：光纤检查。开剥光纤松套管约 20 cm，清洁光纤，核对光纤芯数和色谱是否有误，并确定光纤的纤序。

第五步：技术指标测试。用活动连接器把被测光纤与测试尾纤相连，然后用 OTDR 测试光纤的长度、平均损耗，并与光纤的出厂测试指标相对照，看是否有误。同时应查看光纤的后向散射曲线上是否有衰减台阶和反射峰。整条光缆里只要有一根光纤出现断纤、衰减严重超标、明显的衰减台阶或反射峰（不包括光纤尾端的反射峰），应视为不合格产品。

第六步：电特性检查。如果光缆内有用于远供或监测的金属线对，应测试金属线对的电特性指标，看是否符合国定标准。

第七步：防水性能检查。测试光缆的金属护套、金属加强件等对地绝缘电阻，看是否符合出厂标准。

第八步：恢复包装。测试完成后，把光端端头剪齐，用热可缩管对端头进行密封处理，然后把拉出的光缆缭绕在缆盘上并固定在光缆盘内，同时恢复光缆盘包装。

在光缆单盘检验过程中，还应注意以下几个问题：

（1）光纤在光缆中的富余度计算：用 OTDR 进行测试时，光纤的长度比光缆的长度要长，这就是光纤在光缆中的富余度。而这个富余度一般厂家都不提供，但它又是光缆线路维护中必不可少的一个参数。我们可以通过下列公式进行计算：富余度=纤长÷缆长-1。这样，我们在光缆线路维护过程中，就可以 OTDR 测得的光纤长度和富余度来判断光缆故障点的具体位置：缆长=纤长÷(1 +富余度)。

（2）光纤衰减系数的测试：用 OTDR 测试光纤衰减系数时存在一定的误差，不同的 OTDR 测试同一根光纤时，测试结果可能不一样，就是同一 OTDR 设置不同的参数时，测试结果也可能不尽相同。所以，只要测试结果在标准范围之内，而且与厂家提供的数据差别不大，应视为合格产品。对于测试结果超出标准的，不要盲目下结论，应改变一下 OTDR 的参数或工作环境，或者换一部 OTDR 进行反复测试、比较，看是否真的超标。

（3）“幻峰”现象：“幻峰”现象又称“鬼点”现象，它是在用 OTDR 测试光纤时，由于光脉冲在光纤中多次反射，在光纤后向散射曲线上所形成的一种反射峰。由于这种反射峰与光纤断裂时所形成的反射峰非常相似，测试人员很容易把“幻峰”当作光纤断裂所形成的反射峰而造成判断失误。所以，在光纤后向散射曲线上出现反射峰时，要做进一步分析，可以变换测试脉宽、测量长度或工作波长进行多次测量，以比较鉴别。如果还无法判断，则可从另一端进行测量，或更换测试仪表，重新进行测量。

对于已确定为不合格产品的光缆盘，要登记清楚，及时上报并与生产厂家联系。

2. 电缆的单盘检验

单盘电缆检验的主要项目有：不良线对检验、电缆气闭性检验、绝缘电阻检验、耐压检验及全塑电缆传输端别（A，B 端）标记检验等。

1）不良线对及其检验

（1）电缆中常见的不良线对。电缆中的常见的不良线对如图 4.1 所示，有下列几种。

障碍种类		符　号	图　示
混线	自混	C	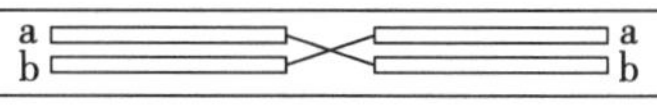
	他混	MC	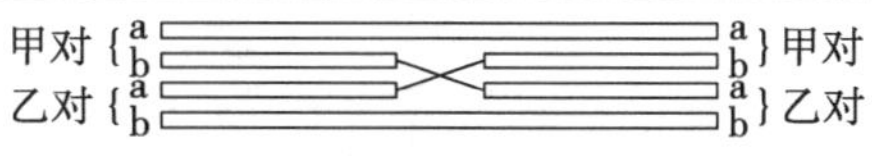
断线		D	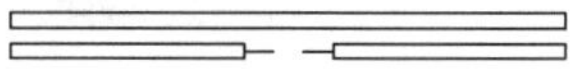
地气		E	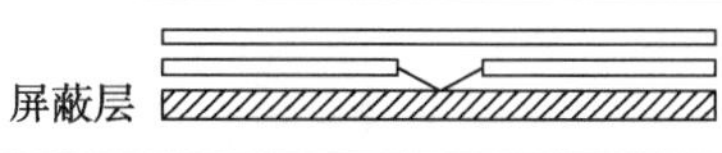
绝缘不良		INS	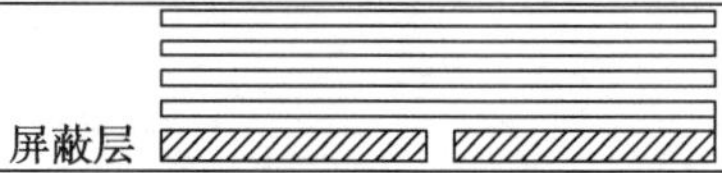
错接	反接（a、b 线颠倒）	反	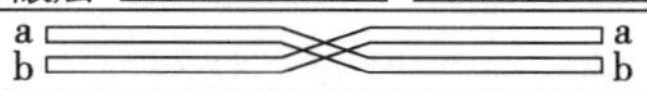
	差接（差线）	差	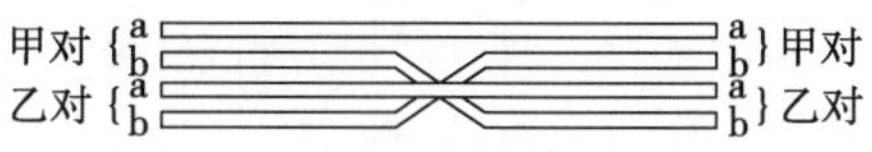
	交接（跳对）	交	

图 4.1　电缆中的不良线对

① 断线：电缆芯线断开。

② 混线：芯线相碰触（又名短路）。本对线间相碰为自混；不同线对间芯线相碰为它混。

③ 地气：芯线与金属屏蔽层（地）相碰，又称接地。

④ 反接：本对芯线的 a，b 线在电缆中间或接头中间错接。

⑤ 差接：本对芯线的 a（或 b）线错与另一对芯线的 b（或 a）线相接，又称鸳鸯对。

⑥ 交接：本对线在电缆中间或接头中间错接到另一对芯线，产生错号，又称跳对。

单盘检验中一般只做断线、混线和地气检验。全塑电缆不能剥除芯线绝缘层进行检验，一般可利用模块型接线子卡破绝缘，通过试线孔和试线塞子进行检验（或打开电缆护套后，用火将芯线端头绝缘烧掉，注意火灾，或采用交流信号电源利用电磁感应原理进行检验）。由于不良线对检验手续繁杂，费工费时，对于有信誉的厂商，可查阅电缆出厂检验记录，一般在工程上可不再进行。否则一定要进行不良线对检验。

（2）不良线对检验。

① 断线检验。断线检验，如图 4.2 所示。通过模块型接线子将一端短路，另一端用模块开路，在调试端接出一根引线与耳机及干电池（3 ~ 6 V）串联后再接出一根摸线连试线塞子，通过模块型接线子的测试孔与芯线接触，如耳机听到“咯”声，说明是好线，如无声是断线。

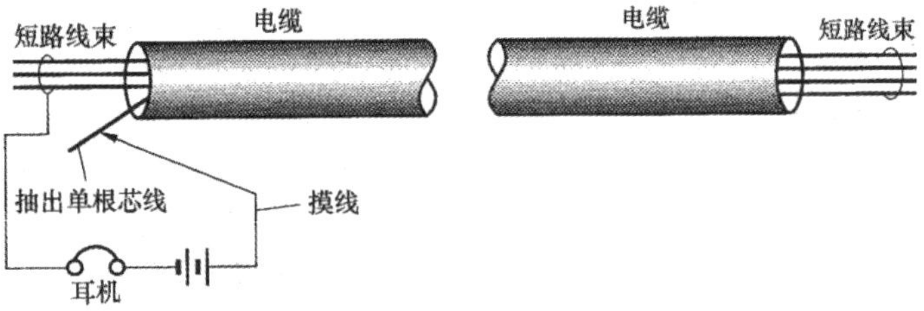

图 4.2　断线检验示意图

② 混线检验。混线检验，如图 4.3 所示，测试端的接法与断线检验相同，另一端全部芯线腾空，当摸线通过试线塞子和测试孔与被测芯线接触时耳机内听到“咯”声，即表明有混线。

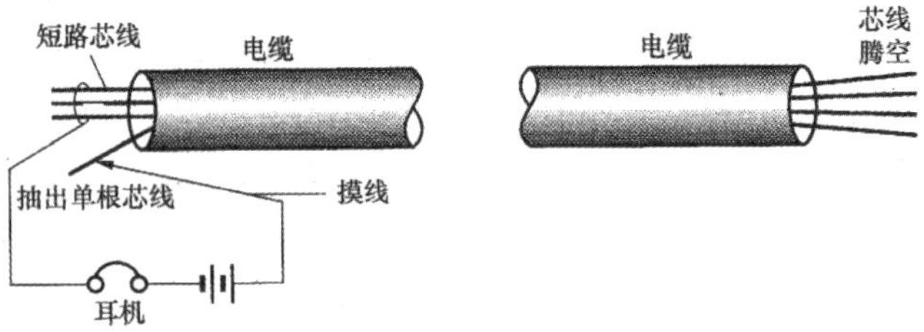

图 4.3　混线检验示意图

③ 地气检验。地气检验，如图 4.4 所示。电缆的另一端芯线全部腾空，测试端的耳机一端与金属屏蔽层连接，“摸线”通过试线塞子和模块型接线子的测试孔与芯线逐一碰触，当听到“咯”声时，即表示有地气。

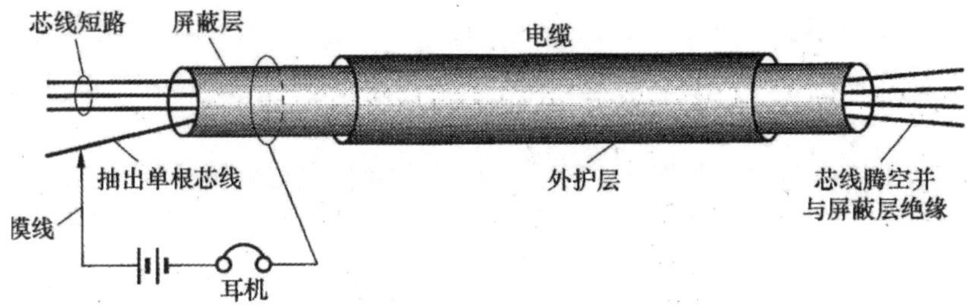

图 4.4　地气检验示意图

2）电缆气闭性检验

首先在全塑电缆的一端封上带气门的端帽，另一端封上不带气门的热缩端帽，以便充入气体和测量气压。充气时，在电缆气门嘴处通过皮管连接一个 0 ~ 0.25 MPa 的气压表，用来指示气压，充气设备本身及输气管等不得漏气。充气设备可用人工打气筒或移动式充气机，充入电缆内的空气要经过干燥和过滤，滤气罐一般用有机玻璃制成，内装干燥剂（无水氯化钙或硅胶）。使用时一般应串接两个滤气罐，如图 4.5 所示。

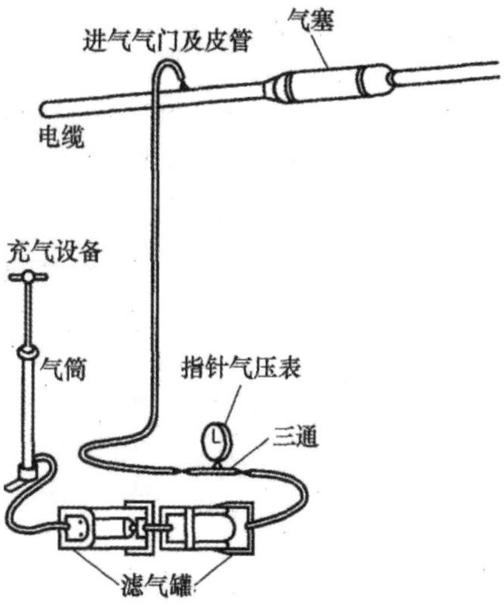

图 4.5　电缆充气检验示意图

充气前应空打 1 ~ 2 min，使充气设备内部的潮湿空气全部排除。充气时尽量要速度均匀，当两端气压平衡后，对于综合护套全塑电缆气压表读数等于 50 ~ 100 kPa 时应停止充气。隔 3 h（铠装电缆为 6 h）后检查气压，如电缆密闭性良好，气压不会下降，如果气压下降，说明电缆密闭性不好，应及时检查漏气点并进行修理，达不到要求的电缆不得使用。

3）绝缘电阻的测量

绝缘电阻测量包括线间和单线对地（金属屏蔽层）的绝缘电阻。

在温度为 20 °C，相对湿度为 80%时，全塑市内通信电缆绝缘电阻一般填充型每千米不小于 3 000 MΩ；非填充型每千米不小于 10 000 MΩ（500 V 高阻计）。聚氯乙烯绝缘电缆每千米不小于 200 MΩ。测试电缆芯线绝缘电阻，一般使用 500 V 高阻计；500 V、量程 1 000 MΩ的兆欧表（又称摇表或梅格表）只能用来测量局内电缆（施工现场也可代用）。测试时，首先将电缆两端护套各剥开 10 ~ 20 cm，然后，用高阻计或兆欧计测试。用兆欧表测试芯线间的绝缘电阻接线方法如图 4.6 所示。

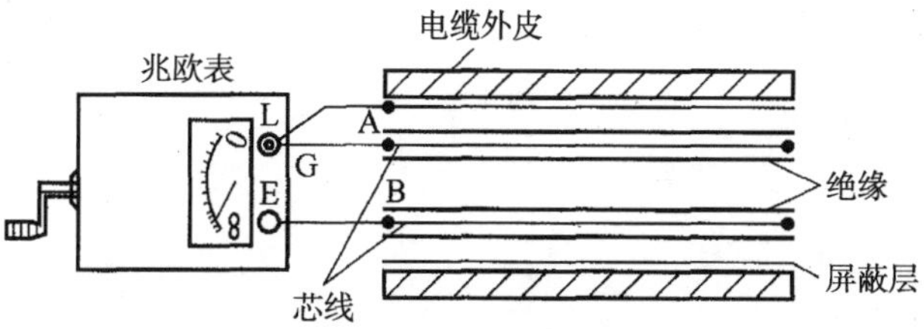

图 4.6　测试芯线间绝缘电阻

将兆欧表的 L 接线柱接一根芯线，E 接线柱接至另一根芯线，G 保护环接地。测试时要把仪表放平，然后摇动手摇发电机，转速由慢逐渐加快，表针稳定后，即可直接读出绝缘电阻值。

测试芯线对地绝缘电阻接线如图 4.7 所示。此时应将芯线与金属屏蔽层之间保持开路，L 接线柱接至被测芯线，E 接线柱接至金属屏蔽层，G 保护环接至芯线绝缘层表面。通过模块型接线子和测试塞子，可测试芯线与地之间的绝缘电阻，测试方法与测试芯线间的绝缘电阻相似。

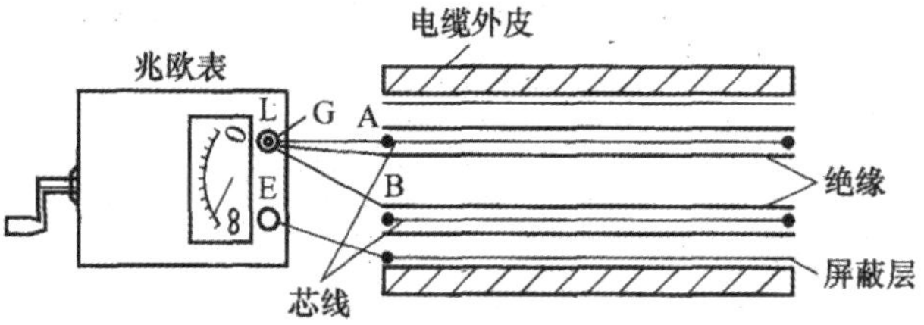

图 4.7　测试芯线对地红外线电阻

4）耐压测试

所有电缆的芯线原则上都应进行耐压测试，但在电缆质量比较稳定，绝缘电阻良好的情况下，也可以只对传输远供电源或在野外敷设的电缆进行测试。测试时可用输出电压相当的耐压测试器，根据通信行业标准规定的电压及时间进行。

要注意成盘电缆的盘号、型号及长度等，应与电缆出厂时的产品合格证一致。无屏蔽层的全塑电缆严禁在线路上使用。全塑电缆的端别应符合市内通信全塑电缆端别的标准。

3. 电缆配盘

各盘电缆的电特性不可能完全一样，长度也可能不同，按一定的要求将每盘电缆进行编组、配盘，把长度不等和电气性能不同的电缆安排在预定的段落内，以保证传输质量和合理的经济效果。这种选盘配放电缆的工作叫“配盘”。电缆配盘必须以单盘电缆检验记录、线路图、电缆分歧点、递减点的分布等为依据。

市内通信全塑电缆主要是根据电缆的制造长度配盘。根据线路图所提供的各种规格的电缆所在段长和现有盘装电缆的实际情况，在一定地段配设指定盘上一定长度的电缆，以免造成任意截断电缆，这种既增加接头，又浪费材料。对线路图所提供的长度，尤其对电缆管道的实际长度要进行实地测量。

同一地段应布放同种类型的电缆，根据自然地段等情况，必要时布放特种电缆。

在配盘时要注意不要把不同厂家的电缆或不同结构的电缆混在一起布放，应把它们分类集中在一个段落内。另外还应熟悉敷设电缆的沿途地形，必要时还要实地查勘，要考虑到线路通过的特殊地段对电缆实际长度的影响，如 S 弯、电缆余长、留长等。

第三部分：学习效果及评价

课次		课时	
课堂笔记			
课后习题			
1. 光缆单盘检验的主要程序有哪些？			
2. 什么是电缆配盘？配盘的依据主要有哪些？			
评定等级		评定教师	

任务二　架空线缆敷设

4.2　架设电缆吊线　　　4.2　架空电缆敷设

第一部分：课程导读

课次		课时	
课程地位	架空光缆主要应用于容量较小、地质不稳定、市区无法直埋且无电信管道、山区和水网条件特殊及有杆路可利用的地段。其优点为架设简单，维护方便，且建设费用较低		
主要内容	● 架设光缆吊线； ● 吊挂式架空光缆的架设； ● 自承式架空光缆	教学目标	● 能叙述如何架设电缆吊线； ● 简述吊挂式电缆的架设方式； ● 简述自承式架空电缆的敷设方法。 ● 能说出架空光缆的敷设及施工规范，可以在现场找出施工中不规范的地方
课程重点	● 架设光缆吊线； ● 吊挂式架空光缆的架设	课程难点	● 架设光缆吊线； ● 吊挂式架空光缆的架设
课程小结	架设吊挂式线路有预挂挂钩法、动滑轮边放边挂法、定滑轮牵引法和汽车牵引动滑轮托挂法		
板书设计	1. 电杆安装； 2. 拉线安装； 3. 架空吊线； 4. 架空光缆敷设； 5. 吊挂式架空电缆的架设； 6. 自承式架空电缆		
教学资源	4.2 架设电缆吊线 4.2 架空电缆敷设		

第二部分：学习内容

架空线缆是将线缆架挂在距地面有一定高度电杆上的一种线缆建筑方式，与地下线缆相比，这种方式虽然较易受外界影响，不够安全，也不美观，但架设简便，建设费用低，所以在离局较远、用户数较少而变动较大，敷设地下电缆有困难的地方仍被广泛应用。

1. 电杆安装

（1）为了确保架空光缆线路的安全、稳定、可靠，一般要求杆路离开水渠 10 m 以外，离开县道、省道 20 m 以外，离开国道、高速公路 50 m 以外，当与其他通信杆路平行靠近时，一般应保持有 10 m 的有效间距，与其他管线、直埋线路应保持 3 m 的距离，一些特殊地段可适当调整。电杆与其他建筑物最小净距要求如表 4.1 所示。

表 4.1　电杆与其他建筑物最小净距要求

序　号	建筑物名称	最小水平净距	备　注
1	铁路（距最近的钢轨）	地面杆高的 4/3	
2	公路（距公路路肩）	地面杆高	或满足公路部门的要求
3	人行道（距边石）	0.5	或根据城建部门批准位置
4	消火栓	1.0	
5	通信杆、广播杆、低压电力杆	地面杆高的 4/3	电杆与电杆的距离
6	地下管线（上下水管、煤气管等）	1.0	电杆与地下管线平行的距离
7	地下管线（电信管道、直埋电缆）	0.75	电杆与它们平行时的距离
8	房屋建筑（距建筑物边缘）	2.0	
9	市区树木	1.25	
10	郊区、农村树木	2.0	

（2）一般选用杆高为 7 m，梢径为 130 mm。特殊地段、跨越障碍物或县、省、国道公路和铁路等可根据实际地形选用杆高，杆高选用必须符合架空光缆线路最低线路及跨越其他建筑物的最小垂直净距标准，架空线路与其他电力交叉跨越平行时的间隔距离的要求详见表 4.2。

表 4.2　架空线路与其他电力交叉跨越平行时的间隔距离的要求

序　号	其他建筑物名称	最小垂直距离/m	备　注
1	距铁路轨面	7.5	缆线最低点至轨面
2	距公路、市区主要道路路面	6.0	公路转弯处应为倾斜的最高点
3	距一般道路路面	6.0	包括农村机耕道、农用车道等
4	距通航河流航帆顶点	1.0	在最高水位时
5	距不通航河流顶点	2.0	在最高水位时及漂浮物上
6	距房屋屋顶	2.0	跨越房顶 2.0 m、跨越屋脊 0.6 m
7	与其他通信线交越间距	0.6	
8	距树枝顶	1.5	

续表

序　号	其他建筑物名称	最小垂直距离/m	备　注
9	沿街坊小巷架设距地面	4.0	货车不能通行路段
10	高农作物地段	3.5	最低缆线与农作物、农机的最高点间的净距，应不小于 0.6 m
11	其他一般地形距地面	3.5	个别特殊山坡容许不小于 2.5 m

（3）架空杆路的基准杆距为 50 m，可根据实际地形适当调整（每千米平均不能少于 17.5 条）。当线路路由受地形或其他障碍物的原因杆挡距离在 120 m 以上，按长杆挡考虑装置辅助吊线，应选用 9 m 以上的电杆；当杆挡距离小于 120 m 以下时，应考虑选用 8 m 以上的电杆。

（4）角杆应在线路转角点内移 10 ~ 15 cm，因地形限制装设撑杆的角杆可不内移，吊线收紧后，角杆应向拉线方向倾斜半个杆梢左右；终端杆竖立后应向拉线侧倾斜 10 ~ 20 cm。

（5）直线杆路的电杆位置应在线路路由中心线上，电杆中心线在路由中心线的左右偏差应不大 5 cm，电杆本身应上下垂直，不允许有眉毛弯或 S 弯。

（6）电杆埋深必须符合表 4.3 要求。

表 4.3　电杆埋深要求

土质分类 / 杆长/m	普通土	硬土	水田、湿地	石质
6.0	1.2	1.0	1.3	0.8
7.0	1.3	1.2	1.4	1.0
8.0	1.5	1.4	1.6	1.2
9.0	1.6	1.5	1.7	1.4
10.0	1.7	1.6	1.8	1.6
12.0	2.1	2.0	2.2	2.0

注：① 表中石质电杆洞深偏差应小于±3 cm，其他土质电杆洞深偏差应小于±5 cm。
② 杆洞回土要求分层夯实，杆根培土一般应高于地面 5 ~ 10 cm，在郊区应高于地面 10 ~ 15 cm。
③ 对于不足 40 cm 的浅表土石质地段，除去表土层，电杆洞深按石质要求深度。
④ 对于 12 m 以上的特种电杆的洞深要求应按设计文件规定实施。

（7）安装在水洼地、鱼塘和水流易冲刷的低洼地段的电杆，应做石护墩加固。

（8）电杆杆号必须面朝公路，并按照光缆线路 A 端到 B 端的方向递增编号，字体为白底黑色宋体，最下面字体距地面 2.5 m。具体要求及杆号模板如表 4.4 所示。

表 4.4　电杆编号

95 cm	10 cm	顺店
	5 cm	|
	10 cm	花石
	5 cm	
	5 cm	2005
	5 cm	

续表

95 cm	10 cm	O
	5 cm	
	10 cm	五
	5 cm	
	10 cm	八
	5 cm	
	10 cm	九

2. 拉线安装

（1）角杆拉线抱箍应装在吊线上面，间距为 10 cm；终端拉线与吊线共用一个抱箍，距杆梢 50 cm，特殊情况下不能小于 25 cm，如图 4.8 所示。

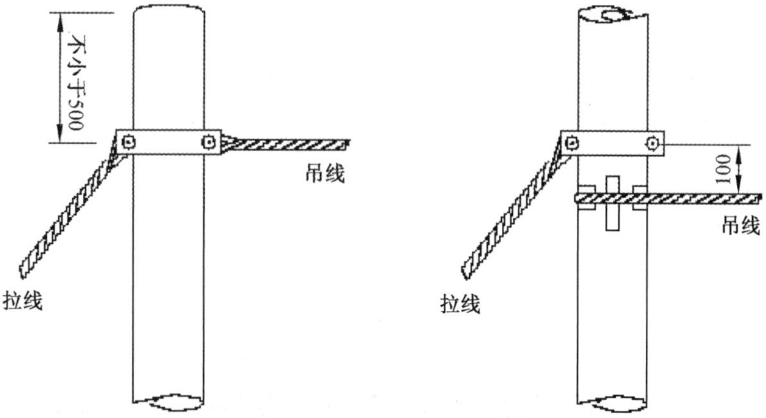

图 4.8　杆顶吊线拉线示意图

（2）杆上需装设两条吊线时，终端杆两个拉线抱箍间距为 40 cm，如图 4.9 所示。

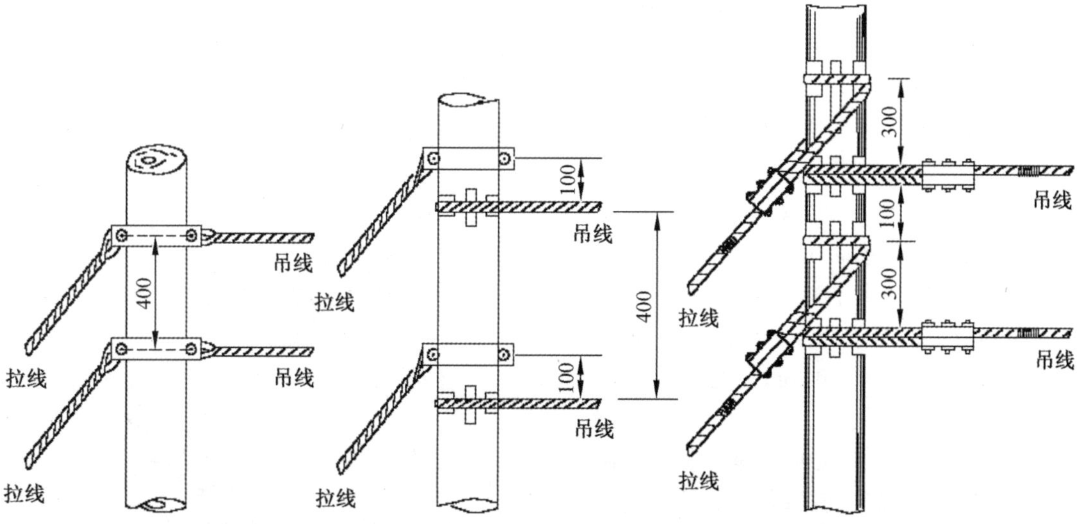

图 4.9　两吊线间距示意图

（3）双方拉线抱箍应装在吊线下面 10 cm；四方拉线顺拉抱箍应装在吊线下面 10 cm，侧拉线抱箍应装在四方拉顺拉线下面 10 cm。

（4）拉线上把采用卡固法，使用 3 个 U 形卡子（即钢丝扣），各间距为 100 mm，再隔 150 mm 采用 3.0 铁线另缠封尾 5 圈，具体做法如图 4.10 所示。

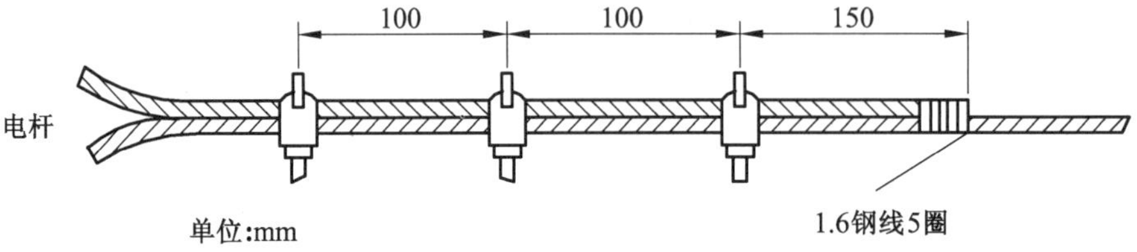

图 4.10　卡固法

（5）拉线中把采用另缠法，封尾可使用 3.0 铁线另缠封尾 5 圈，具体规格及做法详见表 4.5（单位：mm）。

表 4.5　另缠法操作规格

类别	拉线程式	缠物品种	首节	间隔	末节	全长	钢绞线留长
另缠法	7/2.2	ϕ3.0 铁线	100	约 330	100	600	100
	7/2.6	ϕ3.0 铁线	150	约 280	100	600	100
	7/3.0	ϕ3.0 铁线	150	约 230	150	600	100
中把缠扎示意图	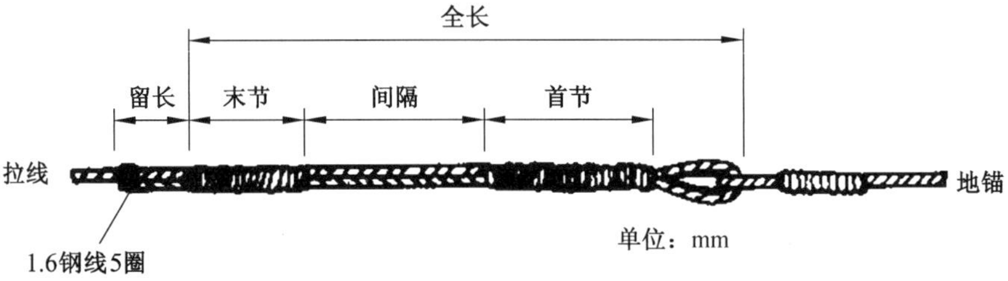						

（6）一般情况下制作拉线材料选用镀锌钢绞线，角杆拉线和终端拉线均采用比吊线程式高一级别的程式，双方拉和四方拉的侧拉线均采用与吊线程式相同的钢绞线。

（7）当转角杆的角深大于 15 m 时，应装设两条终端拉线；当转角杆的角深大于 15 m 时要装设两条拉线，每条拉线分别装在对应的线条张力方向的反侧，2 条拉线出土点应相互内移 30 ~ 45 cm。

（8）一般情况下，在直线段内每隔 8 根电杆设一处双方拉，每隔 16 根电杆设一处四方拉。

（9）地锚钢柄出土长度为 300 mm，允许偏差 50 mm，拉线地锚的实际出土点与规定出土点之间的偏移不大于 50 mm，地锚的出土斜槽应与拉线上把成直线。

（10）拉线地锚应按要求埋设端正，不得偏斜，地锚的拉线盘应与拉线垂直，出土点与地面倾斜呈 45°。拉线地锚安装如图 4.11 所示。

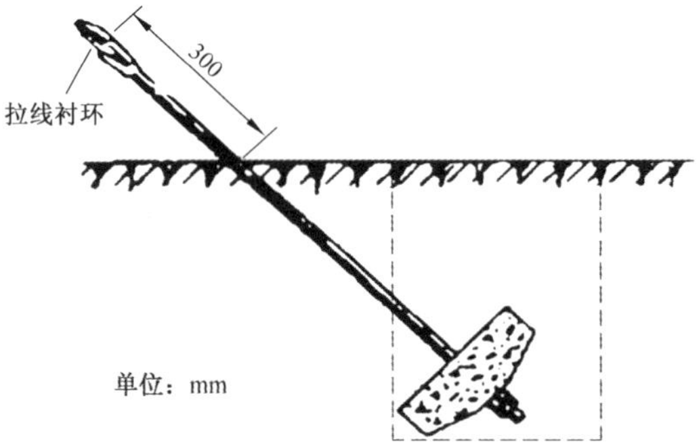

图 4.11　拉线地锚安装

（11）拉线地锚埋深必须符合表 4.6 要求。

表 4.6　拉线地锚埋深　　单位：m

拉线程式 \ 土质分类	普通土	硬土	水田、湿地	石质
7/2.2	1.3	1.2	1.4	1.0
7/2.6	1.4	1.3	1.5	1.1
7/3.0	1.5	1.4	1.6	1.2

（12）拉线的距高比宜为 1，特殊情况应≥0.75。

（13）街道和路边的拉线应安装红白警示套管，如图 4.12 所示。

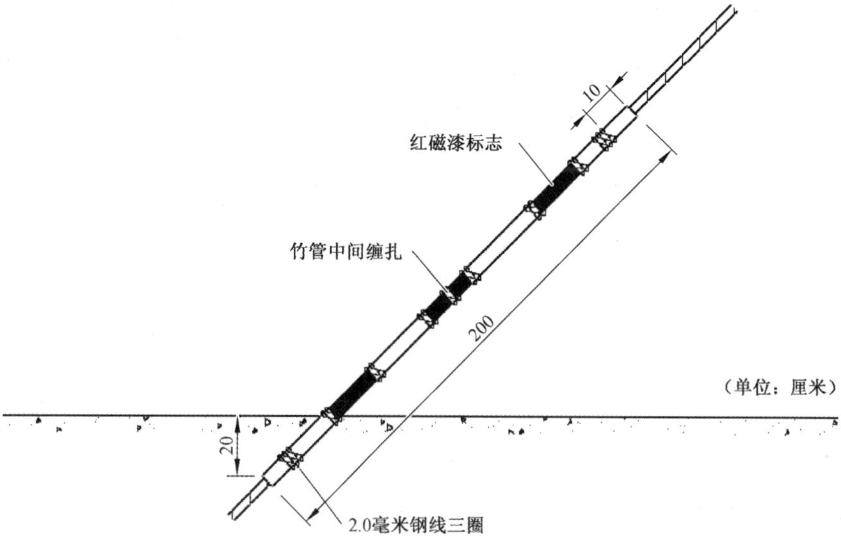

图 4.12　安装红白警示套管

3. 架空吊线

（1）一般情况下，架空吊线选用 7/2.2 镀锌钢绞线，吊线安装在直线杆段采用穿钉法；对于角杆吊线走向在拉线的反侧采用吊线抱箍、夹板来固定吊线，反之用穿钉、夹板固定吊线；吊线安装距杆梢顶，一般情况下距杆梢≥50 cm，特殊情况下应≥25 cm。安装好的吊线宜与地面等距，如图 4.13 ~ 图 4.15 所示。

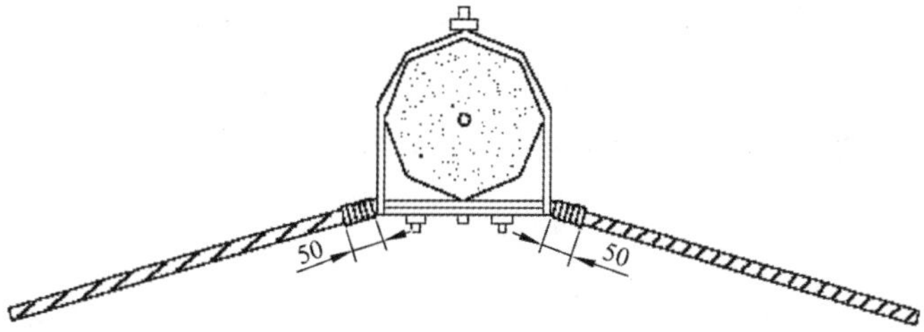

5 m<角深<10 m

图 4.13　角杆吊线辅助装置（一）

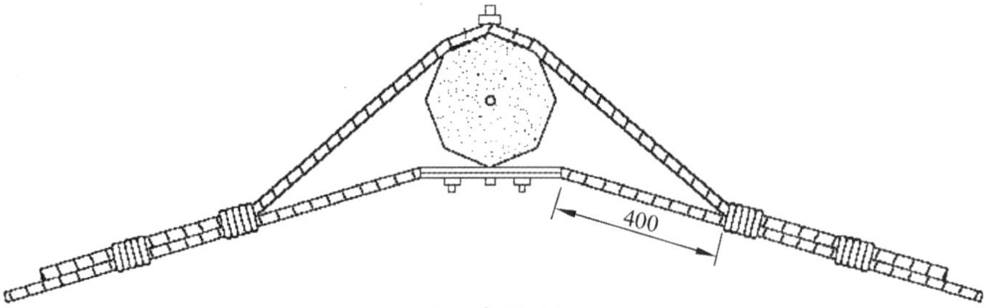

图 4.14　角杆吊线辅助装置（二）

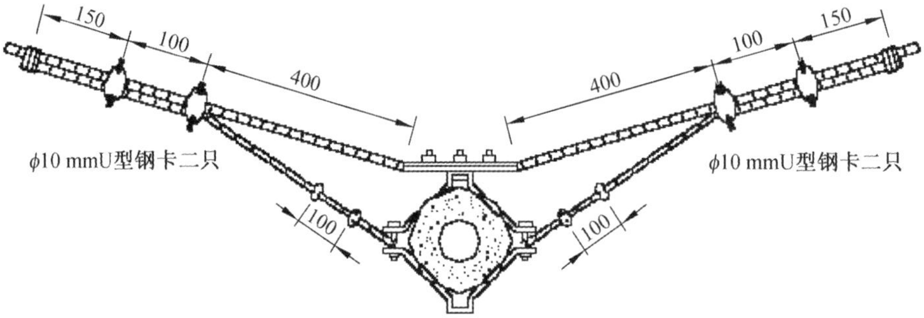

图 4.15　角杆吊线辅助装置（三）

（2）吊线走向：根据设计 A、B 端方向吊线宜安装在电杆的左侧。

（3）吊线在终端杆及角深大于 15m 的角杆应做终结。吊线终结采用卡固法，与拉线上把相同。

（4）吊线的辅助装置：吊线的坡度变化要求不超过杆距的 5%。当坡度变化超过杆距 5%～10%时，吊线要求做仰角或俯角加固；当角杆角深大于 5 m 时，吊线要求做内角辅助装置加固吊线。

（5）吊线接续：采用另缠法，采用蛋型隔电子作电气断开，一般情况下每 1 km 做一次电气断开；在架空飞线挡内，所有吊线必须整条架设，不允许接续使用；另缠法的制作按距蛋型隔电子 10 cm 采用 3.0 铁线另缠 15 cm，间距 3 cm 再另缠 10 cm 后，再间隔 10 cm 用 3.0 铁线另缠封尾 5 圈。

（6）在同一杆路上架设两层吊线时，两吊线的间距为 40 cm。

（7）架设辅助吊线与主吊线的间距为 40 cm，每隔 30 m 采用镀锌扁铁及三眼单槽夹板做一处连接，镀锌扁铁规格为 40 mm（宽）×5 mm（厚）×400 mm（长），如图 4.16 所示。

（8）防雷接地：对于所有架空线路要求至少保证每千米有一次接地，所有安装拉线的电杆和吊线均必须接地；电杆避雷线与拉线连接示意图、吊线接地示意图分别如图 4.17、4.18 所示。

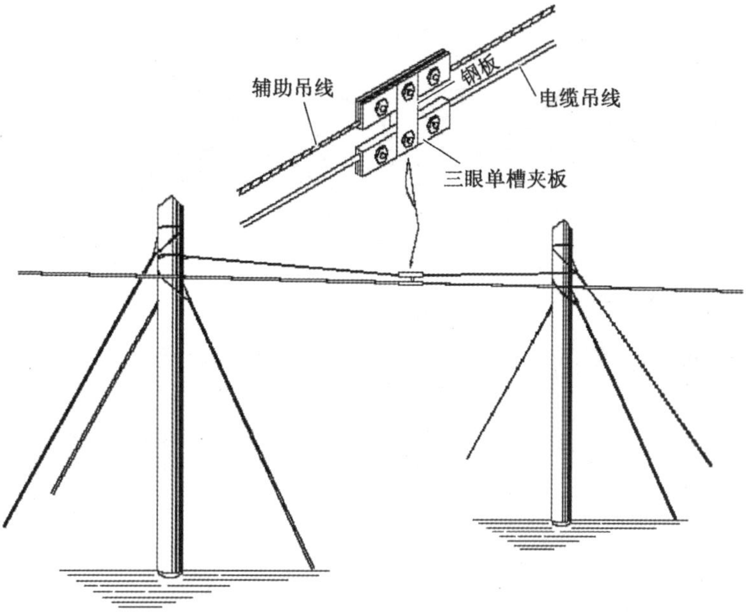

图 4.16　辅吊线与主吊线间的固定

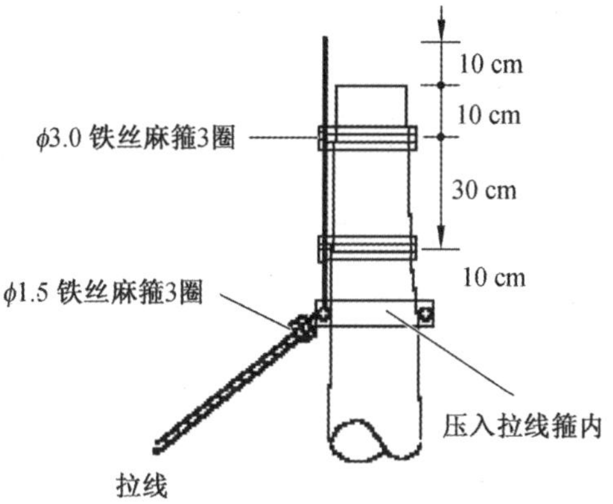

图 4.17　避雷线与拉线连接示意图

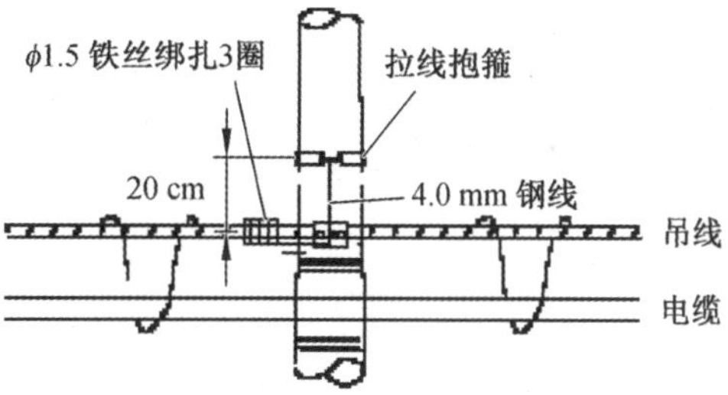

图 4.18　吊线接地示意图

4. 架空光缆敷设

（1）光缆挂钩在吊线上安装的标准间距为 50 cm，允许误差±3 cm，电杆两侧的第一只挂钩应各距电杆 25 cm，允许误差±2 cm。挂钩在吊线上的搭扣方向宜一致，挂钩托板应齐全。

（2）光缆敷设前应进行单盘测试和配盘，并按设计要求的 A、B 端方向进行敷设。配盘时严禁将光缆接头安装在跨越道路、铁路或河流的跨越挡内。

（3）整盘光缆敷设时应采用倒“∞”法进行敷设。

（4）光缆敷设后应平直、无扭转弯、无机械损伤、无过渡弯曲，走向合理美观；敷设安装时，光缆弯曲的曲率半径应大于光缆外径的 20 倍，光缆安装固定后曲率半径应不小于光缆外径的 10 倍。

（5）光缆经过或靠近并有可能磨蹭缆的各种障碍物时，应在光缆及吊线上加装安全保护，如图 4.19 所示。

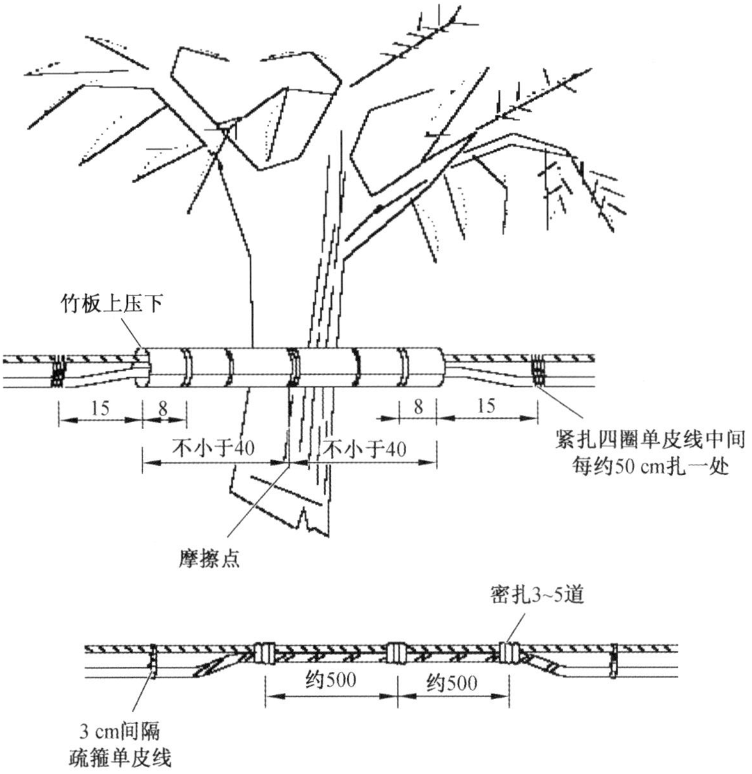

图 4.19　光缆防磨损的保护

（6）直线杆路敷设光缆时每隔 5 根电杆作一处杆弯预留，预留在电杆两侧的挂钩间下垂 25 ~ 30 cm，并套波纹管保护 50 cm，如图 4.20 所示。

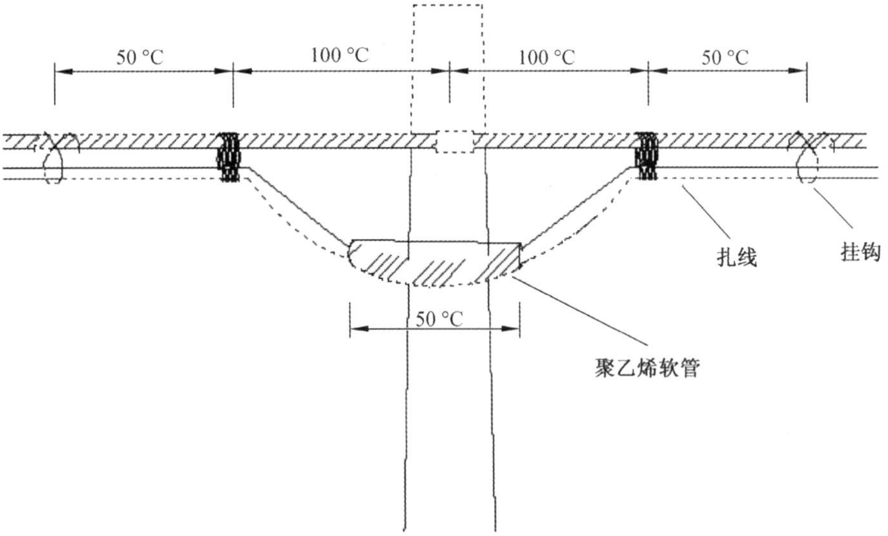

图 4.20　光缆的预留

（7）光缆与其他设施的间隔距离应符合表 4.7 要求。

表 4.7　光缆与其他设施的间隔距离要求

序号	其他建筑物名称	最小垂直距离/m	备注
1	距铁路轨面	7.5	缆线最低点至轨面
2	距公路、市区主要道路路面	6.0	公路转弯处应为倾斜的最高点
3	距一般道路路面	6.0	包括农村机耕道、农用车道等
4	距通航河流航帆顶点	1.0	在最高水位时
5	距不通航河流顶点	2.0	在最高水位时及漂浮物上
6	距房屋屋顶	2.0	跨越房顶 2.0 m、跨越屋脊 0.6 m
7	与其他通信线交越间距	0.6	
8	距树枝顶	1.5	
9	沿街坊小巷架设距地面	4.0	
10	高农作物地段	3.5	最低缆线与农作物、农机的最高点间的净距，应不小于 0.6 m
11	其他一般地形距地面	3.5	个别特殊山坡容许不小于 2.5 m

（8）光缆跨越公路时，缆线均应套夜光警示管。

（9）光缆与电力线垂直、斜向交越须做绝缘保护光缆线路，绝缘保护长度应超过电力线交越跨度两端各 1.5 m 以上；当与电力线交越时垂直净距达不到要求，且缆线到地面的距离又达不到 3.5 m 的情况下应改为直埋通过。示意如图 4.21 所示。

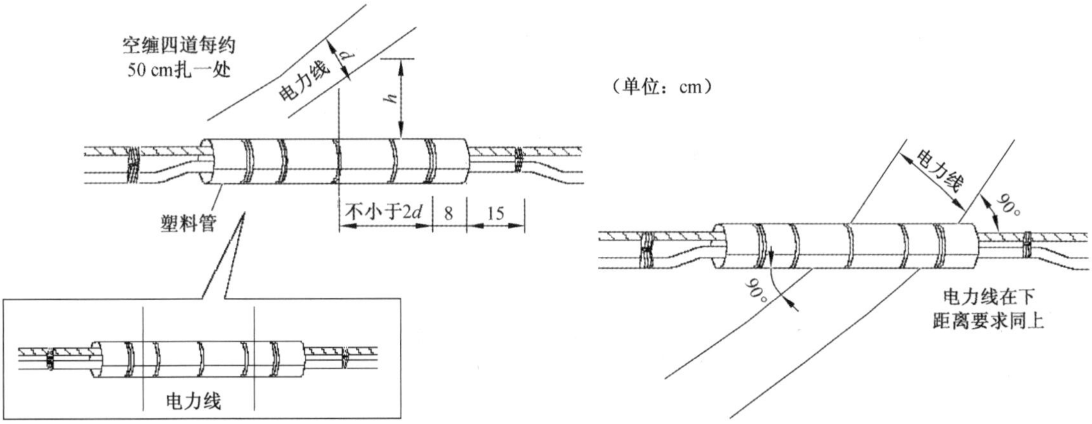

图 4.21　光缆与电力线交越的保护

（10）架空线路与电力线交叉跨越平行时的隔距要求详见表 4.8。

表 4.8　架空线路与电力线交叉跨越平行时的隔距要求

序号	电力线路电压	最小垂直净距/m		最小水平距离/m	说明
		电力线有防雷装	电力线无防雷装		
1	1 kV 以下	1.25	1.25	1.0	
2	1 ~ 10 kV	2.0	4.0	2.0	
3	35 kV	3.0	5.0	3.0	

续表

序号	电力线路电压	最小垂直净距/m		最小水平距离/m	说明
		电力线有防雷装	电力线无防雷装		
4	60 ~ 110 kV	3.0	5.0	4.0	
5	220 kV	4.0	6.0	6.5	
6	低压电力用户线		0.6		带绝缘层
7	电车滑行线/吊线	1.25	1.25		不允许穿越
8	与电力线交叉点至最近的电力杆距离			尽量靠近，但应≥7 m	

（11）光缆引上引下处采用钢管内套ϕ28/32 塑料子管保护，光缆在引上引下电杆应作 10 m 以上的光缆预留。光缆引上保护示意图如图 4.22 所示。

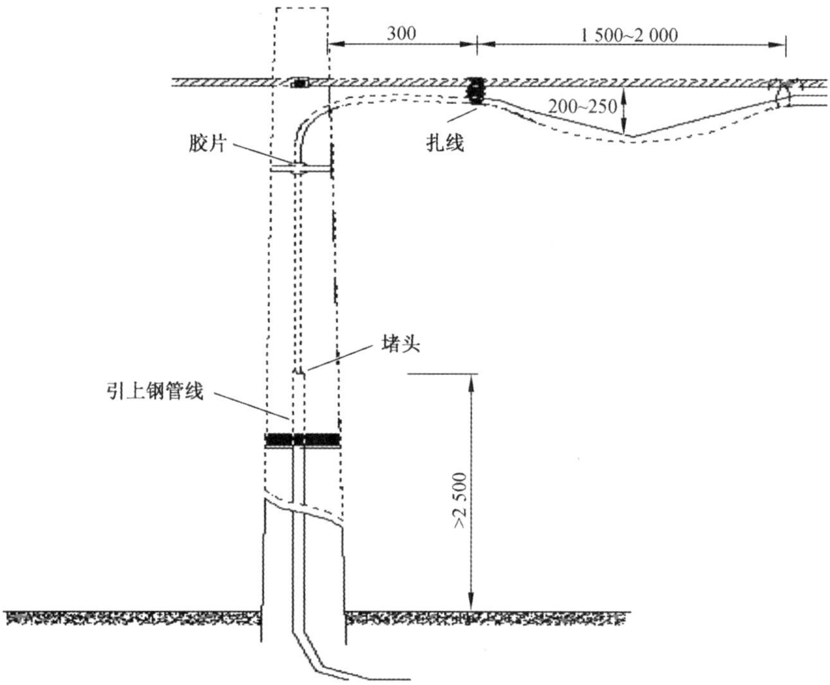

图 4.22　光缆引上保护示意图

（12）光缆线路每隔 20 个杆挡作一处光缆预留，长度 10 m 以上；跨铁路、顶管、直埋、跨二级路以上的公路两端各预留光缆 10 m 以上；架空光缆接头两端的光缆应预留 10 ~ 20 m，两端的预留光缆应用预留架盘在邻杆上，局房内留 20 ~ 30 m。

（13）所有的预留光缆盘应盘缠成“O”形圈并绑扎好吊挂在电杆安装的预留架上，光缆预留圈直径应不小于 60 cm，如图 4.23 所示。

（14）为避免光缆“打小圈”及“扭转”，预留光缆需一正一反绕圈，并按设计要求采用扎线绑扎，要求缠扎美观。

（15）预留架采用“十”或“一”字形，角杆不允许安装预留架。

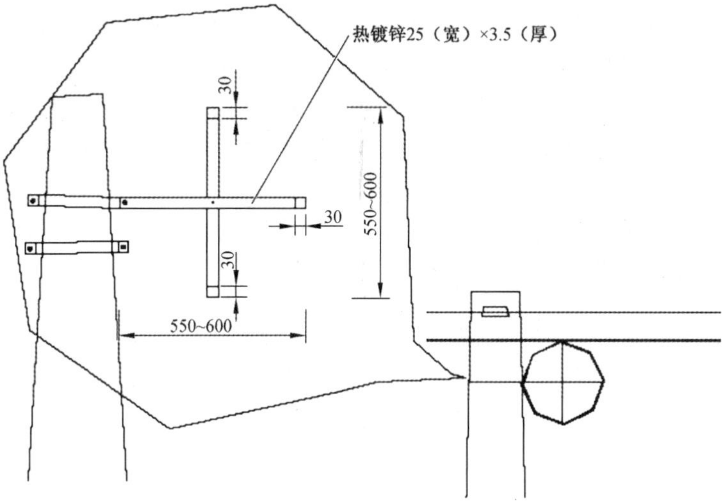

图 4.23　光缆预留示意图

5. 吊挂式架空电缆的架设

架空电缆架设前，首先要对单盘电缆的规格、对数、气闭性能、电性能等进行检查，符合要求后才能进行敷设。电缆架设前后不得有机械损伤，架设时电缆必须从电缆盘上方放出，以避免与支架、障碍物或地面摩擦与拖拉。电缆弯曲的曲率半径必须大于电缆外径的 15 倍。

100 对及以上的全塑电缆的敷设应按下列规定置放 A、B 端：

汇接局 ~ 分局，以汇接局侧为 A 端；分局 ~ 支局，以分局侧为 A 端；局 ~ 交接箱，以局侧为 A 端；局 ~ 用户，以局侧为 A 端；交接箱 ~ 用户，以交接箱侧为 A 端。

汇接局、分（支）局、交接箱之间布放电缆时，端别要力求做到局内统一。可以以一个交换区域的中心侧为 A 端，也可以以局号大小来划分，或以区域交换的汇接局、分（支）局、交接箱侧为 A 端。

架设吊挂式线路有预挂挂钩法、动滑轮边放边挂法、定滑轮牵引法和汽车牵引动滑轮托挂法。

1）预挂挂钩法

此法适用于架设距离 200 m 左右并有障碍物的地方，如图 4.24 所示。

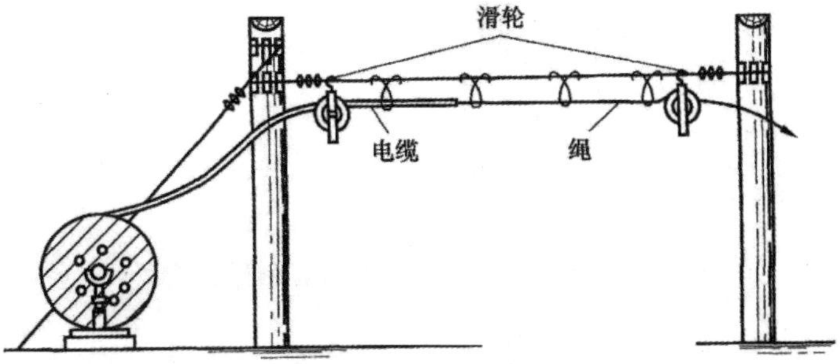

图 4.24　预挂挂钩法示意图

首先在架设段落的两端各装设一个滑轮，然后在吊线上每隔 50 cm 预挂一只挂钩，挂钩的死钩应逆向牵引方向，以免电缆牵引时挂钩被拉跑或脱落。线路转弯时应在角杆上装设滑轮并在杆上有人用手带动电缆，以免电缆损伤。在挂挂钩的同时，应将一根细绳或铁线穿过所有的挂钩和角杆滑轮，细绳或铁线的末端绑扎一根抗张力大于 1.4 t 的棕绳，利用细绳或铁线把棕绳带进挂钩里，在棕绳的末端用网套与电缆相连接，连接处绑扎必须牢靠和平滑，以免经过挂钩时发生阻滞。

电缆盘由电缆拖车或电缆支架托起，并用人力转动。另一端用人力或机械牵引棕绳，引导棕绳穿过所有挂钩，将电缆布放在吊线上，布放后应作沿线检查，补挂或更换部分挂钩。

2）动滑轮边放边挂法

此法适用于杆下无障碍物，虽不能通行汽车，但可以把电缆放在地面上，且架设的电缆距离又较短的情况。示意如图 4.25 所示。

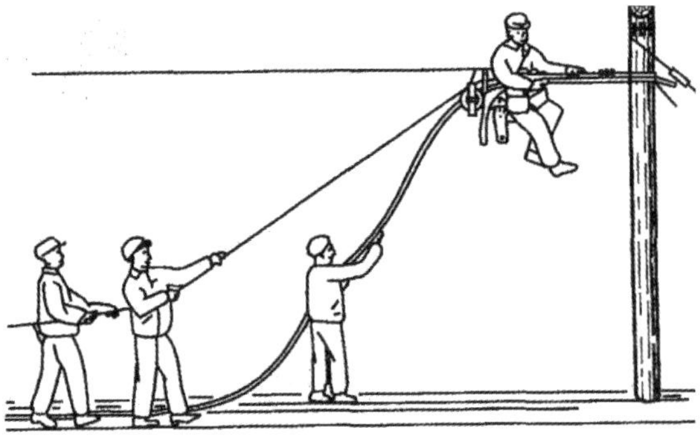

图 4.25　动滑轮边放边挂法示意图

首先在吊线上挂好一只动滑轮，在动滑轮上拴好拉绳，在确保安全的条件下，将吊椅（坐板）与滑轮连接上，把电缆放入滑轮槽内，电缆的一端扎牢在电杆上。然后，1 人坐在吊椅上挂挂钩，2 人徐徐拉绳，另一人往上托送电缆，使电缆不出急弯，4 人互相密切配合，随走随拉绳，随往上送电缆，按规定距离挂好挂钩。电缆放完，挂钩也随即挂好。

3）定滑轮牵引法

此法适用于杆下有障碍物不能通行汽车的情况下，如图 4.26 所示。

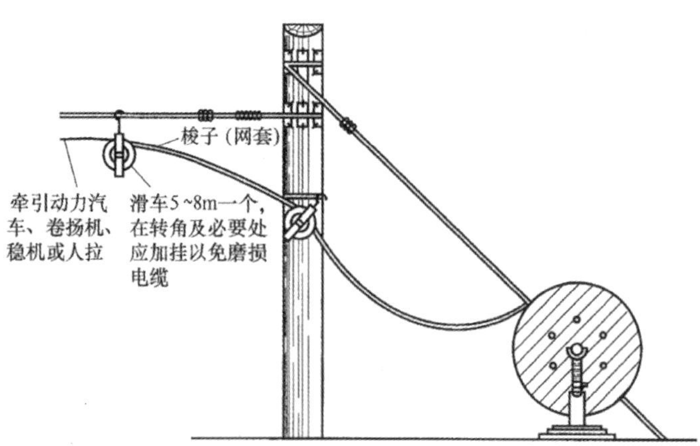

图 4.26　定滑轮牵引法示意图

首先将电缆盘架好，把电缆放出端与牵引绳扎紧。然后在吊线上每隔 10 m 左右挂一只定滑轮，在转角及必要处加挂滑轮，以免磨损电缆。定滑轮的滑槽要与电缆直径相适应，将牵引绳穿过所有定滑轮，牵引绳末端连接电缆网套，另一端用人力或机械牵引。牵引速度要均匀，稳起稳停，动作协调，以防止发生事故。放好电缆后及时挂好挂钩，同时取下滑轮。

4）汽车牵引动滑轮托挂法

此法适用于杆下无障碍物而又能通行汽车，架设距离较大，电缆对数较大的情况。示意如图 4.27 所示。

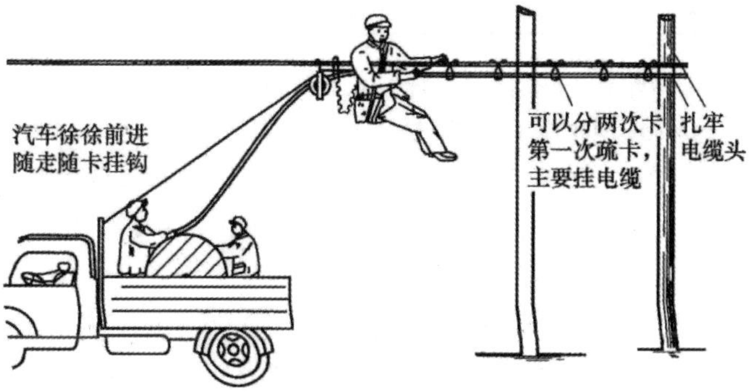

图 4.27　汽车牵引动滑轮托挂法示意图

架设时，先在汽车上把电缆盘用支架（俗称千斤）托起，使之能自由转动，并将电缆盘大轴固定在汽车上。然后将电缆放出适当长度，将其始端穿过吊线上的一个动滑轮，并引至始端的电杆上扎牢。再将牵引绳一端与动滑轮连接，另一端固定在汽车上，在确保安全的条件下，把吊椅与动滑轮用牵引绳连接起来。一切准备工作就绪后，汽车徐徐向前开动，人力转动电缆盘，放出电缆，吊椅上的线务员一边随牵引绳滑动，一边每隔 50 cm 挂一只电缆挂钩，直到电缆放完，挂钩挂完为止。

吊挂式全塑架空电缆架设时，每隔 5 ~ 8 挡在电杆上留余弯一处。示意如图 4.28 所示。

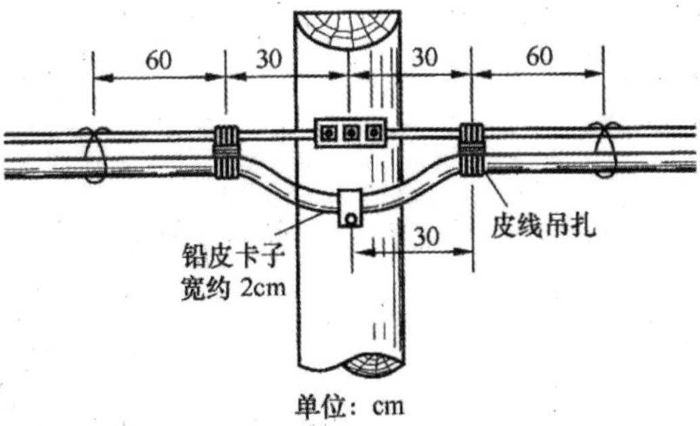

图 4.28　电缆余弯示意图

电缆架设后，两端应留 1.5 ~ 2 m 的重叠长度，以便接续。截断后的电缆头应立即封上端帽或包上胶带以防受潮。

吊挂式架空电缆一般采用电缆挂钩将电缆吊挂在吊线上，电缆挂钩的程式应与电缆的直径相适应。选用挂钩的程式可参照表 4.9。

表 4.9　电缆挂钩的选用

电缆外径/mm	挂钩程式/mm
12 以下	25
12 ~ 28	35
19 ~ 24	45
25 ~ 32	55
32 以上	65

挂电缆挂钩时，要求距离均匀整齐，挂钩的间隔距离为 50 cm，电杆两旁的挂钩应距吊线夹板中心各 25 cm，挂钩必须卡紧在吊线上，托板不得脱落。

吊挂式架空电缆在吊线接头处，不用挂钩承托，改用单股皮线吊扎或挂带承托。

6. 自承式架空电缆

1）自承式架空电缆在电杆上的架设方法

自承式架空电缆不需另装吊线和电缆挂钩，可在杆路上直接架挂，其垂度比吊挂式电缆的垂度略大。

木杆和有预留孔的水泥杆在直线路上，自承式架空电缆用单眼曲槽夹板或三眼单槽夹板固定。与吊挂式架空电缆的不同之处是：夹板槽口向下，把自承式架空电缆的钢绞线放于夹板下方槽内，三眼单槽夹板的另一块夹板要倒置扣好，如图 4.29 所示。

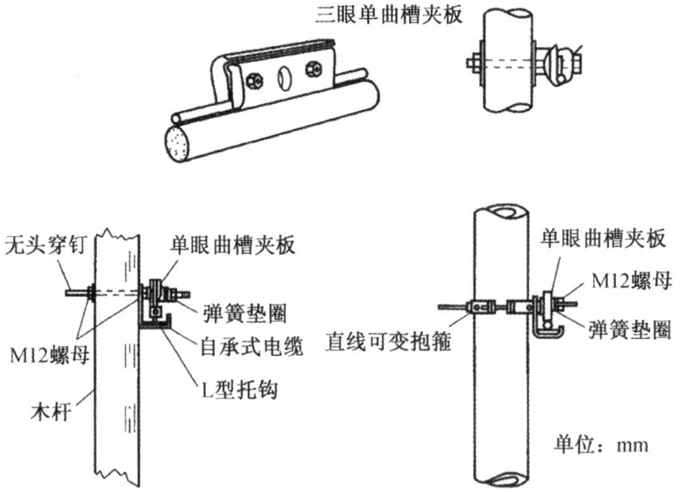

图 4.29　自承式架空电缆的夹板装置示意图

在角深大于 10 m 的角杆上，自承式架空电缆应加装与自承式钢绞线规格相同的加强钢绞线做辅助结，如图 4.30 所示。

在杆路上出现有俯角的坡度变更时，应将三眼单槽夹板倒置使用，把各自承式架空电缆的钢绞线放进夹板上方的线槽内，如图 4.31 所示。

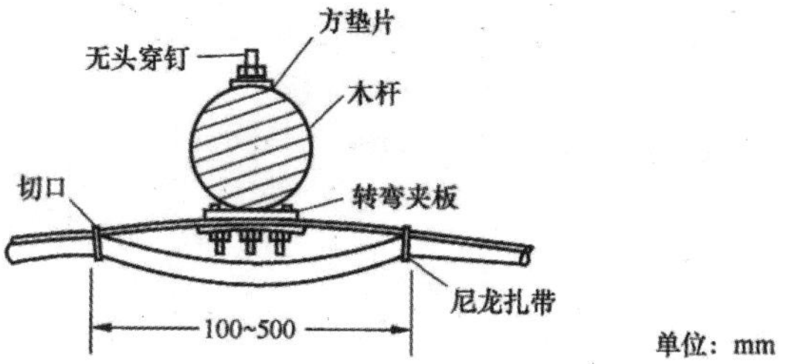

（a）

（b）

图 4.30　自承式架空电缆在角杆上的装置示意图

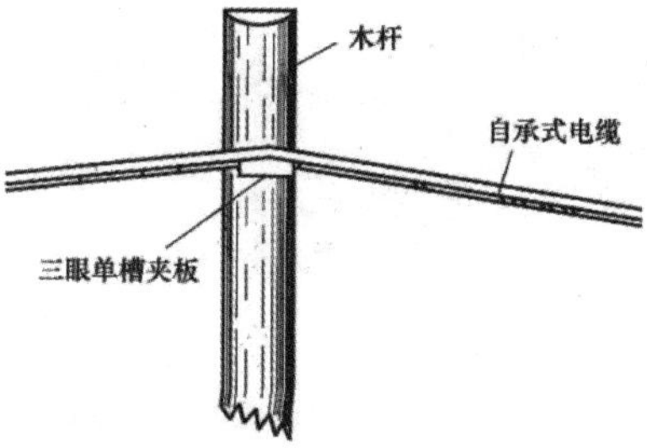

图 4.31　有俯角的电杆上夹板的装设示意图

2）自承式架空电缆钢绞线终结的做法

与吊挂式架空电缆相同，在终端杆、自承式架空电缆程式变换处以及角杆等处，自承式架空电缆都须做终结或假终结，其做法有以下两种。

（1）利用电缆本身的钢绞线剥去电缆护层在电杆上做终结。但在剥除外护层时不要破坏电缆的护套，7/2.2 钢绞线终结及拉线做法如图 4.32 所示。

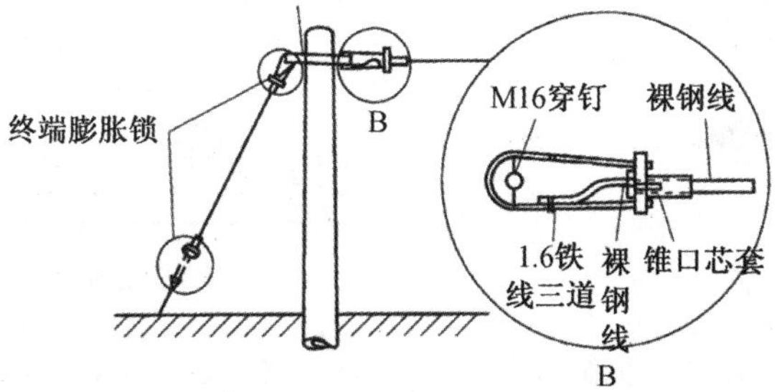

（a）一条 7/2.2 钢绞线

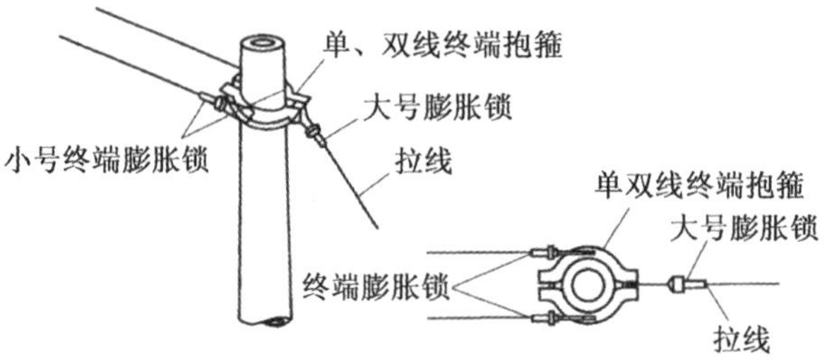

（b）两条电缆

图 4.32　自承式架空电缆在电杆上做终结示意图

（2）为节省电缆，可使用与自承式架空电缆钢绞线相同程式的辅助钢绞线与电缆钢绞线接续后，再用该辅助钢绞线做终结、假终结。

3）分歧与十字交叉

自承式架空电缆在分歧处应做丁字结，其方法与吊挂式架空电缆相同。如因条件限制，分歧点不在电杆处时，自承式架空电缆丁字结如图 4.33 所示。

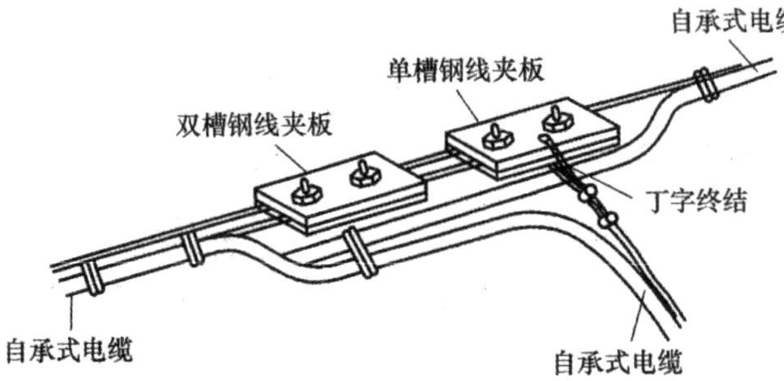

图 4.33　自承式架空电缆丁字结示意图

两条自承式架空电缆十交叉时，主干（或大对数）电缆宜置于下方。当十字交叉高度间距小于 40 cm 时，应在交叉点做固定，如图 4.34 所示。

自承式架空电缆与吊挂式架空电缆十字交叉时，吊挂式架空电缆宜置于下方。当交叉高度间距小于 40 cm 时，应做十字交叉固定，如图 4.35 所示。

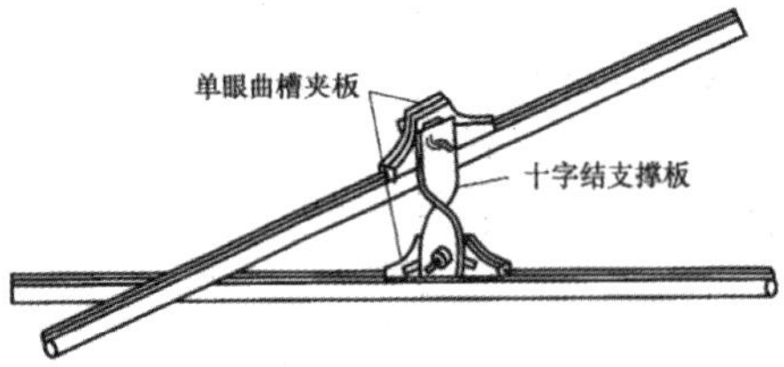

图 4.34　两条自承式架空电缆十字交叉示意图

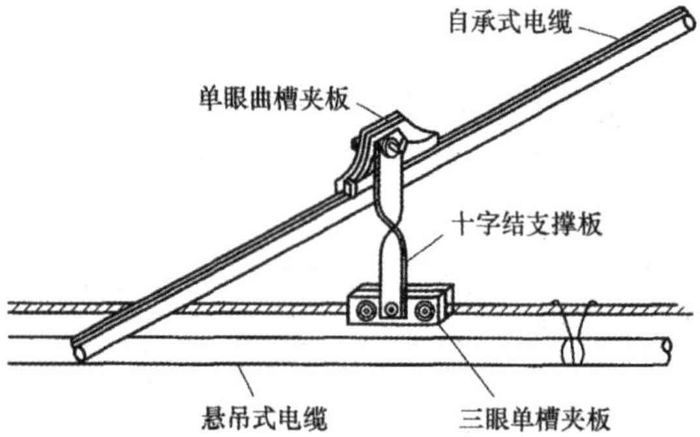

图 4.35　自承式架空电缆与吊挂式架空电缆十交叉示意图

第三部分：学习效果及评价

课次		课时	
课堂笔记			
课后习题			
1. 架空敷设方式的优缺点是什么？			
2. 架空电缆的敷设方式有哪些？			
评定等级		评定教师	

任务三 管道线缆敷设

4.3 管道系统　　　4.3 管道电缆敷设

第一部分：课程导读

课次		课时	
课程地位	通信管道敷设是现阶段最主要的通信线缆敷设方式，在城市中广泛应用。这种有着容量大、维护检修方便、有利于城市美化、外力破坏影响小等优点		
主要内容	● 管道系统的组成； ● 管道的种类和特点； ● 管孔断面的排列组合； ● 管道的施工方法； ● 人孔位置的选择； ● 选用管孔； ● 有害气体检测及通风； ● 清刷管道和人孔； ● 布放电缆	教学目标	● 进一步巩固管道系统的组成，理解管道的施工方法，知道人孔位置的选择，懂得有害气体检测及通风，学会清刷管道和人孔，掌握布放电缆的方法； ● 进行管孔通风、清刷管道、管孔选取、布放电缆等工作
课程重点	● 管道系统的组成； ● 管道的种类和特点； ● 管孔断面的排列组合； ● 管道的施工方法； ● 有害气体检测及通风； ● 清刷管道和人孔； ● 布放电缆	课程难点	● 管孔断面的排列组合； ● 管道的施工方法； ● 有害气体检测及通风； ● 清刷管道和人孔
课程小结	线缆管道是用以穿放通信电缆的一种地下措施，有隧道、管道和渠道三种形式。在地下线缆线路中以应用管道建筑为主，管道材料以混凝土管和塑料管为主，因为混凝土管成本低，而塑料管重量轻、管壁光滑、接续简单、水密性好、绝缘性能好等优点，塑料管近年来得到广泛应用。管孔断面的排列组合，应遵守高大于宽的原则，在地形受到限制时，可采用卧铺或并铺的方法。为了排除积水和淤泥，管道需要有一定的坡度，坡度的形式有人字坡、一字坡和斜坡度等，应根据具体情况选用合适的形式。管道段长通常为 120～130 m，一般不应超过 150 m。人孔的类型有直通型、拐弯型、分歧型、扇型等，一般根据电缆路由选用		
板书设计	1. 管道的特点； 2. 管道系统的组成：人孔、手孔、管路； 3. 管道的建筑方式：隧道、管道、渠道； 4. 管道的种类：混凝土管、塑料管、金属管等； 5. 管道坡度：人字坡、一字坡、斜度坡； 6. 管道段长：150 m 以内		
教学资源	4.3 管道系统 4.3 管道电缆敷设		

第二部分：学习内容

1. 管道设备的特点

通信管道是用以穿放通信线缆的一种地下管线建筑，与其他电缆敷设形式相比具有以下特点。

（1）容量大，可以在管道中穿放多条大对数电缆。

（2）管块可以容许对称重叠敷设，占用地下断面较小，有利于市政建设统筹安排其他各种地下管线；同时由于架空电缆的减少，有利于美化城市。

（3）便于施工和维护，因为电缆可以在管道中随时穿放、随时抽换，当电缆发生障碍时也便于测试和检修，能缩短障碍历时。

（4）管道可以减少电缆直接受到外力破坏，能够保证通信安全。

（5）即使是已建设多年的管道，也可以根据图纸、资料查找管道平面位置和埋深，便于技术管理和查询。

通信管道符合技术先进、经济合理的原则。在城市走向现代化的今天，除主干电缆线路上建筑主干管道外，分支配线电缆也应采用配线管道，把电缆从管道人（手）孔中直接引入用户建筑物内，实现城区通信线路的全地下化。这样做虽然初次投资大一些，但从长远考虑，还是比较经济的。

2. 管道系统的组成

管道系统是由人孔、手孔及管路三部分构成的，如图 4.36 所示。按照使用性质和分布段落分类，可分为用户管道和局间中继管道。

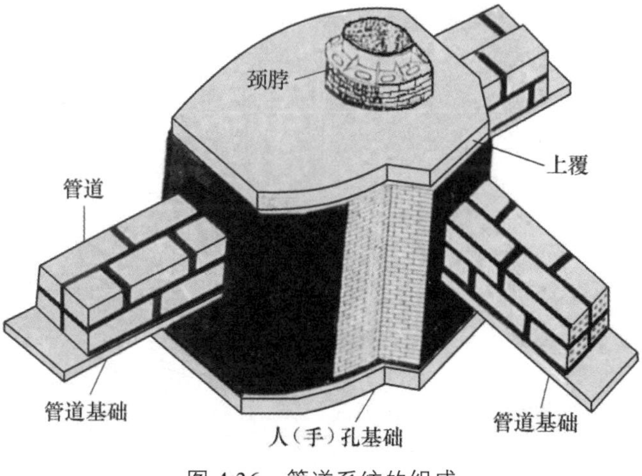

图 4.36　管道系统的组成

1）用户管道

用户管道是从电话局电缆进线室引出，穿放用户电缆的管道。按其使用要求，可分为主干管道和配线管道。

（1）主干管道。主干管道采用隧道或多孔管道两种建筑形式，一般用来穿放 400 对以上的主干电缆。标准的管孔直径为 90 mm，为了适应现代通信的需要和塑料管道的普遍使用，管孔直径可以小到 25 mm，大到 110 mm，以穿放各种规格的全塑电缆和光缆。为了便于抽穿和经常维护、检修电缆，在多孔管道中，每隔 120～150 m 设置人孔或手孔 1 个。主干管道一般应建筑在人行道上或车行道的一侧。

（2）配线管道。配线管道是主干管道的分支，用于穿放配线电缆。由于配线电缆对数较小（300 对以下），管孔直径可以小一些，管孔数量也可以少一些（一般为 2～3 个）。为了便于用户配线和维护检修，每隔 50～100 m 设置手孔 1 个。配线管道常常直接引入邻近的用户建筑物内，通常建筑在街道的人行道上或里弄胡同，如图 4.37 所示。在用户密度不高的地区，可以不做配线管道，而利用主干管道由人孔或手孔引上电杆，采取架空电缆配线方式。

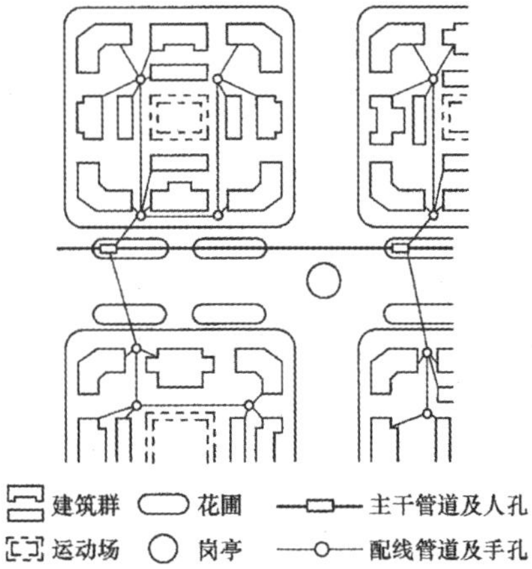

图 4.37　配线管道伸入街道建筑物

2）局间中继管道

局间中继管道是建筑在分局与分局或市话局与长途局之间的管道，供穿放局间中继光缆或电缆使用。为了节约费用，往往将用户电缆与中继电缆合用一条管道，这使得用户管道与中继管道的划分，在实际上失去了明确的界限。

3）管道建筑方式

通信管道在建筑方式上一般有隧道、管道、渠道三种类型。

（1）隧道。隧道的建筑方式一般以钢筋混凝土为基础，以拱形钢筋混凝土预制件做上覆，两侧壁则用 100 号机砖砌筑或浇注钢筋混凝土而成，如图 4.38 所示。隧道适用于容量很大的市话局，多用在电缆条数多、对数大的进局段落或主干路由上，必须在市政建设部门对城市地下管线的统一安排下进行建筑。隧道的优点是容量大、可以穿放电缆条数多、维护检修非常便利（不像多孔管道，电缆在管孔中发生故障无法修理，必须将电缆抽出更换）。隧道的缺点是投资大、占用地下断面较大、防水要求高、在水位较高的城市建筑比较困难。

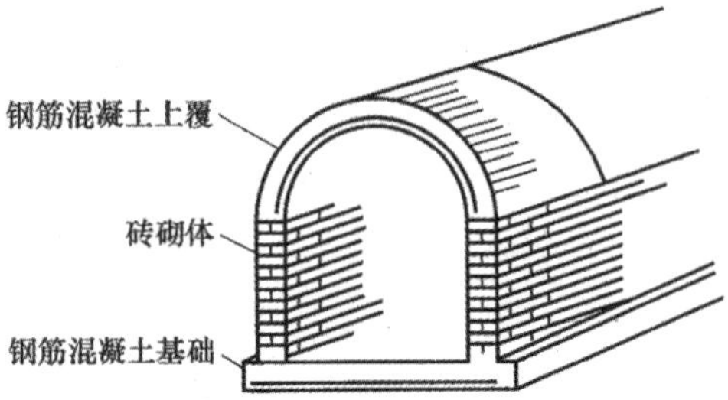

图 4.38　隧道示意图

（2）管道。管道就是现在普遍采用的 4、6、12 孔混凝土管或用单孔管（塑料管、金属管、石棉水泥管等）铺筑具有多孔组合的管道，如图 4.39 所示。

（3）渠道。在城市较小、市话局容量不大的局所，或发展不肯定、道路尚未定型，但目前用户又较多，采用架空电缆配线不合适的地区可以采用渠道。它是用预制的混凝土 U 形槽连接起来，上覆混凝土盖板，然后覆土至路面，每隔 150 m 左右设置砖砌手孔，如图 4.40 所示。渠道的优点是投资少、施工简便。渠道的缺点是容量小，而且属于半永久性的管线设备，容易受水的侵入。

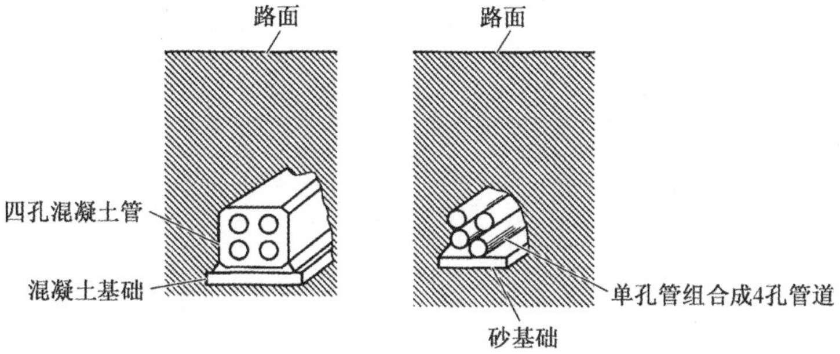

图 4.39　管道示意图

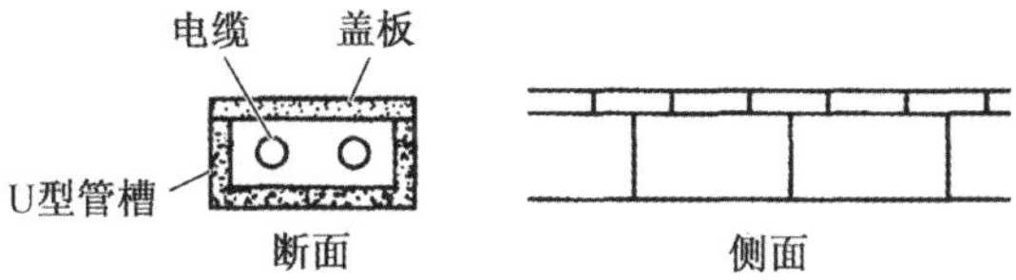

图 4.40　渠道示意图

3. 管道的种类（按材料分）和特点

根据使用材料的不同，管道可分为混凝土管、塑料管、钢管、铸铁管、石棉水泥管及陶管等，一般根据工程造价和现场环境来选用。其中混凝土管容易制作、造价较低，所以采用较为普遍。混凝土管按其制作方法可分为干打管和湿打管两种。干打管制作简单，采用较多；湿打管制作较复杂，但可以节省水泥。混凝土管的形状如图 4.41 所示。

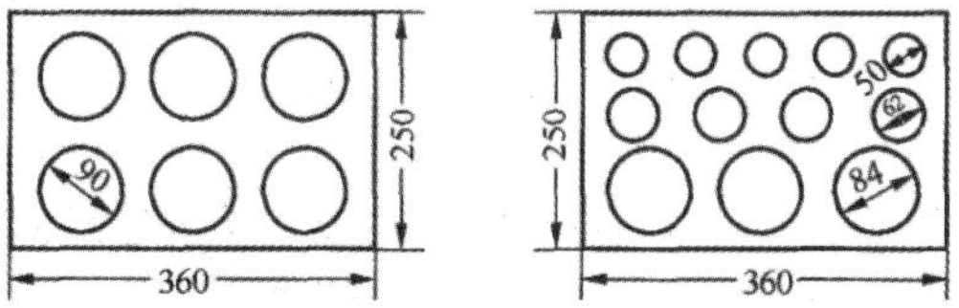

（a）标准 6 孔　　（b）综合 12 孔

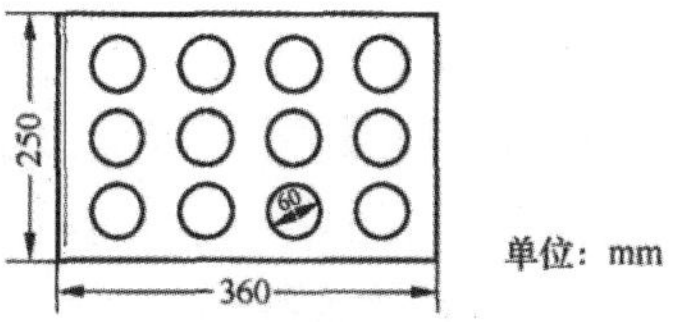

（c）标准 12 孔

图 4.41　混凝土管示意图

1）混凝土管

混凝土管的重量，是衡量混凝土管质量的一个重要标志。在同样规格的情况下，重量越重，表示混凝土管的密实程度越高，因而强度及抗渗性越强，耐久性能也越好。反之则相反。

混凝土管的体积和标准重量，如表 4.10 所示。

表 4.10 混凝土管的体积和标准重量

混凝土管种类		每节长度/mm	每节体积/m^3	每节重量/kg
湿打管	单孔管	600	0.011 8	18
	二孔管		0.021 0	27
	三孔管		0.030 2	39
	四孔管		0.037 5	47
	六孔管		0.054 0	65
干打管	单孔管		0.011 8	15
	二孔管		0.021 0	26
	三孔管		0.030 2	36
	四孔管		0.037 5	40
	六孔管		0.054 0	60

混凝土管的特点：

（1）重量大，比重一般为 2.3 ~ 2.4，长 60 cm 的六孔管重 60 kg。

（2）即使精心制作，管壁也很粗糙，与全塑电缆间在无润滑剂情况下，摩擦系数约为 0.571，我国目前生产的混凝土管质量远超此值。

（3）限于加工方法，精度不可能提高，再加上管理不好，容易出现孔心不正，孔径不一，喇叭口边缘时有尖刺等现象。接续时需熟练工人操作，接口多，水密性差。

（4）隔热性能好。

（5）可就地取材，就地制管，成本较低。

2）塑料管

塑料管有聚乙烯管、硬聚氯乙烯管等，为了增强塑料管的强度，又出现了塑料波纹管。聚乙烯管比硬聚氯乙烯管轻 40%，可以制成很长的连续长度，如同电缆一样绕在盘上，虽施工方便，但价格昂贵。硬聚氯乙烯管是用聚氯乙烯树脂加以稳定剂、润滑剂和填充料，用挤压法成型，其作为电缆管道的管材，具有很多优点。塑料管的孔径一般达 108 ~ 110 mm，可以穿放大对数全塑市内通信电缆，若干根塑料单管可以组成数量庞大的多孔管道，组成容量极大的主干管道，这是混凝土管难以做到的。一般塑料管的抗压强度大约为 200 kg/ cm，波纹管可达到很高，而且在主压力下变形时，管壁遇到土壤的抗力、变形和弯矩均大大减少，承载能力相应增加。一般塑料管的长度较长，便于接续，从而极大地提高了铺设速度。

管道上所用的塑料管壁厚一般在 2.5 ~ 6 mm。在人行道上或里弄胡同内建筑管道时，可选小口径、壁厚在 2.5 ~ 3 mm 的塑料管，在车行道建筑时可选用大口径、壁厚为 5 ~ 6 mm 的塑料管。

塑料管的特点有：质量轻，硬质聚氯乙烯管（PVC 管）比重为 1.40 ~ 1.60，硬质聚乙烯管（PE 管）比重为 0.94～0.97；管壁光滑，与全塑电缆间在无润滑剂的情况下摩擦系数约为 0.363；接续方法简单；强度能满足要求；水密性好；化学稳定性好，具有较好的耐腐蚀性；绝缘性能好；运输方便；耐寒性较差，热稳定性差；价格较高。

3）钢管和铸铁管

钢管和铸铁管机械强度大，一般用于穿越铁路、公路、桥梁或管顶距车行道路面较近或引上管等地方。

钢管的特点有：重量重；管壁光滑，与全塑电缆间在无润滑剂的情况下摩擦系数约为 0.40；水密性好，接续方便；抗压、抗冲击、耐振动等机械性能高，一般不会受到机械性破坏；价格高，运输方便。

电缆管道除了上述几种外，还有陶管、石棉水泥管、木浆管等，但用量较少。塑料管特别是硬质聚氯乙烯（PVC）管有众多优点，已在我国广泛使用。

4. 管孔断面的排列组合

管道管孔断面的排列组合，通常应遵守下列原则。

（1）水泥管块置于下层，其他单孔组群管道置于上层。

（2）水泥管块置于一侧，其他单孔组群管道置于另一侧。

（3）相同管径、不同材质：金属材料管置于下层，非金属材料管置于上层。

（4）不同管径、相同材质：大孔径管道置于下层，小孔径管道置于上层。

（5）不同管径、不同材质：金属材料管置于下层，非金属材料管置于上层。

（6）均等组合，每层管孔数量相同。

（7）不均等组合，每层管孔数量不相同，建议使用梯形结构，向上每层递减。

这样可以减少管道的受损程度，增加稳定度，又可以减小管顶承受压力的面积。如塑料管、钢管等外形为圆形的管道，实际应用中存在着每层管孔数量不均等的情况，通常要求为上窄下宽的梯形组群结构如图 4.42 所示，其优点在于容易排列组合，并且受到地心引力作用使管道外壁自然嵌合，施工敷设中不易受外力扰动。另外，管道外壁相互嵌合，使管道组群形成蜂窝式结构，增强了管道组群的抗荷载能力，从而增强了管道组群的稳定性。

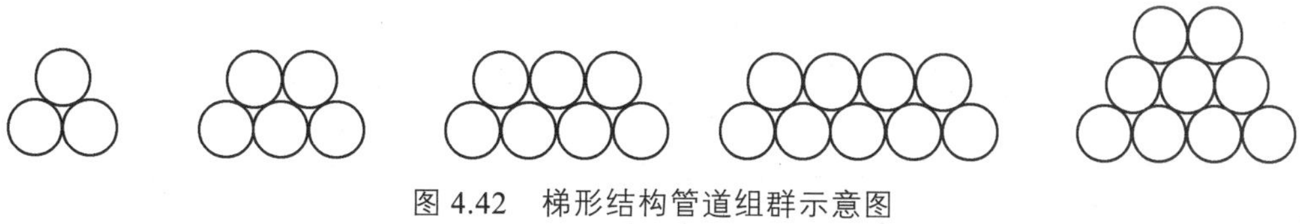

图 4.42　梯形结构管道组群示意图

根据管孔断面的排列组合原则，90 mm 水泥管块排列成 4 孔、6 孔、8 孔、12 孔、16 孔、20 孔、24 孔和 36 孔的组合方法，如图 4.43 所示。

由于地下管线设备（如：给水管、排水管、煤气管、电力电缆等）穿越距离的限制无法按如图 4.42 示的排列组合时，可采用高小于宽的卧铺、并铺等方法，如图 4.44 所示。多孔式塑料管横断面如图 4.45 所示。

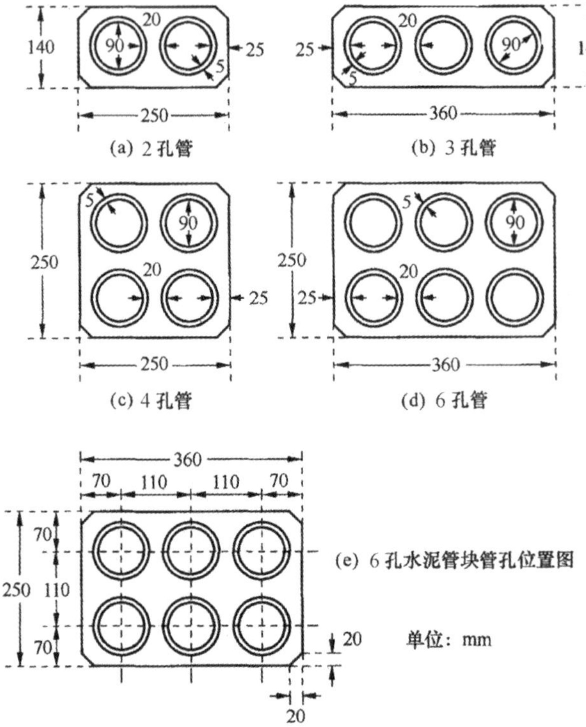

图 4.43　90 mm 孔径水泥管块的管孔及规格

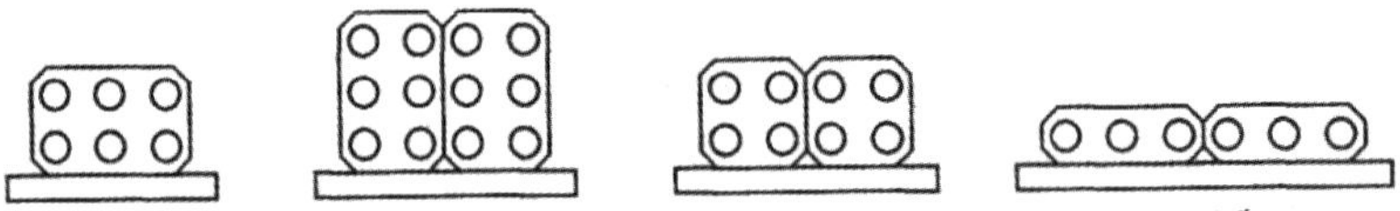

（a）6 孔　（b）12 孔　（c）8 孔　（d）6 孔

图 4.44　穿越其他管线时管孔排列方法示意图

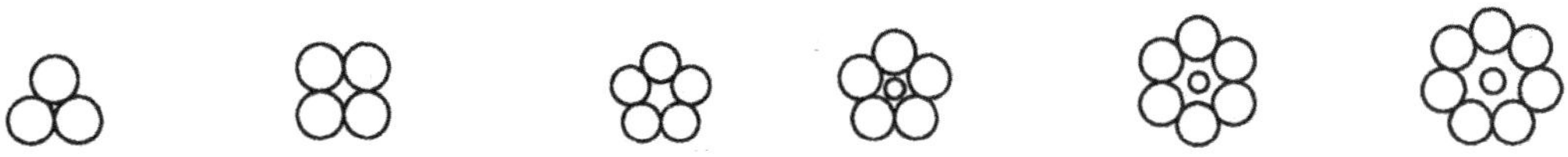

（a）3 孔管　（b）4 孔管　（c）5 孔管　（d）6 孔管　（e）7 孔管　（f）8 孔管

图 4.45　多孔式塑料管横断面示意图

5. 管道的施工方法步骤、坡度、埋深、段长

1）管道建筑的施工步骤

管道建筑前必须经过现场查勘，决定管孔的排列，确定管道段长和人孔类型，选择合适的管道材料、人孔埋深，选取必要的坡度。施工时还需要阅读施工图纸，挖掘沟槽、基坑，铺设管道地基，做好管道基础。然后，才能进行铺设管道，砌筑人（手）孔，安装人孔附属设备以及回土、夯实，清运余土等工作。现场查勘时，必须掌握管道位置与其他地下管线、建筑物的平行交叉距离。

（1）管道建设在人行道上时，管道与建筑物的距离通常保持在 1.5 m 以上；与行道树的净距不小于 1.0 m；与道路边石的距离不小于 1.0 m。

（2）管道如必须建筑在车行道上时，应尽量靠近道路的边侧。与道路边石的距离不应小于 1.0 m；与人行道上的树木距离不应小于 2.0 m，与人行道高压线杆支座距离不应小于 3.0 m。

（3）管道与其他管线和建筑物的平行交叉距离，通常如表 4.11 所示。

表 4.11　管道与其他管线和建筑物的最小净距

其他管线名称		电缆管道	
		平行净距/m	交叉净距/m
给水管	75 ~ 150 mm	0.5	0.15
	200 ~ 400 mm	1.0	
	400 mm 以上	1.5	
排水管		1.0	0.15
热水管		1.0	0.25
煤气管	8 kg/ cm^2 以下	1.0	0.3
	8 ~ 10 kg/ cm^2	2.0	
电力电缆	35 kV 以下	0.5	0.5
建筑物		1.5	

2）管道坡度

为了避免污水渗入管道内淤塞管孔、腐蚀电缆，铺设管道时往往要保持一定的坡度，使管道内的污水能够流入人孔内以便清除。规定管道坡度为 0.3% ~ 0.4%，最小不得低于 0.25%。管道坡度一般采用三种形式，如图 4.46 所示。

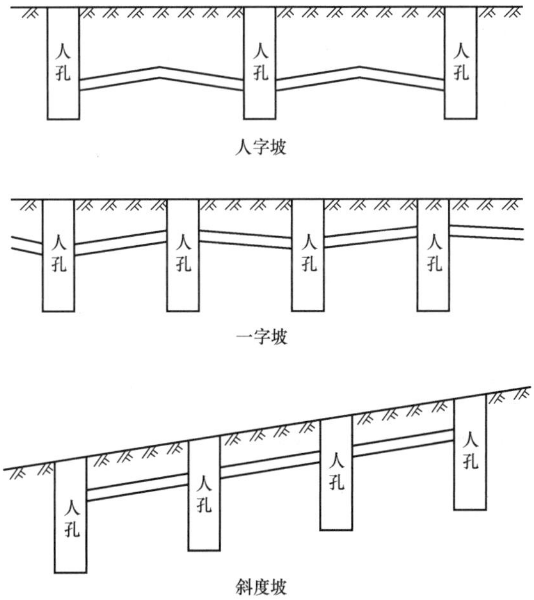

图 4.46　管道坡度示意图

（1）人字坡。人字坡是以相邻两个人孔间管道的适当地点作为顶点，以一定的坡度分别向两边倾斜铺设。采用人字坡的优点是可以减少土方量，但施工铺设较为困难，同时在布放电缆时也容易损伤电缆护套。如采用混凝土管，两个混凝土管端面的接口间隙一般不得大于0.5 cm，通常管道段长超过130 m时，多采用人字坡。

（2）一字坡。一字坡是在两个人孔间铺设一条直线管道，施工铺设一字坡较人字坡便利，同时可减少损伤电缆护套的可能性。但采用一字坡时，两个人孔间的管道两端的沟槽高度相差较大，平均埋深及土方量较大。

（3）斜坡度。斜坡度管道是随着路面的坡度而铺设的，一般在道路本身有0.3%以上的坡度情况下采用。为了减少土方量，可将管道坡度向一方倾斜。

3）管道、人（手）孔的埋深

管道埋入地下深度，一般如表4.12所示。人（手）孔的深度，应结合人孔两侧管道进入人孔内的高度而定。管道进入人孔时两侧的相对调试要一致或接近，调试差一般不宜大于0.5 m。在一般情况下管道顶距人孔上覆净距为0.3 m，管道底部距人孔基础不应小于0.3 m。

表4.12　管道的最小埋深

管道程式	公路路面或铁路路基面至管顶最小埋深/m			
	人行道	车行道	电车轨道	铁路轨道
混凝土管	0.5	0.7	1.0	1.5
铁管	0.2	0.4	0.7	1.2
石棉水泥管	0.5	0.7	1.0	1.5
塑料管	0.5	0.7	1.0	1.5

4）管道段长

两个相邻人孔中心线间的距离叫作管道段长。管道段长越长，建筑费用就越经济。但由于电缆在管孔中穿放时所承受的张力随着段长而增加，电缆本身将受到一定的损害。为了减少或避免这种损害，电缆不论穿在直线管道中还是弯曲管道中，承受的终端张力以不超过1 500 kg为准。直线管道允许段长一般应限制在150 m内。在实际工作中通常按120～130 m为一个段长。弯曲管道应比直线管道相应缩短。采用弯曲管道时，其曲率半径一般应不小于36 m，在一段弯曲管道内不应有反向弯曲即S弯曲，在任何情况下也不得有U形弯曲出现。

6. 人（手）孔位置的选择、类型、基础、附属设备

1）人（手）孔的位置

人（手）孔的位置一般不宜选在下列地点：

（1）重要的公共场所（如车站、娱乐场所等）或交通繁忙的房屋建筑门口（如汽车库、消防队、厂矿企业、重要机关等）。

（2）影响交通的路口。

（3）极不坚固的房屋或其他建筑物附近。

（4）有可能堆放器材或其他有覆盖可能的地点。

（5）消火栓、污水井、自来水井等地点附近。

2）人（手）孔类型

人孔分为直通型人孔、拐弯型人孔、分歧型人孔、扇型人孔、局前人孔和特殊型人孔等。直通型有长方型人孔和腰鼓型人孔两种。手孔一般为长方型。上述人孔除扇型人孔和特殊人孔外，又分为大号、中号和小号。大号和中号人孔用于管孔较多的管道上。小号人孔用于管孔较少的管道上。腰鼓型人孔消耗材料要比长方型少一些，因为在同样基本尺寸下，腰鼓型人孔的周边尺度一般小 10%～15%，通过计算，腰鼓型人孔比长方型人孔侧壁厚度也可以小一些，一般长方型砖砌人孔壁厚为 37 cm，而腰鼓型砖砌人孔壁厚为 24 cm。人（手）孔型号如图 4.47 所示。

按照人孔建筑方式，分为砖砌人孔和钢筋混凝土人孔两种，它们的大小尺寸如表 4.13 所示。表中腰鼓型人孔的宽度，系以人孔中间最宽处为准。扇型人孔的长度，是以人孔的弦长为准。表中尺寸均以人孔内净空为准。

人孔类型的选择一般是根据街道形状和终期管孔数量进行选择，一般直线管道采用直通型人孔。管道中心线交角小于 22.5°时，也可采用直通型人孔。管道中心线交角在 22.5°～37.5°时，采用 30°扇型人孔。37.5°～52.5°采用 45°扇型人孔。52.5°～67.5°采用 60°扇型人孔。管道中心线交角大于 67.5°时，应采用拐弯型人孔。有分歧线路的地方采用分歧型人孔。出局管道应采用局前人孔。

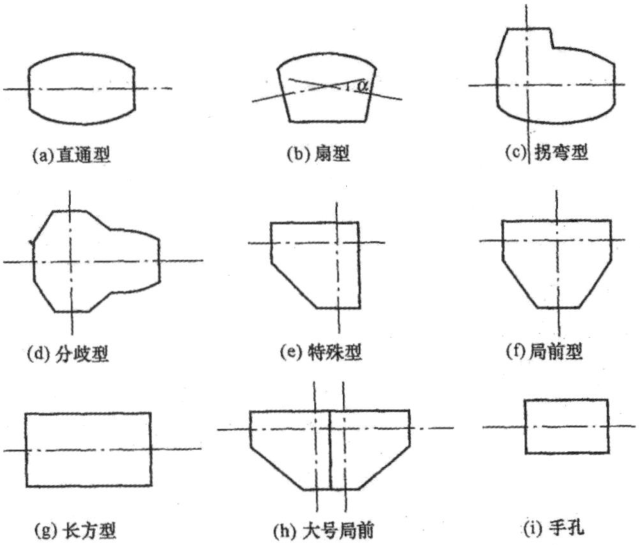

图 4.47　人（手）孔型号

表 4.13　各种人（手）孔建筑尺寸

人（手）孔型号		长	宽	高	上覆厚度	四壁厚度		基础厚度	容纳管道最多孔数/孔
						砖砌	钢筋混凝土		
手孔		120	90	110	12	24	—	12	4
小号	直通型（腰鼓型）	180	120	175	12	24	10	12	12
	拐弯型	210	120	175	12	24	10	12	12
	分歧型	210	120	180	12	24	10	12	12

续表

人（手）孔型号		长	宽	高	上覆厚度	四壁厚度		基础厚度	容纳管道最多孔数/孔
						砖砌	钢筋混凝土		
	局前	250	220	180	12	37	12	12	24
	直通型（长方型）	180	120	175	12	37	10	12	12
大号	直通型（腰鼓型）	240	140	175	12	24	10	12	24
	拐弯型	250	140	175	12	24	10	12	24
	分歧型	250	140	180	12	24	10	12	24
	直通型（腰鼓型）	240	140	175	12	37	10	12	24
	局前	437	220	180	12	37	12	12	48
扇型	30°	180	140	175	12	24	10	12	24
	45°	180	150	175	12	24	10	12	24
	60°	180	160	175	12	24	10	12	24
特殊型		220	200	180	12	37	12	12	24

3）常见人（手）孔图集

（1）常见人孔图集。不同型号人孔的使用场合如表 4.14 和表 4.15 所示。

表 4.14　人孔规格及选用

人（手）孔规格	小号人孔	中号人孔	大号人孔
适用管孔容量	6～23	24～47	48 及以上

表 4.15　人孔形式及适用位置

人（手）孔形式		适用位置
人孔	直通型	直线通信管道中间的设置
	三通型	直线通信管道上有另一方向分歧通信管道，而在其分歧点上的设置；或局前人孔
	四通型	纵、横两条通信管道交叉点上的设置；或局前人孔
	斜通型	非直线（或称弧形、弯管道）折点上的设置。斜通人孔分为 15°、30°、45°、60°、75°共 5 种。其中斜通人孔的角度可适用±7.5°范围以内
手孔	90×120、70×90	直线通信管道中间的设置
	120×170	直线通信管道上有另一方向分歧通信管道，而在其分歧点上的设置
	55×55	接入建筑物前的设置

各人孔的平面图、断面图、上覆钢筋图在《通信管道人孔和管块组群图集》（YDJ01—1990）、《通信管道人孔和手孔图集》（YD 5178.2009）上的规定略有差异。几种典型人孔的平面图、断面图、上覆钢筋图如图 4.48～图 4.54 所示。

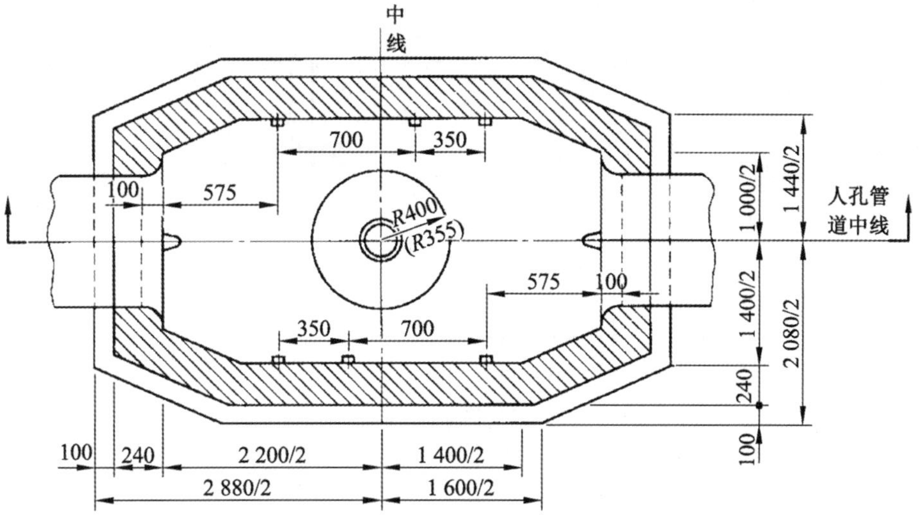

（a）小号直通型人孔平面图

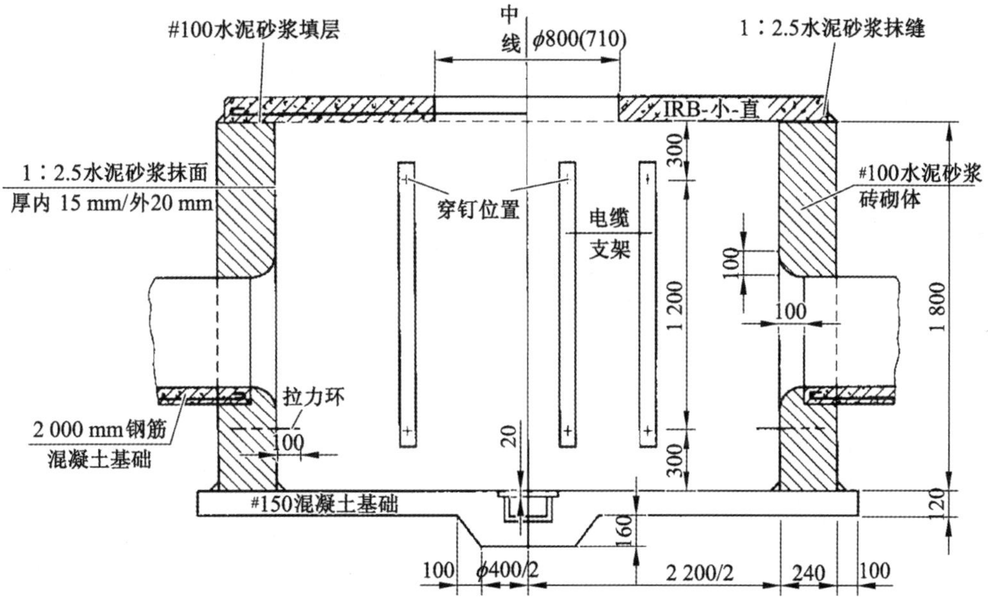

（b）小号直通型人孔断面图

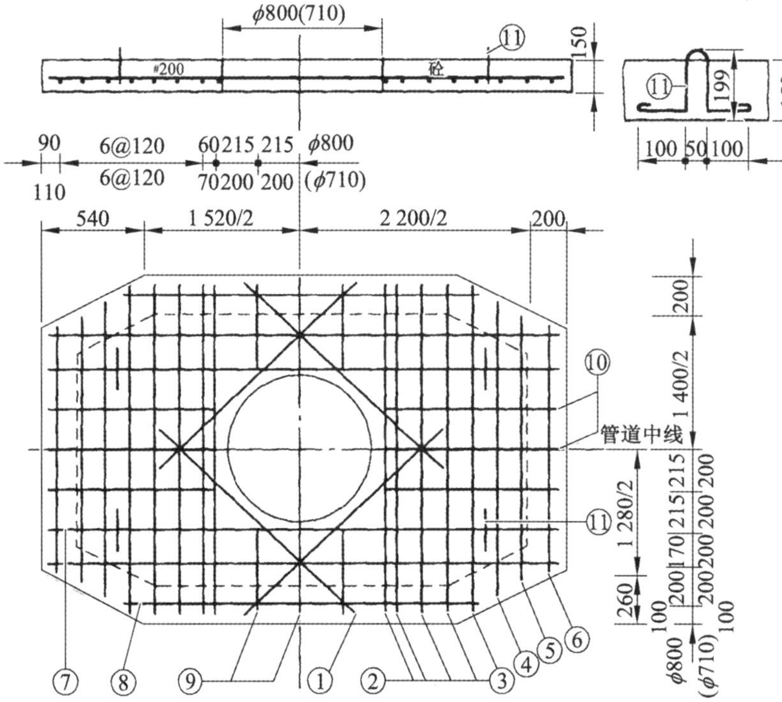

钢筋表

编号	直径/mm	根数	长度/m	总长度/m
1	φ14	4	1.36	5.44
2	φ14	8	1.72	13.76
3	φ14	2	1.64	3.28
4	φ14	2	1.52	3.04
5	φ8	2	1.40	3.00
6	φ8	2	1.28	2.76
7	φ8	4	2.52	10.48
8	φ8	2	1.72	3.64
9	φ8	6	0.44	3.24
10	φ8	6	0.84	5.64
11	φ8	4	0.63	2.92

钢筋材料表

钢筋程式	长度/m	质量/kg	加损耗后质量/m
φ14mm	25.52	30.88	31.81
φ8mm	31.68	12.51	12.89
小计			44.70

*200 砼　0.588 m^3

（c）小号直通型人孔上覆钢筋图

图 4.48　小号直通型人孔断面图（YDJ101—1990）

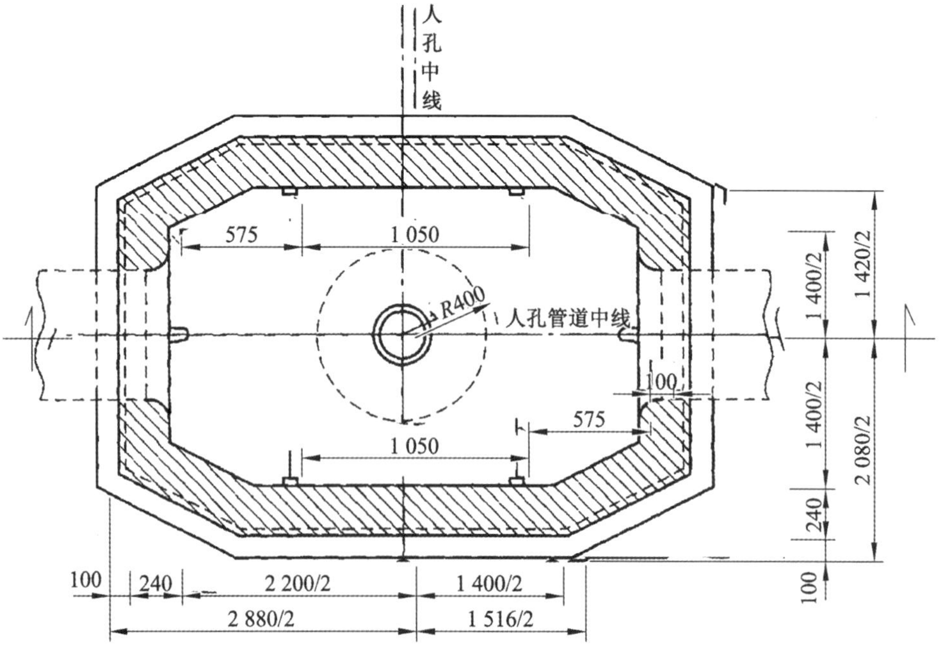

（a）小号直通型人孔平面图

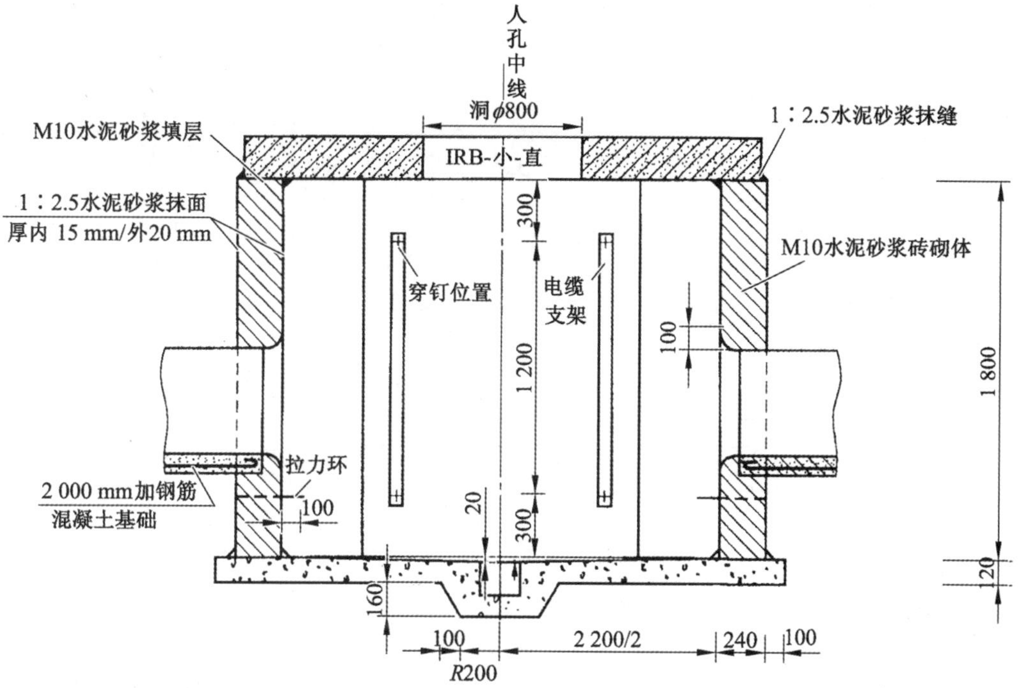

（b）小号直通型人孔断面图

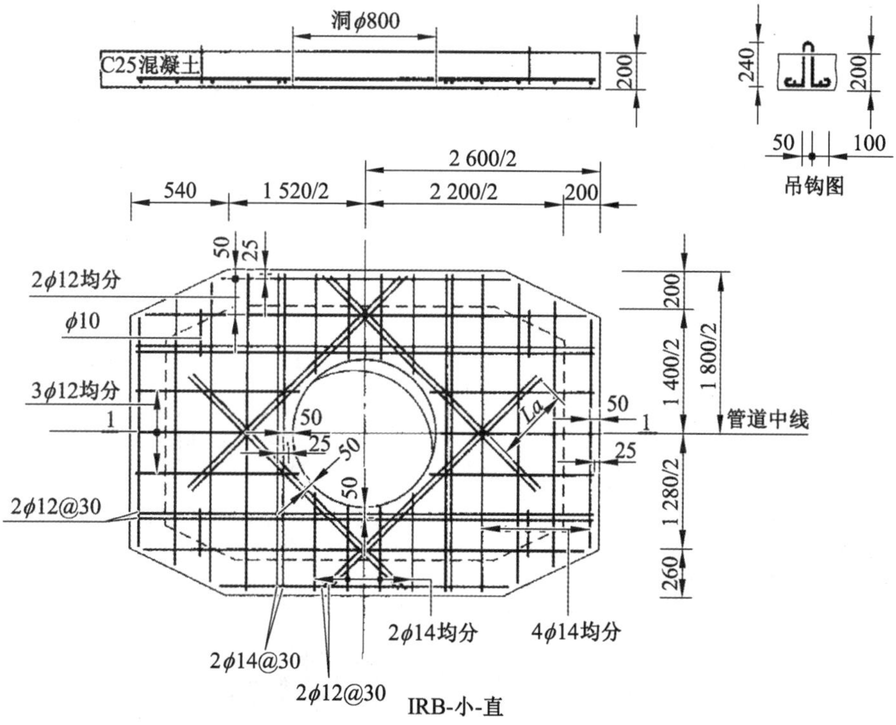

（c）小号直通型人孔上覆钢筋图

图 4.49　小号直通型人孔图（YD5178—2009）

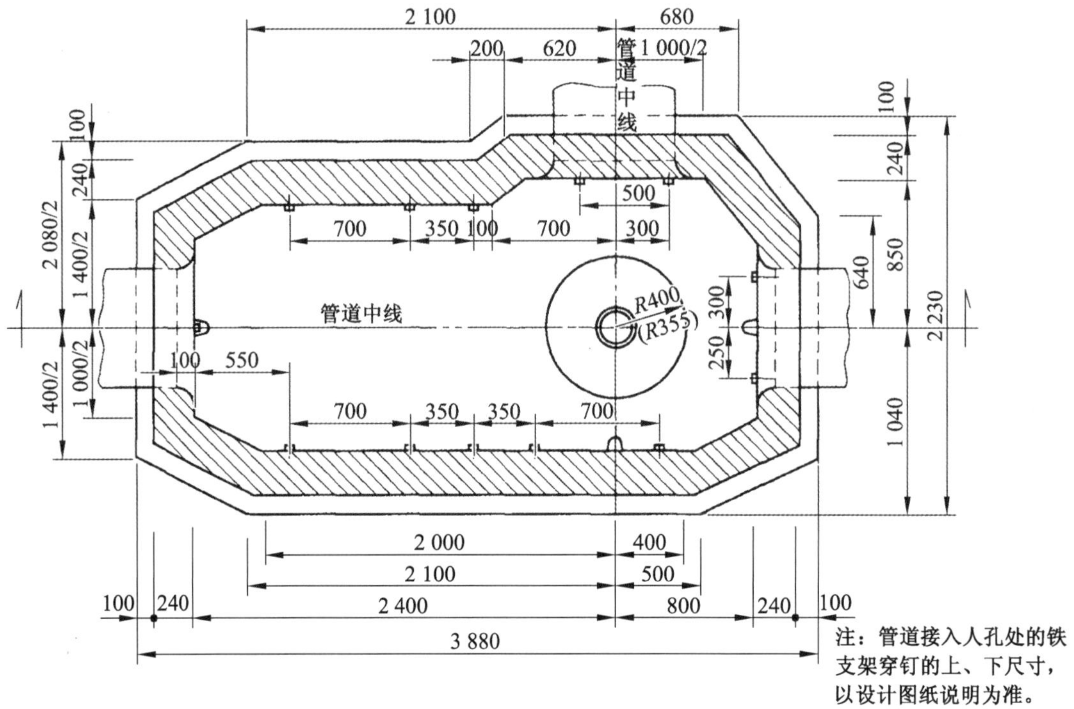

（a）小号三通型人孔平面图

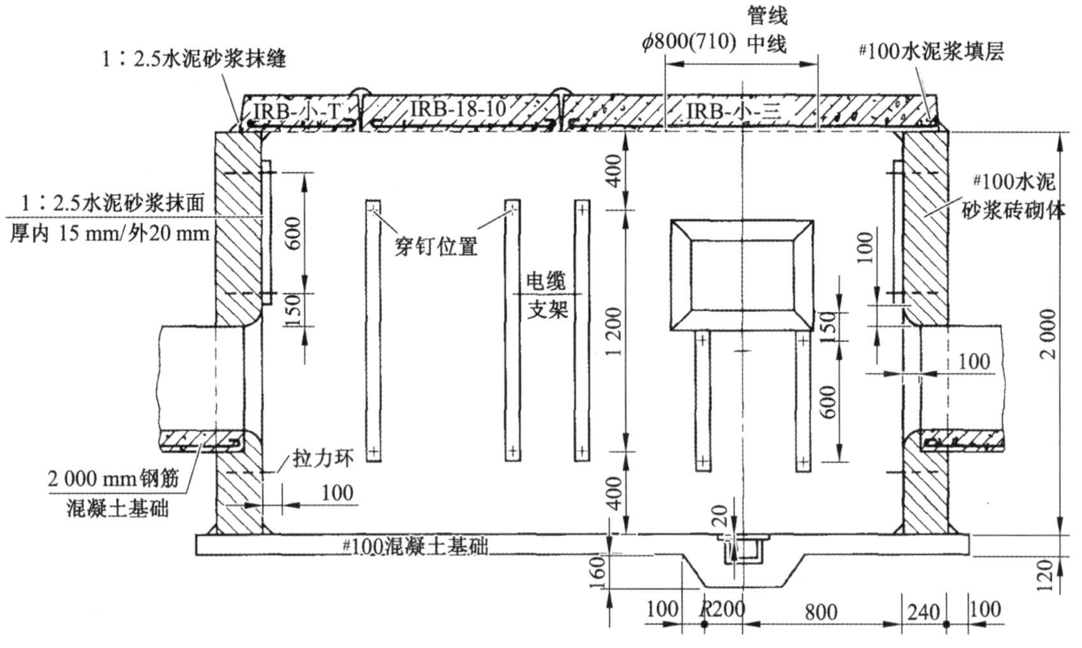

（b）小号三通型人孔断面图

图 4.50　小号三通型人孔图（YDJ101—90）

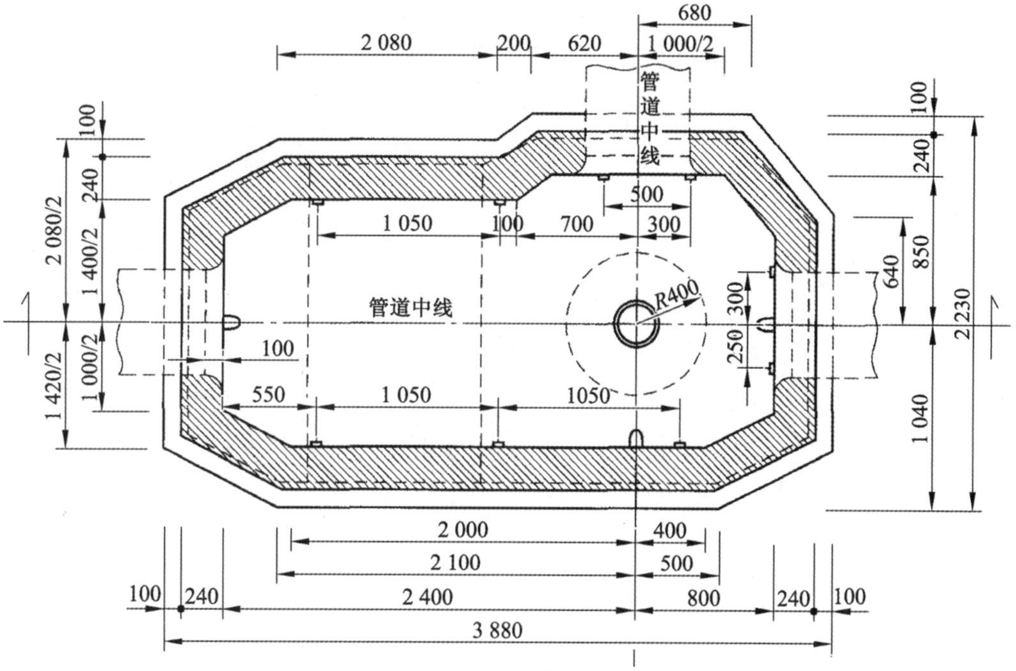

（a）小号三通型人孔平面图

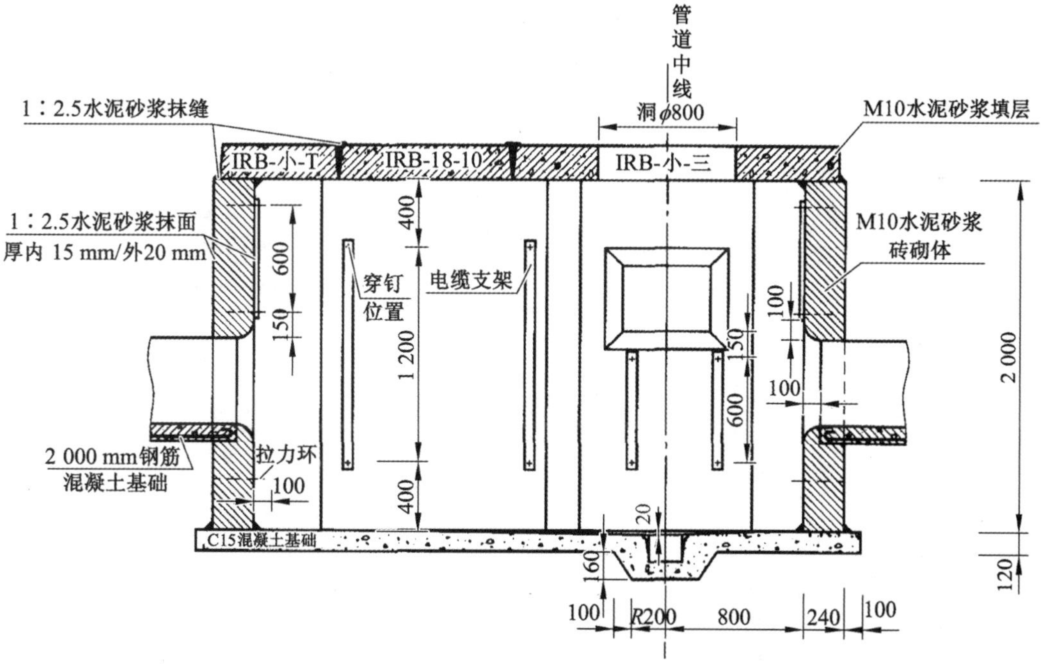

（b）小号三通型人孔断面图

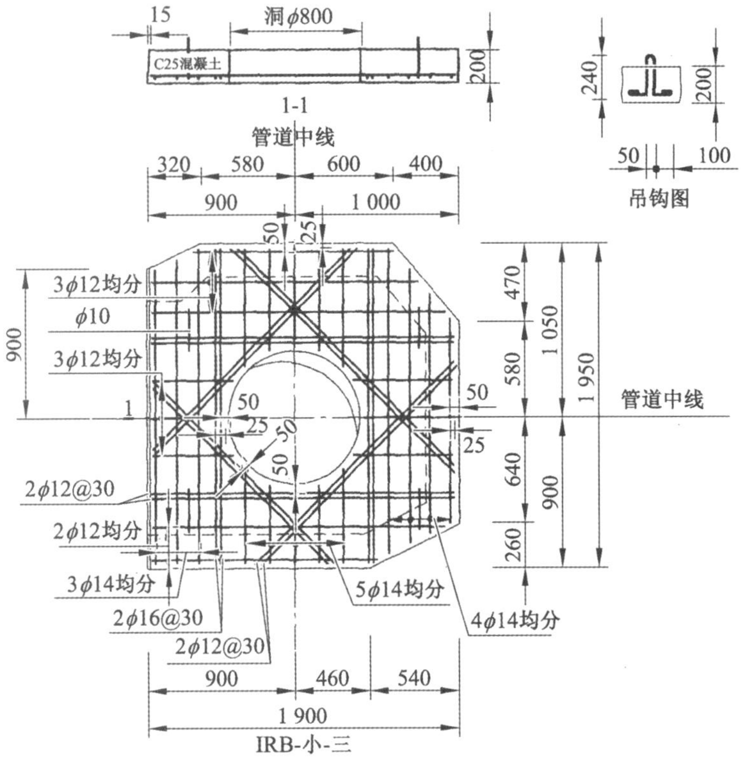

（c）小号三通型人孔上覆（分歧端）钢筋图

图 4.51　小号三通型人孔图（YD5178—2009）

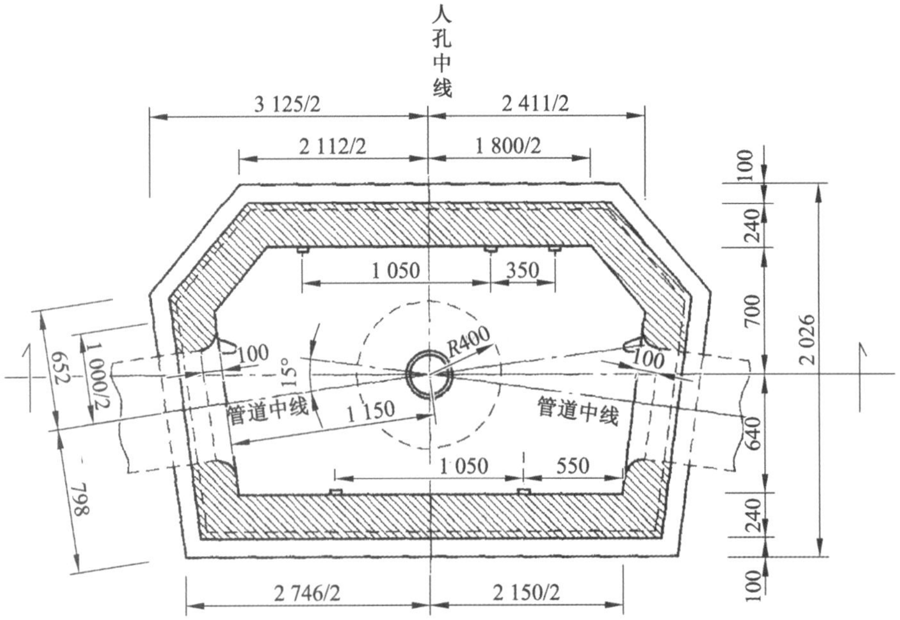

（a）小号 15°斜通型人孔平面图

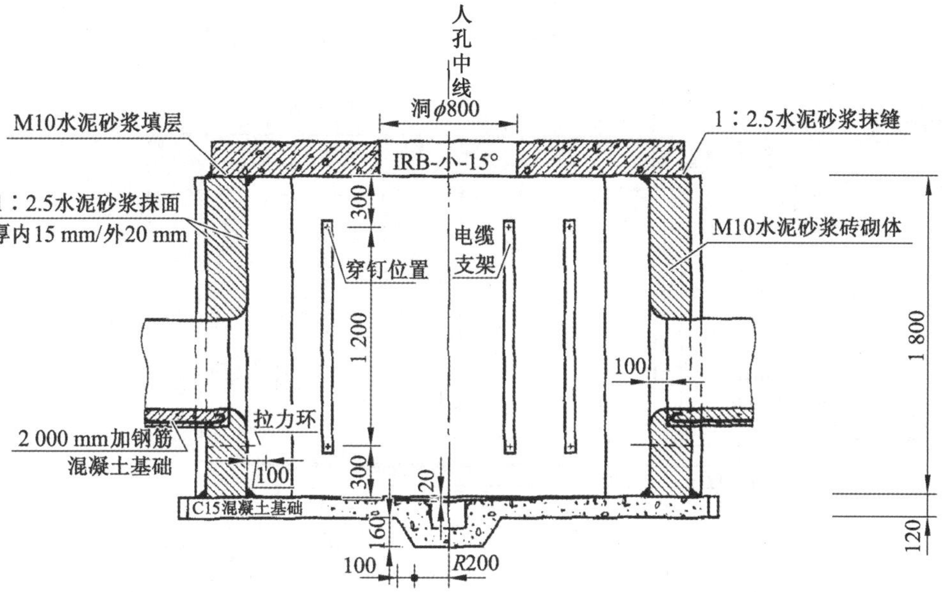

（b）小号15°斜通型人孔断面图

图4.52　小号三通型人孔图（YD5178—2009）

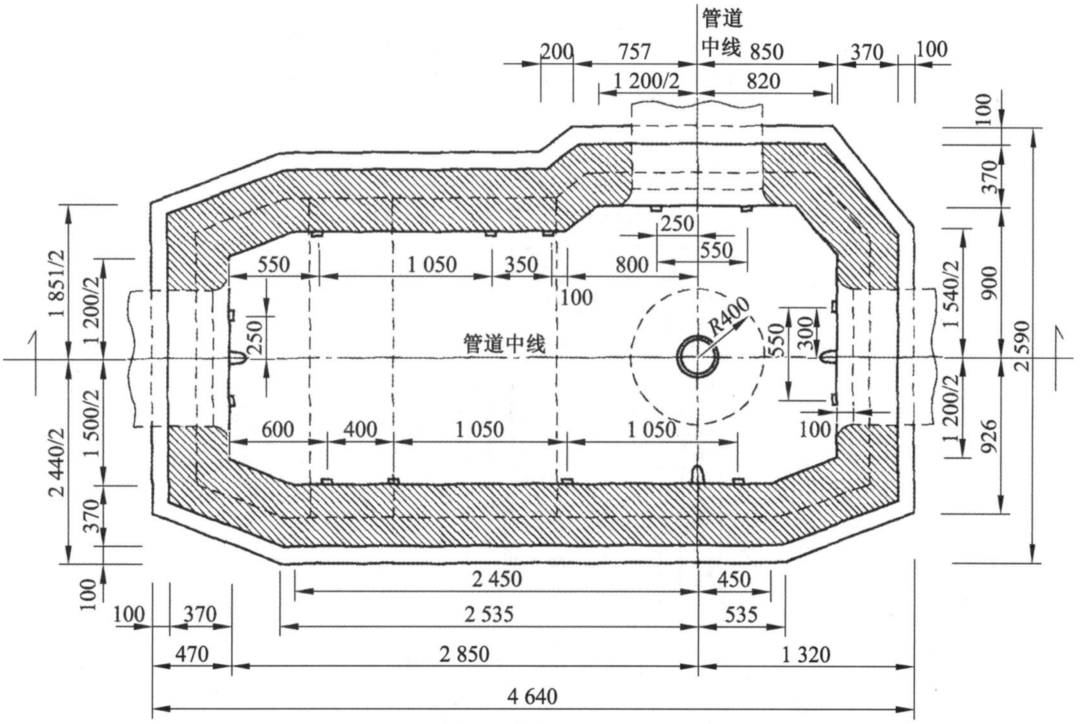

（a）中号三通型人孔平面图

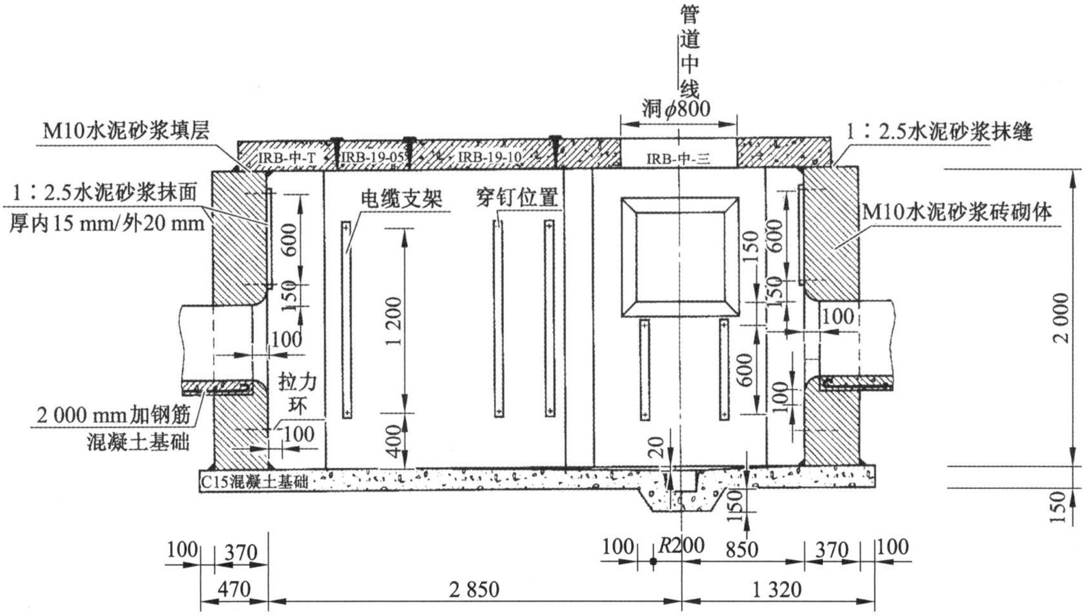

（b）中号三通型人孔断面图

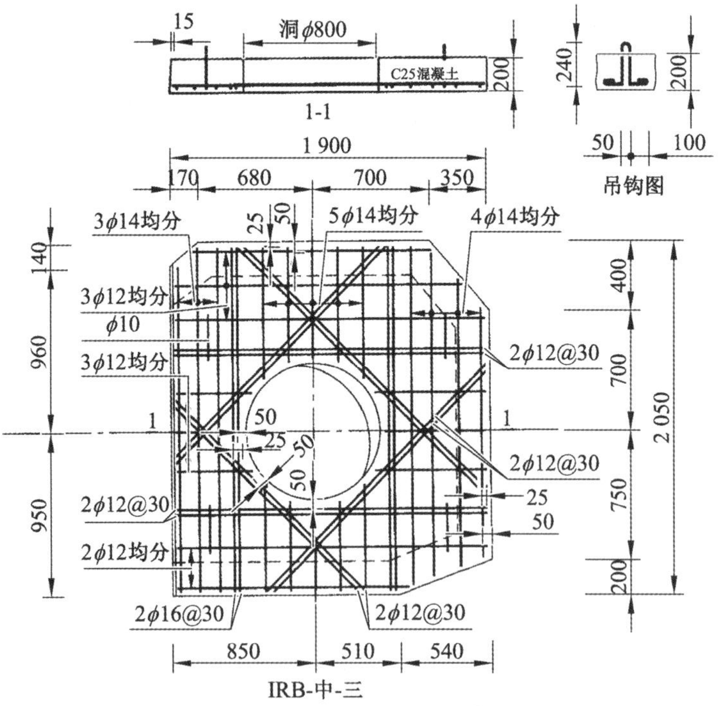

（c）中号三通型人孔上覆（分歧端）钢筋图

图 4.53　中号三通型人孔图（YD5178—2009）

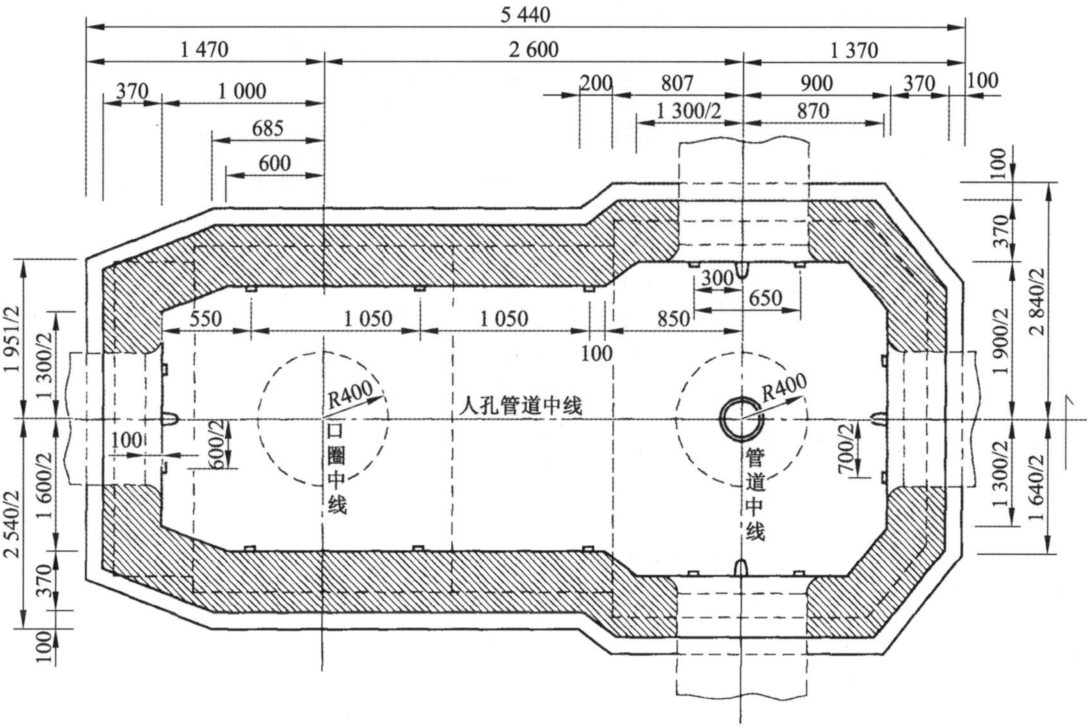

（a）大号四通型人孔平面图

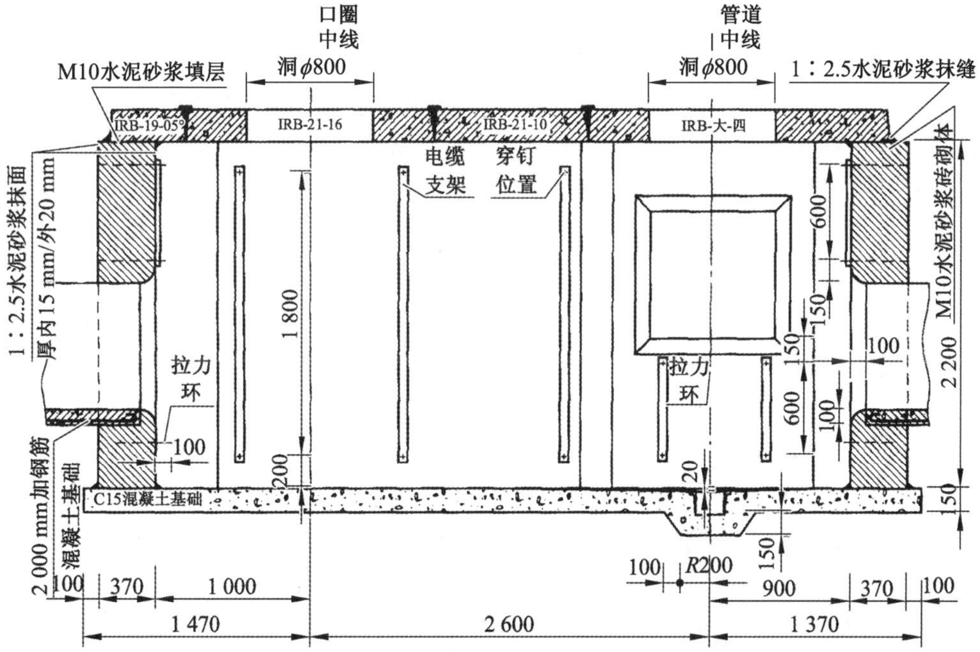

（b）大号四通型人孔断面图

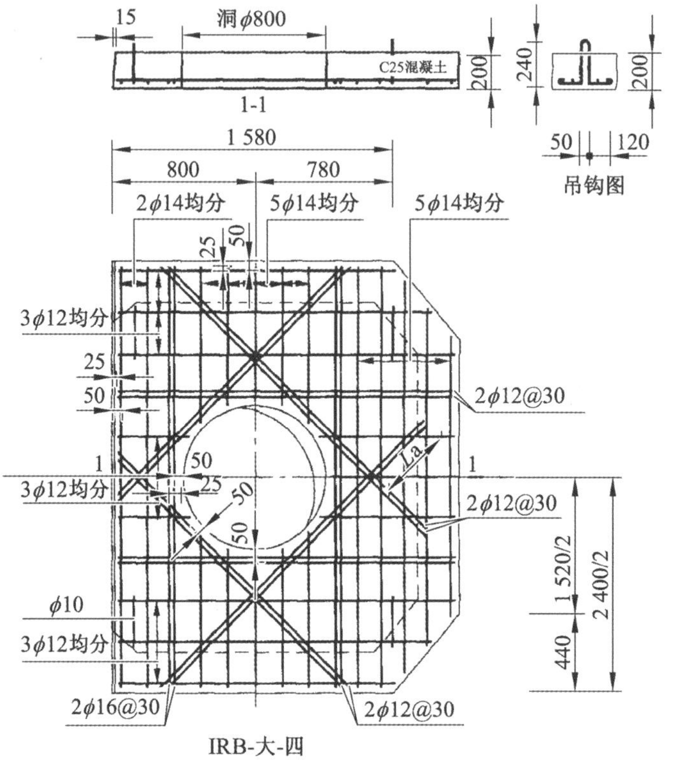

（c）大号四通型人孔上覆（分歧端）钢筋图

图 4.54　大号四通型人孔图（YD5178—2009）

（2）常见手孔图集。当管道在 6 孔以下时一般建筑手孔。手孔一般为长方形。常见的手孔有 SSK（也叫 SK0）、SK1（俗称 1 号手孔）、SK2（俗称 2 号手孔）、SK3（俗称 3 号手孔）、SK4（俗称 4 号手孔），同样在《通信管道人孔和管块组群图集》（YDJ101—1990）和《通信管道人孔和手孔图集》（YD5178—2009）上的规定略有差异，如图 4.55 ~ 图 4.63 所示。

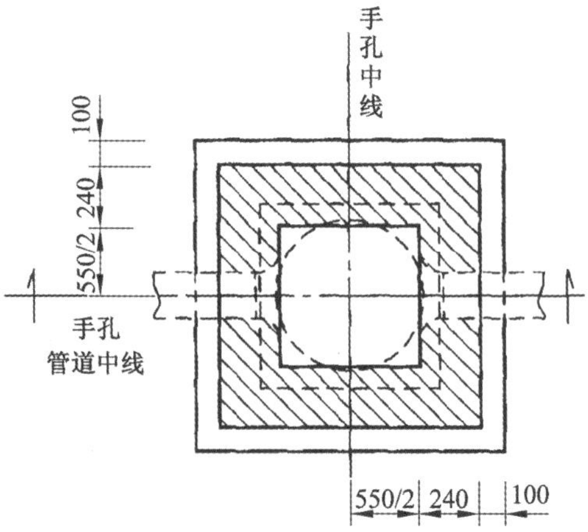

（a）55×55 手孔平面图

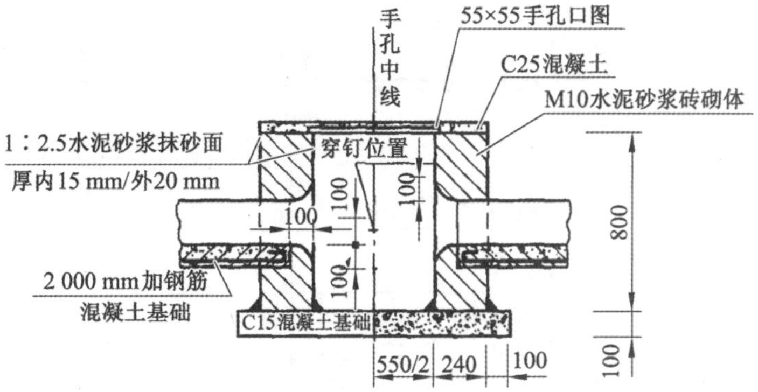

（b）55×55 手孔断面图

图 4.55 55×55 手孔图（YD5178—2009）

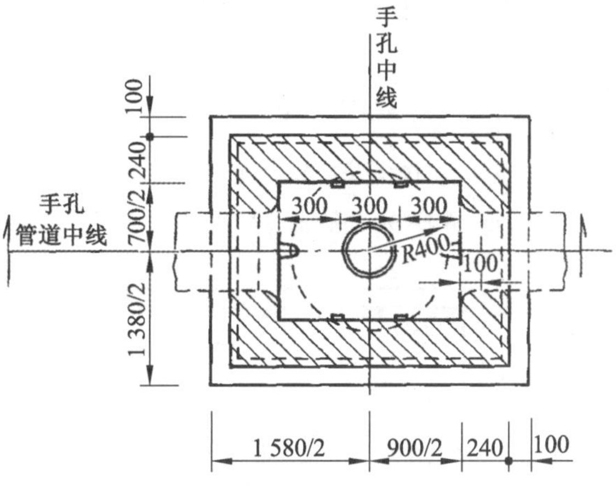

（a）70×90 手孔平面图

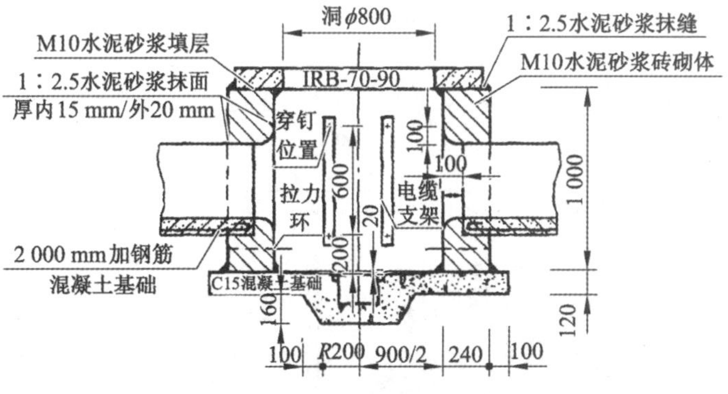

（b）70×90 手孔断面图

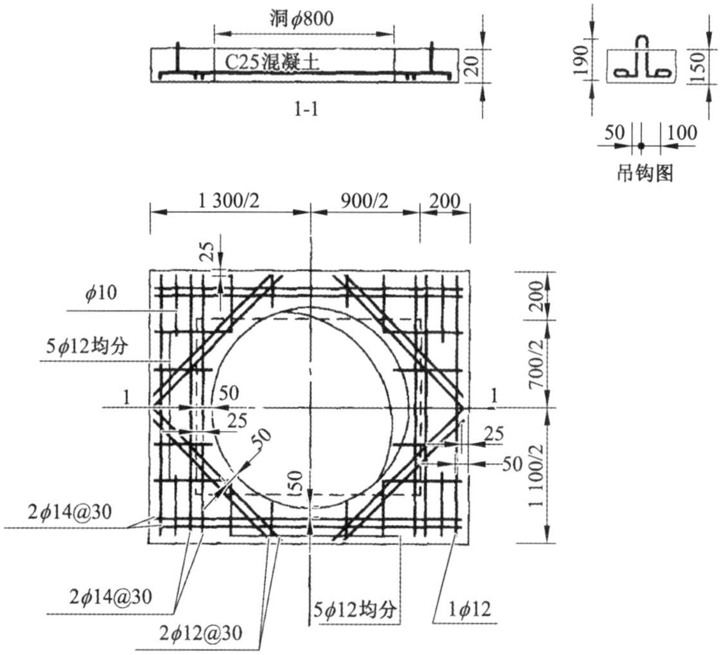

（c）IRB-70×90 上覆钢筋图

图 4.56　70×90 手孔图（YD5178—2009）

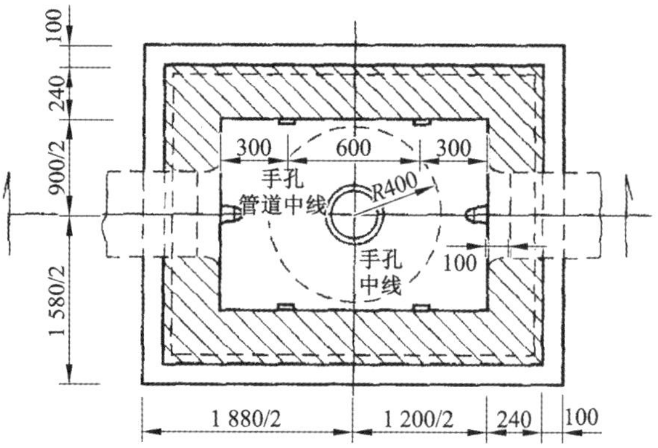

（a）90×120 手孔平面图

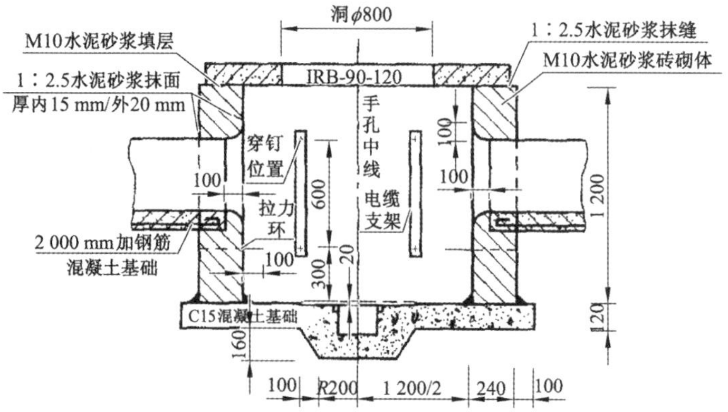

（b）90×120 手孔断面图

图 4.57　90×120 手孔图（YD5178—2009）

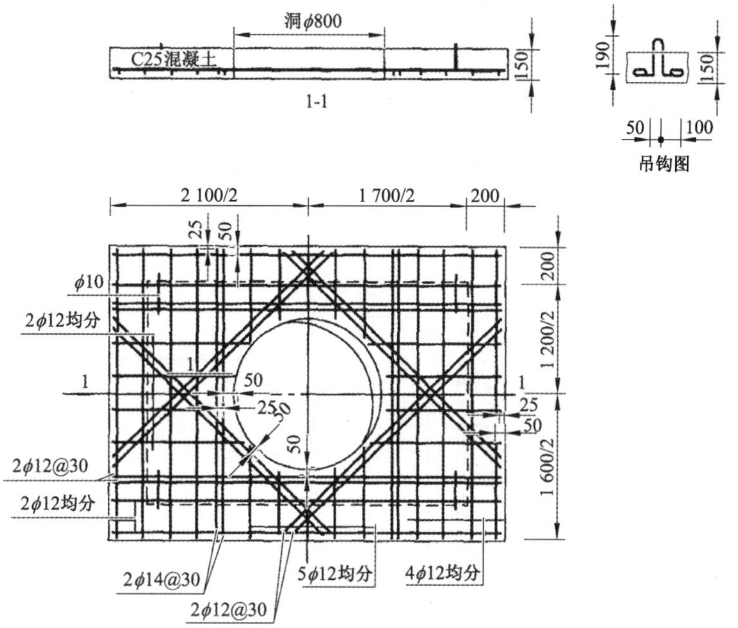

（a）120×170 手孔上覆钢筋图

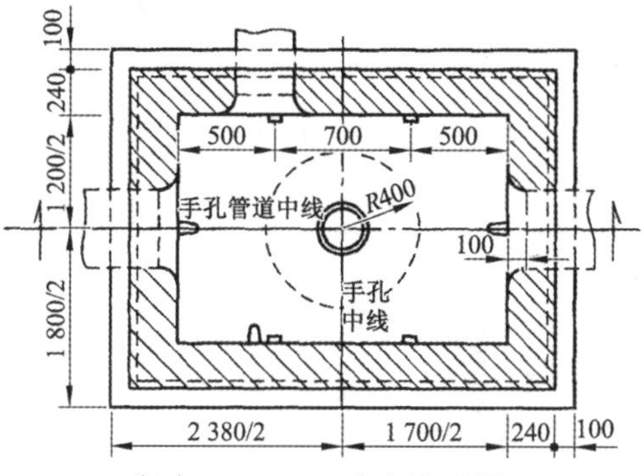

（b）120×170 手孔平面图

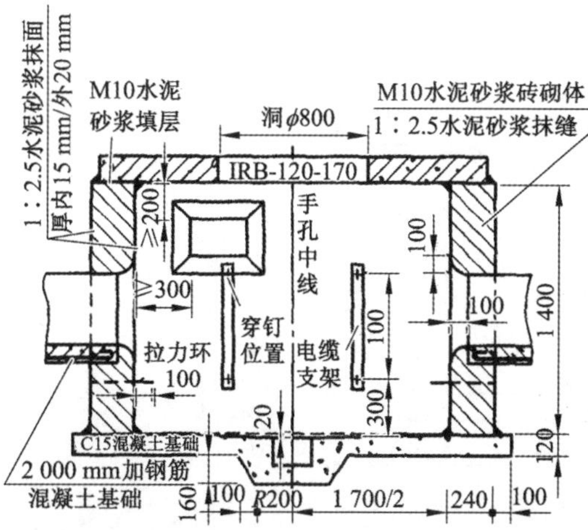

注：分歧窗口超过30mm时，应加过梁。

（c）120×170 手孔断面图

图 4.58　120×170 手孔图（YD5178—2009）

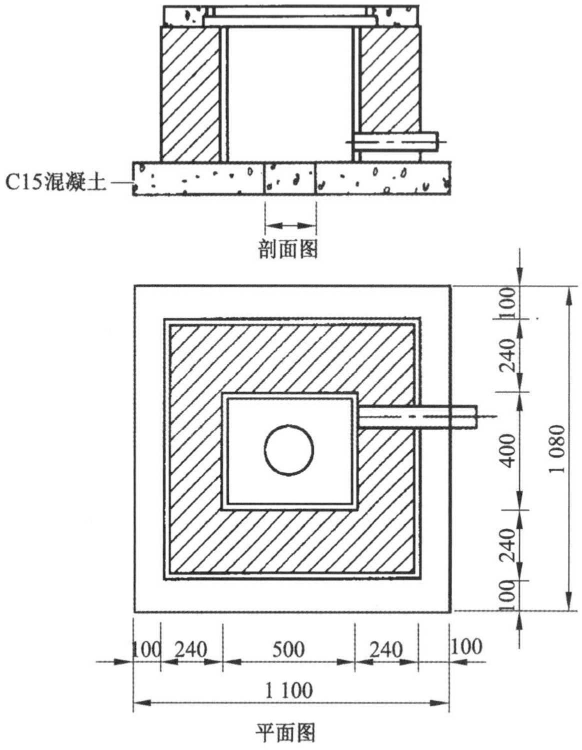

主要材料参考表

序号	名　称	单位	数量
1	小手孔外盖	套	1
2	Mμ10 机砖	块	151
3	#325 水泥	kg	71
4	中砂	kg	317
5	石子	kg	225

图 4.59　SSK 手孔图（YD5062—98）

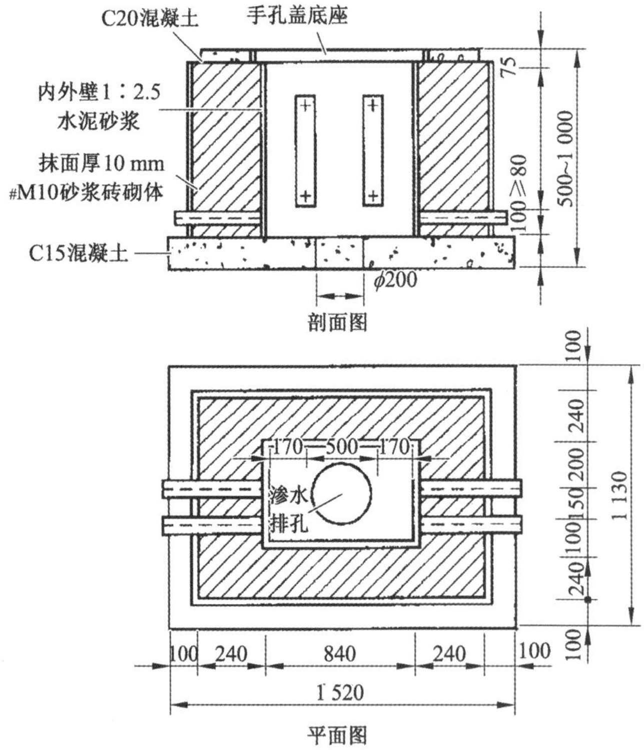

主要材料参考表

序号	名　称	单位	数量
1	SKI 盖	套	1
2	Mμ10 机砖	块	346
3	50 × 50 × 5 角钢	kg	32
4	#325 水泥	kg	135
5	中砂	kg	630
6	石头	kg	359

说明：1. 一号手孔的墙壁厚度为 115 mm、180 mm 或 240 mm 三种，视侧荷载及环境而定，本图的材料表是按 240 mm 砖墙计算的。

2. 材料按挖深 0.9 m 计算，如增减 0.1 m，则应增减机砖 47 块和水泥 10 kg。

3. 高地下水位地点，将 φ200 渗排水孔改为积水坑。

单位：mm

图 4.60　SK1 手孔图（YD5062—98）

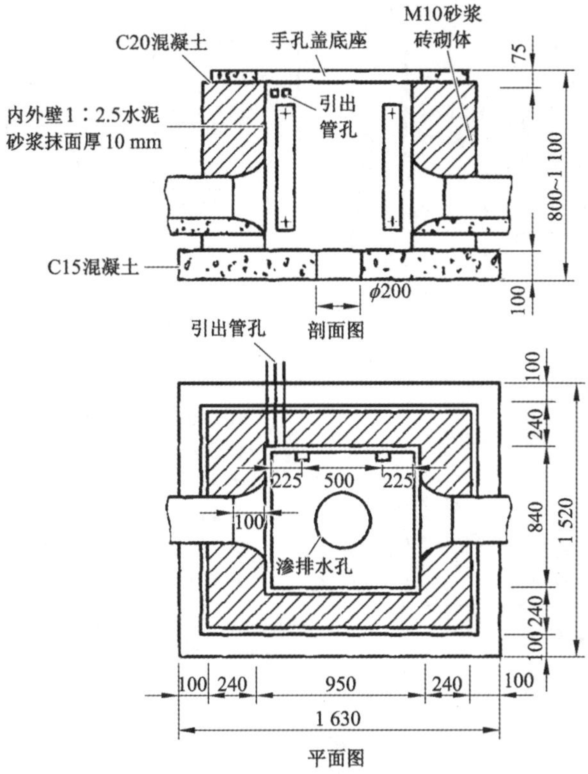

主要材料参考表

序号	名　称	单位	数量
1	SK2 手机盖	套	1
2	Mμ10 机砖	块	512
3	乙式电缆支架	个	4
4	穿钉	个	8
5	#325 水泥	kg	195
6	中砂	kg	919
7	石子	kg	516

说明：1. 二号手孔的墙壁厚度为 115 mm、180 mm 或 240 mm 三种，视侧荷载及环境而定，本图的材料表是按 240 mm 砖墙计算的。

2. 材料按挖深 1 m 计算，如增减 0.1 m，则应增减机砖 61 块和水泥 13 kg。

3. 高地下水位地点，将 ϕ200 渗排水孔改为积水坑。

单位：mm

图 4.61　SK2 手孔图（YD5062—98）

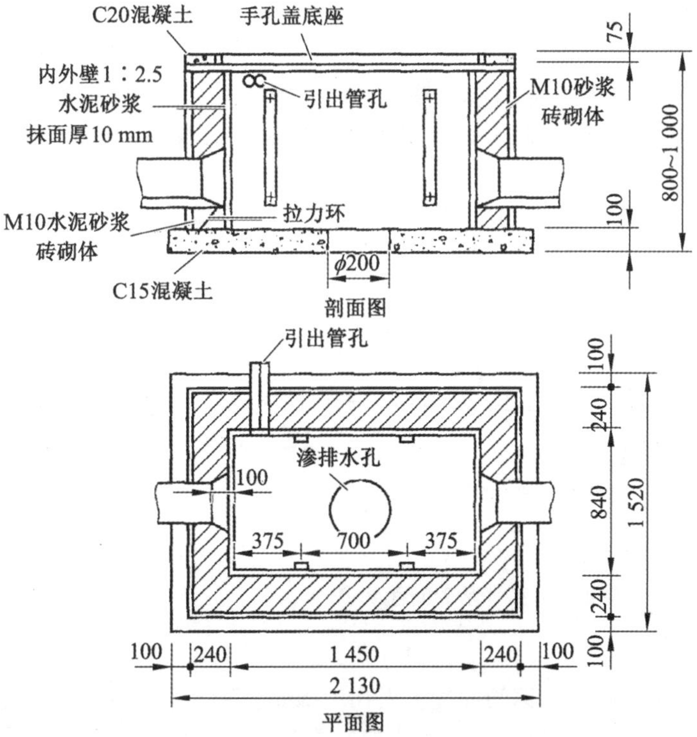

主要材料参考表

序号	名　称	单位	数量
1	SK3 手机盖	套	1
2	Mμ10 机砖	块	600
3	拉力环	个	2
4	乙式电缆支架	个	4
5	穿钉	个	8
6	#325 水泥	kg	234
7	中砂	kg	1 095
8	石子	kg	628

说明：1. 三号手孔的墙壁厚度为 115 mm、180 mm 或 240 mm 三种，视侧荷载及环境而定，本图的材料表是按 240 mm 砖墙计算的。

2. 材料按挖深 1 m 计算，如增减 0.1 m，则应增减机砖 61 块和水泥 13 kg。

3. 高地下水位地点，将 ϕ200 渗排水孔改为积水坑。

单位：mm

图 4.62　SK3 手孔图（YD5062—98）

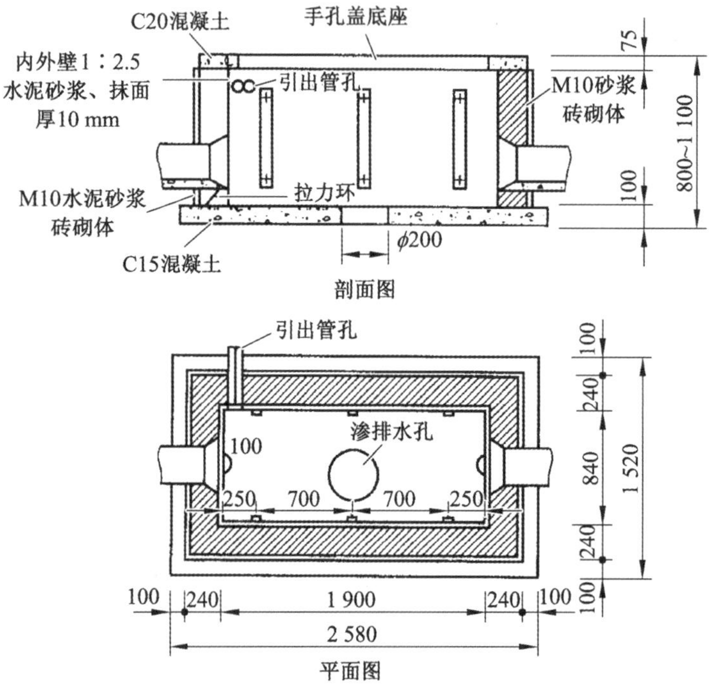

主要材料参考表

序号	名　称	单位	数量
1	SK3 手机盖	套	1
2	Mμ10 机砖	块	700
3	拉力环	个	2
4	乙式电缆支架	个	6
5	穿钉	个	12
6	#325 水泥	kg	275
7	中砂	kg	1 281
8	石子	kg	750

说明：1. 四号手孔的墙壁厚度为 180 mm 或 240 mm 两种，视侧荷载及环境而定，本图的材料表示是按 240 mm 砖墙计算的。

2. 材料按挖深 1 m 计算，如增减 0.1 m，则应增减机砖 83 块和水泥 18 kg。

3. 高地下水位地点，将 ϕ200 渗排水孔改为积水坑。

单位：mm

图 4.63　SK4 手孔图（YD5062—98）

4）人（手）孔的基础

人（手）孔的基础是直接与地基接触的，地基的好坏直接影响基础的质量，所以在浇注前必须按规定进行夯实、抄平；然后校核基础形状、方向、地基高程，支起模板，进行浇注。基础一般为现场浇注混凝土，浇注前需按规定挖好积水罐安装坑，安装坑应比积水罐外形四周大 100 mm，坑深比积水罐高度深 100 mm，基础表面应从四个方向向积水罐做 20 mm 的泛水。如图 4.64 所示。人孔通常用混凝土做基础，一般采用 C10 混凝土，基础厚度为 12 cm。局前人孔若建筑在车行道上，一般采用钢筋混凝土结构，钢筋要配置在受拉部位上，混凝土净保护层厚度为 3 cm。

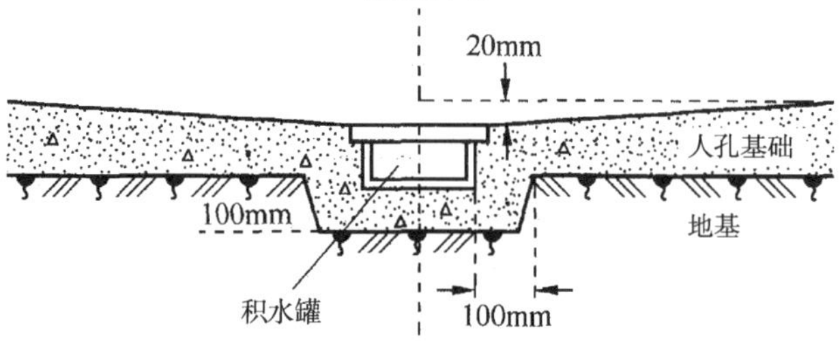

图 4.64　人（手）孔的基础断面图

5）人（手）孔四壁

砖砌人（手）孔四壁用 100 号机砖砌成；钢筋混凝土人孔用钢筋、石子、水泥建筑。人（手）孔的四壁应安装 U 形拉环和电缆托架穿钉。砖砌人孔铁架穿钉安装如图 4.65 所示。管道进入人孔应抹成圆楞八字（俗称喇叭口），四周抹成方框，管道进入人孔位置如图 4.66 所示。

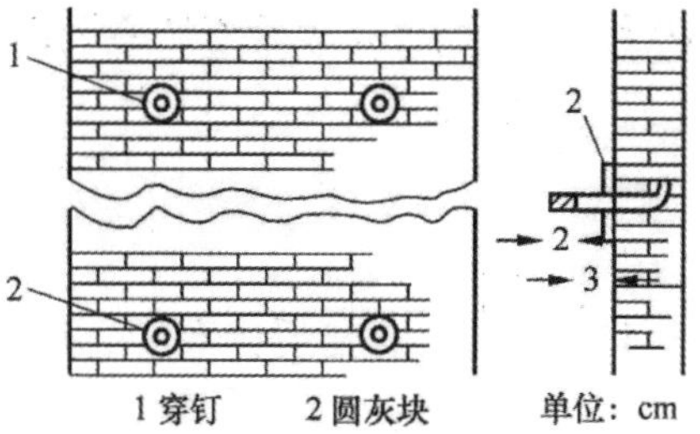

图 4.65　人孔铁架穿钉安装

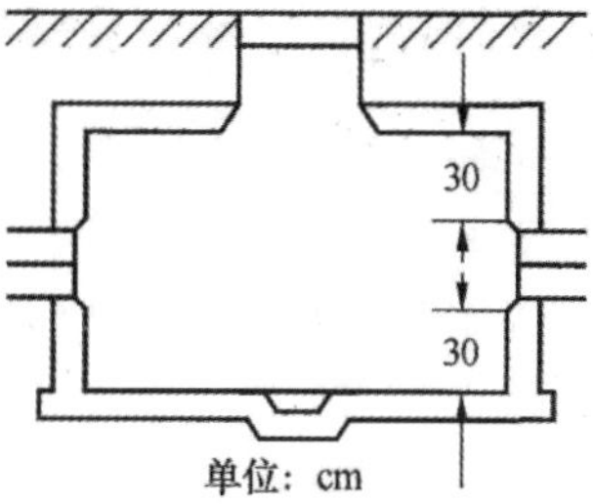

图 4.66　管道进入人孔位置

6）人孔上覆

为了抽穿和检修电缆，人孔上覆要留有出入口。出入口的上口直径 66 cm，下口为 70 cm。出入口的中心应与各路管道中心线交点重合，特殊情况下出入口偏离中心线交点不得大于 10 cm ~ 20 cm。各路管道中心线也不得越到出入口范围以外，如图 4.67 所示。人孔上覆有时预制件运到现场安装，有时现场浇注。

7）人孔的附属设备

人孔的附属设备有人孔铁口圈、人孔铁盖、电缆托架等。人孔铁口圈安装在人孔上覆圆形出入口，内径为 65 cm，一般配有双层盖即外盖与内盖。内盖用于锁住铁口圈防止杂物进入人孔。外盖厚实机械强度大，用于封口和保护人孔。人孔铁口圈及铁盖安装如图 4.68 所示。

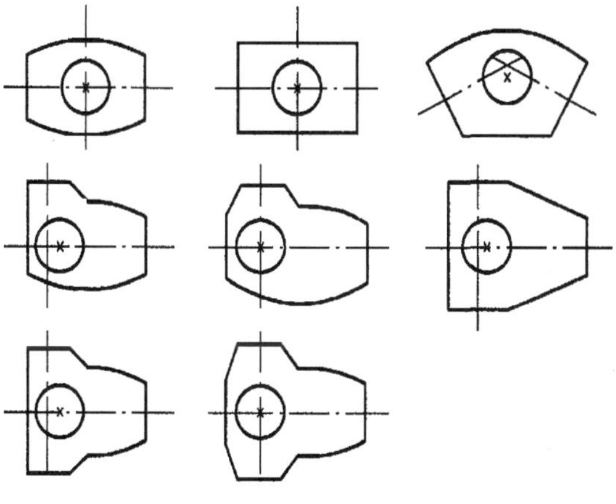

图 4.67　人孔上覆出入口位置

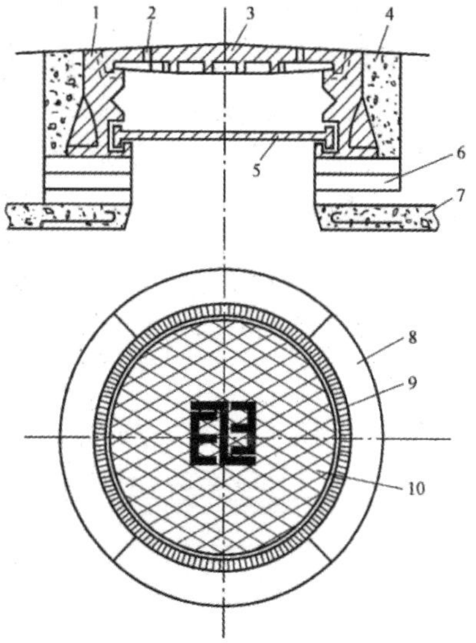

1—铁口圈；2—钥匙孔；3—外铁盖；4—混凝土缘石；5—内铁盖；6—砖缘；7—上覆；8—混凝土缘石；9—铁口圈；10—外铁盖。

图 4.68　人孔铁口圈及铁盖安装

电缆铁架和托板是安装在人（手）孔侧壁上面用以承托电缆的设备，其安装数量和位置根据人孔开关和大小决定。

7. 管道光缆敷设

（1）对于梅花管和单管子管的管道可以直接穿放光缆。

（2）对于 PVC 管或波纹管，一般敷设 3 根塑料子管敷设光缆，子管在两个人（手）孔间不得有接头，子管在人（手）孔内伸出长度为 20 ~ 40 cm。

（3）光缆在人（手）孔内的光缆顺靠墙壁绑扎固定，子管外部光缆应采用塑料管或波纹管保护，如图 4.69 所示。

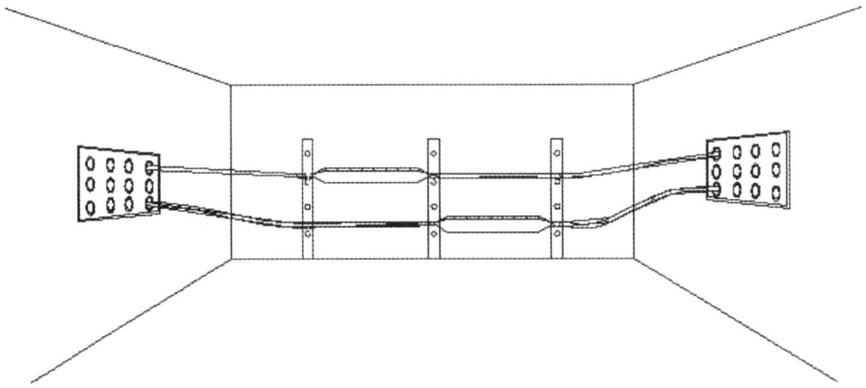

图 4.69　光缆顺墙壁绑扎固定

（4）管道光缆每隔 500 m 应做一次 10 m 以上的预留，光缆接头两侧预留各为 10 ~ 15 m，预留光缆可盘留在接头人（手）孔内，当接头人（手）孔内拥挤时，也可盘留在两端相邻的人（手）孔内，在人（手）孔内的预留光缆必须盘留绑扎、固定安放在人（手）孔适当的位置上，在每个人（手）孔内的管道光缆应做光缆标志牌。如图 4.70 所示。

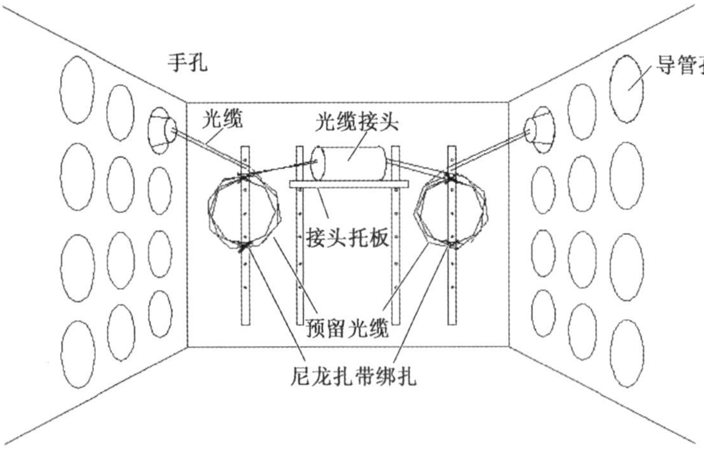

图 4.70　光缆预留

8. 管道电缆的敷设

掌握管道电缆的正确敷设方法和相关技术要求，对从事通信电缆工程施工具有极其重要的现实意义。主要内容包括：选用管孔、人孔上面的安全措施和人孔内有害气体的检查与通风、清刷管道和人孔、布放管道电缆、电缆和接头在人孔内排列等。

1）选用管孔

合理选用管孔有利于穿放电缆和维护工作。选用管孔时总的原则是按先下后上、先两侧后中央的顺序安排使用。大对数电缆和长途电缆一般应敷设在靠下和靠侧壁的管孔。管孔必须对应使用。同一条电缆所占管孔的位置在各个人孔内应尽量保持不变，以避免发生电缆交错现象。一个管孔内一般只穿放一条电缆，如果电缆截面积较小允许在同一管孔内穿放两条电缆，但必须防止电缆穿放时因摩擦而损伤护套。管孔内不应穿放铠装电缆或油麻电缆。

2）人孔上面的安全措施和人孔内有害气体的检查与通风

敷设管道电缆时，一旦打开人孔盖，应立即围上铁栅，铁栅上插小红旗（夜间安装红灯）作为警示信号。在繁忙的车行道上，应指派专人维护交通或增加警示信号，防止发生事故。在人孔附近屯放或移动电缆时，应尽量避免妨碍交通，工具应防止掉入人孔或放在道路上，工具车应放在街道旁或人行道旁，以免影响交通。市内人孔，特别是建筑多年又不经常打开的人孔，可能存在有害气体，在下孔工作前须对人孔内的气体进行检查。

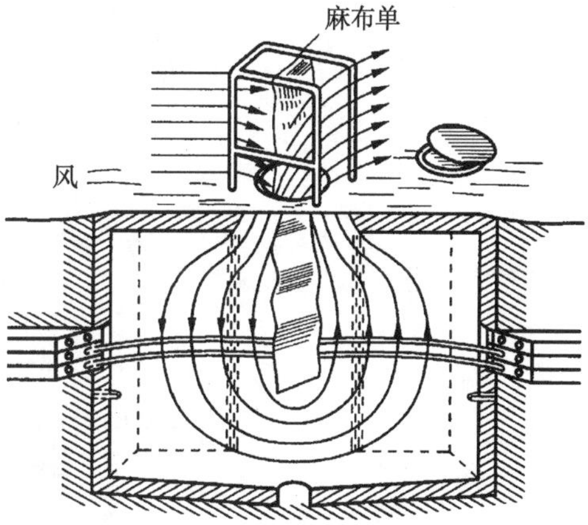

图 4.71　人孔自然通风

检查时可采用安全矿灯。人孔盖打开后，把矿灯悬入人孔底部，如灯焰正常点燃，则说明人孔内无有害气体。如灯焰减弱、伸长或熄灭，说明人孔内存在有害气体，必须进行人孔通风工作。通风的方法有两种：一是自然通风法，如图 4.71 所示。另一种通风方法是强迫通风方法，用鼓风机把新鲜空气打入人孔内，以驱出有害气体，鼓风机管口应靠近人孔底部，同时将相邻人孔盖打开，一起进行通风，此法适用于有害气体较浓的情况下。

3）清刷管道和人孔

无论是新建或旧有管道，敷设电缆前，均应对管孔和人孔进行清刷，以便电缆能顺利穿放。清刷管道时，应先用竹片或塑料管穿通。竹片之间用 1.5 mm 直径的铁线逐段扎接，竹片青面朝下，后一片叠加在前一片的上面，这样可以减少穿通时的阻力。在有积水的管道，应将积水抽出后再穿入竹片。由于管道内长期积水，经常维护中也未能按规定进行清刷，使管内积存淤泥或其他杂物，从一端穿入竹片或塑料管不能顺利通过时，可采用两端同时穿入的方法，但事先在两端加装十字环和四爪钩，待两端在管孔中相碰时能勾连出来，然后，从一端将竹片或塑料管拖出。十字环和四爪钩如图 4.72 所示。

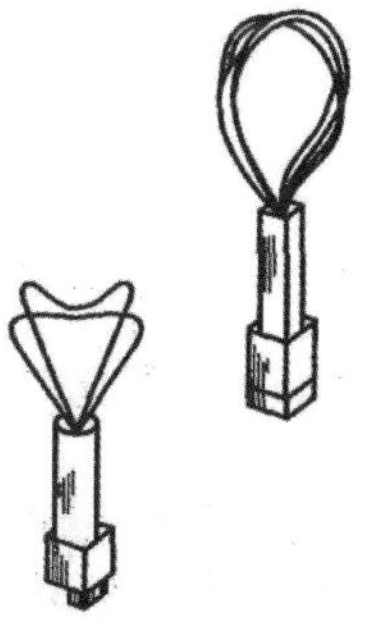
图 4.72　十字环和四爪钩

竹片或塑料管从管孔内拖出时，必须在末端绑上 4.0 mm 铁线一根，带入管孔作为引线。利用引线末端连接清刷管道的整套工具，清除管孔内淤泥和其他杂物，同时清除人孔内积水和杂物，经过清刷后的管孔通畅，即可敷设电缆。清刷管道整套工具如图 4.73 所示。

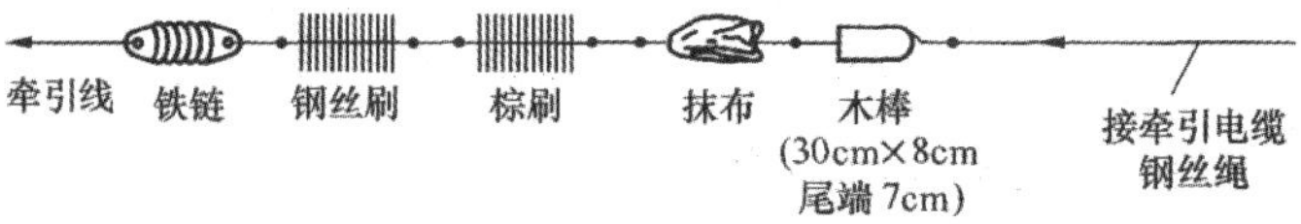

图 4.73　清刷管道整套工具

4）布放管道电缆

布放电缆前应检查电缆盘号、端别、电缆长度、对数及程式等，准确无误后再敷设。敷设时，将电缆盘放在准备穿入电缆管道的同侧，并使电缆能从盘的上方缓缓放出，由电缆盘至管孔口的一段电缆应成均匀的弧形，如图 4.74 所示。

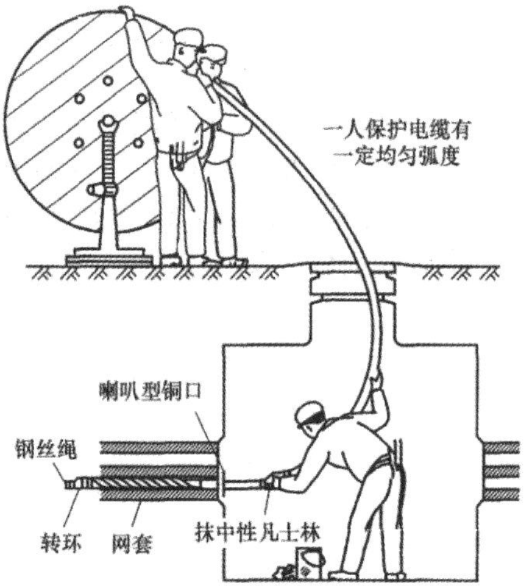

图 4.74　管道电缆的敷设

当两人孔间为直线管道时，电缆应从坡度较高处往低处穿放；若为弯道时，应从离弯曲处较远的一端穿入。引上电缆应从地下端穿放，在人孔口边缘顺电缆放入的地方应垫以麻包或草垫，管孔口还应安放喇叭形铜口，以免擦伤电缆护套。

牵引电缆前，将电缆网套套在电缆端部并用铁线扎紧。牵引用的钢丝绳与电缆网套的连接处加接一个铁转环，以防止钢丝绳扭转时电缆也随着扭转而受损，如图 4.75 所示。

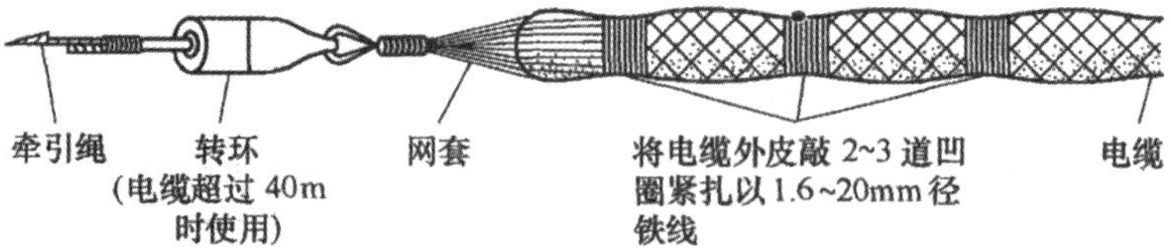

图 4.75　电缆网套与转环装置

牵引电缆过程中，要求牵引速度均匀缓慢，尽可能避免间断顿挫。牵引的另一端用牵引机牵引，管孔出口处及人孔上口处均应垫以铜口，以防止电缆擦伤，如图 4.76 所示。

电缆被拖出管孔后，如需继续向前布放，则移动牵引机至前方人孔牵引处，先穿放钢丝绳，再继续牵引，向前布放。如布放到位，须将电缆网套端拖出人孔，留足所需的接续、拿弯、引上等长度，截掉一小段电缆头（以缆芯中无潮气为适当），封上端帽，冷却后充入干燥气体，电缆布放即可结束。

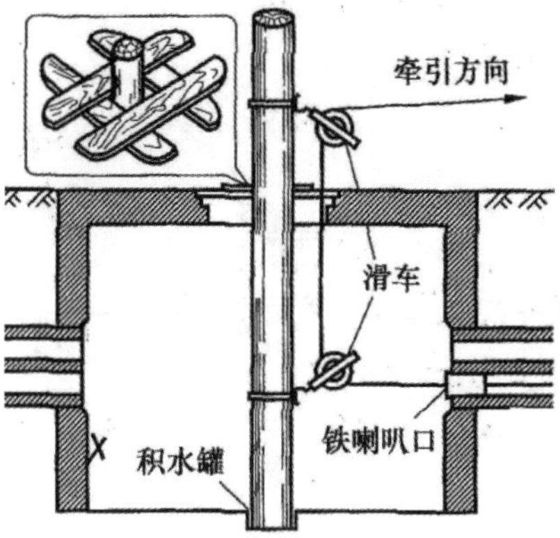

（a）无拉力环牵引方式

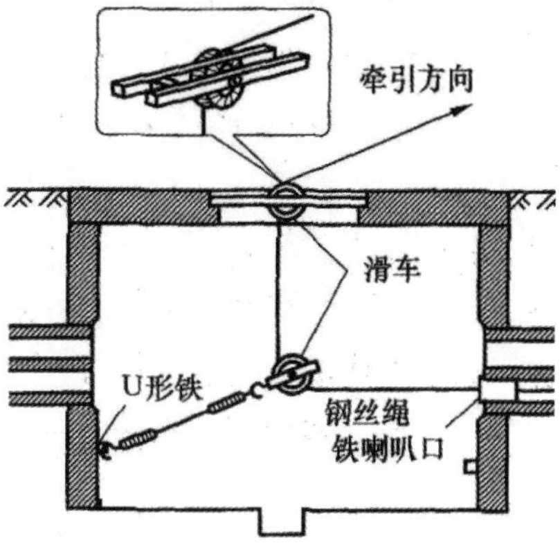

（b）有拉力环牵引方式

图 4.76　电缆牵引端示意图

全塑电缆的接续费用较高，在布放中要设法减少接头个数，以降低接续费用，同时也提高施工效率。一般说来，在水泥管道内布放外径 60 mm 以上的全塑电缆，段长不宜超过 200 m；在塑料管内布放可以达到 250 m 左右，外径 60 mm 以下的全塑电缆，段长可以再增加 50 m。为了减少接头，还可采用双向布放的方法，如图 4.77 所示。

管道电缆引上时，一般用钢管从人孔铺设到引上杆，在引上杆上扎引上钢管。如图 4.78 所示。穿放引上电缆时，可在安装好钢管后，管内穿好牵引钢线将电缆拖出引上管口；也可先穿好电缆再绑扎钢管。全塑电缆严禁在管孔内接续。布放全塑电缆最好使用密封性能较好地牵引头，严禁电缆端头进水。

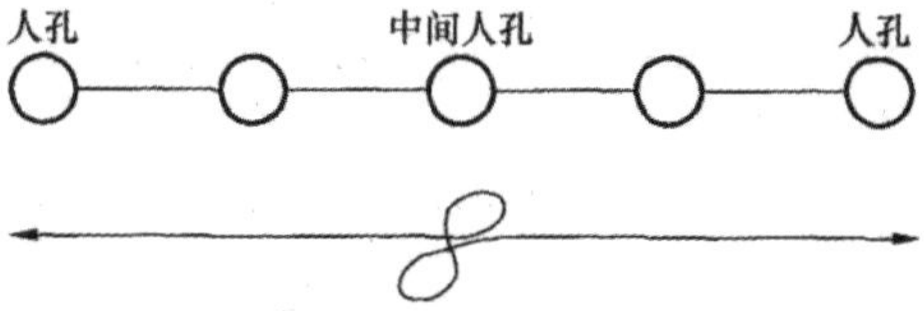

图 4.77　管道电缆双向布放方法

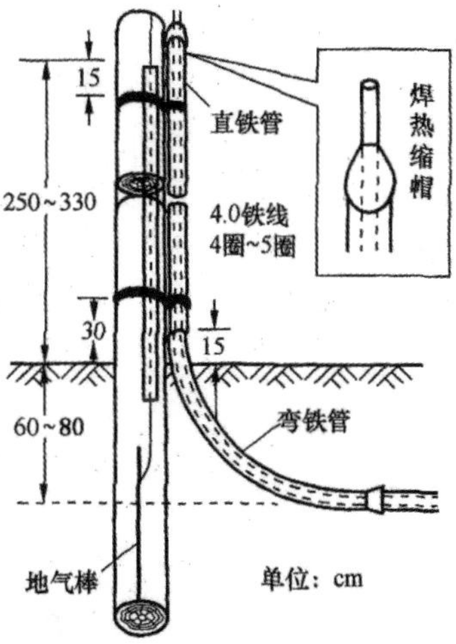

图 4.78　管道电缆引上

5）电缆和接头在人孔内的排列

通信电缆管道通常按远期需要建设，所以容量较大，这就需要电缆在人孔内的排列、走向有一定的顺序。电缆接头必须交错放置。这样既便于扩建和日常维护，又可减少电缆故障。全塑电缆连续穿越多段人孔时，应在每个人孔内留足电缆拿弯余量，布放位置要正确，并应用扎带绑在托板上，如图 4.79 所示。人孔内的引上电缆布放、接头位置如图 4.80、图 4.81 所示。分歧型人孔电缆走向和接头位置如图 4.82 所示。

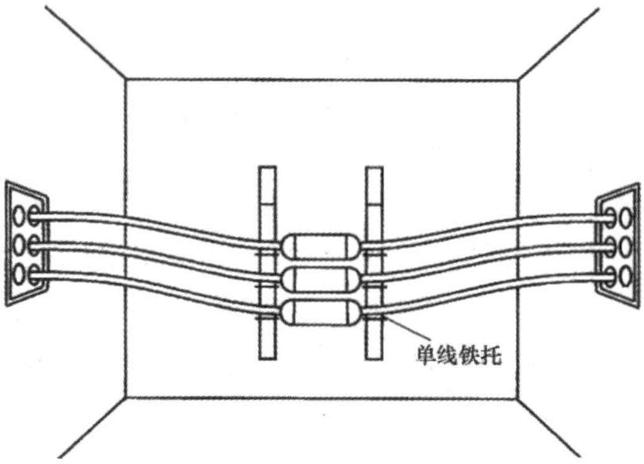

图 4.79　全塑电缆在人孔内的布放及绑扎

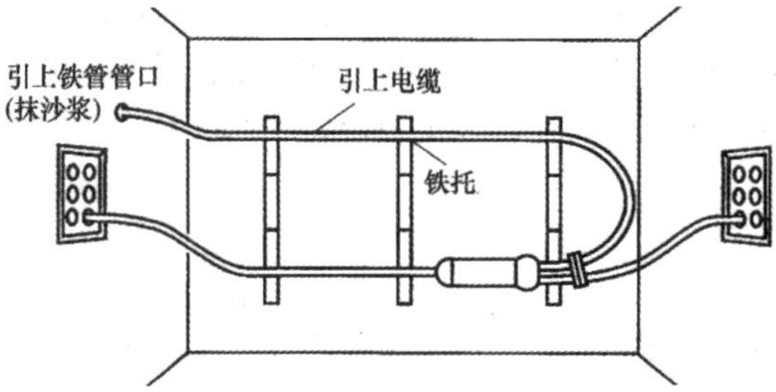

图 4.80　单向引上

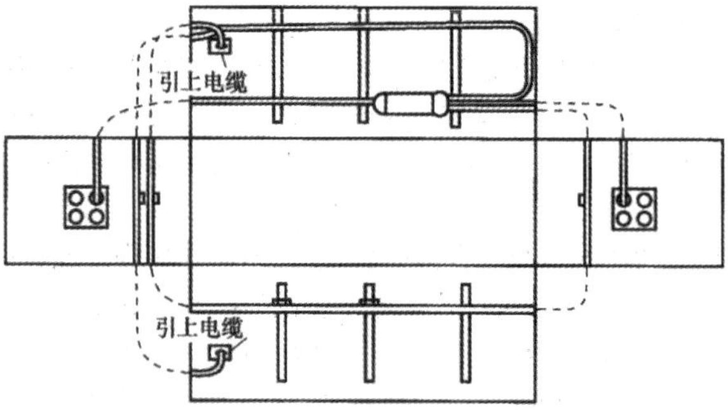

图 4.81　双向引上

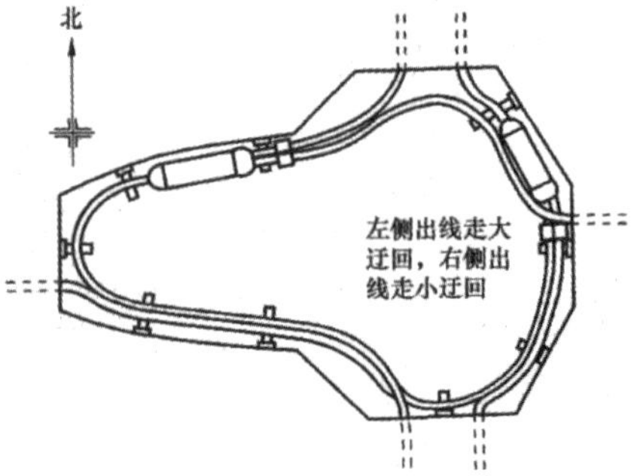

图 4.82　分歧型人孔电缆走向、接头位置

第三部分：学习效果及评价

课次		课时	
课堂笔记			
课后习题			
1. 试述管道断面排列组合的原则。			
2. 人孔类型有哪些？选择的依据是什么？			
评定等级		评定教师	

任务四　直埋线缆敷设

4.4　直埋线缆敷设　　4.4　直埋通信线缆案例

第一部分：课程导读

课次		课时	
课程地位	直埋敷设方式，具有建筑费用低、施工简便等优点，但由于埋入地下，经常维修和查修障碍较为困难。一般用于远离城市中心与局所地区。通过该内容的学习，学生能逐渐适应通信线路工程岗位的能力要求。并且逐渐培养学生规范操作、独立制作、检查、分析、处理、解决问题能力；团队合作、多人共同作业的协作能力；对人际关系和突发事件处理能力		
主要内容	● 直埋线缆的敷设流程； ● 直埋线缆的案例	教学目标	● 能说出直埋线缆的施工流程； ● 能辨别直埋线缆施工中存在的问题
课程重点	● 直埋线缆的敷设流程	课程难点	● 直埋线缆的施工要求
课程小结	直埋线缆必须采用铠装线缆。其施工步骤是：复测划线、挖掘沟槽及接头坑、采用人工或机械方法布放电缆，安装保护装置、回土夯实、设立标志等		
板书设计	（1）直埋线缆的路由；（2）直埋线缆敷设前的准备；（3）敷设直埋线缆；（4）直埋式线缆的保护；（5）回土夯实与标志		
教学资源	4.4 直埋线缆敷设 4.4 直埋通信线缆案例		

第二部分：学习内容

1. 直埋光缆敷设

（1）直埋光缆沟底宽度宜为 30 cm，埋设时光缆应套塑料管保护，斜坡上的埋设光缆沟应按设计规定的措施处理，光缆的埋深应符合表 4.16 规定。

表 4.16　光缆的埋深

敷设地段	埋深/m	备注
普通土、硬土	≥1.2	沟底应垫 10 cm 细土或细沙
半石质、砂砾土、风化石	≥1.0	沟底应垫 10 cm 细土或细沙
全石质、流沙	≥0.8	沟底应垫 10 cm 细土或细沙
市郊、村镇	≥1.2	
市区人行道	≥1.0	
穿越铁路（距道砟底）、公路（距路面）	≥1.2	
沟渠、水塘	≥1.2	
河　流	按水底电缆要求	

注：对于特殊地段如石质、半石质地段沟的深度一般应不小于 20 cm，并在沟底和光缆上方各铺 10 cm 厚的细土或沙土，沟底应平整无碎石

（2）直埋光敷设光缆的 A、B 端方向应符合设计要求。

（3）直埋光缆的曲率半径应大于光缆外径的 20 倍。

（4）同沟敷设两条光缆以上时，应平行排列，且两条光缆间距应不小于 5 cm，不得交叉或重叠。

（5）埋式光缆与其他设施平行或交越时的间距应符合表 4.17 要求。

表 4.17　埋式光缆与其他设施平行或交越时的间距要求

设施名称	种类	最小间距/m	
		平行时	交越时
给水管	直径 300 mm 以下	0.5	0.5
	直径 300～500 mm 以下	1.0	0.5
	直径 500 mm 以上	1.5	0.5
排水管		1.0	0.5
热力管		1.0	0.5
煤气管	压力小于或等于 300 kPa	1.0	0.5
	压力大于 300 kPa	2.0	0.5
通信管道		0.75	0.25
建设红线		1.0	
排水沟		0.3	0.5

续表

设施名称	种类	最小间距/m	
		平行时	交越时
市外大树		2.0	
市内大树		0.75	0.5
电力电缆		0.5	0.5
		2.0	0.5

（6）光缆必须平放于沟底，不得腾空和拱起。光缆布放后，应检查光缆外皮，如有破损立即修复。

（7）光缆预留长度必须满足表 4.18 要求。

表 4.18　光缆预留长度要求

序号	项目	长度/m	备注
1	自然弯曲增加长度/（m/km）	5	
2	人孔内弯曲增加长度/（m/人孔）	0.5～1.0	具体按设计要求进行预留
3	接头每侧预留长度/m	8～15	具体按设计要求进行预留
4	设备每侧预留长度/m	10～20	

（8）回填土：先回填 10 cm 厚的碎土或细土，严禁将石块、砖头、冻土等推入沟内，应人工踏平。

（9）回填土应高出地面不小于 10 cm。

（10）直埋标石编号白底红或黑漆正楷字，字体端正，表面清洁。编号应根据传输方向自 A 端至 B 端方向编排，一般以一个中继段为独立编号单位。标石的编号及符号应一致如图 4.83 所示。

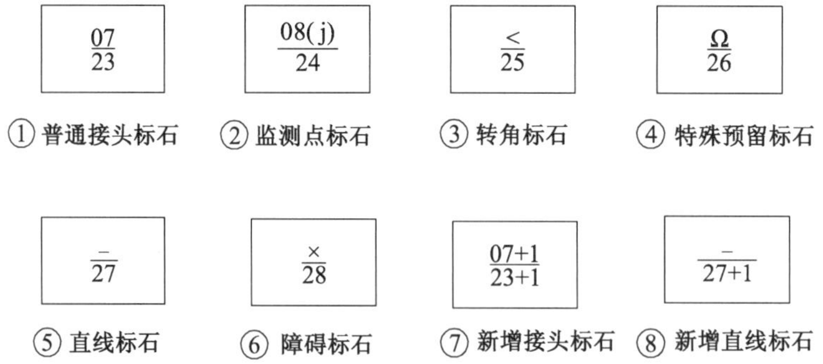

图 4.83　标石的编号及符号

2. 直埋电缆的敷设

直埋电缆线路与管道电缆相比，具有建筑费用低、施工简便等优点，但由于埋入地下，经常维修和查修障碍较为困难。只有在下列情况下才考虑直埋敷设。

① 远离城市中心与局所地区，且沿途用户或房屋较少。

② 目前该地区用户较少，而近期又无多大发展。

③ 杆路架设有困难的地区。

④ 长途电缆。

直埋电缆一般采用填充型铠装电缆。直埋电缆敷设路由和断面位置应根据事先勘测好的最佳方案确定。市内应沿人行便道敷设，跨越铁路、公路或街道时，路由应尽量与道路中心线垂直。不得敷设在任何建筑物下以免维修困难。

1）直埋电缆敷设前的准备

直埋电缆敷设前应进行复测划线、挖掘沟槽等工作。复测划线即根据施工图纸进行复测，核对电缆敷设的路由及具体埋设位置，用白灰（或白灰水）划出正确的电缆线路位置的中心线。挖掘电缆沟槽有两种施工方法：在地下设施较多的街道采用人工挖掘；在地下设施较少的田野间采用机械挖掘。

沿公路、街道或跨公路、街道挖掘沟槽时，应尽量避免妨碍交通。如果跨越路口、商店或住宅门口不能及时回土时，可在沟上搭坚固便桥以通行行人或车辆。在行人较多的交通繁忙地段施工时，应设安全标志，夜间点红灯以免发生事故。

电缆埋深主要根据当地冻土层的深度及电缆所受压力，电缆埋深必须大于当地冻土层的深度，通常是 0.7 ~ 0.9 m。直埋电缆穿越电车轨道或铁路轨道时，应装设保护管（钢管或水泥管），埋深不宜低于管道的埋设深度。市内直埋电缆的沟深及沟底宽度应符合表 4.19 的规定。电缆沟的截面如图 4.84 所示。挖掘电缆沟槽时其中心线偏移不得大于 10 cm，弯曲的电缆沟应符合电缆最小弯曲半径的规定，沟底要平坦、无碎砖乱石，以免损伤电缆。在直埋式电缆的接续、安装加感箱、再生中继器的地点应挖掘电缆接头坑，如图 4.85 所示。

表 4.19　市内直埋电缆的沟深及沟底宽度

沟深/m	沟底宽/m
1.0（及以下）	0.4
1.0 ~ 1.4	0.5
1.5 ~ 1.8	0.6
1.8（以上）	0.7

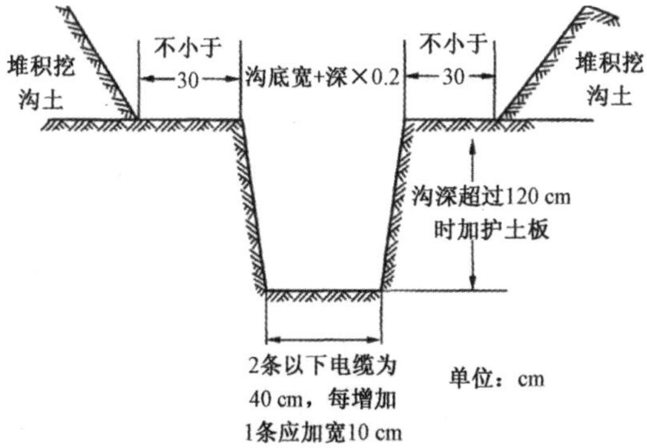

图 4.84　电缆沟的截面

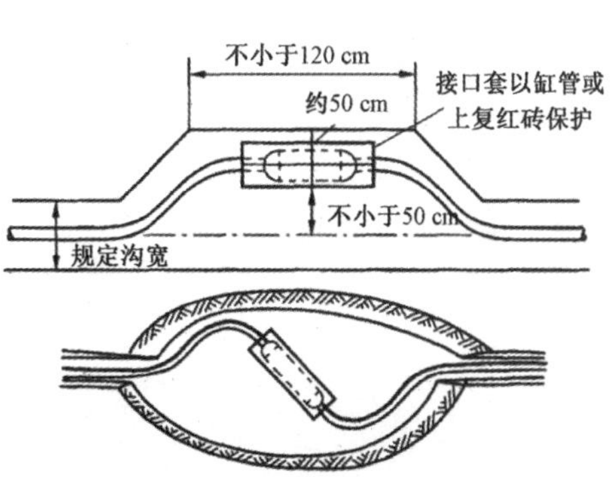

图 4.85　电缆接头坑

2）敷设埋式电缆

（1）人工敷设法。人工敷设法首先将电缆盘用支架（俗称千斤）托起，然后用人力每隔一定距离将电缆抬入沟内，人与人之间的距离视电缆单位长度的重量而定，一般每人负重 40 ~ 50 kg 为限。此法所费的劳力较大，但在障碍物较多、车辆无法沿线通行、田野坡度变化较大等地区只能用人工敷设法。

（2）机动车牵引法。机动车牵引法是用机动车拖拉电缆盘，将电缆布放在沟中或沟边。布放在沟边的电缆再用人力移入沟中。此法较省劳力、效率高，质量也较好，但障碍物较多、坡度较大的地区不宜采用。

3）直埋式电缆的保护

敷设在市区、居民区或将来有可能被挖开地区的直埋式电缆，均应在电缆上面覆细土（砂）20 cm，铺以红砖保护，如图 4.86 所示。直埋式电缆与其他地下管线交越时也应按规定设保护装置。

4）回土夯实与标志

电缆敷设后应先回细土或细砂 20 cm 覆盖，待气压稳定后再回普通土壤，每回 30 cm 夯实一次。夯实后的土面，在高级路面上应与路面齐平，土路可高出 5 ~ 10 cm，一般地面应原土回填并高出路面。为了便于在维护与查修中寻找电缆敷设位置，必须埋设标识，如图 4.87 所示。

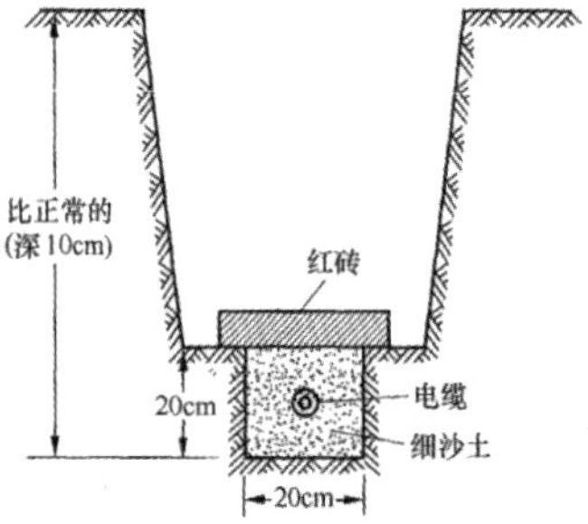

图 4.86　直埋式电缆铺砖保护

标石种类	l_1(cm)	l_2(cm)	总长(cm)	用　途
短标石	40	60	100	一般地区使用
长标石	50	100	150	土地松软及斜坡处使用

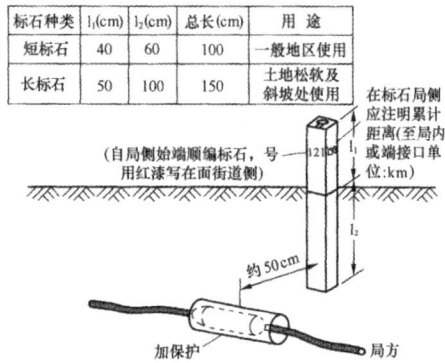

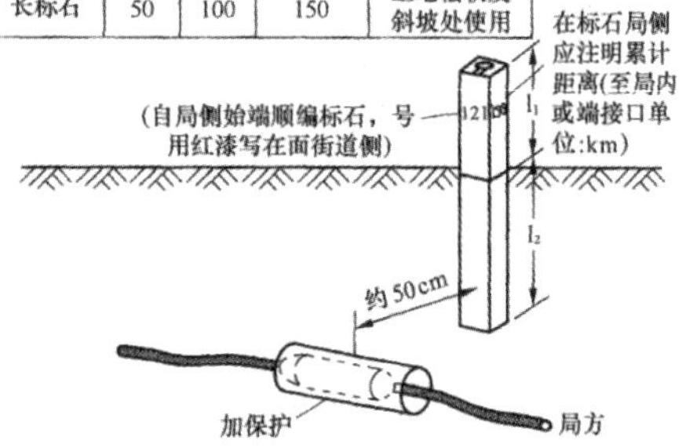

图 4.87　直埋式电缆标识

第三部分：学习效果及评价

课次		课时	
课堂笔记			
课后习题			
1. 简述直埋线缆的施工流程。			
2. 案例分析：某公司在东北地区冬季进行直埋电缆施工，该地区冬季冻土厚约 1.1 m，线路长度 3 km，根据要求，需要敷设 3 根电缆。沟底开挖深度 40 cm，沟深 1 m，开口宽度 0.6 m。管沟挖好后，直接对电缆进行敷设。敷设线路中间有约 50 m 长的坚石路段，挖沟深 0.8 m，采取上覆石板加以保护。线路上有一颗 200 年龄的古木，采取了绕避措施，转弯半径为电缆直径的 13 倍，未做其他处理。线路设长约 1 m 的接头坑 4 个，上覆红砖加以保护。有 300 m 电缆与直径 400 mm 自来水管平行，距离 0.8 m。设置短标石 9 个。线缆沟回填时没有分层夯实，回填后稍高出路面 5～10 cm。这当中存在哪些问题？			
评定等级		评定教师	

任务五　水底线缆敷设

4.5　水底线缆敷设

第一部分：课程导读

课次		课时	
课程地位	水底线缆敷设是指应用于河流、湖泊、海域水底等的敷设方式。它是通信线路敷设中的一种组成方式。学习和掌握水底线缆敷设，有助于学生全面理解通信线路工程施工		
主要内容	● 水底光缆敷设条件； ● 光缆过河地段的选择； ● 埋深与挖沟； ● 水底光缆的布放； ● 岸滩余留和固定； ● 水线标识	教学目标	● 能说出水底线缆敷设流程； ● 能说出水底电缆注意事项
课程重点	● 水底光缆的敷设方式	课程难点	● 光缆过河地段的选择； ● 埋深与挖沟； ● 水底光缆的布防
课程小结	水底光缆的敷设方式包括：人工抬放法、浮具引渡法、冲放器法、拖轮引放法、冰上布放法		
板书设计	（1）水底光缆敷设条件；（2）光缆过河地段的选择；（3）埋深与挖沟；（4）水底光缆的布放；（5）岸滩余留和固定；（6）水线标识		
教学资源	4.5 水底线缆敷设		

第二部分：学习内容

1. 水底光缆敷设条件

水底光缆的选用是由工程设计部门确定的，但施工技术管理人员应对其选用要求、规模、程式非常清楚。

（1）河床稳定、流速较小，河面不宽的河流和湖泊，采用细钢丝铠装水底光缆。这是目前长途工程中使用最多的一种。

（2）河床不稳定、流速过大（>3 m/s），河宽大于 150 m 或者机动船、帆船等水上运输工具较多的航道，采用粗钢丝铠装水底光缆。

（3）河床不稳定，冲刷严重，流速大或者河床是岩石，光缆与其冲击磨损严重，容易危及光缆的河流、水域和海边宜采用双钢丝铠装水底光缆。

（4）常年水深超过 10 m 的江、河应采用深水光缆，如某 2.5 Gbit/s 单模光缆工程、穿越长江，则采用双铠铅护层深水光缆。这种光缆较重（14 t/km）可沉入江底，增加了光缆在水底的稳定和安全性。

（5）对于小河沟，可采用普通直埋式，使用过河塑料和管道敷设。

大型重点工程穿越大江、大河，一般应设置一条备用水底光缆，其长度和传输特性与主用光缆大致相同。为了防止主备用光缆在水下扭绞，其投放位置应间隔 50 ~ 70 m 以上。主备用光缆的倒换有两种方式：一种为直通连接方式，即主用光缆与陆地光缆直接连接，备用光缆端头开剥完成接续前准备待用；另一种为活动连接方式，即主备用光缆在倒换装置（俗称水线“开关”箱）中都与活动连接器的尾纤连接，再通过连接耦合与陆地光缆间实行倒换。这种倒换方式的倒换时间短，但由于使用了 2 个活接头和 4 个固定接头，总损耗将增大约 2 dB。

2. 光缆过河地段的选择

水底光缆穿越江、河、湖泊等水域的位置，应尽量选择具有下列条件的地段。

（1）河面较窄，路由顺直。

（2）河床起伏变化平缓、水流较慢、河床土质稳定。

（3）两岸坡度较小。

（4）河面及两岸便于施工，便于设置敷设导标和维护水线房。

（5）已有过河电缆的地段，一般对河流状况较了解，有利于光缆的敷设和维护，但应弄清原有水上缆线的走向和具体位置，注意新设光缆与原有电（光）缆的间距。

水底光缆应尽量避免在下列位置过河。

（1）河道不直或拐弯处。

（2）几条河流汇合处以及产生旋涡的水域。

（3）水流经常变道的石质河底。

（4）沙洲附近。

（5）河岸陡峭以及冲刷严重易塌方地段。

（6）规划拓宽、疏浚地段。

（7）有危险物、阻碍物地段。

（8）码头、港口、渡口、抛锚区及水上作业区等。

3. 埋深与挖沟

水底光缆埋深的一般要求如表4.20所示，水底光缆沟的常用挖掘方法及其适用条件如表4.21所示。其中，对一般河流、湖泊，人工挖掘最为普遍。人工截流方法因地制宜。海下光缆采用大型开沟敷设船。在水流较急、水面不太深时采用一种截流施工的方式，如图4.88所示。

表4.20 水底光缆的埋深要求

河岸情况	埋深要求/m
岸滩部分	1.5
水深小于8 m（年最低水位）的水域： 1. 河床不稳定，土质松软； 2. 河床稳定、硬土	 1.5 1.2
水深大于8 m（年最低水平）的水域	自然淹埋
有浚深规划的水域	在规划深度下1 m
冲刷严重、极不稳定的区域	在变化幅度以下
石质和风化石河床	>0.5

表4.21 常见水底沟的挖掘方法

挖掘方法	适用条件
人工直接挖掘	水深小于0.5 m，流速较小，河床为黏土、砂粒土、砂土
人工截流挖掘	水深小于2 m，河宽小于30 m，河床为黏土、砂粒土、砂土
水泵冲槽	水深大于2 m，小于8 m，流速小于0.8 m/s，河床为黏土、淤泥、砂土
挖泥船、吸泥机	水深8～12 m，河床为黏土、淤泥、砂粒土、小砾石
爆　破	河床为石质
冲放器	河床为砂粒土、砂土、粗细沙
挖冲机	河床为砂粒土、砂土、粗细砂及硬土

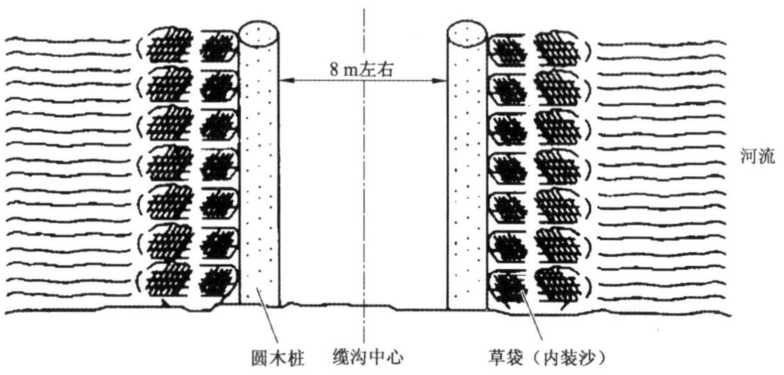

图4.88 人工截流挖电缆坑

水泵冲槽是由潜水员用手持式高压水枪，将已放光缆周围的泥沙冲走，当冲开一条沟槽时，再由潜水操作人员将光缆踩入沟槽底部。为防止光缆下沉深度不规格造成光缆拉紧，采用冲槽法布放的光缆的预留长度要多一些。关于冲槽深度，一般粗砂土质为 0.5 m，细砂土质为 0.7 m，泥沙土质为 1 ~ 1.2 m，淤泥为 1.3 ~ 1.5 m。潜水作业人员的工作责任心十分重要，一定要保障光缆自然沉入沟底，避免小圈、死弯并注意光缆护层受损伤。

在水面较宽、流速较大且河床不是十分坚硬的情况下，采用冲放器、挖冲机方式。这种施土方式可以实现光缆的布放、挖沟和掩埋连续作业一次完成。当然其施工放率高，但不适用于河床有岩石、大卵石时的情况。

河床为岩石质时，需经水下爆破设计，用炸药在石质岩块上炸出沟槽。

4. 水底光缆的布放

水底光缆的布放应根据河流宽度、水深、流速、河床土质、施工技术水平和设备条件等确定。布放过程中应注意满足如下基本要求：

（1）应控制布放速度，光缆不得在河床上腾空，不得打小圈。

（2）应以测量的基线为基准向上游方向按弧形布放和敷设。弧形的大小根据水流情况设计规定，弧线顶点在河流的主流位置、弧形顶点到基线的距离一般为弦长的 10%。

（3）水底光缆之间或光缆与电缆之间，应按设计要求保持足够的安全距离，以避免相互叠压。

（4）应按复测路由布放，保证预留长度，一般应伸出岸边或堤岸 50 m。

水底光缆的常用布放方法如表 4.22 所示。

表 4.22　水底光缆的布放方法

序号	布放方法		适用条件	施工特点	备　注
1	人工抬放法		① 河流水深小于 1 m； ② 流速较小； ③ 河床较平坦河道较窄	用人力将光缆抬到沟槽边，然后依次将光缆放至沟内	需用劳动力较多
2	浮具引渡法	浮桶法	① 河宽小于 200 m； ② 河流流速小于 0.3 m/s； ③ 不通航的河流或近岸浅滩处； ④ 水深小于 2.5 m	将光缆绑扎在严密封闭的木桶或铁桶上，对岸用绞车将光缆牵引过河到对岸后，逐步将光缆由岸上移到水中的沟槽内	较人工抬放法省劳动力，在缺乏劳动力时可采用
		浮桥法	适合条件同上	与浮桶相似但较浮桶法经济方便	
3	冲放器法		① 水深大于 3 m； ② 流速小于 2 m/s； ③ 除岩石等石质河床外，其他土质的河床均可采用，冲槽深度视河床土质有关，可达 2 ~ 5 m 左右； ④ 河道宽度大于 500 m	施工方法较简单经济，利用高压水，通过冲放器把河床冲刷出一条沟槽，同时船上的光缆由冲放器的光缆管槽放出，沉入沟槽内，施工进度快，埋深符合要求，节省施工费用等优点	不适用于原有水底光（电）缆附近增设光缆的情况

续表

序号	布放方法	适用条件	施工特点	备注
4	拖轮引放法	① 河道较宽大于 200 m； ② 水流速度小于 2 ~ 3 m/s； ③ 河流水深大于 6 m	利用拖轮的动力牵引盘绕光缆的水驳船，把光缆逐渐放入水中，如不挖槽时，宜采用快速拖轮，要求拖轮的马力大些	不适用于浅滩或流水旋涡的河道。机动拖轮会使施工速度加快。
5	冰上布放法	① 河面上有较厚的冰层，且可上人时； ② 河流水深较浅，河床较窄的段落	在光缆路由上挖一冰沟但不连续或挖到冰下，将光缆放在冰层上，施工人员同时将冰沟挖通，将光缆放入冰沟中	不适用于南方各省，仅在严寒地区施工，施工条件受到限制

5. 岸滩余留和固定

（1）岸滩坡度小于 30°、土质稳定，可直接在近水地段作 S 型余留。S 弯半径为 1.5 m 左右，埋深不应小于 1.5 m。

（2）岸滩不稳定，坡度大于 30°时，除作 S 形弯余留外，还应采取锚桩固定。受力不太大的情况用一般型固定方式。土质松软、受力较大的情况采取加强型固定方式。光缆上的网套长度为 2 ~ 3 m，缠扎间距为 50 cm，捆扎力度要适当，以避免光缆变形。

（3）河流较急，岸滩冲刷特别严重，或船只靠岸地段，要加强光缆的保护，如增大埋深，覆盖水泥板，覆盖水泥沙袋，砌石坡，使用毛石、水石砂浆封沟等措施。如图 4.89 所示。

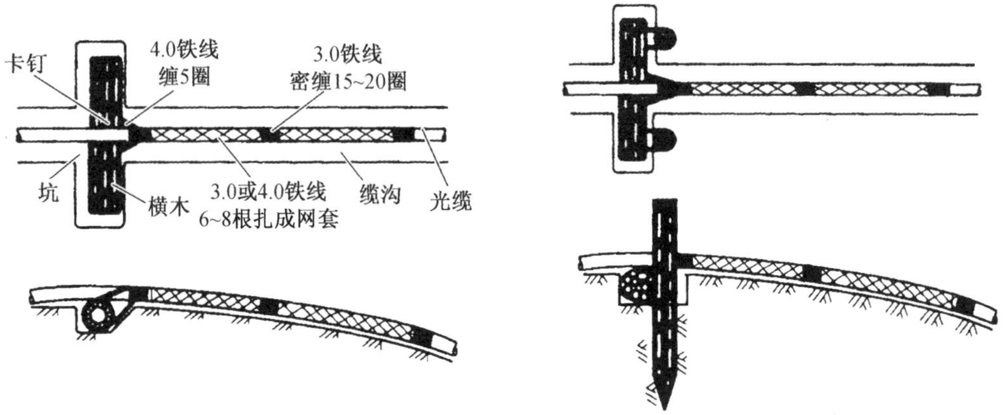

图 4.89　水底铠装光缆横木网套固定示意图

6. 水线标识

在通航的运河、江中敷设水底光缆，必须在其附近划定禁止抛锚区域，并在禁止抛锚两侧堤岸上设置标识牌。由于水下光缆比水下电缆轻，敷设后光缆在水下可以移动的范围大，水下光缆的禁止抛锚区相对也大一些。

水线标识牌有三角形标识牌、大型方形标识牌和霓虹灯标识牌，具体视河面宽度及过往船只的多少选用。

第三部分：学习效果及评价

课次		课时	
课堂笔记			
课后习题			
1. 试述水底线缆的敷设方式。			
2. 试述水底线缆的敷设条件。			
评定等级		评定教师	

任务六　墙壁线缆敷设

4.6　墙壁线缆敷设

第一部分：课程导读

课次		课时	
课程地位	墙壁线缆敷设是指利用楼外墙壁进行的敷设方式。它是通信线路敷设中的一种组成方式。学习和掌握墙壁线缆敷设，有助于学生全面理解通信线路工程施工		
主要内容	● 自承式墙壁线缆敷设； ● 吊线式墙壁线缆敷设； ● 卡钩式墙壁线缆敷设	教学目标	● 能说出墙壁光缆敷设的相关规定； ● 能运用吊线式、卡钩式进行光缆敷设
课程重点	● 自承式墙壁线缆敷设； ● 吊线式墙壁线缆敷设	课程难点	● 自承式墙壁线缆敷设； ● 吊线式墙壁线缆敷设
课程小结	由于墙壁光缆跨越街坊、院落，因此缆线最低点距地面应不小于 4.5 m，在有过街楼的地方穿越，缆线不应低于过街楼底层的高度。墙壁光缆的敷设方式有自承式、吊线式和卡钩式（卡固式）。一般沿室外墙壁敷设时宜采用吊线式，室内墙壁敷设时宜采用卡钩式		
板书设计	1. 墙壁光缆敷设相关规定； 2. 墙壁光缆敷设方法：吊线式、自承式、卡钩式		
教学资源	4.6 墙壁线缆敷设		

第二部分：学习内容

1. 墙壁光缆敷设相关规定

墙壁光缆跨越街坊、院落，其缆线最低点距地面应不小于 4.5 m，在有过街楼的地方穿越，缆线不应低于过街楼底层的高度。

墙壁光缆与其他管线的最小间隔，应符合如表 4.23 所示的规定。

表 4.23　墙壁光缆与其他管线的最小间隔

其他管线	平行净距/mm	交叉净距/mm	备注
避雷线接地引线	1 000	300	引线为绝缘线时，可为 50 cm
工作保护地线	50	20	
电力线	150	50	
给水管	150	20	
压缩空气管	150	20	
热力管（无包封）	500	500	

墙壁光缆在穿越墙壁时应设预留穿墙管，如事先未预留穿墙管时，应按设计规定的地点打墙洞埋设穿墙管，埋设穿墙管的墙壁应为砖墙或泡沫混凝土块等墙体，不宜在钢筋混凝土的梁、柱或整体结构上打洞埋设穿墙管。穿墙管直径应比光缆外径大 1/3 左右，穿墙管应向外墙下方倾斜 2 cm，使雨水不致流入室内。

2. 墙壁光缆敷设方法

墙壁光缆的敷设方式有自承式、吊线式和卡钩式（卡固式）。一般沿室外墙壁敷设时宜采用吊线式，室内墙壁敷设时宜采用卡钩式。

1）吊线式墙壁光缆

吊线式墙壁光缆与吊挂式架空光缆相似，只是吊线的支撑物有所改变，它是利用墙上的支撑物与终端的固定物来代替电杆架挂电缆的一种建筑方式。吊线式墙壁光缆的吊线程式及支撑物的间距应参照如表 4.24 所示要求。

表 4.24　吊线式墙壁光缆的吊线程式及支撑物的间距

吊线程式股/线径/mm	悬挂光缆单位重/（kg/m）	支撑物参考间距/m	备注
7/1.4	0.6 以下	10 以下	可用 M6 钢卡做终结
7/1.6	0.6 ~ 0.8	10 以下	
7/1.8	0.8 ~ 1.2	10 以下	可用 M8 钢卡做终结
7/2.0	大于 1.2	10 以下	

（1）吊线式墙壁光缆，在墙壁上的敷设形式有水平敷设与垂直敷设。当吊线水平敷设时，其终端可用有眼拉攀，中间的支持物用吊线支架装设。终端装置和中间支持物均用金属膨胀螺栓固定在墙壁上，如图 4.90 所示。

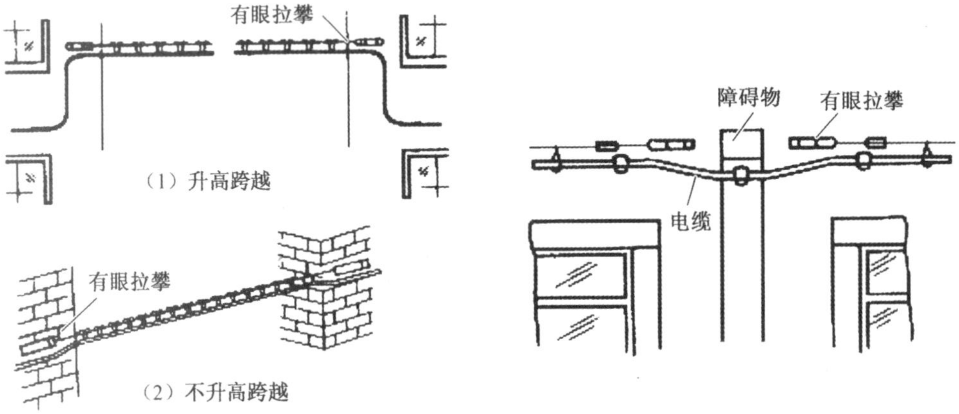

（a）电缆吊线跨越段落的两端终结固定方式　（b）电缆吊线与障碍物相遇时两端终结固定方式

图 4.90　有眼拉攀装置

（2）当光缆吊线遇到墙壁上凸出部分时，可采用凸出支架装置，如图 4.91 所示。

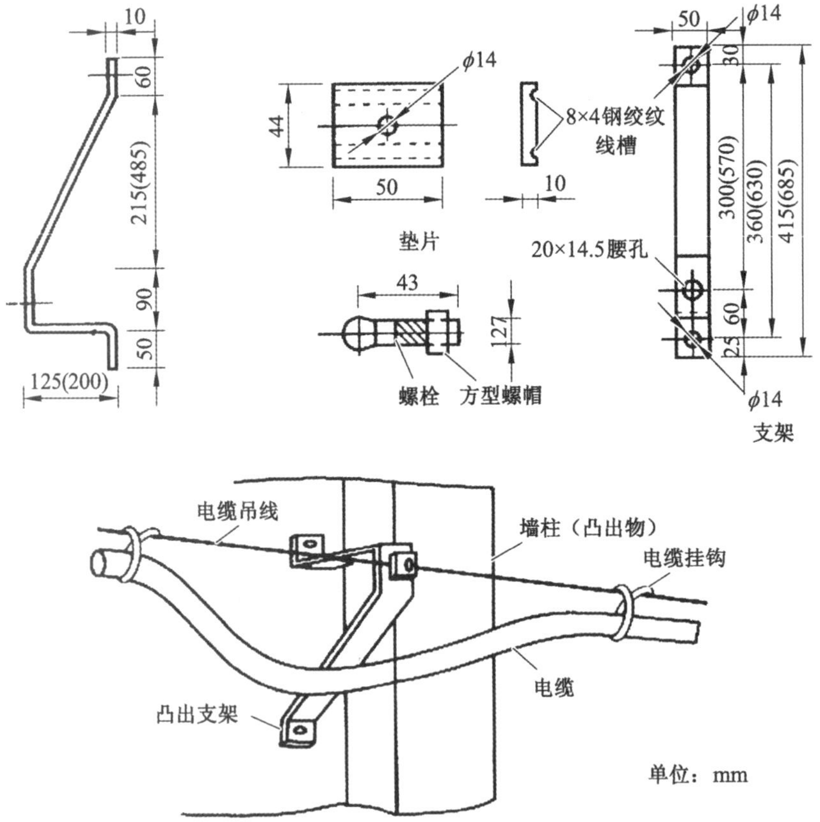

图 4.91　凸出支架装置

（3）吊线水平敷设时也可用 L 型卡担或单、双墙担架设，如图 4.92 所示。

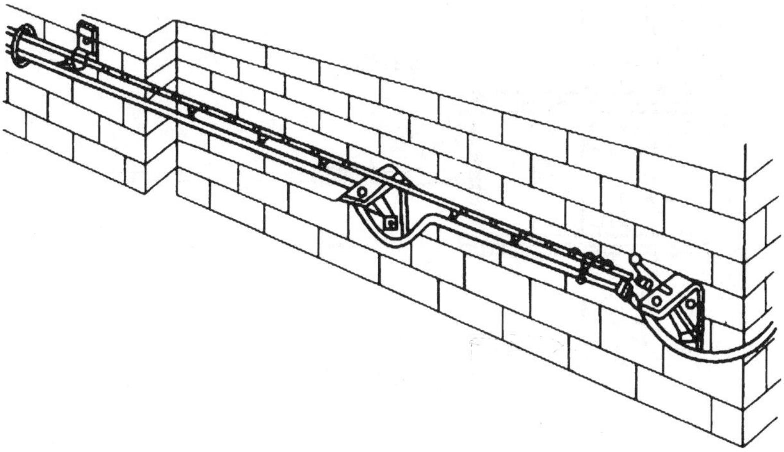

（a）外观图

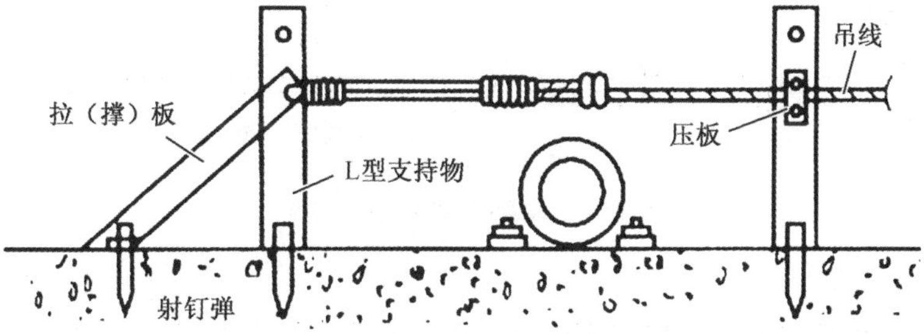

（b）架设装置

图 4.92　墙壁电缆用 L 型卡担等架设示意图

吊线垂直固定在墙壁上，两支持物间最大跨距应小于 20 m，其终端固定物可采用终端拉攀装置、有眼拉攀装置或双插墙担装置，如图 4.93、4.94 所示。吊线式墙壁光缆的吊线终端，一般使用 U 型钢卡，其制作方法如图 4.95 所示。吊线式墙壁光缆各种终端、中间支持物，应装设牢固、横平竖直、整齐美观，各支撑点应尽量水平。墙壁光缆的挂钩程式和卡挂规格与架空光缆相同。

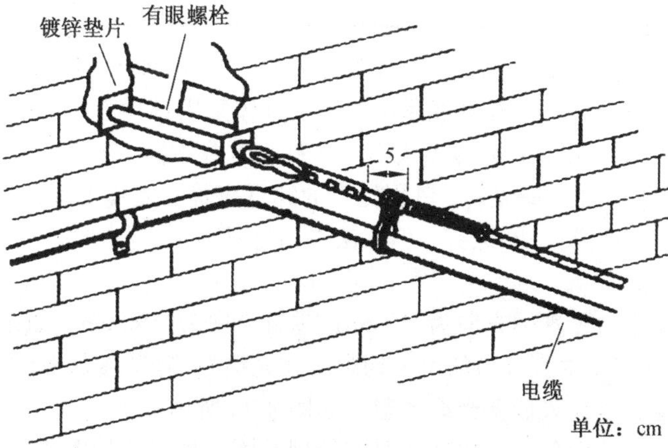

图 4.93　有眼螺栓装置

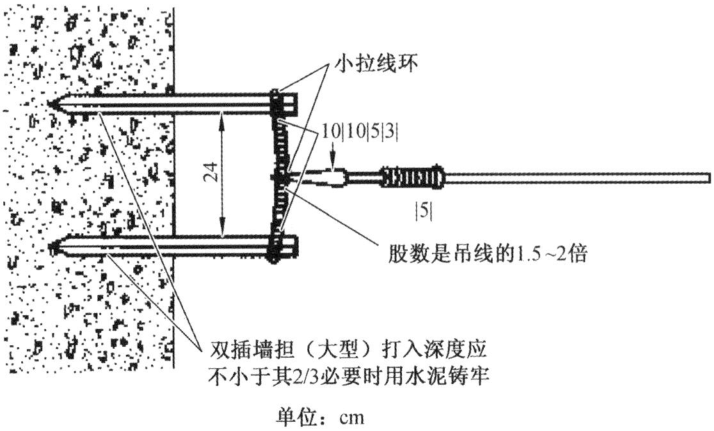

图 4.94　双插墙担装置

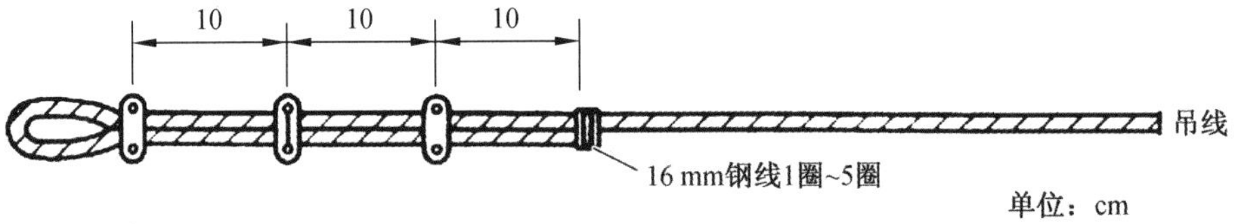

图 4.95　墙壁电缆的吊线终端

2）卡钩式（钉固式）墙壁光缆

卡钩式墙壁光缆是用卡钩直接将光缆固定在墙面上的敷设方式。卡钩（卡子）一般有金属和塑料两种。卡钩的型号应与光缆外径配套，如表 4.25 所示。

表 4.25　光缆卡钩型号

光缆外径/mm	卡钩型号
8 以下	8 号
8 ~ 12	12 号
12 ~ 14	14 号

卡钩的固定方式有很多，如扩线螺钉、木塞木螺钉、水泥钢钉、射钉（即用射钉枪射入墙体的钢钉）等。如采用钢钉，工程进展速度较快，具体采用哪种方法，因地制宜。

沿墙架设卡钩式光缆，由于卡钩的形状不同其钉固方式不同，钉固单卡钩的螺钉应置于光缆下方；用挂带式卡钩卡挂沿墙光缆，钉固挂带的螺钉应置于光缆下方；采用 U 型卡钩（俗称骑马钉），光缆上、下应各钉一颗螺钉。但无法采用哪种方法卡挂光缆，钉固螺钉均应在光缆的一方或两方。

卡钩的间隔距离要均匀，水平方向为 50 cm，垂直方向为 100 cm。如遇转弯或其他特殊情况时，要适当缩短或延长，垂直方向的单卡钩眼应在光缆右侧。光缆转弯时，两边 10 ~ 25 cm 处应用卡钩或挂带固定。卡钩式墙壁光缆的敷设如图 4.96 所示。

卡钩式墙壁电缆在墙壁内角、外角转弯时的处理及固定规格，如图 4.97 所示。

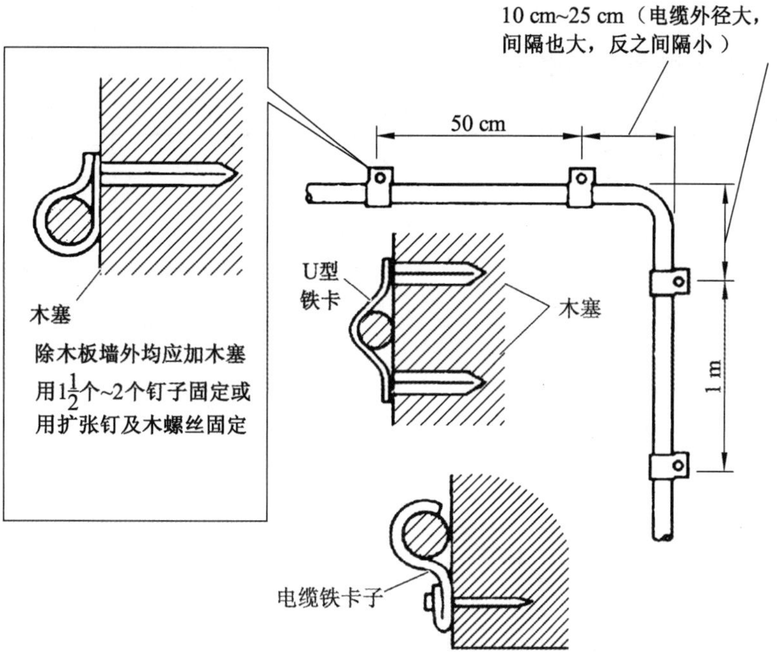

图 4.96　卡钩式光缆敷设

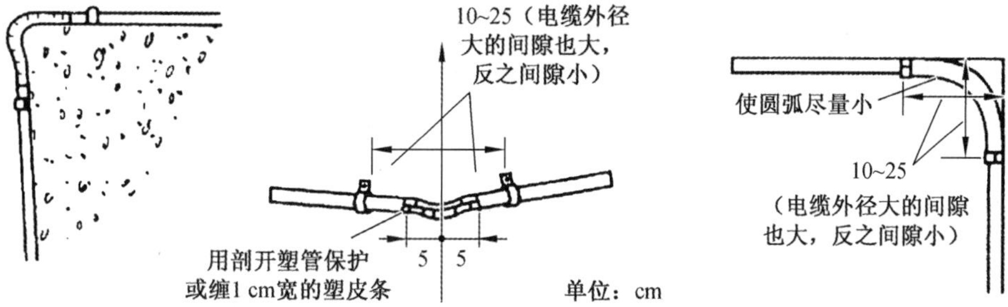

图 4.97　转弯时的处理

第三部分：学习效果及评价

课次		课时	
课堂笔记			
课后习题			
1. 墙壁光缆的施工要求有哪些？			
2. 墙壁光缆的施工方式是什么？			
评定等级		评定教师	

任务七　楼内线缆敷设

4.7　综合布线

第一部分：课程导读

<table>
<tr><td>课次</td><td></td><td>课时</td><td></td></tr>
<tr><td>课程地位</td><td colspan="3">楼内线缆敷设是指在楼内进行的敷设，一般常用暗管和U型槽。它是通信线路敷设中的一种组成方式。学习和掌握楼内线缆敷设，有助于学生全面理解通信线路工程施工</td></tr>
<tr><td>主要内容</td><td>● 楼内暗管；
● 电缆槽；
● 楼内电缆的走向；
● 室内配线箱；
● 暗管内电缆的布放</td><td>教学目标</td><td>● 掌握楼内线缆的敷设方式；
● 认识楼内线缆敷设的相关设备</td></tr>
<tr><td>课程重点</td><td>● 楼内线缆的敷设方式</td><td>课程难点</td><td>● 楼内暗管电缆的布放</td></tr>
<tr><td>课程小结</td><td colspan="3">楼内暗管是指在建筑物内预埋的敷设通信电缆的管路。暗管一般采用钢管或塑料管。在未设暗管的楼房，可加装U形电缆槽。水平暗管内的电缆布放首先根据设计规定进行现场核实管孔位置、电缆规格程式，检查暗管管口并把管口倒钝，以便布放过程中保护电缆。垂直暗管内的电缆布放一般采用自上而下布放</td></tr>
<tr><td>板书设计</td><td colspan="3">1. 楼内暗管——钢管、塑料管；
2. 电缆槽；
3. 楼内电缆的走向；
4. 室内配线箱；
5. 暗管内电缆的布放——水平、垂直</td></tr>
<tr><td>教学资源</td><td colspan="3">4.7 综合布线</td></tr>
</table>

第二部分：学习内容

1. 楼内暗管

楼内暗管是指在建筑物内预埋的敷设通信电缆的管路。暗管管径根据电缆外径选用，可参照表 4.26。

表 4.26 暗管的管径

电缆外径/mm	暗管的管径/mm
7 ~ 12	32
13 ~ 17	40
18 ~ 21	50
22 ~ 36	75

暗管一般采用钢管或塑料管。钢管的机械强度大、使用年限长，但质量大、价格贵。塑料管一般采用聚氯乙烯管，有以下优点：质量轻，减少房屋负荷；管壁光滑、阻力小、布放电缆时引起的损伤机会少；施工容易、易于弯曲，可根据房屋轮廓弯成不同形状；绝缘良好，与电力线平行或交叉时，能起到保护作用；不怕腐蚀，敷设在近海潮湿地区尤为适宜，价格低廉。塑料管由于具有上述优点，已成为当前楼内暗管材料的主流。

暗管两端管口应衬垫橡皮，以保护电缆，水平有缝管的接缝应置于管身的上方。暗管转弯的曲率半径应大于可穿放最大电缆的最小曲率半径，转角角度必须大于 90°，一根暗管不得有两个以上的转角，且不得有 S 弯。

2. 电缆槽

在未设暗管的楼房，可加装 U 形电缆槽，其结构截面如图 4.98 所示。

U 形槽的底部用胶粘剂或螺钉固定于墙上，然后扣上其槽盖，线路装设或检修时，只需打开槽盖就能施工，十分方便。U 形电缆槽的槽体为聚氯乙烯塑料制成，备有各种颜色，选用时应和装设的地区墙壁颜色协调。

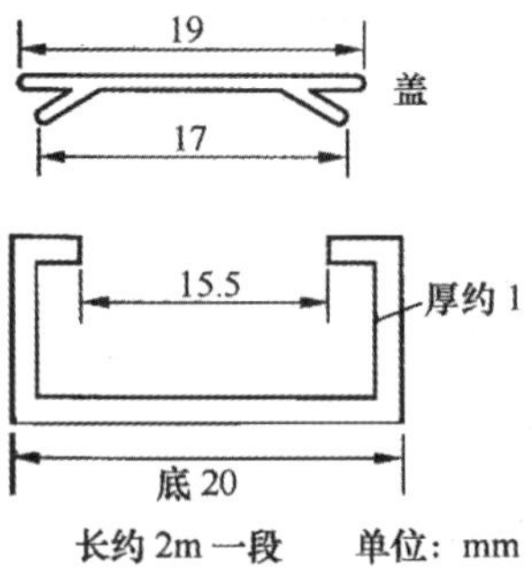

图 4.98 U 形电缆槽

3. 楼内电缆的走向

楼内电缆从楼房旁边的手（人）孔引入，在适当地点设总配线箱，楼房内如有用户交换机，则在靠近交换机室的附近引入，如无交换机室则应在楼的中部或配线线路的汇集点引入。然后，根据用户情况再设若干配线箱（或暗线箱），如图 4.99 所示。楼内电缆总配线箱到各配线箱一般选取垂直通道，也可通过楼梯道上下通，一般每一层楼布放一条电缆，且不复接，如图 4.100 所示。

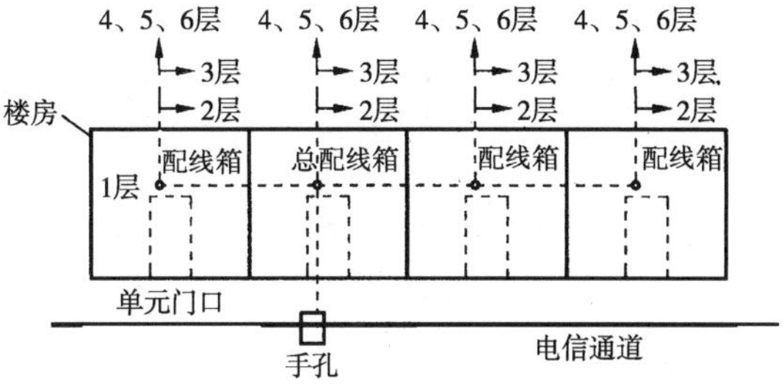

图 4.99　楼内电缆的引入

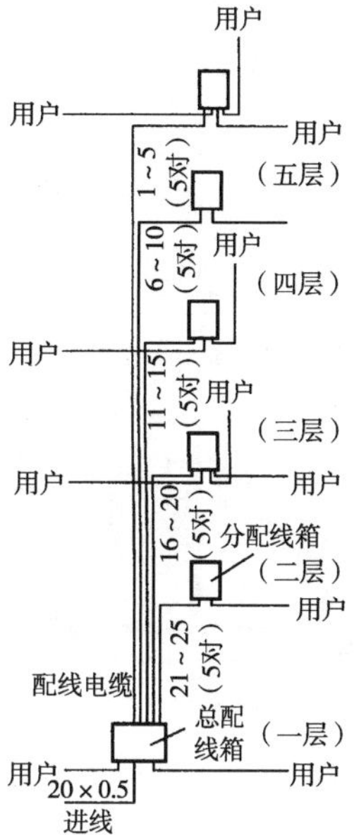

图 4.100　楼内电缆垂直布放

4. 室内配线箱

室内配线箱箱体为一个木箱或注塑成型箱，内装若干块 20 对或 50 对的穿线板与挂线板，箱的上下壁均设有电缆引入孔，外侧设有箱门，既可装于墙内也可设于墙上。单元式住宅楼，一般采用墙内配线箱，如图 4.101 所示。综合性大楼电话需要量大，应在楼内的适当位置，隔出 2～4 m 单间供安装配线箱，如图 4.102 所示。

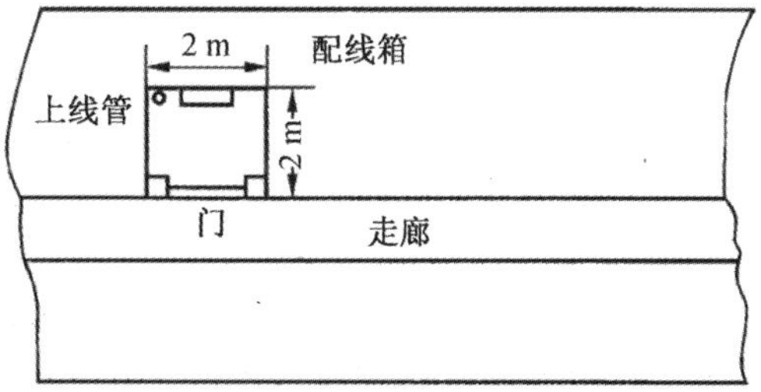

图 4.101　墙内配线箱

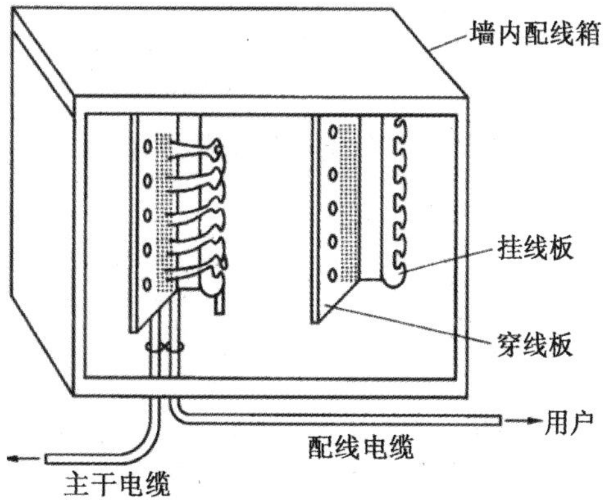

图 4.102　单间配线箱

无法安装暗箱的住宅楼，可以利用楼梯墙角隔出单间来装配线箱，如图 4.103 所示。

配线箱内电缆走向及端子板安装位置，如图 4.104 所示。

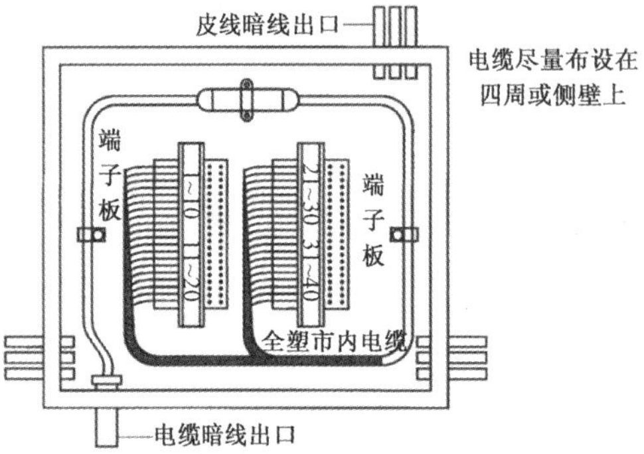

图 4.103　楼梯道配线箱图

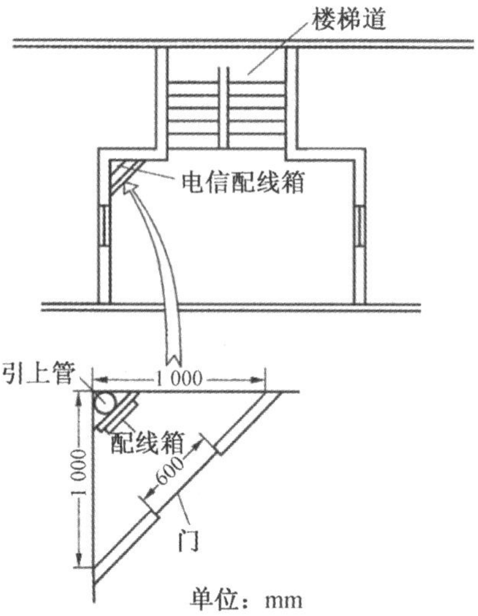

图 4.104　配线箱内电缆走向及端子板安装位置

5. 暗管内电缆的布放

1）水平暗管内的电缆布放

水平暗管内的电缆布放首先根据设计规定进行现场核实管孔位置、电缆规格程式，检查暗管管口并把管口倒钝，以便在布放过程中保护电缆。由两人在两端向前或向后牵动管内引线，检查管路是否畅通，如发现管路不够畅通，应检查原因。必要时，应在布放的电缆上使用润滑剂。然后，用网套牵引头牵引电缆，进入该段暗管。

2）垂直暗管内的电缆布放

垂直暗管内的电缆布放与水平暗管内的电缆布放基本相同，一般采用自上而下布放，需要时也可自下而上布放。如果跨楼层布放，跨层的楼面需有人监护电缆，直到布放完毕。

在配线箱内余长应圈好绑扎在配线箱内，并用棉纱等材料堵塞管孔与电缆间的空隙及空余的管孔。

第三部分：学习效果及评价

课次		课时	
课堂笔记			
课后习题			
1. 楼内主要的敷设方式是哪些?			
2. 楼内敷设的主要设备有哪些?			
评定等级		评定教师	

任务八　其他常用线缆敷设方式

4.8　电缆敷设与5G网络工程建设　　4.8　电缆敷设与5G网络工程建设案例

第一部分：课程导读

课次		课时	
课程地位	本节包括进局光缆的敷设、进局电缆的敷设、用户引入线与引入设备三部分内容。通过该内容的学习，学生能逐渐适应通信线路工程岗位的能力要求。并且逐渐形成规范操作、独立制作、检查、分析、处理、解决问题能力；团队合作、多人共同作业的协作能力；对人际关系和突发事件处理能力		
主要内容	● 进局光缆的敷设； ● 进局电缆的敷设； ● 用户引入线与引入设备	教学目标	● 能说出进局光缆的敷设要求； ● 能够掌握入户敷设相关技术
课程重点	● 进局光缆的敷设； ● 用户引入线与引入设备	课程难点	● 进局光缆的敷设； ● 用户引入线与引入设备
课程小结	从局前人孔到地下室成端电缆接头的这一段电缆叫进局电缆。局内光缆是指进线室至光配线架之间的光缆，局内光缆有普通室外用光缆和聚氯乙烯外护层阻燃光缆。从电缆分线设备到用户话机的这一段线路叫用户引入线。用户引入线分为两部分，即分线设备下线和用户室外皮线。分线设备下线是指从分线设备接线柱起经分线设备出口到用户室外皮线的第一终端支持物。由分线设备下线终端第一支持物至用户保安器外线端称为用户室外皮线		
板书设计	1. 进局光缆：选用阻燃型和普通型； 2. 进局电缆：组合管道、隧道； 3. 用户引入线与引入设备		
教学资源	4.8 电缆敷设与5G网络工程建设 4.8 电缆敷设与5G网络工程建设案例		

第二部分：学习内容

1. 进局光缆的敷设

1）进局光缆的选用

局内光缆是指进线室至光配线架之间的光缆，局内光缆有普通室外用光缆和聚氯乙烯外护层阻燃光缆。

（1）普通型进局光缆。由管道、架空或直埋式光缆直接进局，在进线室放 10 m 左右后直接引至机房到光配线架上成端。这种方式的优点是利用原程式光缆直接进局引至光配线架上成端，施工方便。需要注意的是，普通室外用光缆直接进局一般应把局内部分的光缆缠上阻燃胶带。

（2）阻燃型进局光缆。局（站）外光缆引至进线室（多数为地下进线室），然后改用阻燃型光缆，放至机房 ODF 架，在进线室内增设一接头将室外型光缆与局内阻燃型光缆相连接。局内阻燃光缆一般为无铠装层、无铜导线光缆。对于雷击严重地区，由于埋式缆的铠装层在进线室内引至保护地，避免将雷击电流带入机架，以提高机房的防雷安全性。

目前，国内工程多数采用普通型光缆敷设进局，其优点是减少一个接头。但对于某些工程则需要采用阻燃型进局光缆。

2）进局光缆的长度预留

进局（站）光缆的预留长度包括测试、接续、成端用长度的预留。

进局光缆敷设前，一般应按施工图给出的局内长度进行丈量和核算，应避免盲目敷设造成光缆浪费或不足（预留长度包括进线室和机房内）。

（1）预留长度。

① 一般规定局内预留 15 ~ 20 m，对于今后可能移动位置的局应按设计长度预留够。

② 设备侧预留长度为 5 ~ 8m。

③ 阻燃型进局光缆预留 15 m。

（2）预留处理。

① 普通型进局光缆。进线室的预留光缆，在理顺后，按规定方式固定并作临时绑扎后再向机房敷设；机房内预留长度一般临时放置于安全位置。

② 阻燃型进局光缆。进线室与局外来的光缆一起盘收好放置于安全位置，避免外来人员踩踏；机房内光缆临时放置于安全位置。

3）进局光缆的敷设

（1）敷设要求。

① 进局光缆敷设，都应由局内人孔向进线室、机房布放。

② 丈量出局前人孔至进线室和至机房的长度，丈量时先熟悉施工图局内光缆路由，逐段丈量并考虑各种预留长度，算出局内总长度。

③ 有两根以上光缆进入同一机房时，应对每一根光缆预先做好标志，避免差错。

④ 进局光缆的端别必须按规定，严禁差错。

（2）敷设方法。

① 一般由局前孔通过管孔内预放的铁线牵引至进线室，然后向机房内布放。

② 上下楼层间，一般可采用绳索由上一层沿爬梯放下，与光缆系好，然后牵引上楼。引上时应注意位置，避免与其他电缆交叉。

③ 同一层布放，由多人接力牵引。

④ 拐弯处应有专人传递，避免死弯，确保光缆的曲率半径合乎要求。

⑤ 布放过程中，光缆应避免在有毛刺等硬物上拉拖，防止护层受损。

（3）进局光缆的安装、固定。

① 进线室的光缆安装、固定。

- 普通进局光缆进行余留光缆的安装、固定。余留光缆是利用光缆架下方的位置，作较大的环形余留，应具有整齐、易于改动等特点。另一种光缆的安装固定方式，是将余留光缆盘成符合曲率半径规定的缆圈，这种方法适合于地下进线室窄小或直径较小的无铠装层光缆。余留光缆部位应采用塑料包带绕缠包扎并固定于扎架上。
- 阻燃型进局光缆进行安装和固定。采用阻燃光缆，在进线内增设一个光缆接头。如受进线室位置限制，余留光缆亦可采用中盘成圆圈的方式。但应注意，20 芯以上的埋式光缆由于较粗，盘圈时应多加注意，以避免死弯和曲率半径过小。

② 光缆引上安装、固定。

光缆由进线室敷设至机房 ODF 架，往往从地下或半地下进线室经由楼层间光（电）缆预留孔引上走道，即爬梯引至机房所在楼层。

中小机房多数采取走道方式供光（电）缆走门、固定。在适当位置光缆盘成圆圈，并固定于靠墙或靠机架侧的走道上，有隐蔽的位置更好。

2. 进局电缆的敷设

从局前人孔到地下室成端电缆接头的这一段电缆叫进局电缆。如果主干电缆采取直接上列（即不做成端接头只做气塞，局外电缆经局前人孔进地下室直接到配线架）的办法，那么，从局前人孔到配线架的这段电缆就叫进局电缆。进局电缆线路汇集了全局各个方向的电缆，是全局电缆的总枢纽，所以，敷设好进局电缆很重要。

1）电缆进局方式

由于市内通信电缆网规模的不断扩大，电话局的终局容量高达几万门～10 万门。电缆进局一般采用组合管道或隧道。

（1）组合管道。由各种不同管径的电缆管道组合在一起形成的管道群称为组合管道，它是根据不同的电缆径选择一定比例的不同管径的管道组合而成。

一般来说，需要有 50%以上内径为 108～110 mm 的管孔，局所容量较大时，应增至 70%～80%，用来穿放大对数、小线径的用户全塑电缆，电缆对数一般为 2 400 对，也可达 4 000～6 000 对。大约需求 30%～40%内径为 100 mm 的管孔，局所容量较大时可减少到 15%左右，用来穿放一般电缆。根据实际需要应有少量的 ϕ30～60 mm 的管孔，供穿放光缆及专用电缆之用。

（2）隧道。在出局人孔到地下电缆进线室之间修筑隧道是进局电缆较为理想的一种方式，在隧道两侧的墙壁上安装上多层铁架，可以方便而有序地敷设电缆。

2）电缆在地下进线室的排列和上线

电缆由管孔或隧道进入电缆室后，其走向、排列和在电缆铁架托板上的位置应按设计处理。一般来讲，电缆上线铁架应附装在电缆室一侧的墙壁上，并与上线预留孔和管孔相对应，这样电缆敷设便利，而且符合标准。进局电缆在电缆进线室内应排列整齐，不得有重叠和交错现象，每条进局电缆所占用的壁孔应有与之相对应的电缆托板位置。电缆垂直上线时，应用塑料卡条固定在上线铁架上。电缆末端应封好端帽，以防潮气浸入。

3. 用户引入线与引入设备

从电缆分线设备到用户话机的这一段线路叫用户引入线。用户引入线分为两部分，即分线设备下线和用户室外皮线。分线设备下线是指从分线设备接线柱起经分线设备出口到用户室外皮线的第一终端支持物。由分线设备下线终端第一支持物至用户保安器外线端称为用户室外皮线。作为用户引入线，一般选用小对数电缆或用户皮线。而电缆一般采用自承式同心型全塑电缆，用户皮线则多用平行塑料护套线。用户引入线全长应在 100 m 以下（有杆档皮线者除外），自电杆至墙壁第一支持物应小于 40 m。自墙壁第一支持物至用户保安器外线端应小于 60 m。

皮线的导线应连接在分线设备接线柱螺母的两垫片之间并绕接线柱一周，皮线绝缘物应紧靠垫片边缘，最大间隙应小于 2.5 mm。

分线设备内的皮线走向应整齐、合理、连接良好，皮线除分线设备口应有余线、弯曲部分，如图 4.105 所示。

用户引入设备有绝缘子（多沟、鼓型、小号、双重绝缘子等）、插墙担、L 型卡担、地线装置、用户保安器等。在电杆上装设绝缘子的方位在线路有下线的一侧，线路两侧均有用户时，应在电杆两侧分别装设，如图 4.106 所示。

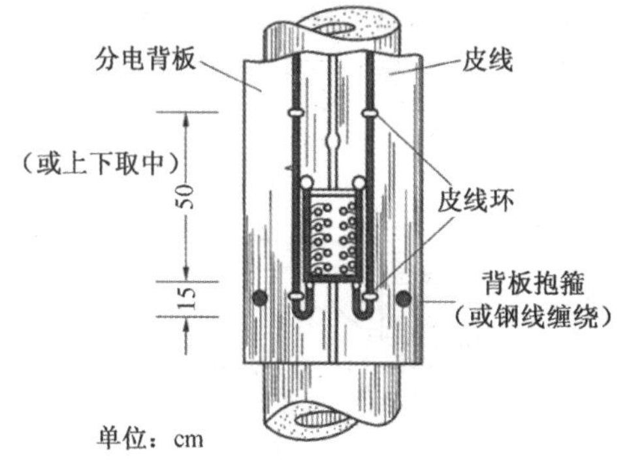

图 4.105　分线盒

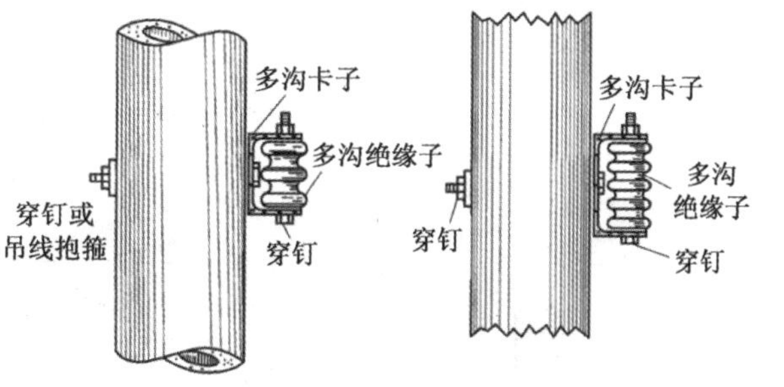

图 4.106　电杆上装设绝缘子

皮线在各种情况下的绑扎方法如图 4.107 所示，皮线在多沟绝缘子上做终端的绑扎方法如图 4.108 所示。

（a）直线绑扎　　（b）鼓型直线绑扎

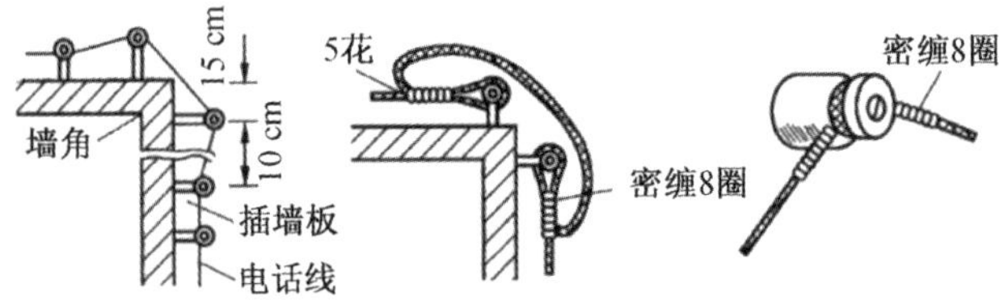

（c）鼓型转角绑扎

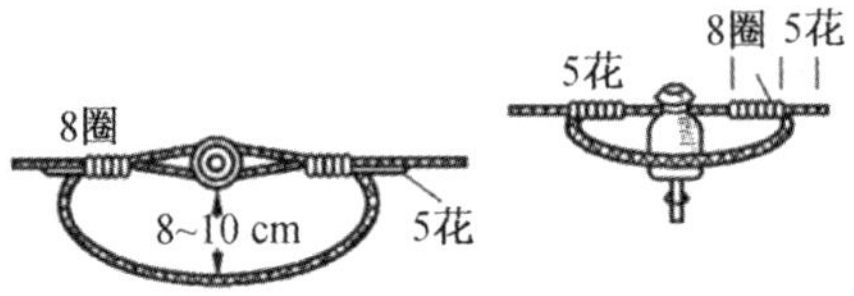

（d）跨越皮线弓子绑扎

图 4.107　皮线在各种情况下的绑扎方法

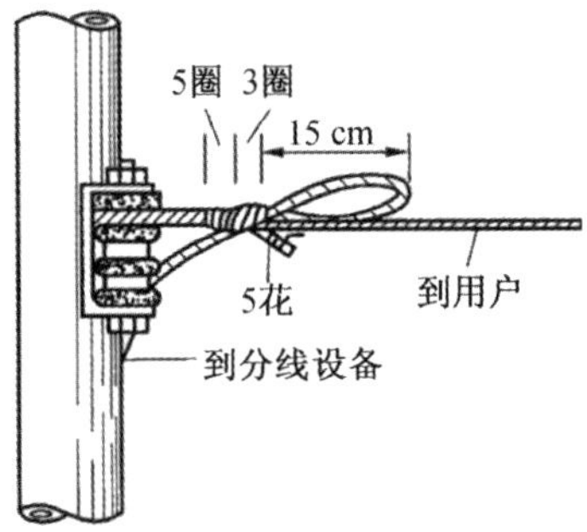

图 4.108　皮线在多沟绝缘子上做终端的绑扎方法

用户引入线在跨越里弄胡同或街道时，其最低点与地面的垂直距离不得小于 4.5 m。用户引入线由室外引入室内的穿线孔，室内应比室外略高 10 ~ 20 mm。皮线布设应尽量美观、整齐。如皮线自高位引入时，应在室外进入穿线孔处略向下留一小余弯，如图 4.109 所示。皮线从下方引入室内时可直接引入穿线孔。

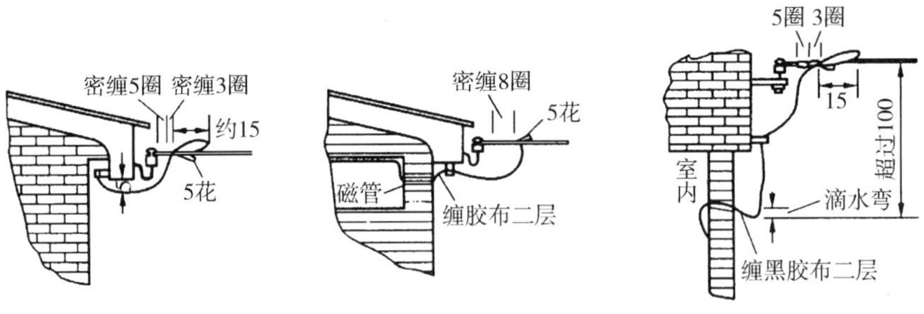

（a）　（b）　（c）

图 4.109　皮线自上方引入（单位：mm）

第三部分：学习效果及评价

课次		课时	
课堂笔记			
课后习题			
1. 进局光缆的敷设要求有哪些?			
2. 电缆进局的方式有哪些?			
评定等级		评定教师	

模块五　通信工程监理基础

任务一　通信管线工程建设的基本程序

5.1　通信管线工程建设基本程序

第一部分：课程导读

课次		课时	
课程地位	对通信建设项目实行工程监理制，是现行通信工程建设市场规范化管理的一项重要举措，也是与国际上通行的项目建设管理方法相接轨的必然结果。本节课是通信工程监理基础模块第一节，学生需要掌握通信管线工程建设的基本程序，为后续内容打下基础		
主要内容	● 立项阶段的监理流程； ● 实施阶段的监理流程； ● 验收投产阶段的监理流程	教学目标	● 能说出立项阶段工程建设程序； ● 能说出实施阶段工程建设程序； ● 能说出验收投产阶段工程建设程序
课程重点	● 通信管线工程建设的基本程序； ● 立项阶段、实施阶段、验收投产阶段的具体实施过程	课程难点	● 立项阶段、实施阶段、验收投产阶段的具体实施过程
课程小结	项目从建设前期工作到建设、投产要经过编写项目建议书、可行性研究、初步设计、年度计划安排、施工准备、施工图设计、施工招投标、开工报告、施工、初步验收、试运转、竣工验收、交付使用等环节		
板书设计	1. 立项阶段：项目建议书、可行性研究； 2. 实施阶段：初步设计、年度计划、施工准备、施工图设计、施工招标或委托、开工报告、施工； 3. 验收投产阶段：初步验收、试运行、竣工验收		
教学资源	5.1 通信管线工程建设基本程序		

第二部分：学习内容

一般我国大中型和限额以上的建设项目从建设前期工作到建设、投产要经过编写项目建议书、可行性研究、初步设计、年度计划安排、施工准备、施工图设计、施工招投标、开工报告、施工、初步验收、试运转、竣工验收、交付使用等环节。基本建设程序如图 5.1 所示。

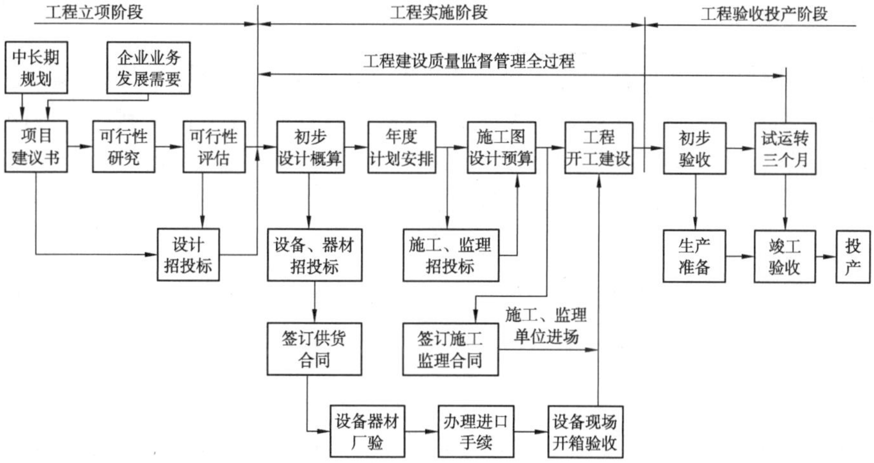

图 5.1 基本建设程序

1. 立项阶段

1）项目建议书

凡列入长期计划或建设前期工作计划的项目，应该有批准的项目建议书。各部门、各地区、各企业根据国民经济和社会发展的长远规划、行业规划、地区规划等要求，经过调查、预测、分析，提出项目建议书。

2）可行性研究

可行性研究的主要目的是对项目在技术上是否可行和经济上是否合理进行科学的分析和论证。

2. 实施阶段

1）初步设计

初步设计是根据批准的可行性研究报告以及有关的设计标准、规范，并通过现场勘察工作取得可靠的设计基础资料后进行编制的。

设计阶段的主要任务就是通过对项目现场的查勘，根据现有的技术条件，选取合适的设备、技术，编制出符合设计任务书的设计文件，并对其进行审定。

一般大中型工程项目采用初步设计、施工图设计两个阶段；大型、特殊工程项目或技术上比较复杂的项目，实行三阶段设计，即初步设计、技术设计和施工图设计；小型工程项目可以采用一阶段设计。

2）年度计划

年度计划包括整个工程项目和年度的投资和进度计划，如基本建设拨款计划、设备和主材（采购）储备贷款计划、工期组织配合计划等。

3）施工准备

（1）制定建设工程管理制度，落实管理人员。

（2）汇总拟采购设备、主材的技术资料。

（3）落实施工和生产物资的供货来源。

（4）落实施工环境的准备工作，如征地、拆迁、“三通一平”（水、电、路通和平整土地）等。

4）施工图设计

施工图设计文件应根据批准的初步设计文件和主要设备订货合同进行编制。施工图设计是承担工程施工单位完成项目建设的主要依据。各个阶段的设计文件编制后，将根据项目的规模和重要性，组织相关部门及设计、施工建设、监理等单位的人员进行会审，然后上报批准。设计文件一经批准，执行中不得任意修改变更。

5）施工招标或委托

施工招标是指建设单位将建设工程发包，鼓励施工企业投标竞争，从中评定出技术、管理水平高、信誉可靠且报价合理的中标企业。

6）开工报告

经施工招标，签订承包合同后，建设单位落实了年度资金拨款、设备和主材的供货及工程管理组织后，于建设项目开工前一个月由建设单位会同施工单位向主管部门提出开工报告。

7）施　工

管线工程施工必须按照施工图设计规定的内容、合同书的要求和施工组织的设计，由施工单位组织施工队。工程开工前，必须向主管部门呈报开工报告，经批准后方可正式施工。

3. 验收投产阶段

工程结束后，必须经过验收才能投产使用。这个阶段的主要内容包括初步验收、试运行以及竣工验收 3 个方面。

1）初步验收

初步验收通常是指单项工程完工后，检验单项工程各项技术指标是否达到设计要求的程序。

2）试运行

试运行是指由建设单位负责组织，对设备、系统的性能、功能和各项技术指标以及设计和施工质量等进行全面考核。

3）竣工验收

竣工验收是全面考核建设成果、检验设计和工程质量是否符合要求、审查投资使用是否合理的重要步骤。

通信管线工程项目按批准的设计文件内容全部建成后，应由主管部门组织建设、档案、设计、施工、监理等单位进行初验，形成初验报告报上级有关部门。初验合格后的工程项目即可进行工程移交，开始试运行。

对于中小型工程项目，可视情况简化验收程序，将工程初验和终验合并进行。

第三部分：学习效果及评价

课次		课时	
课堂笔记			
课后习题			
1. 通信管线建设工程有哪三个阶段？			
2. 工程建设在实施阶段有哪些程序？			
评定等级		评定教师	

任务二　通信建设工程监理的概念

5.2　通信建设工程监理的概念

第一部分：课程导读

课次		课时	
课程地位	工程建设监理是指工程建设监理单位接受业主的委托和授权，根据国家批准的工程项目建设文件、有关工程建设的法律、法规和工程建设监理合同以及其他工程建设合同，对工程项目建设进行的以实现项目投资为目的的围观监督管理活动		
主要内容	● 监理的内容； ● 监理企业和监理工程师； ● 监理的形式； ● 监理人员的职责； ● 通信建设工程监理的实施； ● 通信建设工程监理的监督管理； ● 通信建设工程的监理依据	教学目标	● 明确监理的内容； ● 简述监理企业和监理工程师概念； ● 简述监理的形式及监理人员的职责； ● 明确通信建设工程监理的实施和监督管理； ● 认识通信建设工程的监理依据
课程重点	● 监理的内容； ● 监理的形式； ● 监理人员的职责	课程难点	● 通信建设工程监理的实施； ● 通信建设工程监理的监督管理
课程小结	监理的内容包括“三控三管一协调”，即工程建设质量、进度、造价控制，工程建设安全、合同、信息管理，协调工程建设、施工等单位工作关系。通信建设监理企业资质等级分为甲级、乙级和丙级。甲级、乙级按照专业设置，分为电信工程、通信铁塔（含基础）和邮政设备安装 3 个专业；丙级只设电信专业		
板书设计	1. 监理内容：三控（质量、进度、造价），三管（安全、合同、信息管理），一协调（各方关系）； 2. 监理企业：甲、乙、丙； 3. 监理形式：旁站、巡视、平行检验		
教学资源	5.2 通信建设工程监理的概念		

第二部分：学习内容

通信建设工程监理是指监理企业受建设单位委托，依据国家和有关工程建设的法律、法规、规章和标准规范，对通信建设工程项目进行监督管理的活动。实施通信建设工程监理活动，应当遵循依法、独立、公正、诚信、科学的原则。

1. 监理的内容

监理的内容包括“三控三管一协调”，即工程建设质量、进度、造价控制，工程建设安全、合同、信息管理，协调工程建设、施工等单位工作关系。

监理企业可以和建设单位约定对通信工程建设全过程（包括设计阶段、施工阶段和保修期阶段）实施监理，也可以约定对其中某个阶段实施监理。具体监理范围和内容由建设单位和监理企业在委托合同中约定。

1）设计阶段监理的内容

（1）协助建设单位选定设计单位，商签设计合同并监督管理设计合同的实施。

（2）协助建设单位提出设计要求，参与设计方案的选定。

（3）协助建设单位审查设计和概（预）算，参与施工图设计阶段的会审。

（4）协助建设单位组织设备、材料的招标和订货。

2）施工阶段监理的内容

（1）协助建设单位审核施工单位编写的开工报告。

（2）审查施工单位的资质，审查施工单位选择的分包单位的资质。

（3）协助建设单位审查批准施工单位提出的施工组织设计、安全技术措施、施工技术方案和施工进度计划，并监督检查实施情况。

（4）审查施工单位提供的材料和设备清单及其所列的规格和质量证明资料。

（5）督促施工单位严格执行工程施工合同和规范标准。

（6）检查工程使用的材料、构件和设备的质量。

（7）检查施工单位在工程项目上的安全生产规章制度和安全监管机构的建立、健全及专职安全生产管理人员配备情况，督促施工单位检查各分包单位的安全生产规章制度的建立情况。审查项目经理和专职安全生产管理人员是否具备信息产业部或通信管理局颁发的“安全生产考核合格证书”，是否与投标文件相一致。审核施工单位应急救援预案和安全防护措施费用使用计划。

（8）监督施工单位按照施工组织设计中的安全技术措施和专项施工组织方案组织施工，及时制止违规施工作业；定期巡视检查施工过程中的危险性较大工程作业情况；检查施工现场各种安全标志和安全防护措施是否符合强制性标准要求，并检查安全生产费用的使用情况；督促施工单位进行安全自查工作，并对施工单位资产情况进行抽查，参加建设单位组织的安全生产专项检查。

（9）实施旁站监理，检查工程进度和施工质量，验收分部分项工程，签署工程付款凭证，做好隐蔽工程的签证。

（10）审查工程结算。

（11）协助建设单位组织设计单位和施工单位进行竣工初步验收，并提出竣工验收报告。

（12）审查施工单位提交的交工文件，督促施工单位整理合同文件和工程档案资料。

3）工程保修期阶段监理的内容

（1）监理企业应依据委托监理合同确定质量保修期的监理工作范围。

（2）负责对建设单位提出的工程质量缺陷进行检查和记录，对施工单位修复的工程进行验收。

（3）协助建设单位对工程质量缺陷原因进行调查分析并确定责任归属，对非施工单位原因造成的工程质量缺陷，核实修复工程的费用和签发支付证明，并报建设单位。保修期结束后协助建设单位结算工程保修金。

2. 监理企业和监理工程师

通信建设监理企业实行资质认证管理。通信建设监理企业资质等级分为甲级、乙级和丙级。甲级、乙级按照专业设置，分为电信工程、通信铁塔（含基础）和邮政设备安装 3 个专业；丙级只设电信专业。甲级资质的监理企业可以在全国范围内承担所获监理专业的各种规模的监理业务。乙级资质的监理企业可以在全国范围内承担所获监理专业的下列规模监理业务：

1）电信工程专业

工程造价在 3 000 万元以内的省内有线传输、无线传输、电话交换、移动通信、卫星通信、数据通信、综合布线等工程；1 万 m^2 以下建筑物的综合布线工程；通信管道工程。

2）通信铁塔（含基础）专业

塔高 80 m 以下的通信铁塔（含基础）工程。

3）邮政设备安装专业

非省会二级中心局、三级中心局及各类转运站的邮政设备安装工程。丙级资质的监理企业可以在全国范围内承担工程造价在 1 000 万元以内的本地网有线传输、无线传输、电话交换、移动通信、卫星通信、数据通信等工程；5 000 m^2 以下建筑物的综合布线工程；48 孔以下的通信管道工程。

通信建设工程监理实行总监理工程师负责制。通信建设监理工程师资格按专业设置，分为电信工程、通信铁塔及邮政设备安装 3 类专业。

总监理工程师应当是取得“通信建设监理工程师资格证书”，且具有 3 年通信工程监理经验，经监理企业法定代表人授权，派驻现场的监理组织的总负责人，行使监理合同赋予监理企业的权利和义务，全面负责受委托工程监理工作的监理人员。

一名总监理工程师只宜担任一项委托监理合同的项目总监理工程师工作。当需要同时担任多项委托监理合同的项目总监理工程师时，须经建设单位同意，且最多不得超过 3 项。

通信建设监理企业应当依照法律、法规以及有关规范标准、设计文件和建设工程承包合同，代表建设单位对工程实施监理。监理企业要完善监理单位安全生产管理制度，根据工程项目特点，明确监理人员的安全监理职责。建立监理人员安全生产教育培训制度，总监理工程师和安全监理人员需经安全生产教育培训，并取得信息产业部或省通信管理局颁发的“安全生产考核合格证书”后方可上岗，其教育培训情况记入个人继续教育档案。

监理企业和监理工程师应当按照法律、法规和工程建设强制性标准实施监理，并对建设工程安全生产承担监理责任。

通信建设监理企业与被监理工程的施工承包单位以及材料和设备供应单位有隶属关系或者其他利害关系的，不得承担该项建设工程的监理业务。

通信建设监理企业不得超越本企业资质等级许可的范围或者以其他监理企业的名义承担工程监理业务，不得允许其他单位或者个人以本单位的名义承担工程监理业务。通信建设监理企业不得转让工程监理业务，不得泄露建设单位和被监理单位的商业秘密和技术秘密。

通信建设监理工程师不得同时在两个以上的监理企业任职，不得以个人名义承接监理业务，不得泄露建设单位和被监理单位的商业秘密和技术秘密。

3. 监理的形式

通信建设监理工程师应当按照工程监理规范的要求，采取旁站、巡视和平行检验的形式，对通信建设工程实施监理。

旁站是在关键部位或关键工序施工过程中，由监理人员在现场进行的监督活动。

巡视是监理人员对正在施工的部位或工序在现场进行的定期或不定期的监督活动。巡视方法以目视和记录为主，主要掌握现场施工人员（施工技术人员有无技能证、农民工有无岗前培训、人数）、机械、仪表设备操作（作业情况，仪表、设备品类及数量）、工程质量、安全情况和工程计量（实际完成的工程量）。

平行检验是项目监理机构利用一定的检查或检测手段，在承包单位自检的基础上按照一定的比例独立进行检查或检测的活动。

4. 监理人员的职责

监理人员有总监理工程师、总监理工程师代表、专业监理工程师、监理工程师、监理员。其中，总监理工程师是由监理单位法定代表人书面授权，全面负责委托监理合同的履行，主持项目监理机构工作的监理工程师；总监理工程师代表是经监理单位法定代表人同意，由总监理工程师书面授权，代表总监理工程师行使其部分职责和权力的项目监理机构中的监理工程师；专业监理工程师是根据项目监理岗位职责分工和总监理工程师的指令，负责实施某一专业或某一方面的监理工作，具有相应监理文件签发权的监理工程师；监理工程师是取得国家监理工程师执业资格证书并经注册的监理人员；监理员是经过监理业务培训，具有同类工程相关专业知识，从事具体监理工作的监理人员。

（1）总监理工程师的职责：

① 确定项目监理机构人员的分工和岗位职责。

② 主持编写项目监理规划，审批项目监理实施细则，并负责管理项目监理机构的日常工作。

③ 审查分包单位的资质，并提出审查意见。

④ 检查和监督监理人员的工作，根据工程项目的进展情况可进行监理人员调配，对不称职的监理人员应调换其工作。

⑤ 主持监理工作会议，签发项目监理机构的文件和指令。

⑥ 审定承包单位提交的开工报告、施工组织设计、技术方案、进度计划。

⑦ 审核签署承包单位的申请、支付证书和竣工结算。

⑧ 审查和处理工程变更。

⑨ 主持或参与工程质量事故的调查。

⑩ 调解建设单位与承包单位的合同争议、处理索赔、审批工程延期。

⑪ 组织编写并签发监理月报、监理工作阶段报告、专题报告和项目监理工作总结。

⑫ 审核签认分部工程和单位工程的质量检验评定资料，审查承包单位的竣工申请，组织监理人员对待验收的工程项目进行质量检查，参与工程项目的竣工验收。

⑬ 主持整理工程项目的监理资料。

（2）总监理工程师代表的职责：

① 负责总监理工程师指定或交办的监理工作。

② 按总监理工程师的授权，行使总监理工程师的部分职责和权力。

（3）专业监理工程师的职责：

① 负责编制本专业的监理实施细则。

② 负责本专业监理工作的具体实施。

③ 组织、指导、检查和监督本专业监理员的工作，当人员需要调整时，向总监理工程师提出建议。

④ 审查承包单位提交的涉及本专业的计划、方案、申请、变更，并向总监理工程师提交报告。

⑤ 负责本专业分项工程验收及隐蔽工程验收。

⑥ 定期向总监理工程师提交本专业监理工作实施情况报告，对重大问题及时向总监理工程师汇报和请示。

⑦ 根据本专业监理工作实施情况做好监理日记。

⑧ 负责本专业监理资料的收集、汇总及整理，参与编写监理月报。

⑨ 核查进场材料、设备、构配件的原始凭证、检测报告等质量证明文件及其质量情况，根据实际情况认为有必要时对进场材料、设备、构配件进行平行检验，合格时予以签认。

⑩ 负责本专业的工程计量工作，审核工程计量的数据和原始凭证。

监理工作总结应包括工程概况，监理组织结构、人员和投入的监理设施，监理合同履行情况，监理工作成效，施工工程中出现的问题及处理情况和建议，工程照片或录像（有必要时）。

（4）监理员的职责：

① 在专业监理工程师的指导下开展现场监理工作。

② 检查承包单位投入工程项目的人力、材料、主要设备及其使用运行状况，并做好检查记录。

③ 复核或从施工现场直接获取工程计量的有关数据并签署原始凭证。

④ 按设计图及有关标准，对承包单位的工艺过程或施工工序进行检查和记录，对加工制作及工序施工质量检查结果进行记录。

⑤ 担任旁站工作，发现问题及时指出并向专业监理工程师报告。

⑥ 做好监理日记和有关的监理记录。

监理员在工作中应注意的事项：

① 善于搜集信息、发现问题。监理员在现场要眼观六路、耳听八方，勤奋工作，善于分析、思考。对发现的问题，要求承包单位立即改正并记录在案，向监理工程师及时汇报。

② 监理工作中不越权。在监理工程师的指导下工作，负责对现场获取的工程计量资料的复核签字，对工序验收结果的确认签字；不属于监理员签字的表格、文件不能越级代签；应认真履行签认手续，所有签字都应手签，不准用印章替代。签字时间准确，没有特殊情况不能后补。

③ 口头指令及时补办书面凭证。在现场监理工作中往往由于时间、环境等条件所限，常会对承包单位发出口头指令、通知或意见，要求对方返工、修整或完善等，应尽快记载并转化为书面资料提供给对方。这些资料是监理工作业绩的具体反映，没有书面凭证就失去了工作的可追溯性。

④ 正确处理好与建设、承包单位的关系。a. 要尊重建设单位工地代表，尽量满足他们的合理要求，对难以办到的事和问题应给以解释，并及时向监理工程师请示汇报；b. 处理好与承包单位的关系，在监理工作中，要平等待人，讲究工作方式、方法，下达指令清晰、明确、果断。但也要防止用权过度，不能直接指挥承包单位的人员施工，也不要代替承包单位的施工人员施工。

⑤ 要严于律己、遵章守法。监理人员常驻工程现场，要遵守现场的规章制度，不能随意离岗，因故离开要与相关人员说明情况。监理人员要遵守职业道德准则，要廉洁自律，在工作时间内，严禁喝酒打牌或进行其他娱乐活动，不准酒后上岗，不准接受承包单位的请客送礼，保持监理人员良好的公众形象，这样有利于监理工作的公正与顺利开展。严禁监理人员利用职务之便要挟他人以达到个人目的，严禁监理人员以任何名义向施工单位索要或收受钱物、在施工单位报销费用或票据。严禁监理人员向承包人推销产品和物资以及介绍施工队伍。

5. 通信建设工程监理的实施

建设单位应当选择具有相应资质等级的通信建设工程监理企业实施工程监理。

通信建设监理企业承担监理业务，应当在工程开工前与建设单位签订书面建设工程委托监理合同。合同的主要条款应当包括监理的范围和内容、双方的权利和义务、监理费的计取与支付、违约责任及双方约定的其他事项。合同可以设定附加条款，包括项目总监理工程师姓名及所授予的期限等。

建设单位在监理企业实施监理前，将监理企业的名称、监理的范围和内容、项目总监理工程师的姓名以及所授予的权限书面通知被监理企业。被监理企业应当接受监理企业的监理，按照要求提供完整的原始记录、检测记录等技术、经济资料，并为其开展工作提供方便。监理企业应当根据所承担的业务，成立项目监理机构。项目监理机构的组织形式和规模应根据委托监理合同规定的服务内容、服务期限、工程类别、规模、技术复杂程度、工程环境等因素确定。

通信建设工程监理应当按照下列程序实施。

（1）编制工程建设监理规划。按照工程建设强制性标准及相关监理规范的要求编写监理规划，同时还应编制安全监理的范围、内容、工作程序和制度措施以及人员配备计划和职责。

（2）按工程建设进度分专业编制工程建设监理实施细则。中型以上项目和危险性较大的分部分项工程应当编制监理实施细则，实施细则应当明确安全监理的方法、措施和控制点以及对施工单位安全技术措施的检查方案。

（3）按照建设监理实施细则实施监理。

（4）参与工程竣工验收，签署建设监理意见。

通信建设工程监理业务完成后，监理企业应当按照合同约定向建设单位提交工程建设监理档案资料。承担施工阶段的监理，监理企业应当选派具备相应资格的总监理工程师和监理工程师进驻现场。

未经监理工程师签字的材料和设备不得在工程上使用或者安装；未经监理工程师签字，施工单位不得进行下一道工序的施工；未经总监理工程师签字，建设单位不拨付工程款，不进行竣工验收。

在监理的实施过程中，总监理工程师应定期向建设单位报告工程情况，未经建设单位授权，总监理工程师不得自主变更建设单位与被监理企业签署的工程承包合同。由于不可预见或不可抗拒的因素，总监理工程师认为需要变更承包合同时，应当及时向建设单位提出建议，协助建设单位与被监理企业协商变更工程承包合同。

在监理实施过程中，建设单位与被监理企业在执行工程承包合同中发生的任何争议，可以约定首先由总监理工程师调解。总监理工程师接到调解请求后，应当在约定的期限内将调解意见书面通知双方。争议双方或任何一方不同意总监理工程师的调解意见的，可以依据合同申请仲裁或者向法院提起诉讼。

监理企业应加强对工程的安全监理工作，通信建设工程安全监理的工作程序如下：

（1）监理单位编制含有安全监理内容的监理规划和监理实施细则。

（2）在施工准备阶段，审查施工单位编制的施工组织设计中的安全技术措施和危险性较大的分部分项工程安全专项施工方案是否符合工程建设强制性编制要求；审查核验施工单位提交的有关技术文件及资料，并由项目总监理工程师在技术文件报审表上签署意见；审查未通过的，安全技术措施及专项施工方案不得实施。

（3）在施工阶段，监理单位应对施工现场安全生产情况进行巡视检查，对发现的各类安全事故隐患，应书面通知施工单位，并督促其立即整改；情况严重的，监理单位应及时下达工程暂停令，要求施工单位停工整改，并及时报告建设单位。安全事故隐患消除后，监理单位应检查整改结果，签署复查或者复工意见。施工单位拒不整改或不停止施工的，监理单位应当及时向建设单位或当地省通信管理局报告，以电话形式报告的，应当有通话记录，并及时补充书面报告。检查、整改、复查、报告等情况应记载在监理日志、监理月报中。

（4）工程竣工后，监理单位应将有关安全生产的技术文件、验收记录、监理规划、监理实施细则、相关书面通知等按规定立卷归档。

通信建设工程监理收费标准应当符合国家统一公布的监理服务收费标准。

6. 通信建设工程监理的监督管理

部或者省通信管理局应当依照有关法律、法规加强对通信建设监理企业、监理工程师等的监督管理工作，不定期对监理企业、监理现场进行监督检查。

部对通信建设监理企业资质实行动态管理。企业或个人在取得资质后不再符合相应资质条件的，部和省通信管理局根据利害关系人的请求或者依据职权，可以责令其限期改正；逾期不改的，暂时收回其资质证书，并予以公告。

企业和监理工程师在监理工作中发生重大安全事故或重大质量事故的，予以公告。

部或者省通信管理局履行监督检查职责时，有权采取下列措施：

（1）要求被检查单位提供通信建设监理资质证书、监理工程师证书，有关工程监理业务的文档，有关质量管理、安全生产管理、档案管理等企业内部管理制度的文件。

（2）进入被检查单位进行检查，查阅相关资料。

（3）纠正违反有关法律、法规和《通信建设工程监理管理规定》以及标准和规范的行为。

有关单位和个人对部或者省通信管理局依法进行的监督检查应当协助配合，不得拒绝或者阻挠。

部或者省通信管理局依法对企业从事行政许可事项的活动进行监督检查时，应当将监督检查情况和处理结果予以记录，由监督检查人员签字后归档。

监理企业有下列情形之一的，应当及时向资质申请受理机关提出资质注销申请，交回资质证书，不应当办理注销手续，公告其资质证书作废。

（1）资质证书有效期届满，未依法申请延续的。

（2）监理企业依法终止的。

（3）监理企业资质依法被撤销、撤回或吊销的。

（4）法律、法规规定的应当注销资质的其他情形。

通信建设监理企业超越本企业资质等级或者未取得资质证书承揽工程，或者以欺骗手段取得资质证书承揽工程的，由部或省通信管理局依据《建设工程质量管理条例》第六十条的规定处罚。

通信建设监理企业允许其他单位或者个人以本企业名义承揽工程的，由部或通信管理局依据《建设工程质量管理条例》第六十一条的规定处罚。

通信建设监理企业转让监理业务的，由部或通信管理局依据《建设工程质量管理条例》第六十二条的规定处罚。

通信建设监理企业有下列行为之一的，由部或通信管理局依据《建设工程质量管理条例》第六十七条的规定处罚。

（1）与建设单位或者施工单位串通，弄虚作假、降低工程质量的。

（2）将不合格的建设工程、设备、材料按照合格签字的。

通信建设监理企业与被监理工程的施工承包单位以及设备、材料供应单位有隶属关系或者其他利害关系承担建设工程监理业务的，由部或通信管理局依据《建设工程质量管理条例》第六十八条的规定处罚。

任何组织或者个人在申请资质证书或者资格证书时，隐瞒有关情况或者提供虚假材料的，部或者省通信管理局不予受理或者不予核发资质证书。

监理单位有下列行为的，部或通信管理局依据《建设工程安全生产管理条例》第五十七条的规定处罚。

（1）未对施工组织设计中的安全技术措施或专项施工方案进行审查的。

（2）发现安全事故隐患未及时要求施工单位整改或者暂时停止施工的。

（3）施工单位拒不改正或者不停止施工，未及时向有关主管部门报告的。

（4）未依照法律、法规和工程建设强制性标准实施监理的。

部或者通信管理局在实施监督检查时，应当有两名以上监督检查人员参加，并出示执法证件，不得妨碍企业正常的生产经营活动，不得索取或者收受企业的财物，不得谋取其他利益。

7. 通信建设工程的监理依据

通信建设工程主要依据下列内容开展监理工作。

（1）中华人民共和国住房和城乡建设部、信息产业部、质量技术监督局和地方建设行政主管部门颁布的有关工程建设监理的法律、法规、政策、规章以及施工规范和工程质量验收标准。

（2）有关通信的国际标准、国家标准、行业标准、企业标准。

（3）本工程项目可行性研究报告、设计文件及概（预）算。

（4）建设单位与监理单位、设计单位、承包单位、供货单位签订的监理、设计、施工、订货等承包合同和有关协议以及相关招标文件和中标通知书。

第三部分：学习效果及评价

课次		课时	
课堂笔记			
课后习题			
1. 监理的形式有哪些？			
2. 简述监理员的职责。			
评定等级		评定教师	

任务三　通信建设工程监理的主要工作及流程

第一部分：课程导读

<table>
<tr><td>课次</td><td></td><td>课时</td><td></td></tr>
<tr><td>课程地位</td><td colspan="3">通信建设工程监理的主要工作及流程是本节的核心内容，学习好模块内容，有助于学生更好的理解监理工作，培养其规范操作、独立检查、分析、处理、解决问题能力；团队合作、多人共同作业的协作能力；以及对人际关系和特殊事件处理能力等一系列综合素质能力</td></tr>
<tr><td>主要内容</td><td>● 通信建设工程监理的主要工作及流程；
● 通信管线有关的强制性条文</td><td>教学目标</td><td>● 简述通信建设工程监理的前期工作，施工阶段的监理工作，施工后期的监理工作；
● 熟记监理的流程；
● 说明施工监理的工程质量、工程进度、工程造价控制</td></tr>
<tr><td>课程重点</td><td>● 通信建设工程监理的前期工作，施工阶段的监理工作，施工后期的监理工作；
● 监理的流程；
● 施工监理的工程质量、工程进度、工程造价控制</td><td>课程难点</td><td>施工监理的工程质量、工程进度、工程造价控制</td></tr>
<tr><td>课程小结</td><td colspan="3">通信建设工程监理的主要工作包括：通信建设工程监理的前期工作、施工阶段的监理工作、施工后期的监理工作。主要进行工程质量控制、工程进度控制、工程造价控制及施工阶段的合同管理</td></tr>
<tr><td>板书设计</td><td colspan="3">1. 施工监理工作包括：前期工作、施工阶段、施工后期；
2. 监理内容为：工程质量控制、工程进度控制、工程造价控制及施工阶段的合同管理</td></tr>
</table>

第二部分：学习内容

1. 通信建设工程监理的前期工作

1）监理任务招标工作，进行监理任务承揽

所谓工程招投标，是指招标人事先提出工程的条件和要求，邀请众多投标人参加投标并按照规定程序从中选择承包单位的一种市场交易行为。

工程招投标可采用公开招标、邀请招标的方式，经历招标、投标、开标、评标与定标的程序。

投标书是衡量投标企业素质技术水平和管理水平的综合性文件，是招标单位进行评标的主要依据。编制标书的主要依据是：① 招标文件，包括图纸、资料和招标单位的要求，这是编制标书的主要依据，必须熟悉并掌握；② 国家的有关方针政策、法律法规、市场行情等有关资料，这是保证企业经营方向正确、合法经营的重要依据；③ 招标工程经核算后的工程成本，这是编制投标报价的重要依据；④ 投标企业内部条件。企业内部条件能否适应外部环境的变化，是编制标书的重要依据。标书由封面、主文和附件 3 部分组成。

工程监理大纲（施工组织设计）是在建设单位委托监理的过程中，为承揽监理业务，根据监理招标文件的要求而编写的监理方案性文件。其主要作用一是使建设单位认可大纲中的监理方案，二是为今后开展监理工作制定规划。监理大纲的主要内容如下：

（1）项目监理组织计划。根据工程项目的特点、规模、内容以及监理单位自身情况，成立项目监理部或项目监理小组。

（2）拟投入主要监理成员资质情况，特别是项目总监理工程师的情况。

（3）工程造价、质量、进度、安全控制方案。根据招标文件提供的和初步掌握的工程信息，制定准备采用的工程造价、质量、进度、安全控制方案。

（4）信息管理。通信工程监理主要是通过规划、控制和协调，达到控制工程投资、进度、质量和安全的目的。控制和协调的基础是信息，监理资料是在工程实施过程中不断产生的信息。为此，监理必须制定及时收集、处理有关监理资料的各种程序和制度，以利于做出科学、合理的监理决策。

（5）合同管理。依据监理委托合同和工程承包合同等合同，以公正合理地处理双方权利和责任为准则，实施协调与管理，将合同当事人双方的自然对立关系，化解为目标一致的伙伴关系；约束合同的各方遵守合同规则，避免各方责任的分歧以及不严格执行合同而出现的合同纠纷及违约现象的发生，保证工程建设项目质量、进度、投资、安全四大目标的实现。

2）签订委托监理合同

实施建设工程监理前，依据监理委托书或监理中标通知书，监理与建设单位签订建设工程委托监理合同，其一般由以下 4 部分组成：

（1）建设工程委托监理合同。合同是一份标准格式的法律文件，其中双方明确了委托监理工程的概况（工程名称、地点、工程规模、总投资），合同的组成内容，支付报酬的期限和方式，合同签订、生效、完成时间，约定的各项义务承诺，经双方签字盖章后，即发生法律效力。

（2）建设工程委托监理合同标准条件。其内容涵盖了合同中所用词语定义，适用范围和法规，签约双方的责任、权利和义务，合同的生效、变更和终止，监理报酬，争议的解决以及其他一些情况。它是委托监理合同的通用文件，适用于各类建设工程项目监理，各个委托单位、监理单位都应遵守。

（3）建设工程委托监理合同专用条件。由于标准条件适用于各种行业和专业项目的建设工程监理，因此其中的某些条款规定得比较笼统，需要结合地域特点、专业特点和委托监理项目的工程特点，对标准条件中的某些条款进行补充、修正。

（4）在实施过程中双方共同签署的补充与修正文件。在签订委托监理合同时，必须逐条逐款搞清上述《建设工程监理合同（示范文本）》的4部分内容，结合工程实际和现场情况进行签订。

3）组建项目监理机构

（1）项目监理机构的组织形式、规模和人员配置，应根据工程规模大小、专业类别、技术复杂程度、工期长短、工程环境等因素综合考虑，并应符合委托监理合同中对监理深度的要求。

（2）监理人员的数量和专业配备可随工程施工进展情况做相应调整，以满足不同阶段监理工作的需要。

（3）项目监理机构人员除总监理工程师、监理工程师、监理员外，大型工程还可配置档案员、信息员等行政辅助人员。

4）编写监理规划和监理实施细则

（1）监理规划的概念。监理规划是在总监理工程师的主持下编制、经监理单位技术负责人批准，用来指导项目监理机构全面开展监理工作的指导性文件。

监理规划应在签订委托监理合同及收到设计文件后开始编制，完成后必须经监理单位技术负责人审核批准，并应在召开第一次工地会议前报送建设单位。监理规划应由总监理工程师主持、专业监理工程师参加编制。编制监理规划的依据是建设工程的相关法律法规及项目审批文件、与建设工程项目有关的标准设计文件技术资料、监理大纲委托监理合同文件以及与建设工程项目相关的合同文件。

（2）监理规划的主要内容。

① 工程概况，包括项目名称、地点与规模。

② 监理工作范围。

③ 监理工作内容。

④ 监理工作目标，包括质量、进度、安全、造价控制目标。

⑤ 监理工作依据，包括有关法律、法规，主管部门批准的工程建设文件，监理合同和其他工程建设承包合同。

⑥ 项目监理机构的组织形式。

⑦ 项目监理机构的人员配备计划。

⑧ 项目监理机构的人员岗位职责。

⑨ 监理工作程序。

⑩ 监理工作方法及措施。

⑪ 监理工作制度。

⑫ 监理设施。

此外，在监理规划中附监理表格及流程图作为附件。

（3）监理实施细则。监理实施细则应在相应工程施工开始前编制完成，并必须经总监理工程师批准。监理实施细则应由专业监理工程师编制。编制监理实施细则的依据是已批准的监理规划、与专业工程相关的标准设计文件和技术资料以及施工组织设计。其主要内容如下。

① 专业工程的特点。

② 监理工作的控制要点及目标值。

③ 监理工作的方法和措施。

监理大纲、监理规划、监理实施细则是相互关联的，它们都是构成监理规划系列文件的组成部分。

5）审核施工设计文件

（1）总监理工程师在设计会审前，应组织监理人员审查设计，并将审查意见整理成文报送建设单位。

（2）施工设计审查包括下列内容：

① 是否无证或越级设计，图纸是否正式签署。

② 设计深度能否指导施工，主要电气指标和工艺、技术标准是否明确，能否据此进行工程验收。

③ 设计说明与施工图纸是否齐全相符，相互间有无差错、矛盾。

④ 几个设计单位共同设计的图纸相互间有无矛盾和差错。

⑤ 承包单位是否具备施工图中所列的各种标准图册。

⑥ 设计预算是否与设计说明、施工图纸相符，有无重列或漏项，套用定额是否准确。

6）审核承包单位和工程分包单位的资质

保证施工承包单位和工程分包单位的资质，是保证工程质量的一个重要环节和前提。

（1）承包单位应根据信息产业部相关规定，承担与本企业资质等级相符的类别工程，不得越级承包或非法转包。

（2）承包单位对工程实行分包必须符合施工合同的规定。

（3）承包单位应填写“分包单位资质报审表”，并附分包单位有关资料（营业执照、资质证书、业绩、施工人员的技能证等）报监理审核。

（4）对分包单位资格应审核的内容有：分包单位的营业执照、企业资质等级证书、特殊行业施工许可证、国外（境外）企业在国内承包工程许可证，分包单位的业绩，拟分包工程的内容和范围，专职管理人员和特种作业人员的资格证、上岗证。

分包单位的资质应符合有关规定并满足施工需要，在征得建设单位同意后，由总监理工程师签发“分包单位资格报审表”予以确认。

（5）分包合同签订后，承包单位应将《分包合同》副本一份，报监理备案。

（6）监理单位发现承包单位存在转包或层层分包等情况，应签发《监理通知》予以制止，并报告建设单位。

（7）总监理工程师对分包单位资格的确认，不解除承包单位的责任，在工程实施过程中分包单位的行为，视同承包单位的行为。

7）审核承包单位的施工组织设计

（1）《施工组织设计》的审查程序。《施工组织设计》是承包单位根据施工图设计、招标文件要求，并经施工现场考察后结合工程具体情况编制的，是用以指导施工的纲领性文件。

① 承包单位应于开工前7天，填写“施工组织设计报审表”，送监理单位。

② 总监理工程师组织监理人员审查《施工组织设计》并提出意见，由总监理工程师审定后报送建设单位，如需修改，则退回承包单位限时重报。

③ 承包单位进入工地后，监理人员应核实承包单位进场的技术、劳力配置以及机具、仪表、车辆是否到位。否则，发《监理通知》限期到位。

④ 承包单位应填写《进场机具、仪表年度计量检测证明》，报送监理工程师审查、签认。

⑤ 在施工过程中，监理要不断督促承包单位改进、完善质量与技术管理体系以及安全、环保、消防和文明施工措施。

⑥ 承包单位按审定的《施工组织设计》组织施工，如对技术复杂的关键部位作较大变更时，应在实施前以书面形式报送设计、监理和建设单位审批、审定。

（2）《施工组织设计》的审查内容。在审查《施工组织设计》时，需要审查下列内容。

① 质量、工期、进度计划应与施工合同、设计文件相一致。

② 施工方案、施工工艺应符合设计文件要求。

③ 施工技术、劳力以及物资储运安排应能满足工程进度计划的要求。

④ 施工机具、仪表、车辆配备应能满足所承担施工任务的需要。

⑤ 质量、技术管理体系健全，措施切实可行且有针对性。

⑥ 安全、环保、消防和文明施工措施切实可行并符合有关规定。

8）参加设计交底和图纸会审

（1）施工图设计会审（交底）会议由建设单位（或监理单位）主持召开，建设、设计、施工、监理单位相关人员参加。

（2）会审意见要形成《会审纪要》，通常由建设单位记录整理、打印盖章后分发有关各方。

（3）设计文件分期分批供图时，在《会审纪要》上应明确供图时限，以保证工程进度。

（4）《会审纪要》的全部内容视同设计的补充或修改，在施工、监理中应严格执行。

9）参加第一次工地协调会

在下达开工令之前，第一次工地协调会由建设单位主持召开，施工单位（必要时邀请设计单位）人员参加，会议主要内容如下。

（1）建设、承包、监理单位分别介绍各自驻现场的组织机构、人员及其分工。

（2）建设单位根据委托监理合同宣布对监理的授权。

（3）建设单位介绍工程开工准备情况。

（4）承包单位介绍施工准备情况。

（5）建设和监理单位对施工准备情况提出意见和要求。

（6）监理单位进行《监理规划》交底。

讨论内容要形成《会议纪要》，一般由建设单位负责起草。

2. 施工阶段的监理工作

1）审核开工报告、签发开工令

（1）承包单位应于开工前填写《开工申请报告》，送监理单位和建设单位审核。

（2）《开工申请报告》中应注明开工准备情况和存在问题以及提前或延期开工的原因。

（3）审核开工报告主要包括下列内容：

① 工程施工图设计是否已通过会审。

② 施工合同是否与建设单位签订。

③ 建设资金是否满足工程基本需要。

④ 已到工地主要器材、设备能否满足开工需要。

⑤ 有关线路路由审批、过铁（公）路顶管、过江（河）开堤取证，以及农田、园林赔补，市政、城建等施工证明是否办妥。

⑥ 机房土建（沟、槽、预留孔洞）环境（空调、防尘、电源、照明）等条件是否满足装机需要。

⑦ 施工人员、机具、仪表、车辆是否已按要求进场。

（4）如开工条件已基本具备，监理会同建设单位签发《开工令》；如某项条件还不具备，则应协调相关单位，使之尽快开工。

2）进场施工材料、设备进行检验、测试

（1）承包单位应对所有进场的器材、设备（包括建设单位采购部分在内）进行清点检测，并填写“器材、设备报验申请表”，附出厂证明、测试记录、入网证明等资料，送监理审核签认。

（2）监理依据承包单位报送的器材、设备清单进行复验或抽测。

（3）对进口器材、设备，供货单位应报送进口商检证明文件，并由建设、承包、供货、监理单位进行联合检查。

（4）器材、设备经监理复验或抽测合格，签认“器材、设备报验申请表”；对检验不合格的器材、设备，监理应拒绝签认，及时签发《监理通知》，不准在工程中使用，限期运出现场，并抄报建设单位和相关单位。

（5）对于检验不合格的器材、设备要分开存放，严禁运往工地，并请供货厂商到现场复验认定。

3）工程进度控制

（1）承包单位按日、周、月向监理单位报告工程进展情况，监理汇总后按时向建设单位报告。

（2）监理人员按周报审查施工进度计划实施情况，进行必要的分析。当发现工程实际进度严重偏离计划进度时，监理人员应会同承包单位调查原因、研究措施或建议，并由项目监理部向建设单位报告与洽商，必要时对承包单位签发《监理通知》，以控制施工进度。

4）工程质量控制

（1）监理人员对施工过程进行巡视、检查、测试和见证，对关键部位进行旁站，或对一些重要的检验和测试项目进行平行检测，检查内容如下。

① 是否按照设计文件、施工规范和批准的施工组织设计（方案）施工。

② 施工现场管理人员，尤其是质检人员是否到岗到位。

③ 施工操作人员的技术水平是否满足施工技术要求。

④ 已施工段落、部位是否存在质量缺陷。

⑤ 检验和测试项目是否达到设计文件、施工规范和批准的验收要求。

（2）实施工序报验、随工检查与隐蔽工程签证。

① 坚持上道工序不经检查验收，不准进行下道工序的原则。上道工序完成后，必须先由施工单位自检合格，填写《工序报验单》通知监理人员检验合格签证后，方可进行下道工序。不同通信专业有不同的工序和要求，但都必须遵守工序报验制度。

② 监理工程师在施工中应及时现场检验，对关键工序应旁站监理。对未经检验的隐蔽工序不得隐蔽，否则监理工程师有权剥露检查。

（3）对施工过程中出现的质量缺陷，监理工程师应及时下达《监理工程师通知》，要求承包单位整改，并检查整改结果。

（4）对施工过程中出现的较大质量问题或质量隐患，监理工程师宜采用照相、摄影等手段予以记录。

5）工程安全控制

认真执行《通信工程安全监理实施细则》。

（1）严格贯彻执行国家《建设工程安全生产管理条例》。

（2）审查承包单位的有关安全生产的文件：① 营业执照；② 施工许可证；③ 安全生产责任制及安全专业人员的配备；④ 安全生产操作规程；⑤ 主要施工机械、设备、仪表的技术性能及安全条件。

（3）审查承包单位的施工组织设计中的安全技术措施或方案是否符合工程建设强制性标准。

① 土方工程：地上障碍物的防护措施是否齐全完整；地下既有管线的保护措施是否齐全完整；土方开挖时的施工组织及施工机械的安全生产措施是否齐全完整；基坑的边坡支护措施是否符合要求。

② 高空作业：高空作业的防护措施是否齐全完整；高空作业人员是否经过培训。

③ 防强电：线路沿线靠近电力线危及施工安全的，防高压措施是否齐全到位；电源线截面、布线工艺、走向是否符合设计要求；不准私拉电源线，不准在现场使用电炉，插销板、电源插座是否完整良好；照明用电措施是否满足安全要求。

④ 安全文明管理：进入施工现场必须持有安全保卫部门签发的用火证件、入室证件；交接间、设备间、传输室等工作区内严禁存放易燃、易爆等危险物品，工作场所不准吸烟；监督检查施工现场的消防、夏季防暑、冬季防寒、卫生防疫等各项工作。

⑤ 督促承包单位落实安全生产的组织保证体系，建立健全安全生产责任制。

⑥ 督促承包单位对工人进行安全生产教育及安全技术交底，以及统一负责管理分包单位的安全生产工作。

⑦ 日常现场巡视跟踪监理，检查施工人员是否按照安全技术防范措施和操作规程操作施工，发现安全隐患，及时下达监理通知，责令承包单位整改或暂停施工。

⑧ 对关键部位的安全状况，应进行旁站监理。

⑨ 承包单位拒不整改或者不停止施工的，监理人员应及时向建设单位报告。

⑩ 每日将安全检查情况记录在《监理日记》中。

⑪ 如遇到下列情况，监理人员要直接下达暂停施工令，并及时向项目总监理工程师和建

设单位汇报：施工中出现安全异常，提出后，承包单位未采取改进措施或改进措施不符合要求时；对已发生的工程事故未进行有效处理而继续作业时；安全措施未经自检而擅自使用时；擅自变更设计图纸进行施工时；使用没有合格证明的材料或擅自替换、变更工程材料时；未经安全资质审查的分包单位的施工人员进入施工现场施工时；出现安全事故时。

6）工程造价控制

工程造价控制的规定：

（1）项目监理机构应按施工合同约定的工程量计算规则和支付条款，进行工程量计量和工程款支付。

（2）未经监理人员质量验收合格的工程量或不符合施工合同规定的工程量，监理人员应拒绝计量和该部分的工程款支付申请。

（3）监理工程师应及时搜集、整理有关工程、设计变更费用调整、索赔等监理资料，为竣工结算提供证据。

国际上，工程监理造价控制是以计量支付控制权作为保障手段，对承包单位支付任何工程款项，均需有监理审核签认，而签认的条件就是工程质量、数量要达到规定的标准和要求。否则，总监理工程师有权拒签，停止部分或全部工程款。显然，这是十分有效的控制和约束手段。在国内，目前在操作上还存在一些问题，应视建设单位的意向在监理合同中予以明确。

7）工地例会

工地例会是由项目监理机构（总监理工程师或监理工程师）主持的，在工程实施过程中针对工程质量、造价、进度、合同管理等事宜定期召开的、由有关单位（监理人员、建设单位随工代表）参加的会议。在施工过程中，总监理工程师应定期主持召开工地例会，会议纪要应由项目监理机构负责起草并经与会各方代表会签。工地例会包括的主要内容：

（1）检查上次例会议定事项的落实情况，分析未完事项原因。

（2）检查分析工程项目进度计划完成情况，提出下一阶段进度目标及其落实措施。

（3）检查分析工程项目质量状况，针对存在的质量问题提出改进措施。

（4）检查工程量核定及工程款支付情况。

（5）解决需要协调的有关事项。

（6）其他有关事宜。

总监理工程师或专业监理工程师应根据需要及时组织专题会议，解决施工过程中的各种专项问题。

工程项目开工前，监理人员应参加由建设单位主持召开的第一次工地会议。第一次工地会议应包括以下主要内容。

（1）建设单位、承包单位和监理单位分别介绍各自驻现场的组织机构、人员及其分工。

（2）建设单位根据委托监理合同宣布对总监理工程师的授权。

（3）建设单位介绍工程开工准备情况。

（4）承包单位介绍施工准备情况。

（5）建设单位和总监理工程师对施工准备情况提出意见和要求。

（6）总监理工程师介绍监理规划的主要内容。

（7）研究确定各方在施工过程中参加工地例会的主要人员，召开工地例会周期、地点及主要议题。

第一次工地会议纪要应由项目监理机构负责起草，并经与会各方代表会签。

8）专题工地会议

总监理工程师或监理工程师应根据需要及时组织专题工地会议，解决施工过程中的各种专题问题。工程项目各主要参建单位均可向项目监理机构书面提出召开专题工地会议的动议。会议内容包括主要议题，与会单位、人员及召开时间。经总监理工程师与有关单位协商，取得一致意见后，由总监理工程师签发召开专题工地会议的书面通知，与会各方应认真做好会前准备。专题工地会议纪要的形成过程与工地例会相同。

9）工程暂停与复工的处理

监理人员发现施工存在重大质量问题、安全隐患，可能造成质量、安全事故或已经造成质量、安全事故时，以及遇有自然灾害等不可抗力的情况下，总监理工程师应及时下达工程暂停令，要求承包单位工程暂停。在发生下列情况之一时，总监理工程师可签发工程暂停令。

（1）建设单位要求暂停施工且工程需要暂停施工。

（2）为了保证工程质量而需要进行停工处理。

（3）施工出现了安全隐患，总监理工程师认为有必要停工以消除隐患。

（4）发生了必须暂时停止施工的紧急事件。

（5）承包单位未经许可擅自施工或拒绝项目监理机构管理。

整改完毕并经监理复查符合规定后，总监理工程师应及时签署工程复工报审表。

总监理工程师下达工程暂停令和签署工程复工报审表，均应事先向建设单位报告。

10）对工程设计变更的处理

（1）设计单位对原设计存在的缺陷提出的设计变更，应编制设计变更文件；建设或承包单位提出的设计变更，应提交总监理工程师审查同意后，再由建设单位交原设计单位编制设计变更文件。当工程涉及安全、环保、交通、绿化等内容时，应按规定经有关部门审批。

（2）设计变更无论由哪方提出，均应按《设计变更程序》办理，经承包、监理、设计、建设单位 4 方洽商签证后，方可执行。

（3）对于设计变更引起工程量的增减和费用调整，监理应据实核定承包单位提出的费用调整表。

（4）监理应就设计变更引起的工程质量、工期进行评估，协调建设单位与承包单位，尽可能达成一致。

（5）对于一些不影响工程质量标准和费用调整的局部设计变更，经设计单位授权和建设单位同意，由承包、监理、建设单位代表在“洽商记录单”上签认后即可实施。

11）关于工程索赔的处理

（1）由于自然灾害或非承包单位的原因造成工期延误、返工等，致使承包单位蒙受直接经济损失，承包单位在施工合同规定的期限内，向建设单位提出费用索赔申请报告，并应附索赔凭证和详细的计算资料送监理审查；监理在初步核定一个额度后，与建设单位和承包单位进行协商。

（2）承包单位未能按合同约定履行自己的各项义务，例如未能按照监理的指示完成施工质量缺陷补救工作、拖延工期等违约行为，导致建设单位额外的经济损失，建设单位向承包单位提出费用索赔时，监理在审查索赔报告后，应公正地与建设单位和承包单位协商。

12）对工程延期、延误的处理

（1）工程拖延及处理依据。

① 在工程项目建设过程中，发生了进度缓慢、受阻或停滞，造成竣工日期后延的现象，称为工程拖延。对于非承包单位原因造成的工期拖延，经监理和建设单位认可同意延长的工期，称为工程延期；否则，称为工程延误。

② 工程拖延可按《建设工程施工合同（示范文本）》的“三、施工组织设计和工期”节规定处理。

（2）工程延期的审批。

① 为使监理有较为充分的时间评审延期，避免承包单位由于延期迟迟未获批准而加班，提出费用索赔，可先书面临时批准，但临时批准的延期时间，不能长于最后的书面批准时间。

② 工程延期审批的依据：a. 工期拖延事件是否真实，强调实事求是；b. 是否符合本工程承包合同规定；c. 延期是否有效合理，是否发生在工期进度计划的关键点路线上；d. 延期天数计算是否正确，证据、资料是否充足。

13）对工程质量事故的处理

（1）发生重大工程质量事故时，承包单位应在 24 小时内，将“重大工程质量事故报告表”报送建设、监理单位。

（2）监理应组织质量事故的调查，编写《重大工程质量事故调查报告》，报送建设单位。报告应包括下列内容。

① 事故发生的时间、地点、原因、过程。

② 事故严重程度和经济损失情况的评估。

③ 明确事故的性质、责任单位和责任人以及事故处理方案或建议。

④ 提出防止类似事故再次发生的意见及改进措施。

14）编制工程监理日/周、月/季报

（1）监理日/周、月/季报是工程监理工作过程的动态反映，也是监理工作的真实记录，应按建设单位的要求，按时填报。

（2）填报的内容要真实，反映的问题应有分析，解决的措施要具体，下步计划的安排要周密。

（3）监理日/周报的主要内容包括工程进展情况、存在问题及解决措施。

（4）监理月/季报的主要内容如下：

① 工程概况。

② 工程进度：a. 实际完成情况；b. 实际完成情况与计划进度的比较分析。

③ 工程质量，即工程质量完成情况与分析。

④ 工程安全，即工程安全情况与分析。

⑤ 工程计量与工程款支付，即工程计量与工程款支付情况与分析。

⑥ 合同其他事项处理情况，即设计变更、工程延期、费用索赔等处理情况与分析。

⑦ 本月/季监理工作小结：a. 本月/季工程进度、质量、安全、工程款支付等工作情况；b. 有关本工程的意见和建议；c. 下月/季监理工作的重点与安排。

3. 施工后期的监理工作

一般工程完工后15天内承包单位上交竣工文本。文本上交后一个星期对该工程进行初验工作，存在的问题主要以初验报告的形式体现。15天后施工单位以书面形式提交整改反馈材料，该材料送到监理公司一个月后由业主、监理公司、代维护公司同时组织终验。

1）审核承包单位的竣工资料

（1）竣工资料的内容及要求。竣工资料按每个单项工程进行编制，各分册要求内容齐全、数据准确，分册之间相互对应。竣工资料一般由竣工文件、竣工图纸、测试资料3部分组成。

① 竣工文件一般包括以下内容：a. 工程说明（概况、工期、主要工程量、其他事项）；b. 建筑安装工程量总表（实际完成工程量）；c. 已安装设备、器材明细表；d. 施工过程中监理签认的文件；e. 工程总结；f. 交（完）工报告；g. 验收证书；h. 交接书。

竣工文件格式中每张表格都要附上，没有发生事项的表格应将空表附上，发生事项的表格每一栏都要填写，不得空缺。

② 竣工图纸：a. 一般工程，竣工图纸可以在施工图上修改，加盖竣工图的图衔并签字作为竣工图；对修改较多、字迹模糊的竣工图纸应重新绘制；跨省长途干线光缆路由图要求重新绘制，所有竣工资料应提供电子版；b. 图形符号应符合 YD/T 5015—2015《通信工程制图与图形符号规定》的要求；c. 通信线路工程竣工图审核要点包括线缆规格程式、长度，标石、电杆位置编号，接头点、路由参照物、特殊地段（江、河、路、桥、轨、电力线等）等，要求标注清楚，图与实际相符，图与图相符；d. 通信设备安装工程竣工图审核要点包括通路组织图、布线系统图、平面布置图、面板布置图等，要求标注清楚，图与实际相符，图与图相符；e.管道建筑工程竣工图审核要点包括人孔规格、型号，编号、数量，管孔断面、管道段长等，要求标注清楚，图与实际相符，图与图相符。

③ 测试资料：a. 设计要求的各项测试指标记录齐全，均达到设计和规范验收标准；b. 测试仪表的计量认证及测试人员的施工人员技能证，均应符合要求。

（2）竣工资料的装订要求。竣工文件的幅面采用A4纸，图纸的幅面采用A3纸尺寸制作，即297 mm×420 mm，图纸加长部分要折叠进A4纸的宽度210 mm内，文件用三眼两线方式装订，采用蜡线，禁用金属线，以便长期存档。

（3）文本审核常见注意事项。验收文件应保证质量，做到外观整洁、内容齐全、数据准确、装订规范。一般重点检查以下事项。

① 按照设计图纸进行现场勘测，检查路由与实际是否符合。哪些图纸上未标出来，哪些存在安全隐患要随工监理。

② 文本的签字盖章是否齐全。

③ 材料的平衡，材料不平不准送审。

④ 检查日期是否漏掉或者与事实不符。

⑤ 检查文本里的测试资料是否作假或不合格。

⑥ 认真填写隐蔽工程的签证，自己没到现场看见的一律不签字。

⑦ 审核图纸和工作量是否与实际相符。

2）组织工程预验

（1）单项工程完工后，承包单位应整理编制竣工文件，提交监理单位进行审核，如竣工文件不符合要求，则退回承包单位修改；若竣工文件经审核符合要求，承包单位填报《完工报验单》，由监理组织工程预验。

（2）对工程预验中发现的问题，要求承包单位进行整改。

（3）通过工程预验，监理应对该单项工程做出预验合格或不合格的结论意见。

3）参加工程初验

（1）初验条件。

① 承包单位已按合同和规范要求完成竣工资料的编制，并经监理审核签认。

② 承包单位已按合同和规范要求完成工程量自检并合格，通过监理预验，承包单位对预验存在的缺陷进行了整改，并经监理检查提出工程质量评估报告。

③ 监理单位将工程竣工报验单连同质量评估报告报送建设单位。

（2）初验程序。

① 建设单位应于接到总监理工程师签署的工程竣工报验单和质量评估报告后的 15 日内组织初验，无故拖延将造成承包单位额外滞留现场而引起索赔。

② 初验由建设单位主持并任验收组长，总监理工程师任副组长，下设路由（工艺）、测试、文档 3 个小组，建设单位、单位承包和监理单位相关人员参加。

③ 各小组按验收方案验收，记录整理验收测试文件资料，并写出初验报告交领导小组，领导小组召开初验总结会，会签初验意见和初验证书。

④ 初验后 15 日内，由建设单位编制初验报告并报上级主管部门。

4）编写监理工作总结

（1）工程概况。

（2）监理组织结构、人员和投入的监理设施。

（3）监理合同履行情况。

（4）监理工作成效。

（5）施工工程中出现的问题及处理情况和建议。

（6）工程照片或录像（有必要时）。

5）工程试运行和终验

（1）工程试运行。小型通信工程初验亦为终验，初验后工程即投入运行。根据信息产业部要求，大型工程要进行试运行，试运行自通信系统开通之日算起，为期 3 个月，如发现问题，可延长试运行期，直至合格。

（2）工程终验。

① 工程试运行结束后，通常由建设单位的上级主管部门主持组织终验。建设单位、设计单位、承包单位和监理单位的相关质检、审计、财务、管理、维护等部门的人员参加。成立工程终验领导小组，一般采用审查资料、现场抽测、抽查等方式，大会总结做出结论，颁发验收证书。

② 建设单位编制终验报告报送主管部门或国家行政部门。

③ 小型工程初验（大型工程终验）后，由承包单位和监理单位分别向建设单位移交竣工资料、监理资料与监理工作总结。

6）审核承包单位的竣工结算

（1）竣工结算审核的依据包括下列内容：

① 合同条件。

② 设计文件（含工程设计会审纪要）。

③ 竣工文件。

④ 各种技术经济签证。

⑤ 现行通信工程预算定额、费用定额、价款结算办法。

（2）竣工结算审核的主要内容如下：

① 结算的建筑安装工程量是否与实际相符。

② 取费套用的定额、标准、结算办法是否合理、合法。

③ 各种技术经济签证的费用是否与合同约定的价款相符。

④ 各项费用有无重、漏、错算。

（3）监理审核《竣工结算》报表后，提出《竣工结算》审核报告报送建设单位，并与建设单位、承包单位协商一致后，签认竣工结算文件。

7）工程质量保修期的监理工作

通信建设工程投入运行或试运行的当天开始进入保修期，质量保修期内的监理工作期限应由监理单位与建设单位根据工程实际情况，在委托监理合同中约定。

（1）监理应依据委托监理合同约定的工程质量保修期的时间、范围和内容开展工作。

（2）承担质量保修监理工作时，监理单位应对建设单位提出的工程质量缺陷进行检查和记录，对承包单位进行修复的工程质量进行验收，合格后予以确认。

（3）监理人员应对工程质量缺陷原因进行调查分析并确定责任归属，对非承包单位原因造成的工程质量缺陷，监理人员应核实修复工程的费用，签署工程款支付证书，并报建设单位。

8）监理服务费用的结算

通信工程监理服务费用的结算应在工程初验（大型工程终验）并报送监理总结后进行，保修期满后结清尾款。结算的依据是工程委托监理合同。

4. 监理流程

施工准备阶段，监理单位应及时组建项目监理机构，明确各级职责范围，与建设单位及承包单位建立工作联系渠道。总监理工程师和相关的监理工程师均应参加由建设单位主持的设计交底会。设计交底会前，总监理工程师必须组织相关监理工程师全面了解、熟悉设计文件，掌握工程特点，对设计文件中存在的工艺，提出合理意见，并以书面形式报建设单位。交底会上确定的设计变更或其他内容，应由参加会议的建设单位、设计单位、承包单位和监理单位共同确认，并反映在会议纪要中。依据监理大纲、委托监理合同、工程项目相关合同文件、设计文件及有关的标准，总监理工程师主持编制项目监理规划。监理工程师根据监理规划的要求，并结合工程项目的实际和施工组织设计，编制监理实施细则。

监理单位应为所承担的工程项目现场配备所需的监理设备。项目监理机构应在施工合同规定的开工日期以前，派出监理工程师进驻施工现场，开展监理准备工作。

工程开工前，总监理工程师应组织监理工程师审查承包单位报送的施工组织设计（方案），提出审查意见报建设单位。应重点审查以下内容。

（1）施工组织设计中的质量、工期目标应与施工合同一致。施工组织设计中的施工部署和程序应符合工程特点和施工工艺，并满足设计要求。

（2）施工组织设计应选用成熟的、先进的施工技术，且对工程的质量、安全和造价有利。进度计划应保证施工的连续性和均衡性。

（3）施工组织设计中，承包单位的质量管理和技术管理体系要健全，质量保证措施要切实可行。专职管理人员和特种作业人员要有资格证和上岗证，安全、环保、消防和文明施工措施要完善合理，并符合有关规定。

工程如需分包时，监理工程师应审查承包单位报送的分包单位资格报审材料和有关资质资料，若符合规定，由总监理工程师予以签认，报建设单位批准。审核内容包括以下几个方面。

（1）承包单位对工程实行分包，必须符合施工合同的规定。项目监理机构对分包单位资质和技术水平的审核应在所分包的工程开工前完成。

（2）项目监理机构认为必要时，可会同承包单位对分包单位进行实地考察，以验证分包单位有关资料的真实性。

（3）若分包单位资质符合有关规定并满足工程需要，由总监理工程师予以确认。

（4）项目监理机构如发现承包单位存在转包、肢解分包、层层分包等情况，应签发监理工程师通知单予以制止，同时报告建设单位和相关部门。

监理人员应参加由建设单位主持召开的第一次工地会议。

监理工程师应审查承包单位特种作业人员的资格证、施工人员的上岗证，施工机具使用证、仪表校验合格证。

项目监理机构应确定质量、进度、造价控制目标，落实责任人，明确控制重点，制订相应监理措施。

监理工程师应依据施工合同审核承包单位施工进度计划与施工方案的协调性和合理性，并绘制工程进度控制计划表。

监理工程师应审查承包单位报送的工程开工报审表及相关资料，具备开工条件时，由总监理工程师签发，并报建设单位。

下面以光缆线路工程监理为例，介绍监理流程，如图 5.2，图 5.3 所示。

5. 工程质量控制

1）事前控制

在事前控制中，监理工程师要做以下工作。

（1）监理工程师应对承包单位施工资质进行复核。其资质等级、营业范围必须与工程类别、专业相适应。

（2）对施工现场的人员素质情况进行控制，按施工单位制订并经确认的施工组织设计进行核查，要坚持“持证上岗制度”。

（3）对技术准备情况进行控制，施工现场所必需的技术文件、资料要齐备，施工对象的位置（坐标、高程）必须符合设计文件的要求，路由的测定单位必须持有政府主管部门核发的专业资质证书与营业执照。

（4）对原材料的质量进行控制。监理工程师应对进入施工现场的工程材料的质量进行审核，经检验合格后方能使用。凡标志不清或怀疑质量有问题的材料，应由监理工程师从品种、规格、标志、外观等方面进行直观抽检，抽样检查不合格的材料，应按通信管道工程施工及验收规范的规定要求作质量技术鉴定，或送政府主管部门授权的相应机构进行理化检验。

（5）对施工组织设计所列机具的性能、状态进行核查，施工单位要提供性能检测证明文件。严禁把功能失常的机具运入现场。

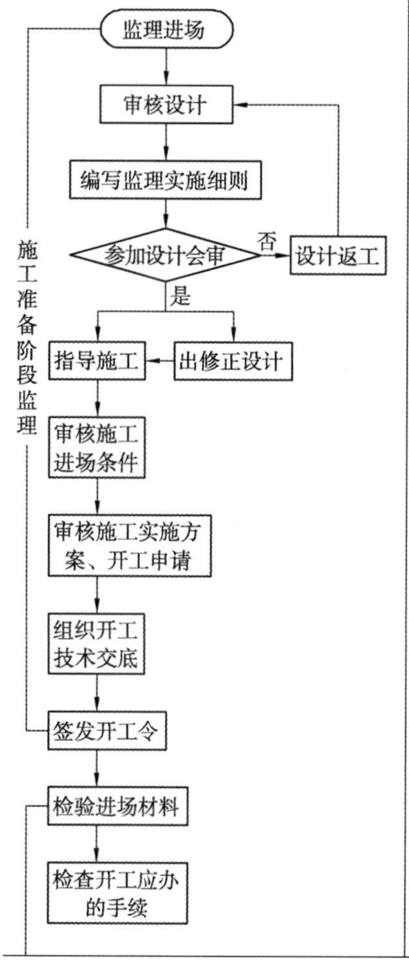

1. 准备阶段监理

（1）审核设计

·重点审核技术方案、路由等，必要时到现场核对。

·审核预算表格，防止材料、工程计量错、漏算等。

（2）设计会审

在充分审核产品试销设计文件的基础上，参加设计会审，对设计的技术方案、路由方案和预算表格进行认真审核，严格把好审核关，对不能通过的设计坚决返工。

（3）审核施工进场条件

·审查承建商或分包商的资质。

·检查开工前应办的手续、批文等。

（4）审核施工组织设计和施工方案

·重点审查承建商主要施工技术人员从业资格、项目人员安排。

·检查进场设备（如光纤熔接机、OTDR 和车辆等）是否符合工程要求。

·审核施工组织方案、进度计划、施工方法及工艺的同行性、合理性，并提出修改意见，优化施工实施方案。

·检查施工安全措施的可靠性。

2. 施工监理

（1）进场材料检查

·检查光缆的型号、盘装、包装、外观，然后进一步对光缆进行单盘测试。

·检查 ODF 和光缆终框的质量，重点是终端适配器的质量。

·检查塑料子管的质量，重点检查其厚度和可塑性。

·检查其他缺件的质量，特别是拉线地锚、终端铁、规格、电焊工艺，钢绞线重点检查其规格。对于所有铁件重点检查其镀锌保护层的质量，分清其电镀工艺是冷镀还是热镀，热镀质量较好，价格较高。

图 5.2　光缆线路工程监理流程（1）

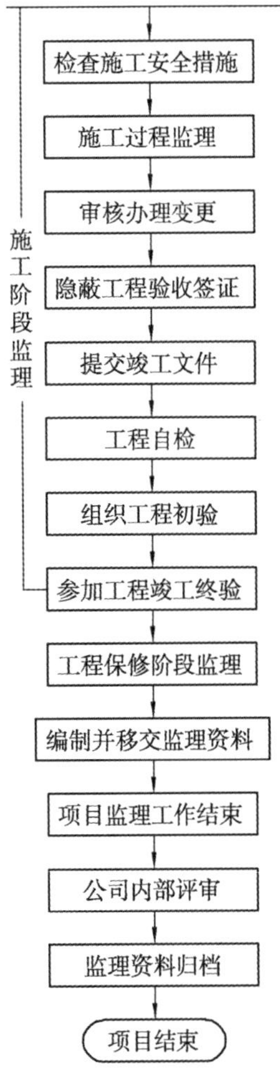

（2）开工前应办的手续

主要检查在城区施工或进入管理区施工应办的手续。

（3）施工安全措施

·道路或在城区施工的交通安全措施，交通安全标志、安全围栏等。

·施工过程使用的安全保护措施，安全带、安全帽等。

·对其他管线设备的保护措施。

（4）施工过程监理

重点是施工工艺质量和是否按规范、按流程施工。

（5）隐蔽工程

光缆单测度光缆布放、光缆接续、成端、测试、光缆预留、特殊地段的保护度。

（6）工程初验

工程初验前承建商应先对完成的工程进行全面自检，质量合格后，再打初验申请报告并附自检报告，监理工程师审核合格后，才能组织工程初验。

（7）工程总验

工程通过初验后，承建商可以打报告申请终验，监理工程师审核合格后，附初验报告向业主申报终验。

（8）审核工程结算。对照设计图纸和竣工图纸核对工程是否完工，工程计量是否与实际相符，各种计费是否合理准确。

3. 保修阶段监理

·督促承建商处理工程终验提出的遗留问题。

·督促承建商履行保修阶段合同的义务。

·监理工程师对工程的关键部位、重要环节的质量进行回访。

4. 监理资料移交

工程完成后 7 个工作日内编写监理总结，整理监理资料成册移交业主。

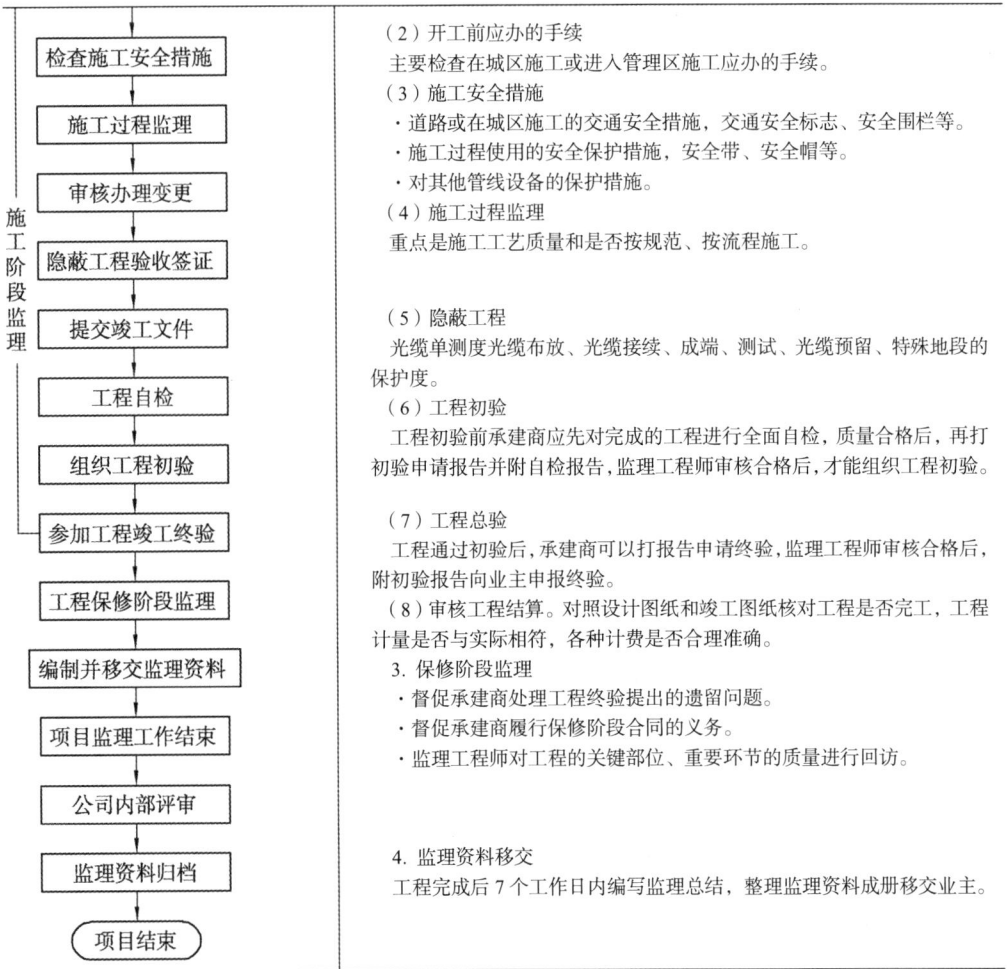

图 5.3　光缆线路工程监理流程（2）

2）事中控制

在事中控制中，监理工程师要随时核查施工组织设计的执行情况和质量控制点的质量控制状况，按设计文件标明的质量要求和相关的工艺标准及时纠正质量偏差。

对以下重要监理部位应设质量控制点。

（1）人孔部分。对开挖人孔坑槽、人孔槽底处理、人孔基础浇筑、人孔砖砌体、人孔砂浆抹面、预制上覆板安装、口圈安放、人孔内装饰和铁件安放、人孔回填土 9 部位应设质量控制点。其中人孔基础浇筑应采用旁站监理，开挖人孔沟槽等采用现场巡视查验。

（2）管道部分。对开挖管道沟槽、管道地基处理、管道基础浇筑、管道铺设、管道包封加固处理、管道沟槽回填土 6 部位应设质量控制点。其中管道基础浇筑应采用旁站监理，开挖管道沟槽等采用现场巡视查验。

（3）电缆通道部分。对开挖通道沟槽、通道地基处理、通道基础浇筑、通道砌筑、现场浇筑上覆盖板、铺设预制盖板、沟槽回填土 7 部位应设质量控制点。其中通道基础浇筑、现场浇筑上覆盖板应采用旁站监理，开挖管道沟槽等采用现场巡视查验。

（4）塑料管道部分。对塑料管的规格、程式、型号、盘长及包装保护等进行检查。对塑料管的气闭检验、塑料管的连接件检验、塑料管堵头及护缆塞的检验应采用旁站监理。

（5）监理工程师应审查承包单位编制的光缆配盘图是否符合施工验收规范要求。

（6）直埋光缆部分。

① 监理工程师应巡视光缆沟开挖现场，承包单位自检符合要求并报检后，监理工程师应及时检验沟质量并予以签认。

② 监理工程师应检查光缆规格、埋深、AB 端、对地绝缘、重叠、预留、弯曲半径、最小净距，其必须符合设计要求。

③ 监理工程师应对直埋光缆敷设全过程进行旁站监理。

④ 监理工程师应对缆沟的回填全过程进行巡视检查。

⑤ 监理工程师应检查光缆保护、防护、标石、标识、护坡、护坎是否符合设计要求。

⑥ 同沟敷设光缆和排流线时，监理工程师应协调好各方关系，要求不能出现交叉和重叠现象。

（7）管道光缆部分。

① 监理工程师应核实光缆规格及光缆所占用的管孔位置是否符合设计要求。

② 监理工程师应对管道光缆敷设全过程进行旁站监理。

③ 监理工程师应检查人孔内光缆的保护和识别标志是否符合设计要求。

④ 长途通信光缆采用塑料管道敷设时，应符合《长途通信光缆塑料管道工程验收规范》的相关规定。

（8）架空光缆部分。

① 监理工程师应对电杆洞深和地锚深度进行逐个检查，符合设计要求后予以签认。

② 监理工程师应检查电杆、拉线、吊线、光缆规格和其他材料是否符合设计要求。

③ 监理工程师应检查承包单位安装工艺和质量是否符合施工验收规范要求。

（9）水底光缆部分。

① 监理工程师应在施工现场旁站监理，对采用不同形式（截流挖沟、水下冲槽、水底爆破）开挖的缆沟质量及时检验，符合要求后予以签认。

② 监理工程师应检查光缆规格、埋深、AB 端、对地绝缘、重叠、预留、放弧、锚固、弯曲半径是否符合设计要求。

③ 监理工程师应对水底光缆敷设全过程进行巡视和旁站监理。

④ 监理工程师应对缆沟的回填全过程进行巡视检查。

⑤ 监理工程师应检查光缆保护、防护，标识牌是否符合设计要求。

（10）局内光缆的敷设检查应符合以下要求：

① 监理工程师应检查局内光缆规格、预留和标识是否符合设计要求。

② 监理工程师应检查局内光缆加强芯等金属件接地是否符合设计要求。

（11）光纤熔接安装检查应符合以下要求。

① 监理工程师应该核实接续和测试人员的培训情况和操作状况，未经专业培训的人员，不能承担此道工序工作。

② 接续前应核对光缆芯数、程式和使用的接续材料是否符合设计要求。

③ 监理工程师应对光纤熔接全过程进行旁站监理，并应做好记录，光缆熔接损耗必须符合设计要求，符合要求后予以签认。

（12）监理工程师应对光缆接续全过程进行旁站监理，安装工艺应符合设计要求。

（13）监理工程师应对光纤成端安装全过程进行旁站监理，光纤应有明显序号标志。

（14）监理工程师应对中继段光纤衰减测试全过程进行旁站监理，符合设计要求后予以签认。

（15）监理工程师应对中继段光纤后向散射曲线检查全过程进行旁站监理，中继段光纤后向散射曲线检查结果必须符合设计要求，符合设计要求后予以签认。

（16）监理工程师应对中继段通道总衰减测试全过程进行旁站监理，符合设计要求后予以签认。

（17）监理工程师应对中继段光纤偏振模色散测试全过程进行旁站监理，符合设计要求后予以签认。

（18）监理工程师应对中继段对地绝缘测试全过程进行旁站监理，符合设计要求后予以签认。

加强工程的报验制度，应做到质量检验不合格不能进入下道工序施工。

3）事后控制

在事后控制中，依据设计文件规定的数量、质量要求和有关规范规定的质量标准对施工成果进行总体核验，应达到以下要求。

（1）若发现影响总体不合格的部位，要责令施工单位在限期内整修完毕，工程总体质量必须合格。

（2）对竣工图纸进行全面核查，必须达到准确、完整；对管道或通道上、下、左、右的其他管线或构筑物的相对位置也应一并标注清楚。

6. 工程进度控制

监理工程师应依据施工合同有关施工进度条款，审查承包单位提交的施工组织设计（方案），制订进度控制方案，经总监理工程师审定后报送建设单位。

监理工程师应监督承包单位严格按施工进度计划施工，并审核承包单位提交的工程进度报表。

监理工程师应检查、记录进度计划的实施情况，当发现实际进度滞后于计划进度时，应签发监理工程师通知单，指令承包单位采取调整措施。当实际进度严重滞后于计划进度时，必须报总监理工程师，由总监理工程师与建设单位商定采取进一步措施。

在不影响总进度计划完成的情况下，承包单位调整施工进度计划时，必须报监理工程师审核，经总监理工程师批准后方可实施。总监理工程师应将调整施工进度计划情况报建设单位。

总监理工程师应在监理周（月）报中向建设单位提交工程进度报表，并说明控制进度所采取的措施及控制效果，提出由于建设单位原因可能导致的工程延期的预防建议。

7. 工程造价控制

项目监理机构应依据施工合同条款、施工图设计，对工程项目的造价目标进行风险分析，针对易突破的环节制定防范性对策。

监理工程师应进行现场计量，按施工合同的约定审核承包单位填报的工程量清单和工程款支付申请表，并报总监理工程师审定。总监理工程师签署工程进度款确认证书，并报建设单位。

对于工程变更，总监理工程师应从工程造价、项目的功能要求、质量和工期等方面审查变更的方案，并应在工程变更实施前与建设单位、设计单位、承包单位协商确定工程变更的价款。

监理工程师应及时收集、整理有关的施工和监理资料，为处理费用索赔提供依据。

凡涉及合同以外的停工、窝工、用工、材料代用和材料追加等签证，监理工程师审核无误后，应报总监理工程师签认。

未经监理工程师质量验收合格的工程量，监理工程师应拒绝签认该部分计量及工程款支付申请。

监理工程师审核承包单位报送的竣工结算报表，再由总监理工程师审定，并与建设单位、承包单位协商一致后，签发竣工结算文件和最终的工程进度款确认证书。

8. 施工阶段的合同管理

监理工程师应收集好建设单位与第三方签订的与本工程有关的所有合同的副本或复印件。

监督和检查合同的履行，坚持按合同条款办事，维护建设单位和承包单位的合法权益，保守商业机密。协助建设单位签订与工程相关的后续合同。

在施工过程中，如需工程暂停施工时，总监理工程师应根据暂停工程的影响范围和程度，与建设单位协商后，按照施工合同和委托监理合同的约定签发工程暂停令。总监理工程师应在施工暂停原因消失、具备复工条件时，及时签署工程复工报审表，指令承包单位继续施工。

当承包单位提出工程延期要求并符合施工合同文件的规定条件时，项目监理机构应按照施工合同中有关工程延期的约定，与建设单位和承包单位进行洽商后，确定批准工程延期的时间。

当承包单位未能按照施工合同要求的工期竣工造成工期延误时，项目监理机构应按照施工合同规定从承包单位应得款项中扣除误期损害赔偿费。

项目监理机构收到工程变更单，总监理工程师必须根据实际情况、设计变更文件和其他有关资料，按照施工合同的有关条款，对工程变更的费用和工期做出评估。

项目监理机构应根据与建设单位和设计单位共同签署的工程变更单监督承包单位实施。在总监理工程师签发工程变更单之前，承包单位不得实施工程变更。

当承包单位按照施工合同规定的期限和程序提出费用索赔申请时，项目监理机构应依据下列内容公平合理地处理和解决费用索赔。

（1）国家有关的法律、法规和工程项目所在地的地方法规。

（2）本工程的施工合同文件。

（3）国家、部门和地方有关的标准、规范和定额。

（4）施工合同履行过程中与索赔事件有关的凭证。

总监理工程师与承包单位、建设单位进行协调后，应在施工合同规定的期限内签署费用索赔审批表或发出要求承包单位提交有关索赔报告的进一步详细资料的通知。

施工合同的解除必须符合法律程序。由于建设单位或承包单位违约导致施工合同解除时，项目监理机构应按照施工合同的规定，与建设单位和承包单位进行协商，确定承包单位应得款项或偿还建设单位相关款项，并书面通知建设单位和承包单位。

由于不可抗力或非建设单位、承包单位原因导致施工合同终止时，项目监理机构应按施工合同规定处理合同解除后的有关事宜。

第三部分：学习效果及评价

课次		课时	
课堂笔记			
课后习题			
1. 工程质量控制分为哪几个阶段？			
2. 施工阶段监理要做哪些事情？			
评定等级		评定教师	

任务四　安全生产和文明施工管理

第一部分：课程导读

<table>
<tr><td>课次</td><td></td><td>课时</td><td></td></tr>
<tr><td>课程地位</td><td colspan="3">安全生产是通信工程发展过程中永恒的主题。随着社会的进步和经济的发展，安全问题正愈来愈多地受到整个社会的关注与重视。搞好安全生产工作，保证人民群众的生命和财产安全，是实现我国国民经济可持续发展的前提和保障，是提高人民群众的生活质量，促进社会稳定、和谐的基础</td></tr>
<tr><td>主要内容</td><td>● 安全生产和文明施工管理；
● 电信施工安全规定</td><td>教学目标</td><td>● 简述安全生产和文明施工管理相关规定；
● 熟记电信施工安全规定</td></tr>
<tr><td>课程重点</td><td>安全生产和文明施工管理的依据和程序</td><td>课程难点</td><td>安全生产和文明施工管理的依据和程序</td></tr>
<tr><td>课程小结</td><td colspan="3">工程监理单位应当审查施工组织设计中的安全技术措施或者专项施工方案是否符合工程建设强制性标准。工程监理单位和监理工程师应当按照法律、法规和工程建设强制性标准实施监理，并对建设工程安全生产承担监理责任</td></tr>
<tr><td>板书设计</td><td colspan="3">1. 安全监理基础知识；
2. 电信施工安全规定</td></tr>
</table>

第二部分：学习内容

工程监理单位应当审查施工组织设计中的安全技术措施或者专项施工方案是否符合工程建设强制性标准。工程监理单位和监理工程师应当按照法律、法规和工程建设强制性标准实施监理，并对建设工程安全生产承担监理责任。

单项工程开工前，严格审查施工单位的现场安全管理制度和措施、安全管理网络、安全管理人员资质、安全施工方案和安装工具等。严格按照规定审查特种人员的上岗证，对于无证上岗者坚决不予同意后续施工；检查承包单位使用的机械设备和施工机具及配件，应当具有生产（制造）许可证、产品合格证。应督促承包单位对与本工程有关的原有设施进行了解，确保施工过程中不对原设施造成损害。施工中认真检查安全防护措施的落实情况，对存在的安全问题和隐患提出整改意见并落实整改，在平时巡查中要做好工地安全生产、文明施工情况的检查。发现存在安全事故隐患的，应当要求施工单位整改；情况严重的，应发工程暂停令要求施工单位暂时停止施工，并及时报告建设单位。施工单位拒不整改或者不停止施工的，工程监理单位应当及时向有关主管部门报告。针对不同情况，要求施工单位采取不同的安全防范措施和应急预案，如台风、冬季、高温作业、雨天施工方案，节假日期间的防盗、防火等，确保工程建设安全，防止重大工程质量及人身事故的发生。督促施工单位做好现场建筑垃圾清理工作，处理好和当地百姓的关系。

1. 安全监理的基本知识

1）安全监理的依据

（1）《建设工程安全生产管理条例》。

（2）已批准的《监理规划》。

（3）施工组织设计。

2）施工阶段安全监理的程序

（1）严格贯彻执行国家《建设工程安全生产管理条例》。

（2）审查施工单位有关安全生产的文件。

① 营业执照。

② 施工许可证。

③ 安全生产责任制及安全专业人员的配备等。

④ 安全生产操作规程。

⑤ 主要施工机械、设备、仪表的技术性能及安全条件。

（3）审查施工单位的施工组织设计中的安全技术措施或方案是否符合工程建设强制性标准。

① 土方工程：地上障碍物的防护措施是否齐全完整；地下既有管线的保护措施是否齐全完整；相邻管线的保护措施是否齐全完整；土方开挖时的施工组织及施工机械的安全生产措施是否齐全完整；基坑的边坡支护措施是否符合要求。

② 高空作业：高空作业的防护措施是否齐全完整；高空作业人员是否经过培训。

③ 防高压：线路沿线靠近电力线危及施工安全的，防高压措施是否齐全到位；电源线截面、布线工艺、走向是否符合设计要求；不准私拉电源线，不准使用电炉，插销板、电源插

座是否完整良好；照明用电措施是否满足安全要求。

④ 安全文明管理：进入施工现场必须持有安全保卫部门签发的用火证件、入室证件；交接间、设备间传输室等工作区内严禁存放易燃、易爆等危险物品，工作场所不准吸烟；监督检查施工现场的消防、夏季防暑、冬季防寒、卫生防疫等各项工作。

（4）督促施工单位落实安全生产的组织保证体系，建立健全安全生产责任制。

（5）督促施工单位对工人进行安全生产教育及安全技术交底。

（6）总包单位要统一负责管理分包单位的安全生产工作。

（7）日常现场巡视跟踪监理，检查施工人员是否按照安全技术防范措施和操作规程操作施工，发现安全隐患，及时下达监理通知，责令施工单位整改或暂停施工。

（8）对关键部位的安全状况，应进行旁站监理。

（9）施工单位拒不整改或者不停止施工的，监理人员应及时向建设单位（业主）报告。

（10）每日将安全检查情况记录在《监理日记》中。

3）暂停施工的规定

如遇到下列情况，监理人员要直接下达暂停施工令，并及时向项目总监理工程师和建设单位汇报。

（1）施工中出现安全异常情况，经提出后，施工单位未采取改进措施或改进措施不符合要求时。

（2）对已发生的工程事故未进行有效处理而继续作业时。

（3）安全措施未经自检而擅自使用时。

（4）擅自变更设计图纸进行施工时。

（5）使用没有合格证明的材料或擅自替换、变更工程材料时。

（6）出现安全事故时。

2. 电信施工安全规定

1）电信施工安全规定

（1）监理人员进驻施工现场（施工地段）应先检查以下 3 件事：施工前的环境检查；设备器材检验清点存放；安全生产、文明施工的措施。

（2）监理人员应检查以下施工标志名称及设置：施工告示牌；交通指示牌；施工标志灯；安全旗；安全红灯；防护栏。

（3）监理人员应检查存放物料是否符合下列要求：

① 施工现场存放物料，应避免影响交通和建筑物及设施的安全。

② 在现场存放水泥管应平着码放（宽面向上），一般不应超过 4 层。在管道沟边放水泥管时要平放，不应超过 2 层。在现场存放人孔口圈及积水罐时要码放，高度不应超过 2 层。

③ 在现场堆放物料，不得紧靠房屋或墙壁及设施。长大工具应放倒。

2）对施工作业人员的检查

监理人员应对施工作业人员的下列不安全因素进行检查。

（1）作业人员和有关人员在施工现场，均应戴安全帽，不准穿拖鞋，不准赤脚。上班前和工作中不准喝酒。

（2）挖掘管道沟时，作业人员之间至少应保持 2 m 的安全距离，多人挖掘人孔坑时，站位要妥当，防止相互碰触。

（3）若管道沟、人孔坑深度在 1 m 以上，作业人员上下沟、坑须使用梯子，不准蹬踩地下管线、设施及护土板。

（4）在管道沟或人孔坑内作业时，不准随意拆除护土板，应随时观察沟、坑壁有无异常情况。

（5）在管道沟、人孔坑内作业时，不准从上往下或由下往上扔工具或杂物。

（6）严禁在管道沟、人孔坑内躺卧休息。

（7）当人孔坑已经回填土的情况下，进入人孔内作业应按规定设置安全标志。

（8）将手推车运来的砂石、混凝土、砂浆直接往沟、坑倾倒时，车轮距沟、坑边沿至少保持 30 cm 的距离，并应采取有效措施，以防失控坠入沟、坑。

（9）砌人孔时，人孔坑边上放砖不得过多，要随用随运到坑边，不得直接往下扔砖，支搭、脚手架要稳妥、牢固。

（10）搬运安装人孔口圈，应防止碰手或砸脚，安装完毕须将人孔盖盖好。

（11）铺设管块时，前后两人配合要得当，防止砸脚或挤手。

3）对在道路上施工的检查

监理人员检查在道路上的施工应符合以下要求。

（1）在道路上施工须在作业区周围设置围挡设施，并在距来车方向不少于 50 m 的地点设置反光的施工标志或危险警告标志。

（2）夜间在围挡设施上设置照明设备，并在距来车方向 80 m 的地点设置施工标志或危险警告标志。

（3）在车行道上作业的人员须按道路交通管理规定，穿戴反光的服饰。

（4）作业人员横穿车行道时须直行通过并注意来往车辆，不得猛跑，运送物料穿过车行道时，不得与机动车争道抢行，不得在道路上从事与施工作业无关的活动。

（5）运送砂石、混凝土和砂浆，不得遗撒，作业完毕及时把现场遗留物清除干净。

（6）在作业过程中随时注意行人、骑车人的安全。

4）对设立安全标志的检查

监理人员检查在下列地点作业必须设立安全标志，白天用红旗，晚上用红灯，以便引起行人和各种车辆的注意。必要时设立护栏或请交通民警协助，以保证安全。

（1）街道或公路拐弯处。

（2）有碍行人或车辆通行处。

（3）跨越道路架线需要车辆暂时停止通行处。

（4）行人车辆有可能陷入地沟、坑等处所。

（5）揭开盖的人（手）孔处。

（6）安全标志应随工作地点的变动而转移，工作完毕要立即拆除。

（7）凡需要阻断交通时，必须经有关部门批准。

（8）在铁路、桥梁及有船只航行的河道附近不得使用红旗或红灯，以免引起误会造成意外，应按有关部门规定设置标志。

（9）制止一切非工作人员进入作业区。

（10）在道路上挖沟、坑洞除设立标志外，必要时采用钢板盖好或搭临时便桥以保证通行。

（11）自行车、三轮车或其他物件不得代替安全标志。

5）对在架空线路施工地段的检查

监理人员在架空线路施工地段应检查或提醒施工人员注意以下安全规定。

（1）挖杆坑、拉线坑时，遇有煤气管、自来水管或电力电缆等地下设施应立即停止作业。

（2）在靠近房屋或围墙处挖杆坑、拉线坑时，如有倒塌危险应采取防护措施。

（3）采取爆破法挖杆坑、拉线坑，必须经有关部门批准。

（4）立杆必须保证足够的人力、吊车，并由有经验的人员负责，明确分工，统一指挥，各负其责。立杆前应检查工具是否齐全、安全牢固。

（5）立杆时非施工人员一律不准进入施工现场，在房屋附近立杆时不要碰触屋檐和电灯线，在铁路、公路、厂矿附近及人烟稠密的地区立杆时要有专人维护现场。

（6）立电杆必须根据施工现场环境情况使用夹杠、幌绳、吊车等。

（7）新立起的电杆，未回土夯实前不准上杆工作。

（8）拆除旧线路时，要先检查杆根是否牢固，如发现杆根强度不够时应采取临时支撑措施，以免发生倒杆事故。

（9）拆除电杆必须首先拆除杆上线条，再拆除拉线。拆除线条时由下层两边逐渐向上拆，保持张力平衡，不得一次将一边线条全部拆除，防止倒杆事故。

（10）拆除跨越供电线路、公路、街道、河流、铁路的线条应将其跨越部分先拆除，并设专人指挥杆上人员注意安全。

6）对高处作业人员的检查

监理人员应提醒在高处作业人员注意以下安全规定。

（1）上杆前必须认真检查杆根埋深和有无折断危险，如发现已折断、腐烂或不牢固的电杆在未加固前切勿攀登，水泥地面或地面冻结无法检查时应顺线路方向上杆，并观察周围有无电力线或其他障碍物等情况。

（2）上杆前必须仔细检查脚扣、安全带各部位有无伤痕，脚扣应适合杆径大小，严禁将脚扣拉大或窝小。

（3）在房上作业行走时，做到瓦房走尖，平房走边，石棉瓦房走钉，机制水泥瓦房走脊，顶棚内走棱。在天花板上工作时必须使用行灯。

（4）在杆上升高或降低吊线时，必须使用紧线器，不许肩杠或推拉，小对数电缆可以用梯子支撑。

（5）沿吊线使用吊板或竹梯作业时必须先检查电杆是否会倾倒，吊线、夹板、线担是否松脱，确认安全后方可进行作业。

（6）严禁站立或蹲坐在窗台上和阳台的边缘上，如必须在窗台上作业时一定要系好安全带并将围杆绳系于室内的牢固物体上，严禁从窗户向外抛掷电话线及杂物。

（7）二人作业不准同时上、下同一电杆，上杆后安全带围杆绳应系在距杆梢 50 cm 以下。杆上作业时，杆下需采取防护措施或设专人监护。

（8）上杆时不得携带任何笨重工具和材料，杆上与地面人员间不得随便扔抛工具、材料。

（9）紧拉线时杆上不准有人作业，待紧妥后才准上杆作业。在角杆上作业时，应站在与线条拉力方向相反的一边，以防线脱落将人弹下摔伤。

7）对在电力线附近作业人员的检查

监理人员应提醒在电力线附近作业的人员注意以下安全规定。

（1）在电力线下方或附近作业时必须严防与电力线接触。进行架线、紧线和打拉线等作业时应与高压线保持最小空距以上的距离：35 kV 以下线路为 2.5 m；35 kV 以上线路为 4 m。

（2）在三电（电灯、电车、电话）合用的水泥杆上作业时必须与电力线、电灯线、接户线、电车馈线、变压器及刀开关等电力设备保持一定的安全间距，以免发生危险。

（3）在作业过程中遇有不明用途性质的线条，一律按电力线处理。当电杆上面有电力线时，作业人员上杆作业其头部不得超过杆顶。所用的工具与材料不得触及其附属设备。在作业过程中若有电力线或用户灯线触碰断落在通信线条上或作业区域时，应立即停止作业。

（4）在高压线下方架设线条应用干燥绳索控制线条不超过杆顶，防止布放或紧线时，线条蹦起导致高压放电事故或触电事故。

（5）在架空电力线附近进行起重工作时，起重机具和被吊物体与电力线的最小距离不应小于有关规定。

8）对在人孔作业人员的检查

监理人员应提醒在人孔作业的人员遵守以下安全规定。

（1）开启人孔盖必须使用专用钥匙。人孔盖上面如有堆积物，开启前必须先清除。人孔盖开启后应按规定设置安全标志（井围子、红旗），必要时应设专人值守。工作完毕，待盖好人孔盖后，方可撤除安全标志。

（2）打开人孔盖后必须立即用机械通风，并用检测仪检测人孔内是否有有害性气体，确认人孔内无有害气体方可进行作业。上下人孔时必须使用梯子，严禁蹬踩电缆或支架、托板。严禁扒着人孔口跳下扒上。

（3）在人孔内作业严禁吸烟，如感觉头晕、呼吸困难，必须立即离开人孔，采取通风措施。不准把汽油带进人孔，不准在人孔内点燃喷灯，点燃的喷灯不准对着电缆和井壁放置。

（4）人孔内有积水时，不准进入人孔作业，应用抽水机或水泵先排除积水，抽水机的排气管不得靠近人孔口，应放在人孔口的下风方向。排除积水后经检测无有害气体，方可进入人孔作业。

9）施工用电安全规定

监理人员应提醒施工人员遵守施工用电安全规定。

（1）工用电气设备发生故障，应请专业人员修理，不得带故障运行。

（2）插座、插销以及导线等必须保持完好，不得有破损或带电部分裸露。

（3）电气设备的外壳应按有关安全规程进行接地或接零线。对设备的接地或接零线要经常进行检查，保证连接牢固。

（4）移动非固定安装的电气设备，如电风扇、照明灯、电焊机等必须先切断电源。收拾好导线，不得在地面拖拉以免磨损。

（5）在电缆进线室、电缆通道、人孔内使用工作手灯时，应检查电源插销、插座是否完好，电源线有无破损，电压不得超过 36 V。

（6）施工现场必须有持操作证的电工顶岗，禁止非电工从事电工作业。

第三部分：学习效果及评价

课次		课时	
课堂笔记			
课后习题			
1. 施工阶段安全监理的程序是什么？			
2. 监理人员对设立安全标识主要检查哪些方面？			
评定等级		评定教师	

任务五　施工阶段监理资料的管理

第一部分：课程导读

<table>
<tr><td>课次</td><td></td><td>课时</td><td></td></tr>
<tr><td>课程地位</td><td colspan="3">工程施工过程中的监理资料属于工程建设纪实资料，对参与工程建设中的供应单位、施工的监理单位责任、工程设计、勘察以及业主等之间的纠纷有着重要的评判作用，是对工程款支付合理性以及工程质量进行评价的关键依据</td></tr>
<tr><td>主要内容</td><td>● 施工阶段监理资料的内容；
● 监理日志；
● 联系单与监理通知单；
● 监理周/月报；
● 监理工作总结</td><td>教学目标</td><td>● 说出施工阶段监理资料的内容；
● 会填写监理日志；
● 会填写联系单与监理通知单；
● 会填写监理周/月报；
● 会填写监理工作总结</td></tr>
<tr><td>课程重点</td><td>● 施工阶段监理资料的内容</td><td>课程难点</td><td>● 监理周/月报；
● 监理工作总结</td></tr>
<tr><td>课程小结</td><td colspan="3">监理资料在管理时要注意：对施工单位的施工组织设计方案、开工报告、报验资料、竣工资料要认真审核，及时审批；严格按照规范要求对关键点和隐蔽工程拍照，要求影像资料齐全、规范、清晰；按规定时间正确完成进度计划审查、审定、汇编，及时准确地提交工程周报和月报；工程计量签证单要求及时、准确，妥善保存反映现场情况的书面、影像资料；按规定及时完成工程变更、议价，建立变更支付台账，资料要求齐全规范完整；监理人员须每天填写监理日志，内容必须能够真实反映所辖工程施工概况，以及发现的问题和处理结果，要求字迹清晰，书写整齐；督促施工单位及时提交竣工资料并审查签字，要求内容完整、审查结论明确、签字清晰、日期完整正确；各项联系单、通知单、备忘录均应该有回复，形成闭环；协助建设单位做好各项工程预算、工程决算以及工程中其他资料的收集和整理工作</td></tr>
<tr><td>板书设计</td><td colspan="3">1. 施工阶段监理资料的内容；
2. 监理日志；
3. 联系单与监理通知单；
4. 监理周/月报；
5. 监理工作总结</td></tr>
</table>

第二部分：学习内容

对施工单位的施工组织设计方案、开工报告、报验资料、竣工资料要认真审核，及时审批。

严格按照规范要求对关键点和隐蔽工程拍照，要求影像资料齐全、规范、清晰。

按规定时间正确完成进度计划审查、审定、汇编，及时准确地提交工程周报和月报。提交资料信息要求准确、有效。工程计量签证单要求及时、准确，妥善保存反映现场情况的书面、影像资料。按规定及时完成工程变更、议价，建立变更支付台账，要求资料齐全规范完整。

监理人员须每天填写监理日志，内容必须能够真实反映所辖工程施工概况以及发现的问题和处理结果；要求字迹清晰，书写整齐。

督促施工单位及时提交竣工资料并审查签字，要求内容完整、审查结论明确、签字清晰、日期完整正确。各项联系单、通知单、备忘录均应该有回复，形成闭环。

协助建设单位做好各项工程预算、工程决算以及工程中其他资料的收集和整理工作。

1. 施工阶段监理资料的内容

（1）施工合同文件及委托监理合同。

（2）监理规划。

（3）监理实施细则。

（4）设计交底、施工图会审会议纪要。

（5）工程相关会议纪要和来往信函。

（6）工程开工/复工报审表及工程暂停令。

（7）施工组织设计（方案）报审表。

（8）分包单位资质报审表。

（9）检查试验及测量检验资料。

（10）隐蔽工程验收及随工签证。

（11）报验申请表。

（12）工程变更资料。

（13）监理工作联系单。

（14）监理工程师通知单。

（15）工程计量单及工程款支付证书。

（16）监理日志。

（17）监理周（月）报。

（18）质量缺陷与事故的调查及处理意见。

（19）分部工作、单位工程等验收签证。

（20）合同争议及索赔处理。

（21）竣工结算审核意见。

（22）工程竣工验收及质量评审意见。

（23）监理工作总结。

2. 监理日志

监理日志是反映监理人员具体工作情况、工程进度和质量动态及影响因素的真实记录。每位监理人员必须按监理日志的规定格式逐日认真填写。

监理日志应记录施工的内容、当日完成的工作量、施工的所在人员单位名称及施工人数。施工的内容包括立杆、挖沟、放缆，装××机架、布放电缆、测××指标等；在记录工程量时要同时写明所完成工程量的具体位置，工程量不能用工时来表示。监理日志应详细记录工程质量隐患、施工引发重大故障（或事故）发生的情况及过程，处理方案的形成过程。另外，监理日志还应记录图纸交接、工程洽商、工程变更、技术核定记录的发生过程及相关人员情况，工程暂停与复工、费用索赔、计划调节、安全情况等事项可在监理日志中简明扼要记载。

××通信工程监理公司的监理日志如表 5.1 所示。

表 5.1　××通信工程监理公司的监理日志

监理 C-01　　编号：5

监理日志

工程名称：**基站工程

日期：2018 年 10 月 4 日	监理人员动态：旁站监理	天气：晴
施工单位完成的主要工作： ××市民中心基站监理： 1. 安装室外接地排。 2. 塔桅安装天线 3 副，校正方位角。 3. 布放塔桅垂直馈线、水平（馈线架）馈线，固定，上、中、下 3 点制作安装馈线屏蔽地线。 4. 上、下尾馈线二端与馈线连接。 5. GPS 安装		
质量检查情况： 1. 复核天线方位角基本正确。 2. 单管塔内垂直馈线布放基本排列整齐，固线架安装可靠。 3. 上下尾馈线连接可靠，防水胶带包扎牢固。 4. 在接地排上，铜鼻子安装方向正确，接触良好		
当日监理工作情况： 由于设计单位设计的馈线长度误差较大（事实上设计单位把 45 m 高塔桅当 40 m 计算），在监理的一再强调下，先丈量，再裁剪馈线，避免了一次重大设计和施工失误。 基站除空调未装外，室内外设备安装全部完工，已具备本机通电调试条件。 工程存在的问题： 1. 总的感觉设计的施工图纸太粗糙（因没有更多的文字说明），没有认真的现场查勘，靠一张平面图，对施工的指导意义不大，有的反而给施工带来了麻烦。 2. BTS（3030）机架是低机架，固定只靠背面两只弯钩挂着，前后有点晃动，不够牢固；同时上下馈线、电源线、接地线、2 Mbit/s 线都悬空挂着，影响美观		
填表人：	监理工程师签名：××	年　月　日

监理人员须每天填写监理日志，内容必须能够真实反映所辖工程施工概况，以及发现的问题及处理结果；要求字迹清晰，书写整齐，严禁事后追记。

3. 联系单与监理通知单

监理联系单如表 5.2 所示。监理通知单如表 5.3 所示。

表 5.2 ××通信工程监理公司的监理联系单

工程名称：绍兴移动本地网××至××管道工程　　编号：××××

主　　题：绍兴移动本地网××管道工程 发往单位：浙江通信产业服务有限公司绍兴市分公司 抄送单位：中国移动通信有限公司绍兴市分公司
检查地点：××（具体地点） 检查时间：2019 年 8 月 13 日 检查内容：管道进度检查
绍兴××至××管道工程未按期完工，根据合同期限应于 2019 年 7 月 1 日竣工，至今已超出合同期限 42 天。目前管道已全程贯通，还剩下 16 只 SK2 手孔井圈未固定
监理工程师意见： 限施工单位在 2019 年 8 月 19 日前完成施工，并组织安排好工程预验、试通工作。 监理工程师：××× 日期：2019 年 8 月 13 日

表 5.3 ××通信工程监理公司的监理通知单

工程名称：中国移动浙江××移动分公司××镇内，新境线管道工程　　编号：×××

主　　题：××移动公司××镇，新境线工程管道敷设质量检查 发往单位：绍兴市××信息管网有限公司 抄送单位：中国移动浙江××分公司
检查地点：××中学，加油站，××镇内 检查时间：2019 年 7 月 24 日 检查内容：管道沟深，基础，包封，材料采购
发现问题： 1. 管沟深度未达到公路上的规范要求，沟深度为 60 cm ~ 70 cm。 2. 管沟未铺设混凝土基础：12# ~ 13#孔。 3. 管孔未用混凝土侧包封：12# ~ 13#孔。 4. 外墙未粉刷：2#孔。 5. 102 圆管、六孔管不是定点厂采购产品
监理工程师意见： 针对上述质量问题限施工单位在 2019 年 8 月 1 日前全部返工整改完毕。施工单位应引以为戒，增强施工质量责任感，避免再次发生类似的工程质量问题 监理工程师：××× 日期：2019 年 7 月 24 日

4. 监理周/月报

监理月报应由总监理工程师组织编制，签认后报建设单位和本监理单位。施工阶段的监理月报包括以下内容。

（1）本月工程概况。

（2）本月工程形象进度。

（3）工程进度，包括本月实际完成情况与计划进度比较、对进度完成情况及采取措施效果的分析。

（4）工程质量，包括本月工程质量情况分析、本月采取的工程质量措施及效果。

（5）工程计量与工程款支付，包括工程量审核情况、工程款审批情况及月支付情况、工程款支付情况分析、本月采取的措施及效果。

（6）合同其他事项的处理情况，包括工程变更、工程延期、费用索赔。

（7）本月监理工作小结，包括对本月进度质量、工程款支付等方面情况的综合评价，本月监理工作情况，有关本工程的意见和建议，下月监理工作的重点。

监理月报与周报格式类似。

5. 监理工作总结

施工阶段监理工作结束时，监理单位应向建设单位提交监理工作总结。

1）监理工作总结的内容

监理工作总结包括的内容有：① 工程概况；② 监理组织机构监理人员和投入的监理设施；③ 监理合同履行情况；④ 监理工作成效；⑤ 施工过程中出现的问题及其处理情况和建议；⑥ 工程照片（有必要时）。

工程完成后，督促施工单位在规定期限内提供竣工资料，并在规定期限内审核。竣工资料审核完毕后，督促施工单位在规定期限内按要求修改竣工资料，要求竣工资料数据准确、内容齐全、签证正确。

监理资料的管理应由总监理工程师负责，并指定专人具体实施。监理资料应在各阶段监理工作结束后及时整理归档，必须及时整理、真实完整、分类有序。

2）监理工作总结的示例

下面是某监理公司的监理工作总结，看看还有哪些方面需要完善。

监理工作总结

1. 本工程监理概况

（1）工程规模

本工程为绍兴移动本地网××管道工程嵊州百道岭路延伸段管道工程，受中国××通信集团浙江有限公司绍兴分公司委托，由浙江××通信工程监理有限公司负责对本工程进行监理。本工程主要工程量为敷设 1 孔六孔管管道 1 585.3 m，1 根钢管 26.8 m，1 根圆管 2 m；砖砌 84×95 手孔 2 只，砖砌 84×45 手孔 20 只，砖砌 45×45 手孔 4 只，共砖砌手孔 26 只，具体工程量详见工程量统计表。

（2）工程参建单位

建设单位：中国××通信集团浙江有限公司绍兴分公司

监理单位：浙江××通信工程监理有限公司

设计单位：××邮电咨询设计研究院有限公司

施工单位：浙江××网络工程有限公司

（3）工程开工、完工日期

本工程于2019年4月6日开工至2019年5月10日完工。

2. 工程监理情况

（1）监理依据和范围

① 监理依据

a. 国家建设部和信息产业部有关工程建设的法律法规。

b. 国家建设部和信息产业部有关工程建设的技术指标、标准和规范。

c. 经有关部门批准的工程项目文件和设计文件。

d. 建设单位与承建单位签订的工程建设施工合同。

e. 建设单位与监理单位签订的工程建设监理合同。

② 监理工作范围

本工程监理为施工阶段监理，包括整个施工过程中的施工进度控制、施工质量控制、组织协调、合同管理、安全文明施工监理及检查督促施工单位对本工程的竣工图，竣工资料的收集整理。

（2）监理机构设置

浙江××通信工程监理有限公司在绍兴设立了工程监理项目部。其监理组织机构为：

项目总监→监理组长→现场监理人员

3. 工程质量

（1）工程质量控制情况

我现场监理人员通过旁站、巡查等手段，严格把好质量关，施工单位在监理的督促下也能切实按照施工规范及设计要求施工，小部分特殊地段确实达不到设计要求的，监理会同施工方及随工人员一起商讨，对解决的方案达成共识后再进行施工，并填写必要的资料（如变更单或现场记录证明等）。

（2）工程质量结论意见

我监理公司驻现场监理人员通过在施工过程中的监理，对每一道工序的施工质量都给予认真仔细的检查和评定，同时通过各种方式向业主征询对监理工作的意见，听取业主的建议，并把这些意见和建议传达给监理人员和施工单位，以引起工程建设参与者的重视，达到对工程质量进行控制的目的。

监理方面对工程质量的意见：同意在竣工终验时验收小组对工程的评定意见。

第三部分：学习效果及评价

课次		课时	
课堂笔记			
课后习题			
1. 监理月报主要包含哪些内容？			
2. 按照监理通知单格式写一份通信光缆架空敷设整改通知单。			
评定等级		评定教师	

任务六　通信杆路工程监理

5.6　通信杆路监理案例

第一部分：课程导读

课次		课时	
课程地位	架空线路的优点是架设简便，建设周期短，费用相对较低。本节主要介绍通信杆路的基本知识，施工流程、步骤及监理质量控制点		
主要内容	● 通信杆路器材清点、检验； ● 通信杆路路由复测质量控制； ● 立电杆； ● 安装拉线； ● 架设吊线； ● 通信杆路工程验收检查	教学目标	● 能说出通信杆路施工的主要程序； ● 能说出施工各个环节的质量控制点
课程重点	通信杆路施工的主要程序与质量控制点	课程难点	通信杆路施工的主要程序与质量控制点
课程小结	通信建设工程项目的杆路施工过程是由一系列相互关联、相互制约的工序所构成的，工序质量直接影响工程项目的整体质量。要控制好施工过程的质量，必须首先控制好工序的质量。因此，正确设置各工序中的质量控制点非常重要		
板书设计	1. 通信杆路器材清点、检验：电杆、卡盘、底盘、拉线盘、铁件； 2. 通信杆路路由复测质量控制：是否按设计施工，是否符合规范； 3. 立电杆：打洞、立杆、回土； 4. 安装拉线； 5. 架设吊线； 6. 通信杆路工程验收检查		
教学资源	5.6 通信杆路监理案例		

第二部分：学习内容

通信杆路施工的主要程序及质量控制点如图 5.4 所示。

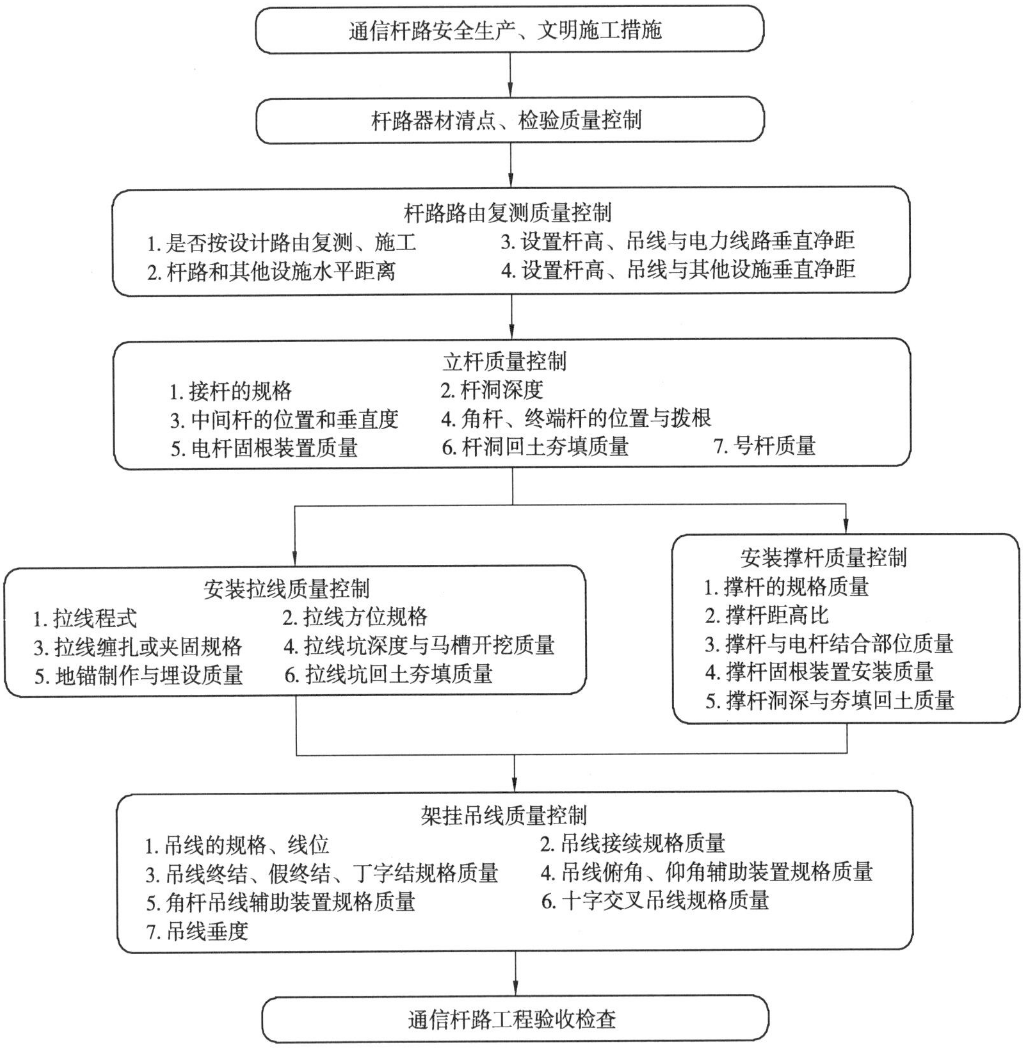
通信杆路安全生产、文明施工措施
杆路器材清点、检验质量控制
杆路路由复测质量控制
1. 是否按设计路由复测、施工
3. 设置杆高、吊线与电力线路垂直净距
2. 杆路和其他设施水平距离
4. 设置杆高、吊线与其他设施垂直净距
立杆质量控制
1. 接杆的规格
2. 杆洞深度
3. 中间杆的位置和垂直度
4. 角杆、终端杆的位置与拨根
5. 电杆固根装置质量
6. 杆洞回土夯填质量
7. 号杆质量
安装拉线质量控制
1. 拉线程式
2. 拉线方位规格
3. 拉线缠扎或夹固规格
4. 拉线坑深度与马槽开挖质量
5. 地锚制作与埋设质量
6. 拉线坑回土夯填质量
安装撑杆质量控制
1. 撑杆的规格质量
2. 撑杆距高比
3. 撑杆与电杆结合部位质量
4. 撑杆固根装置安装质量
5. 撑杆洞深与夯填回土质量
架挂吊线质量控制
1. 吊线的规格、线位
2. 吊线接续规格质量
3. 吊线终结、假终结、丁字结规格质量
4. 吊线俯角、仰角辅助装置规格质量
5. 角杆吊线辅助装置规格质量
6. 十字交叉吊线规格质量
7. 吊线垂度
通信杆路工程验收检查

图 5.4　通信杆路施工的主要程序及质量控制点

监理人员除熟悉国家相关建筑安装工程建设规范、工程强制性标准外，必须熟知相关集团公司制定的相关工程建设规范等技术性和指令性文件。监理人员要严格控制分包管理，及时了解施工单位班组人员情况，特别是加强对新引入施工单位、新进班组的管理督促和技术指导。监理人员还须熟悉蓝图设计内容，对有疑义的地方及时指出，杜绝因图纸设计失误而引起工程质量问题。监理人员须督促施工单位严格按照原材料检验检测要求对施工用材料做好检测工作；同时监理人员做好工程现场材料抽检工作，对检测不合格的材料，坚决要求退场，严格保证工程原材料的质量。监理人员要严格按规范要求标准和流程进行质量监理，严格按照流程要求关键工序做好工程验收和全过程旁站工作。正常施工期间，监理人员可采取巡检方式，对现场进行管理并准确掌握所辖县区的工程施工动态，及时掌握现场情况，发现问题及时解决。监理人员发现质量安全隐患应及时提出整改意见并复查。项目部须建立工程月度例会制度，通报建设情况和存在问题，提出下阶段的工作部署，并做好会议纪要；协助建设单位开展工程初验工作，对验收中发现的问题派发整改通知单，落实整改复查等工作。

1. 通信杆路器材清点、检验

通信杆路器材清点、检验，监理人员着重检查。

① 材料要有质量合格证。

② 乙方所供材料要使用入围材料厂家的材料且合格；甲方所供材料的质量合格。

1）电杆检验

电杆的外表面应光滑平直，不应有麻面、裂缝、脱皮、锈斑和露筋现象；内表面不应有蜂窝和露筋现象；杆根底的断面平整，钢筋不应冒头；杆顶封闭，不露钢筋。要求水泥杆横向裂纹宽度不超过 0.5 mm，无可见的纵向裂缝，混凝土破碎部分总表面积不超过 200 mm^2。

2）卡盘、底盘、拉线盘检验

卡盘、底盘、拉线盘等混凝土制品的表面应光滑平整，不应有麻面、蜂窝、裂缝和露筋现象，至少应养护 7 天后方能使用。浇制拉线盘、电杆同根卡盘等混凝土制品用的石子应采用天然砾石或碎石，不得使用风化石；砂子应用水洗中砂，水泥拉线盘所用钢筋为 $\phi 8$ mm，混凝土强度等级为 C20。

3）铁件检验

镀锌钢绞线、镀锌铁线、吊线抱箍、拉线抱箍、拉线衬环、终端膨胀锁、三眼双槽夹板、三眼单槽夹板、U 形穿钉、地锚铁柄、转弯夹板、支撑板、拉板、各种穿钉的规格型号应符合技术标准；镀锌质量符合要求，锌层表面应均匀完整、光洁，不应有脱皮、剥落、开裂和针孔现象。

【案例 5.1】 某通信杆路工程使用的水泥电杆由建设单位指定供货厂商供货，承包单位负责采购。在施工紧线时水泥电杆折断，并致使施工人员从高空坠下，受重伤。经查原因，水泥电杆两头有钢筋，中间一段没有钢筋。

请判断分析事故的责任单位。

（1）建设单位有否责任。

（2）承包单位有否责任。

（3）监理单位有否责任。

（4）供货厂商应负什么责任。

案例分析：

（1）建设单位虽指定供货厂家供货，但由承包单位与供货厂商签订合同采购，因而建设单位没有责任。

（2）承包单位与监理单位应负责对水泥电杆质量的检验和把关，但通常仅限于对水泥电杆规格程式的检验以及电杆质量的外观检查。至于水泥电杆内部偷工减料，中间一段没有钢筋，已超出一般的检验范围，为此在本案例中，承包单位与监理单位均无责任。

（3）供货厂商弄虚作假、偷工减料，造成工程质量和重大人身事故，应负全部责任。

2. 通信杆路路由复测质量控制

通信杆路应按设计路由进行复测，路由复测是对设计路由的核实和进一步优化的过程，复测中发现设计路由与现场环境不符或不合理、不安全时，可提出合理的变更方案，在征得设计和建设单位同意后方能实施。复测的主要内容如下。

（1）是否按设计路由复测、施工。

（2）杆路和其他设施水平距离。杆路与其他设施最小水平净距应符合表 5.4 的要求。

表 5.4　杆路与其他设施最小水平净距

名　称	最小水平净距/m	备　注
消火栓	1.0	指消火栓与电杆的距离
地下管线	0.5 ~ 1.0	包括通信管、线与电杆间的距离
火车铁轨	地面杆高的 4/3 倍	
人行道边石	0.5	
市区树木	1.25	
房屋建筑	2.0	裸线线条到房屋建筑的水平距离
郊区树木	2.0	

（3）设置杆高、吊线与电力线路垂直净距。在三电合杆的线路上做终端时，应单设终端杆，以免破坏原三电合杆线路上的平衡；线路架挂高度不得高于 5.5 m，以确保线路距 10 kV 电力线垂直距离不小于 2.5 m。

（4）设置杆高、吊线与其他设施垂直净距。杆高、吊线与其他设施垂直净距如表 5.5、表 5.6 所示。

表 5.5　架空线路交越其他电气设施的最小垂直净距　　单位：m

其他电气设施名称	最小垂直净距		备　注
	架空电力线路有防雷保护设备	架空电力线路无防雷保护设备	
1 kV 以下电力线	1.25	1.25	最高缆线到供电线条
1 ~ 10 kV 电力线	2.0	4.0	最高缆线到供电线条
35 ~ 110 kV 电力线	3.0	5.0	最高缆线到供电线条
154 ~ 220 kV 电力线	4.0	6.0	最高缆线到供电线条
供电线接户线	0.6		带绝缘层
霓虹灯及其铁架	1.6		
有轨电车及无轨电车滑接线			通信线路不允许架空交越

表 5.6　架空线路与其他建筑物、树木间最小垂直净距离　　单位：m

名称		平行时		交越时	
		垂直净距	备注	垂直净距	备注
市区街道		4.5	最低缆线距地面	5.5	最低缆线距地面
胡同（里弄）		4.0		5.0	
公路		3.0		5.5	
土路		3.0		5.0	
铁路		3.0		7.5	最低缆线距铁轨面
房屋建筑				0.6	最低缆线距屋脊
				1.5	最低缆线距屋平顶
河流	不通航			1.0	最低缆线距最高洪水位
	通航			2.0	最低缆线距最高洪水时的最高船舶顶或船帆点
树木	市区			1.0	最低缆线距树枝顶
	郊区			1.0	
通信线路				0.6	一方最低线缆到另一方最高线缆

监理中常见的问题是杆路路由不合理。

3. 立电杆

立水泥杆的工作内容包括打洞、清理、组接电杆（接杆时用）、立杆、装卡盘、装 H 杆腰梁（H 杆时用）、回填夯实、号杆等。立木电杆的工作内容包括打洞、清理、根部防护、组接电杆、立杆、装横木、装 H 杆腰梁、回填夯实、号杆等。本节主要介绍立水泥杆。

1）打洞（电杆的埋深）

电杆埋深必须达到规定的标准，否则需做石护墩保护。

一般电杆埋深可通过 3 m 线判断。

2）立　杆

（1）电杆的垂直度。直线线路上的电杆应立在线路路由的中心线上，与路由中心线的左右偏差应不大于 5 cm；要求杆身与地垂直。角杆应立在线路转角点内侧，水泥杆杆根内移（俗称“拨根”）10 ~ 15 cm；木杆内移 20 ~ 30 cm，因地形限制或装撑杆的角杆可不内移。终端杆立起后，杆身应向拉线侧倾斜，其中水泥杆 10 cm，木杆 20 ~ 30 cm。

（2）电杆根部加固。电杆根部加固的工作内容有护桩、围桩、石笼、护墩、卡盘、底盘、帮桩、打桩等，常见的是底盘、卡盘和护墩。

负荷较大或土质松软地带，水泥电杆采用混凝土底盘。水泥电杆固根装置采用混凝土卡盘，应用 U 形抱箍固定；木杆固根装置采用横木；应用 4.0 mm 镀锌铁线缠绕固定。直线杆路固根装置一般装在线路正交的一侧，卡盘距地表 40 cm，杆距长度不等时应装在杆档长侧。角杆、终端杆固根装置，单装置应装在拉线方向的反侧，与拉线方向呈 T 形垂直，双装置的下卡盘应装在电杆拉线侧，上卡盘应装在拉线方向的反侧，上下卡盘与拉线方向呈 T 形垂直；上卡盘距地表 40 cm，下卡盘距底盘 30 cm。固根装置的安装位置偏差应不大于 5 cm。

（3）回土。杆洞回土应分层夯实，每回填土 30 cm 夯实一次，市区与路面齐平；郊外应高出路面 10 ~ 15 cm。

4. 安装拉线

安装拉线的工作内容包括挖地锚坑、埋设地锚、安装拉线、收紧拉线、做中、上把、清理现场等。

1）拉线程式

抗风杆和防凌杆的侧面与顺向拉线、假终结、长杆档拉线、角深小于 13 m 的角杆拉线与吊线的规格相同；角深大于 13 m 终端杆、线路长杆档采用比吊线规格大一级的钢绞线作为拉线。

2）拉线方位规格

拉线方位包括拉线的方向与位置。拉线方向如图 5.5 所示，拉线位置主要考虑普通拉线的距高比（为 0.75 ~ 1.25）。

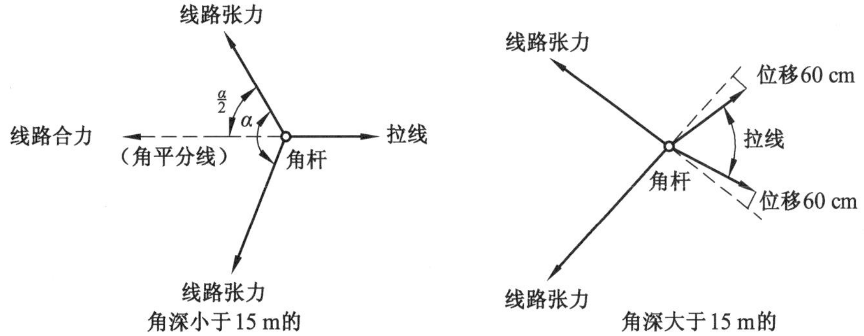

图 5.5　角杆拉线装设方位示意图

3）拉线缠扎或夹固规格

水泥电杆单条拉线装在距杆顶 50 cm 处；杆上装两条拉线时，第二条拉线装在第一条拉线下方 40 cm 处。

4）拉线坑深度与马槽开挖质量

埋设拉线地锚的出土槽应与拉线上把成直线，不得有扛、顶现象。

5）地锚制作与埋设质量

拉线地锚应埋设端正、不得偏斜，地锚的拉线盘应与拉线垂直；拉线地锚的实际出土点与正确出土点之间的左右偏差应小于 10 cm。

6）拉线坑回土夯填质量

拉线坑回土、地锚坑回土应分层夯实，每回填土 30 cm 夯实一次，市区与路面齐平，郊外应高出路面 10 ~ 15 cm。

高桩拉线的正拉线、副拉线、电杆中心线、拉桩中心线应成一条直线，其中任一点的最大偏差≤5 cm。高拉桩杆稍应向拉线合力方向反侧倾斜 700 ~ 1 000 mm，副抱箍距杆稍不少于

200 ~ 300 mm；正拉线与地面保持合理的高度。吊板拉线的拉索固定点距吊板在杆上的固定点约为地面杆高的 1/5，距高比为 1。撑杆装在最末层吊线下 10 cm 处，距高比为 0.5 ~ 0.6，撑杆的方位角应该在角杆内角平分线上，埋深为 400 ~ 600 mm。角深超过 7 m 的角杆不得架设撑杆。墙拉线的拉攀距墙角应≥250 mm，距屋檐应≥400 mm。

5. 架设吊线

架设吊线的工作内容包括安装并紧固支持物（或固定物），布放吊线，紧线，做终结、丁字结（假终结）、十字结等。架设辅助吊线的工作内容包括预做吊挂物、紧线、调整吊挂及紧固、做终结等。

吊线夹板距电杆顶的距离应符合设计要求，在一般情况下距杆顶不应小于 50 cm，在特殊情况下不应小于 25 cm。在同一杆路架设两层吊线时，两吊线间距为 40 cm。

吊线夹板在各电杆上的位置宜与地面等距且应装在电杆的同一侧，坡度变化一般不宜超过杆距的 2.5%，由于地形限制也不得超过杆距的 5%。当吊线坡度变更为杆距的 5% ~ 10%时，应加装俯角或仰角辅助装置。

俯角辅助装置的抱箍应装在吊线夹板的上部，仰角辅助装置的抱箍应装在吊线夹板的下部。

辅助吊线与抱箍的固定方法和要求同固定吊线一致，所不同的仅是从抱箍开始夹固或镀锌铁线缠扎，其相关尺寸同固定吊线一致。

杆路上架设第一条吊线时，应设在杆路的车行道反侧或建筑物一侧。

6. 通信杆路工程验收检查

通信杆路验收时，应对电杆洞深和地锚深度进行逐个检查，符合设计要求后予以签认；检查电杆、拉线、吊线、光缆规格和其他材料是否符合设计要求；检查承包单位安装工艺和质量是否符合施工验收规范要求，具体如表 5.7 所示。

表 5.7　随工验收项目内容

序号	项目	内容与要求
1	电杆	① 电杆的位置及洞深；② 架电杆的垂直度；③ 角杆的位置；④ 杆根装置的规格、质量；⑤ 杆洞的回土夯实；⑥ 杆号
2	拉线与撑杆	① 拉线程式、规格、质量；② 拉线方位与缠扎、夹固规格；③ 地锚质量（含埋深与制作）；④ 地锚出土及位移；⑤ 拉线坑回土；⑥ 拉线、撑杆距高比；⑦ 撑杆规格、质量；⑧ 撑杆与电杆接合部位规格、质量；⑨ 电杆是否进根，⑩ 撑杆洞回土等
3	架空吊线	吊线规格，架设位置，装设规格，吊线终结及接续质量，吊线附属的辅助装置质量，吊线垂直度等

通信杆路验收常见的问题：工程无施工测量，杆路路由不合理，梅花桩现象严重；角杆杆根不正，水泥护墩合格率低，出土杆安装不正确；全程无四方拉线，拉线拉距不够，终端拉线不合格；丁字分线及分支杆施工设计不规范；直线式避雷装置安装不正确。通信杆路施工验收中常见的问题如图 5.6 所示。

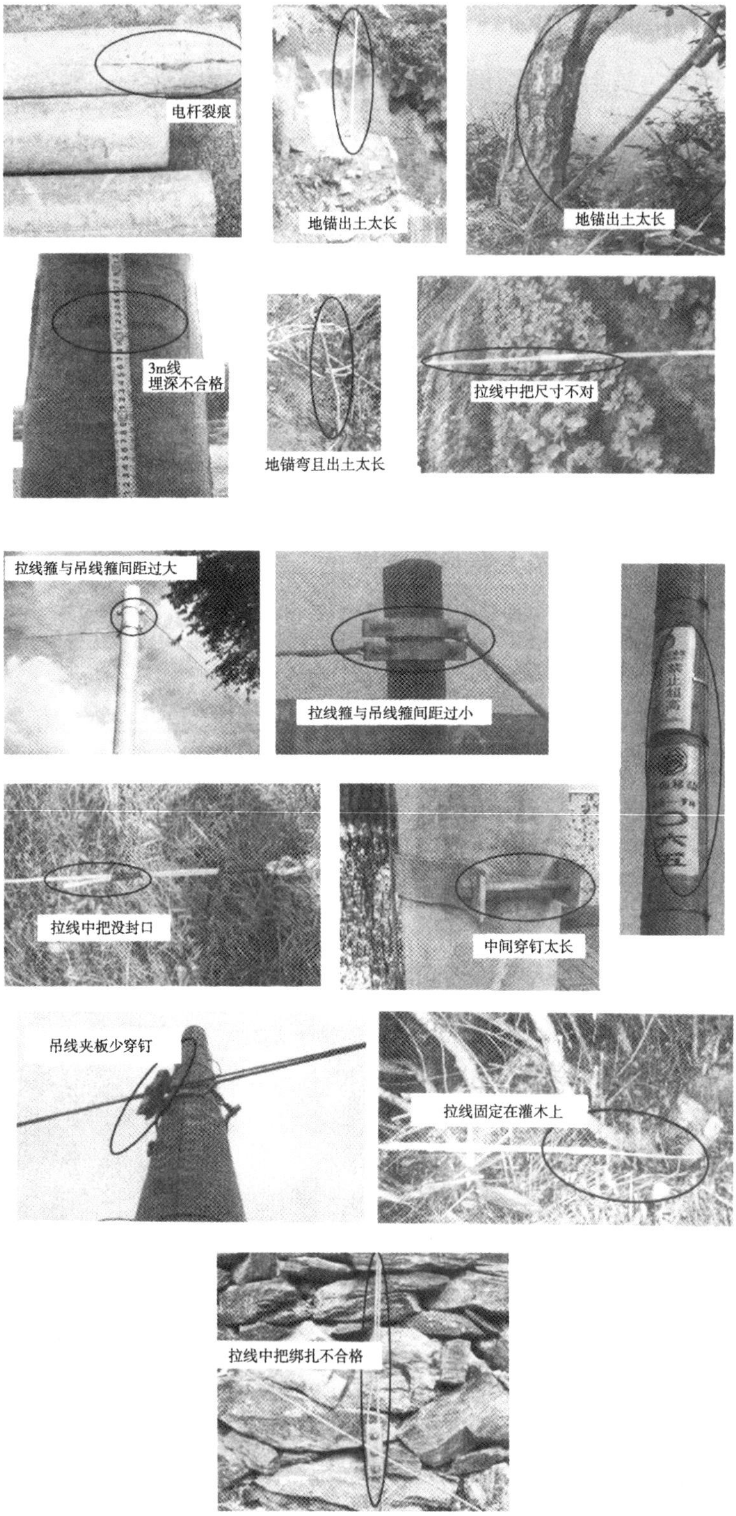

（a）通信杆路施工中常见的问题（1）

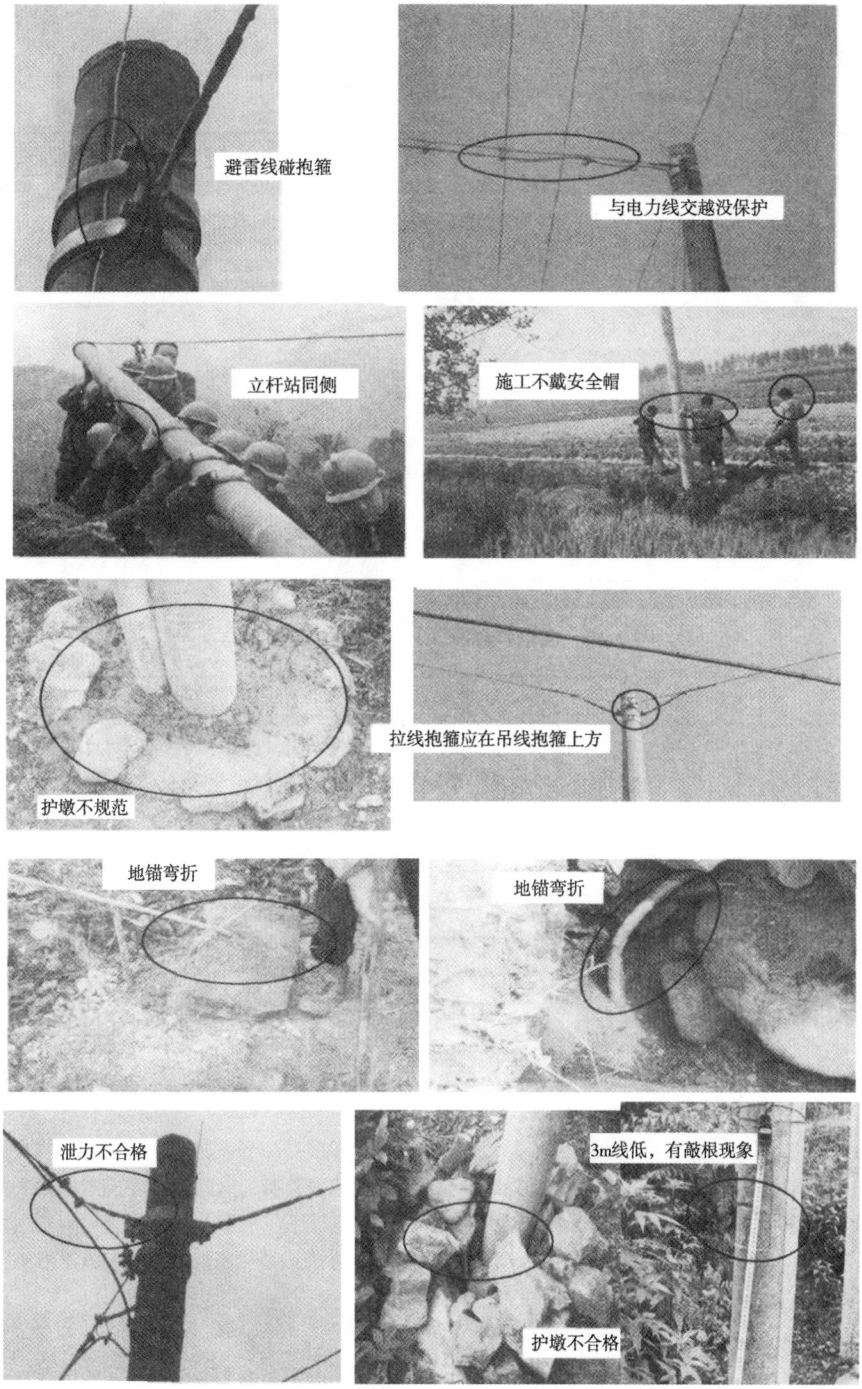

（b）通信杆路施工中常见的问题（2）

图 5.6　通信杆路施工中常见的问题

第三部分：学习效果及评价

课次		课时	
课堂笔记			
课后习题			
1. 立水泥杆的工作内容包括哪些项目？			
2. 通信杆路工程验收检查哪些项目？			
评定等级		评定教师	

任务七　通信管道工程监理

5.7　通信管道工程监理案例 1　　　5.7　通信管道工程监理案例 2

第一部分：课程导读

课次		课时	
课程地位	通信管道是通信网的基础设施，通信管道工程是通信工程的重要组成部分。本节主要介绍通信管道的基本知识，施工流程、步骤及监理质量控制点。学习好本节内容，对确保通信线路畅通、安全，改善城镇市容将起到积极的作用		
主要内容	● 通信管道施工的主要程序及质量控制点； ● 通信管道质量控制； ● 通信管道工程验收检查	教学目标	● 能说出通信管道施工的主要程序； ● 能说出施工各个环节的质量控制点
课程重点	● 通信管道施工的主要程序及质量控制点； ● 通信管道质量控制	课程难点	● 通信管道施工的主要程序及质量控制点； ● 通信管道质量控制
课程小结	通信管道工程施工阶段当中进行的质量控制内容是工程项目进行质量控制的重点，也是其中施工监理的重点所在。通信管道工程在施工阶段中进行工程监理，监理工程师需根据实际情况来对施工阶段进行质量控制，按照施工合同以及监理合同当中的规定对施工过程进行行之有效的管理和监督。通信管道工程质量管理主要在于对资源的控制和条件的质量控制，是对施工当中每个环节的质量控制以及对施工完成之后工程整体进行系统性的质量控制过程。该过程如果按照施工的时间节点进行划分，可分为施工准备，施工过程中以及竣工验收时的质量控制		
板书设计	1. 通信管道施工的主要程序及质量控制点； 2. 通信管道质量控制：管道段长、挖沟、基础、管道、人手孔、口圈井盖、回填； 3. 通信管道工程验收检查：工程初验、工程终验、竣工图		
教学资源	5.7 通信管道工程监理案例 1 5.7 通信管道工程监理案例 2		

第二部分：学习内容

1. 通信管道施工的主要程序及质量控制点

通信管道施工的主要程序及质量控制点如图 5.7 所示。

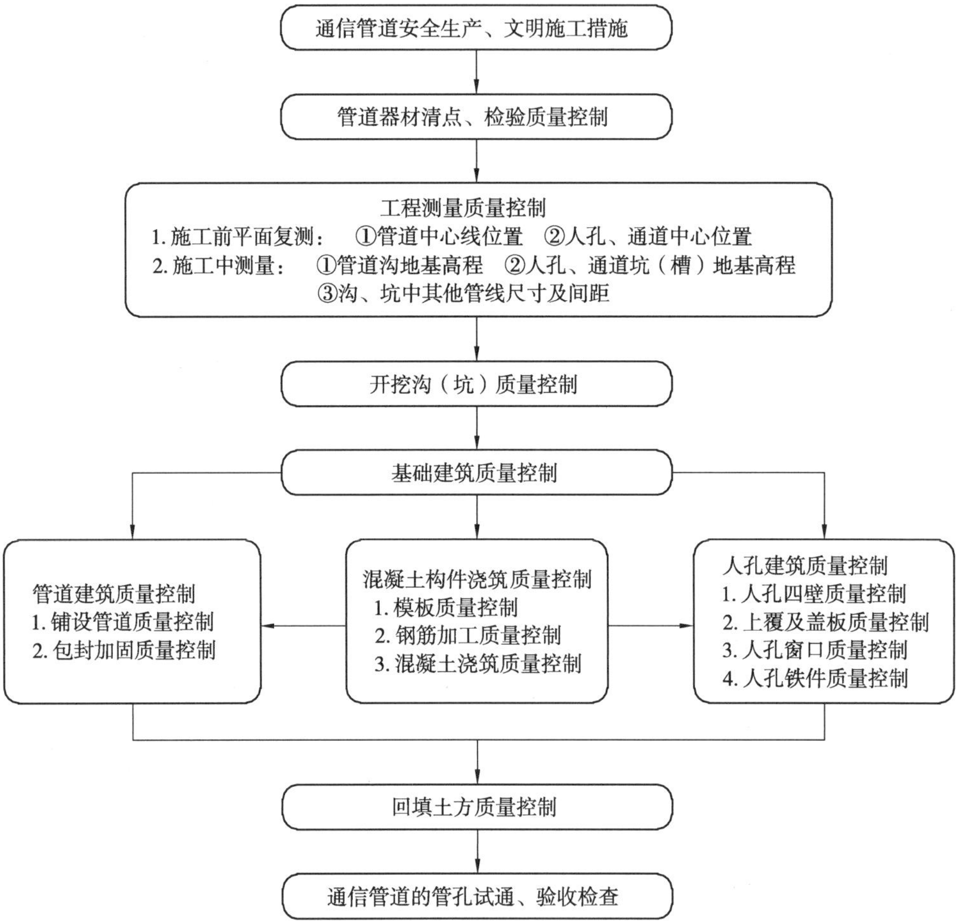

图 5.7 通信管道施工的主要程序及质量控制点

【案例 5.2】某通信塑料管道工程，施工和监理人员发现建设单位采购的塑料管壁厚达不到设计规定标准，经口头向建设单位反映，建设单位坚持用该管施工。工程初验时管道试通有近 1/3 的段不通。请问：

（1）承包单位有否责任？

（2）监理单位有否责任？

（3）建设单位有否责任？

案例分析：不合格的器材不能用于施工，这是承包单位的责任，监理更应把好这个关。经口头向建设单位反映，建设单位坚持用该管施工，承包单位照办，监理也没阻止，听之任之，造成管道有近 1/3 的段不通，承包和监理单位都有责任。

建设单位坚持用不合格管材施工显然有责任，但仅凭口头反映与答复，一旦发生经济诉讼，由于证据不足，承包和监理单位难脱对施工用材把关不严的责任。如有书面报告给建设单位，要求更换合格管材，如建设单位用书面答复仍坚持用该管施工，则所有责任均应由建设单位承担。

2. 通信管道质量控制

1）管道段长

管道段长是两个相邻人孔中心线间的距离。管道的段长应按相邻两个人孔的中心点间距而定。混凝土直线管道允许的段长一般应限制在 150 m 内。在实际工作中通常按 120 ~ 130 m 为一个段长；弯曲管道应比直线管道相应缩短且弯曲管道的曲率半径一般应不小于 36 m，在一段弯曲管道内不应有反向弯曲即 S 弯曲，在任何情况下也不得有 U 形弯曲出现。通信塑料直线管道的段长不应大于 200 m，高等级公路上的直线管道段长不应大于 250 m；弯曲管道的段长不应大于 1.50 m。弯曲管道的曲率半径不应小于 10 m，弯管道的转向角度应尽量小，同一段管道不应有反向弯曲（即 S 形弯曲）或弯曲部分的转向角度>90°的弯管道（即 U 形弯曲）。

2）挖　沟

管道挖沟应注意沟深、沟宽、沟直、沟平。

（1）沟深。路面至管顶的最小深度如表 5.8 所示。

表 5.8　路面至管顶的最小深度（单位：米）

类　别	人行道下	车行道下	与电车轨道交越（从轨道底部算起）	与铁道交越（从轨道底部算起）
水泥管、塑料管	0.7	0.8	1.0	1.5
钢管	0.5	0.6	0.8	1.2

【案例 5.3】某长途塑料管道工程监理检查发现普通土地段沟深不够，口头通知承包单位进行整改。监理走后，承包单位未予深挖即将塑料管填埋，被监理返回复查发现，承包单位提出加水泥盖板保护。请问：监理对此应采取下列哪种处理方式？

① 先记录在案，工程初验时再作处理。

② 同意施工单位意见，采用加水泥盖板保护。

③ 要求施工单位返工深埋。

案例分析：对工程监理中发现的质量问题，应尽快、尽早予以解决，工程初验时应以没有遗留问题为好。故先记录在案，工程初验时再作处理是不可取的。如果本案例地段是坚石，为避免施工爆破或人工开凿，可同意用水泥盖板保护。然而本地段是普通土，很容易下挖，采用水泥盖板保护既浪费材料又不利于今后线路维护，应要求承包单位返工深埋。

（2）沟宽。通信管道基础宽 630 mm 以下时，其沟底宽度应为基础宽度加 300 mm（即每侧各加 150 mm）；管道基础宽 630 mm 以上时，其沟底宽度应为基础宽度加 600 mm（即每侧各加 300 mm）。无基础管道的沟底宽度应为管群宽度加 400 mm（即每侧各加 200 mm）。

（3）沟直。通信管道基础的中心线应符合设计规定，左右偏差不应大于±10 mm，高程误差不应大于±10 mm。管道基础宽度应比管道组群宽度加宽 100 mm（即每侧各宽 50 mm）。管道包封时，管道基础宽度应为管群宽度两侧各加包封厚度。基础包封宽度和厚度不应有负偏差。

（4）沟平。通信管道的基础除应符合设计规定外，遇有与设计文件不符的地质情况时，宜符合表 5.9 的规定。

表 5.9　管道沟底挖好沟槽后的处理

地区土质	水泥管道	塑料管道
较好（如硬土）	夯实沟底	夯实沟底，回填 5 cm 细砂或细土
稍差	做混凝土基础	做混凝土基础，基础上回填 5 cm 细砂或细土
较差（如松软不稳定地区）	做钢筋混凝土基础	做钢筋混凝土基础，基础上回填 5 cm 细砂或细土。必要时进行混凝土包封
岩石	管道沟底要保证平整	应回填 20 cm 细砂或细土

管道进入人孔或建筑物时，靠近人孔或建筑物侧应做不小于 2 m 长度的钢筋混凝土基础和包封。主筋宜用直径ϕ10 mm 的热轧光面钢筋（HPB235 级），筋间中心间距宜为 80 mm 或 100 mm；分布筋宜用直径ϕ6 mm 的热轧光面钢筋（HBP235 级），筋间中心间距宜为 200 mm。主筋与分布筋的交叉点应采用直径ϕ1.0 mm 的铁线绑扎牢固，采用衬垫将钢筋定位于适当的高度，便于浇灌混凝土。

3）基　础

一般采用 C15 素混凝土基础。混凝土基础的厚度宜为 80 ~ 100 mm；宽度按管群组合计算确定。混凝土包封的厚度宜为 80 ~ 100 mm。钢筋混凝土基础和包封厚度宜为 100 mm。一般孔径大于ϕ90 mm 时，4 孔及以下标注 80 mm；4 孔以上标注 100 mm；6 孔及以下标注 100 mm；6 孔以上标注 120 mm。管道混凝土包封厚度标注 80 mm。

在基础浇灌混凝土之前，应检查核对加钢筋的段落位置是否符合设计规定，其钢筋的配置、绑扎、衬垫等是否符合规定，并应清除基础模板内的各种杂物。

通信管道基础的混凝土应振捣密实，初凝后应覆盖草帘等覆盖物洒水养护；养护期满拆除模板后，应检查基础有无蜂窝、掉边、断裂、波浪、起皮、粉化、欠茬等缺陷，如有缺陷应认真修补，严重时应返工。

4）管　道

水泥管块的敷设、接续如图 5.8 所示。水泥管块的顺向连接间隙不得大于 5 mm。上下两层管块间及管块与基础间应为 15 mm，允许偏差不大于 5 mm。管群的两层管及两行管的接续缝应错开。水泥管块接缝无论行间、层间均宜错开 1/2 管长。水泥管道进入人孔窗口处，应使用整根水泥管。

水泥管块的接续方法宜采用抹浆法，如图 5.9 所示。采用抹浆法接续管块，其所衬垫的纱布不应露在砂浆以外，水泥砂浆与管身粘结牢固，质地坚实、表面光滑、不空鼓、无飞刺、无欠茬、不断裂，两管块接缝处应用纱布包（80±10）mm 宽，长为管块周长加 80 ~ 120 mm，均匀地包在管块接缝上，然后在纱布上刷清水，水要刷到管块饱和为度，再刷纯水泥浆，最后应立即抹 1∶2.5 的水泥砂浆。纱布上抹的 1∶2.5 水泥砂浆厚度应为 12 ~ 15 mm，其下宽应为 100 mm，上宽应为 80 mm，允许正偏差不大于 5 mm。

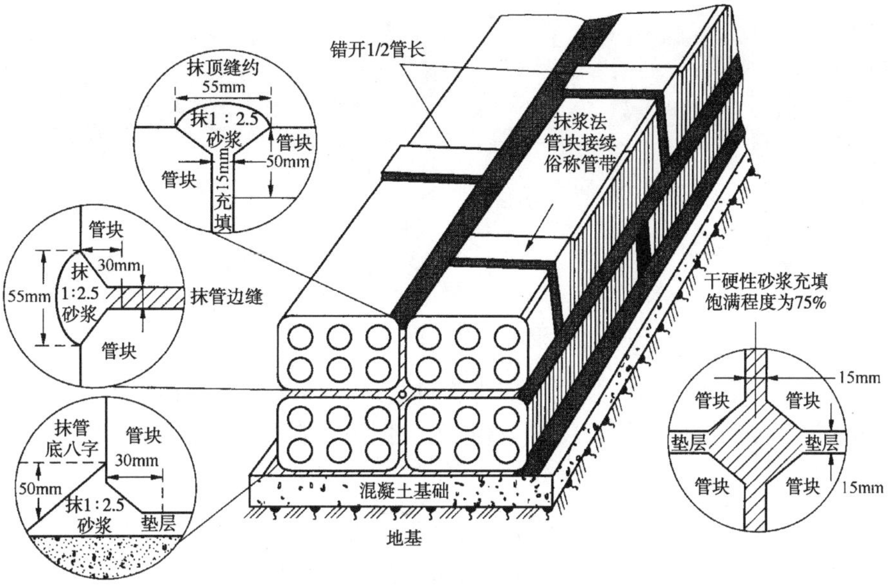

图 5.8　水泥管块的敷设、接续

塑料管道的组群时，管孔内径大的管材应放在管群的下边和外侧，管孔内径小的管材应放在管群的上边和内侧。塑料管群小于两层时，整体绑扎；大于两层时，相邻两层为一组绑扎，然后整体绑扎。多个多孔管组群时，管间宜留 10～20 mm 空隙，进入人孔时多孔管之间应留 50 mm 空隙，单孔波纹管、实壁管之间宜留 20 mm 空隙，所有空隙应分层填实。

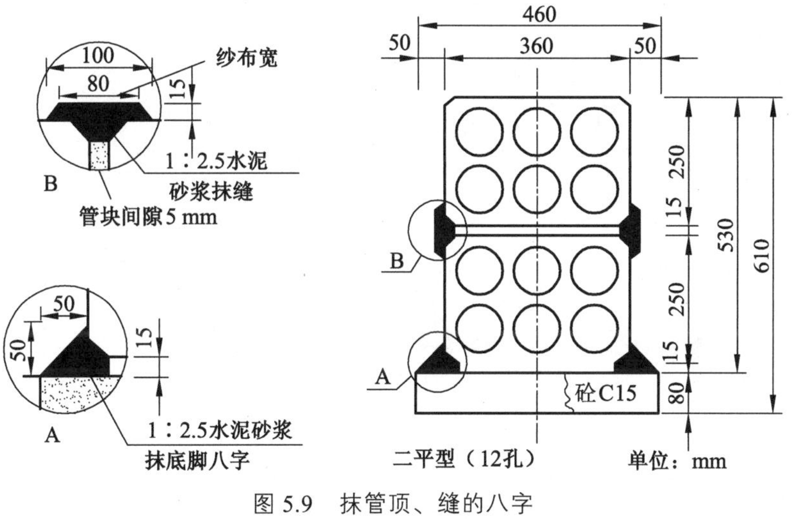

图 5.9　抹管顶、缝的八字

塑料管的切割应根据管径大小选用不同规格的裁管刀，管口断面应垂直管中心，平直、无毛刺。塑料管的连接宜采用承插式粘接、承插弹性密封圈连接和机械压紧管体连接，单孔波纹塑料管的接续宜选用承插弹性密封圈连接。承插式管接头的长度不应小于 200 mm，塑料管材标志面应朝上方。各塑料管的接口宜错开排列，相邻两管的接头之间错开距离不宜小于 300 mm；弯曲管道弯曲部分的管接头应采取加固措施。混凝土管、钢管、塑料管敷设如图 5.10 所示。

图 5.10　混凝土管、钢管、塑料管敷设

钢管接续宜采用套管焊接，接续前应将管口磨圆或锉成坡边，保证光滑无棱、无飞刺，然后再将两根钢管分别旋入套管长度的 1/3 以上。使用有缝管时，应将管缝置于上方。

5）管道进入人（手）孔

管道进入人（手）孔时，其管顶距人（手）孔上覆、通道盖板底不应小于 300 mm，管底距人（手）孔、通道基础顶面不应小于 400 mm。引上管进入人（手）孔、通道，宜在上覆、盖板下 200 ~ 400 mm。人（手）孔窗口如图 5.11 所示。

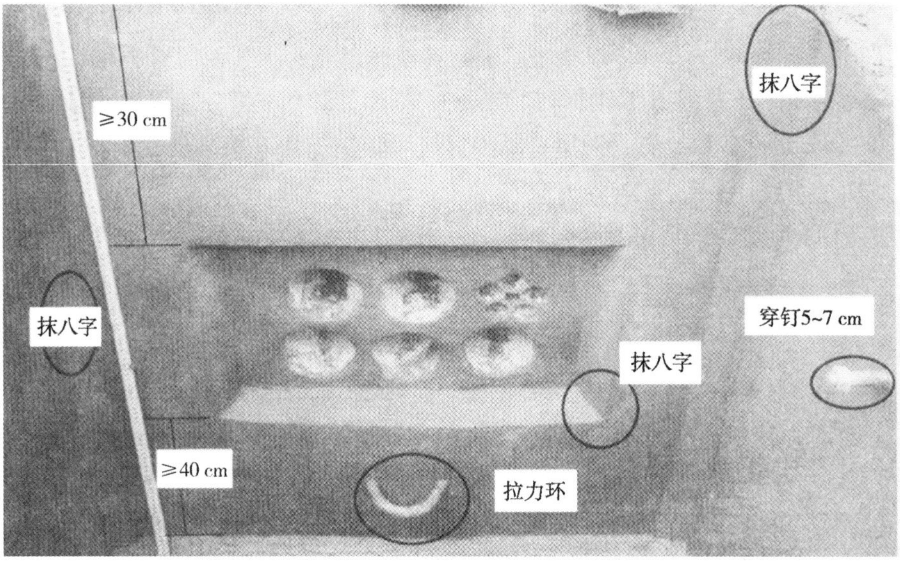

图 5.11　人（手）孔窗口

管道基础进入人（手）孔时，在墙体上的搭接长度不应小于 140 mm。管道进入人（手）孔时，管口不应凸出人（手）孔内壁，应终止在距墙体内侧 100 mm 处，并应严密封堵，管口做成喇叭口。

各种引上钢管引入人（手）孔、通道时，管口不应凸出墙面，应终止在墙体内 30 mm ~ 50 mm 处，并应封堵严密、抹出喇叭口。

6）人（手）孔基础

人（手）孔基础一般比人（手）孔外墙宽 10 cm/侧，挖坑时人（手）孔底从外墙放宽 40 cm/侧或放宽人（手）孔按设计规定处理，如系天然地基必须按设计规定的高程进行夯实、抄平。

基础的混凝土强度等级、配筋等应符合设计规定。浇灌混凝土前，应清理模板内的杂草等物，并按设计规定的位置挖好积水罐安装坑，其大小应比积水罐外形四周大 100 mm，坑深比积水罐高度深 100 mm；基础表面应从四周向积水罐做 20 mm 泛水，如图 5.12 所示。

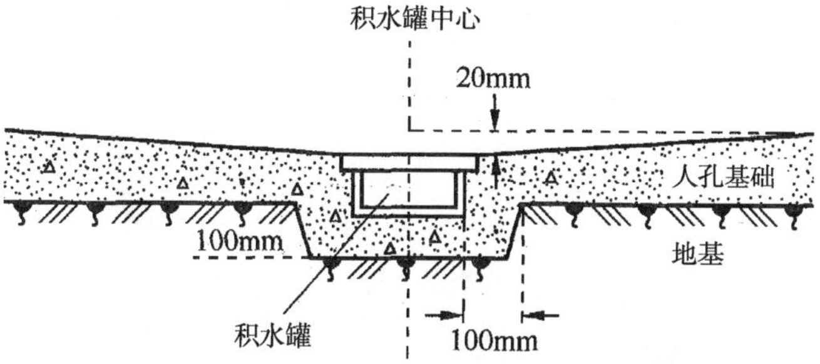

图 5.12　积水罐

设计文件对人（手）孔、通道地基、基础有特殊要求时，如提高混凝土强度等级、加配钢筋、防水处理及安装地线等，均应按设计规定办理。

7）人（手）孔墙体

人（手）孔、通道内部净高应符合设计规定，墙体的垂直度（全部净高）允许偏差应不大于±10 mm，墙体顶部高程允许偏差不应大于±20 mm。砌筑墙体的水泥砂浆等级应符合设计规定；设计无明确要求时，应使用不低于 M7.5 水泥砂浆，严禁使用掺有白灰的混合砂浆进行砌筑。

人（手）孔墙体砌筑如图 5.13 所示。墙体与基础应结合严密、不漏水，结合部的内外侧应用 1∶2.5 水泥砂浆抹八字，基础进行抹面处理的可不抹内侧八字角。抹墙体与基础的内、外八字角时，应严密、贴实、不空鼓、表面光滑、无欠茬、无飞刺、无断裂等。

图 5.13　人（手）孔墙体砌筑

穿钉的规格、位置应符合设计规定，穿钉与墙体应保持垂直且安装牢固。上、下穿钉应在同一垂直线上，允许垂直偏差不应大于 5 mm，间距偏差应小于 10 mm。相邻两组穿钉间距应符合设计规定，偏差应小于 20 mm。穿钉露出墙面应适度，为 50 ~ 70 mm；露出部分应无砂浆等附着物，穿钉螺母应齐全有效。

拉力（拉缆）环的安装位置应符合设计规定且安装牢固。一般情况下应与对面管道底保持 200 mm 以上的间距，露出墙面部分应为 80 ~ 100 mm。

管道进入人（手）孔、通道的窗口位置，应符合设计规定，允许偏差不应大于 10 mm；管道端边至墙体面应呈圆弧状的喇叭口；人（手）孔、通道内的窗口应堵抹严密，不得浮塞，外观整齐、表面平光。管道窗口外侧应填充密实，不得浮塞，表面整齐。管道窗口宽度大于

700 mm 时，或使用承重易变形的管材（如塑料管等）的窗口时，应按设计规定加过梁或窗套。

8）人（手）孔上覆及通道沟盖板

人（手）孔上覆一般用 C25 混凝土浇筑，最大汽车轮压为 50 kN 时，上覆厚为 150 mm。上覆及通道沟盖板的钢筋型号、加工、绑扎，混凝土的强度等级应符合设计图纸的规定。上覆钢筋绑扎如图 5.14 所示。

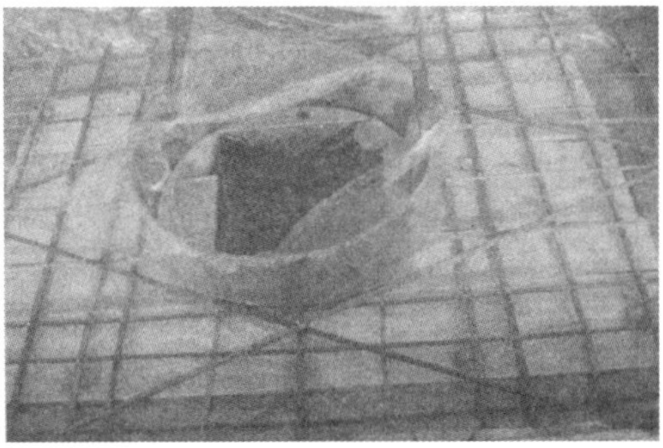

图 5.14 上覆钢筋绑扎

上覆、盖板外形尺寸、设置的高程应符合设计图纸的规定，外形尺寸偏差不应大于 20 mm，厚度允许最大负偏差不应大于 5 mm，预留的位置及形状应符合设计图纸的规定。预制的上覆、盖板两板之间缝隙应尽量缩小，其拼缝必须用 1∶2.5 砂浆堵抹严密，不空鼓、不浮塞，外表平光，无欠茬、无飞刺、无断裂等。人（手）孔、通道内顶部不应有漏浆等现象。上覆、盖板底面应平整、光滑，不露筋、无蜂窝等，必须达到设计规定的强度以后，方可承受荷载或吊装、运输。上覆、盖板与墙体搭接的内、外侧，应用 1∶2.5 的水泥砂浆抹八字角。但上覆、盖板直接在墙体上浇灌的可不抹角。八字抹角应严密、贴实、不空鼓、表面光滑、无欠茬、无飞刺、无断裂等。基础、上覆、盖板与墙体抹角如图 5.15 所示。

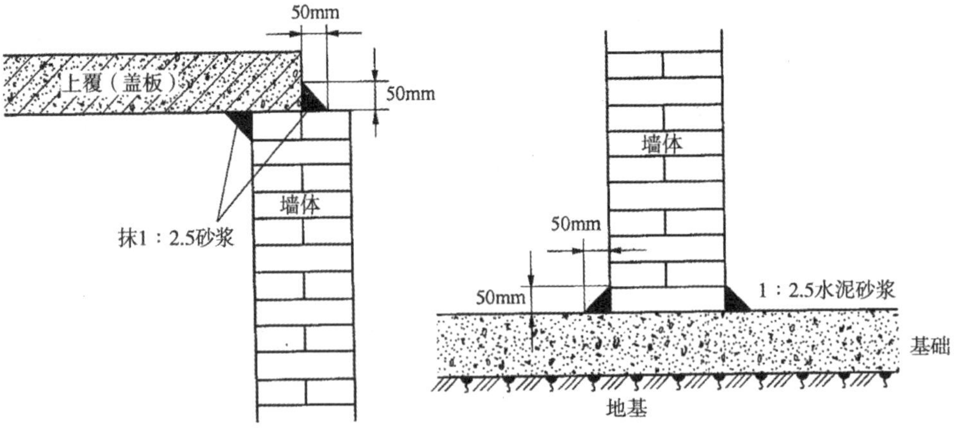

图 5.15 基础、上覆、盖板与墙体抹角示意图

9）口圈和井盖

人（手）孔口圈顶部高程应符合设计规定，允许正偏差不应大于 20 mm。稳固口圈的混凝土（或缘石、沥青混凝土）应符合设计图纸的规定，自口圈外缘应向地表做相应的泛水。人（手）孔口圈应完整无损，必须按车行道、人行道等不同场合安装相应的口圈，但允许人

行道上采用车行道的口圈。

人孔口圈与上覆之间宜砌不小于 200 mm 的口腔（俗称井脖子）；人孔口腔应与上覆预留洞口形成同心圆的圆筒状，口腔内、外应抹面。口腔与上覆搭接处应抹八字，八字抹角应严密、贴实、不空鼓、表面光滑、无欠茬、无飞刺、无断裂等。人（手）孔口圈如图 5.16 所示。

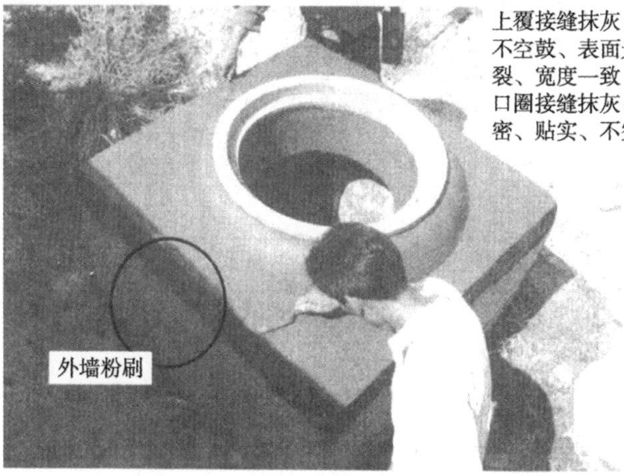
上覆接缝抹灰：上覆接缝抹灰应严密、贴实、不空鼓、表面光滑、无欠茬、无飞刺、无断裂、宽度一致
口圈接缝抹灰：口圈与井脖子接缝抹灰应严密、贴实、不空鼓、表面光滑
外墙粉刷

图 5.16　人（手）孔口圈

10）回　填

通信管道工程的回填土应在管道或人（手）孔按施工顺序完成施工内容，并经 24 h 养护和隐蔽工程检验合格后进行。

回填土前，应先清除沟（坑）内的遗留木料、草帘、纸袋等杂物。沟（坑）内如有积水和淤泥，必须排除后方可进行回填土。除设计文件有特殊要求外，在管道两侧和顶部 300 mm 范围内，应采用细砂或过筛细土回填；管道两侧应同时进行回填土，每回填土 150 mm 厚，应夯实；管道和人（手）孔坑每回填土 300 mm 时，应夯实。

管道和在路上的人（手）孔坑两端管道的回填土在市内主干道路应夯实，与路面平齐；市内一般道路的回填土夯实应高出路面 50 ~ 100 mm，在郊区土地上回填土可高出地表 150 ~ 200 mm。靠近人（手）孔壁四周的回填土内，不应有直径大于 100 mm 的砾石、碎砖等坚硬物。

严禁人（手）孔坑的回填土高出人（手）孔口圈的高程。

在修复通信管道施工挖掘的路面之前，如回填土出现明显的坑、洼，通信管道的施工单位应按照市政部门的要求及时处理。通信管道工程回填土完毕，应及时清理现场的碎砖、破管等杂物。

11）硅芯管管道敷设

长途光缆塑料管道手孔的建筑地点应选择在地形平坦、地质稳固、地势较高的地方，手孔的设置应根据铺设地段的环境条件和光缆盘长等因素确定，一般直线段每隔 2 m 设置 1 个大号手孔，两大手孔中间正常情况下设置 1 个小号手孔（每隔 1 km 设置 1 个小号手孔），结合地形和管道路由走向还可适当设置若干小手孔（如穿越公路、较大河流等特殊点须增设小手孔），直通型小手孔内硅芯管暂不断开。在硅芯管道拐弯点，河流大堤外侧稳固点设置手孔。在高等级公路及其他不可随意开挖的地段，应根据硅芯管道穿放长度及公路部门要求在公路两边适当位置设置手孔。手孔内的空余塑料管及已为光缆占用的塑料管端口均应进行封堵。

硅芯管敷设基本要求：沟底平坦，拐弯禁急，落差须缓。

硅芯管管道在布放之前，应先将两端管口严密封堵，防止水、土及其他杂物进入管内。硅芯管在沟内应平整、顺直。遇沟坎及转角处时应将光缆沟拉平并裁直，使之平滑过渡。硅芯管道布放后，应尽快连接密封，对引入手孔的管道应及时进行封堵。同沟布放两根以上硅芯管时，应采用不同颜色的硅芯管或采用其他分辨标记，全程硅芯管颜色或标记顺序要一致。硅芯管道的埋深应根据铺设地段的土质和环境条件等因素，符合表 5.10 的要求。

表 5.10　HDPE 硅芯管埋深要求

铺设地段及土质	管背至地面深度/m
普通土、硬土	1
半石质、砂砾土、风化石	0.8
全石质、流砂	0.6
市郊、村镇	1
市区街道	0.8
穿越公路、铁路	1
高等级公路	0.8
沟渠	1

当硅芯管道埋深达不到标准深度的 2/3 时，应采用水泥土封沟保护。封沟时，在管道沟上先回土 10 cm，然后用 20 cm C20 的混凝土进行封沟。

一般 33/40 的硅芯管道的最小曲率半径为 500 mm；38/46、42/50 的硅芯管道的最小曲率半径为 550 mm，在实际工作中应为 1 000 mm。

硅芯管道穿越较大河流时，主河道可采取地龙打孔方式或河滩直接开挖方式。穿越大堤，采取顶管或爬堤方式通过，并按要求对堤坝进行恢复，或在大堤两侧修筑石护坡加固，石护坡宽度不小于 3 m，大堤外侧应修建手孔。光缆穿越沟渠，可采用顶管或截流挖沟方式。截流挖沟方式敷设时，要求在塑料管道外加套塑料管并盖水泥盖板保护。硅芯管道应尽量避开鱼塘，如局部必须沿鱼塘边敷设，需采取石砌护坡加固。在硅芯管穿越公路、铁路、沟渠、河流、街道时，尽可能采用非开挖施工方法，硅芯管应穿放在无缝钢管内；穿越可以开挖的乡村公路时，可采取塑料管外加套塑料管的保护方式穿越公路。塑料管道穿越梯田、台田的堰坝和沟渠的陡坎时，应采取石砌护坎保护，石砌护坎应根据不同的地形向沟两侧各延伸 30 cm 以上。对于无特殊要求的陡坎，护坎长度为 1 m。在上坡的高度大于 30°时，沿硅芯管 10 m 做一处堵塞。在石质沟底铺设塑料管时，应在其上、下各铺 10 cm 厚的沙土。

管道敷设时，把管道运至施工现场埋设位置后，用专用工具将管盘架起，将轴调平并与放管方向垂直。首先检查管端有无堵头，如无堵头，堵上堵头后再放管。放管一般采用以下两种方式。

（1）牵着管的一端一直向前拉，每 100 m 左右安排一个人，直至放完拉直。途中如需穿越建筑物，从预留孔中穿过，预留孔直径在 64 mm 以下的可直接穿过 34 mm 的接头，预留孔直径在 70 mm 以上的可直接穿过 40 mm 的接头。如果预留孔直径小于以上尺寸，要先把接头卸下，并将管口堵上，待穿越建筑物预留孔后再接上，最好把整盘放完后再接，这样就更省人、省时、省力。

（2）在途中无需穿过建筑物的条件下，可将管头先固定在埋设沟的一端，然后拉着管向前走（盘管不动），边走边往沟里放设；或者将管的一头固定在埋设沟的一端后，将盘管放到机动车上并用专用工具将盘管架起，开动机动车向前行驶，这样，硅芯管就可以随着机动车的不断前行和盘架的转动而放设。

硅芯管管道系统的连接件主要由气密封接口、修补管、抗缆塞、护缆塞组成，工具主要有硅芯管割刀、接口扳手和滑轮割刀及修补钳等。接头安装时，先把管两端剪齐对接好；把螺帽、卡圈、密封圈按顺序套在管上，卡圈与密封圈的小头要朝里；两管插入接头，两管头的弯曲要一致，即成为一个弧形，不要将两端的弯曲部位拧拉，更不要成 S 形；将螺帽用手拧紧后再用专用扳手用力拧紧，如果用力过小会拧不紧，则容易造成脱开现象。

为了保证盘长长度，一般先敷设硅芯管道，后建手孔。在人井处管头的预留量不少于 50 cm，堵头必须塞紧。硅芯管布放完毕后，要仔细检查管道是否有问题，接头处是否有脱开现象，发现问题要立刻解决。管道路由与公路、铁路、供水管线、输油管线、光（电）缆交越或在个别地点平行小于 1 km 时，为保证已有设施的安全，应与相关部门取得联系，并派专人到现场配合。

12）微机定向钻孔铺管

微机定向钻孔铺管质量控制有下列要求。

（1）每个施工区段均应有施工设计图纸（平面图与剖面图）。没有施工设计图纸的，应用管线测试仪等进行现场情况查勘，在搞清地层地貌情况和地下现有管线类型及埋深后，绘制施工设计图纸，严禁盲目定向钻孔施工。

（2）多根塑料管同孔铺设时，要求排列方式和塑料管色谱必须符合设计规定，并按要求绑扎。

（3）同一施工区段同孔穿放的每根塑料管均应用整条塑料管，中间不得有接头。

（4）塑料管在敷设前，应将塑料管端口用密封塞子堵塞。

（5）定向钻孔的终孔直径是所铺管线直径的 1.2 ~ 1.5 倍，具体根据地层条件确定。一般地层中，当终孔直径大于 300 mm 时，需进行预扩孔（逐级回扩）。预扩孔次数及每次扩孔孔径大小，根据施工场地的地层土质条件决定。

（6）施工操作人员应穿戴绝缘靴、绝缘手套以保证人身安全。

3. 通信管道工程验收检查

1）工程初验

（1）工程初验的内容。

① 核对竣工图标注的管道走向、人（手）孔位置、标高（与路面标高的配合）、各段管道的断面和段长以及弯管道的具体位置和弯曲半径要求。

② 检查已签证的隐蔽工程验收项目，如发现异常，应进行抽检复验。

③ 管孔试通。

④ 管孔封堵。

⑤ 人（手）孔内的各种装置应齐全、合格。

（2）管孔试通。

① 直线管道管孔试通应采用长 90 cm、直径为管孔内径 95%的拉棒进行试通。

② 弯管道的曲率半径：水泥管道不应小于 36 m，塑料管道不应小于 10 m。弯管道管孔试通宜采用拉棒方式，也可采用塑料电缆方式。采用拉棒方式试通，拉棒的长度宜为 90 cm，拉棒的直径为管孔内径的 60%～65%；采用塑料电缆方式试通时，其拉棒的长度宜为 90 cm，拉棒的直径应为管孔内径的 95%。

③ 抽查规则是每个多孔管试通对角线两个孔，单孔管全部试通。

④ 各段管道全部试通合格，管道工程才能称为合格。不合格的部分应在工程验收前找出原因，并妥善解决。

（3）管孔封堵。

① 塑料管道进入建筑物的管孔应安装堵头。

② 塑料管道进入人（手）孔的管孔应安装管堵头。

③ 管堵头的拉脱力不应小于 8 N。

（4）人（手）孔的规格和装置。人（手）孔的规格和装置应符合下列要求。

① 人（手）孔的口圈、盖子、积水罐支架和托板、拉力环等各种装置的位置、规格、数量和质量等应符合标准设计。

② 人（手）孔的规格、形状和尺寸应符合工程设计。

③ 管道进入人（手）孔的断面布置应与托架和托板的规格、数量相配合，每层管孔数与托板容纳的电（光）缆数相一致。

2）工程终验

（1）工程终验的要求。

① 对竣工文件的验收：施工单位应在工程终验前，将工程竣工文件一式三份提交建设单位或监理单位。

② 对竣工管理文件的验收：竣工管理文件应包括工程实施过程中，建设、设计、施工、监理、材料供应、政府主管相关部门及合作单位之间的往来文件、备忘录等内容，以及施工图设计的审查纪要和批准文件。

③ 竣工技术文件应包括的内容。

a. 建筑安装工程量明细表。

b. 工程说明：工程性质和概述、设计阶段、施工日期、重大变更、新技术新工艺、土质状况、地下水位、冰冻层、环境温度等。

c. 竣工图纸：施工中更改后的施工设计图应标明管道的平面、剖面、断面以及与其他各种管线、建筑物的相对位置。

d. 开工报告。开工和竣工工期、施工场地和环境、器材质量和供货等必备条件。

e. 交（完）工报告：工程质量自检、管孔试通抽测记录、交（完）工日期等。工程完工后 7 天内报建设单位及时组织验收。

f. 工程设计变更、质量检查记录及施工过程中发现的重大问题、洽商记录或决策文件。

g. 工程质量事故报告：遇有重大的工程质量事故时，报告应阐明事故原因、责任人和采取的补救措施。

h. 停（复）工通知：说明停工原因，批准才能复工。

i. 随工验收记录（隐蔽工程验收签证单）。

j. 工程初验记录。

k. 工程决算报告：控制在工程预算值以内，超预算应有批准文件。

l. 验收证书，并应有工程质量评语。

另外，通常还有工程洽商纪要、工程延期申报表、工程材料平衡表、交接书、工程余料交接清单等。

④ 验收文件应保证质量，做到外观整洁、内容齐全、数据准确、装订规范。

验收中发现不合格的项目，应由验收小组按抽查规则进行复查，找出原因、分清责任、提出整改和解决办法，并在工程结束前圆满解决。

工程终验时，应将检验的主要项目列出工程终验评价表作为验收文件的附件。

（2）工程竣工验收项目及内容。

通信管道工程在正式验收之前，所有装置必须安装完毕，齐全有效。工程竣工验收项目及内容如表 5.11 所示。

表 5.11　工程竣工验收项目及内容

序号	项　目	内　容	验收方式
1	管道器材	（1）管块、管材规格、材质选择 （2）管接头 （3）胶水 （4）管支架或扎带 （5）混凝土、砖、钢筋以及各种人（手）孔器材	随工检验
2	管道位置	（1）管道设计坐标、路由 （2）管道高程坡度 （3）管道与相邻管线或障碍物的最小净距 （4）管道与铁道、有轨电车道的最小交越角	随工检验
3	管道沟槽	（1）沟槽的宽度和深度 （2）土质、地基和基础处理 （3）冰冻层处理 （4）浅埋保护 （5）回填土、夯实 （6）警告带、混凝土板、普通烧结砖、蒸压灰砂砖或蒸压粉煤灰砂砖	随工检验 隐蔽工程签证
4	管道接续	（1）管口平滑清洁 （2）胶水均匀、连接牢靠 （3）管材标志朝上 （4）接头错开 （5）管道接续质量（应逐个检查） （6）管群捆绑或支架 （7）管群断面和管位一致	随工检验 隐蔽工程签证

续表

序号	项　目	内　容	验收方式
5	防水、 防有害气体	（1）管道进入建筑物应防水和防可燃气体 （2）管道进入人孔做 2 m 钢筋混凝土基础和包封 （3）管道进入建筑物或人孔应加管堵头 （4）管道与燃气管交越处理	随工检验
6	人（手）孔建筑	（1）符合本规范第 4 章规定 （2）土质、地基处理 （3）管道断面与人孔托架与托板的规格、数量相配合 （4）方便布放电（光）缆	随工检验 隐蔽工程签证
7	竣工验收内容	（1）管口封堵 （2）人（手）孔装置齐全、合格 （3）核对竣工图 （4）检查已签证的隐蔽项目	竣工验收
8	管孔试通	（1）直线管道管口试通 （2）弯管道管孔试通 （3）管孔试通抽查规则	竣工验收
9	管孔封堵	（1）建筑物管孔封堵质量 （2）人（手）孔管孔封堵质量 （3）管堵头拉脱力	竣工验收
10	人（手）孔规格	（1）人（手）孔装置符合标准 （2）人（手）孔规格、形状和尺寸符合标准	竣工验收
11	核对竣工图	核对图纸与实际是否相符	竣工验收
12	检查隐蔽工程	检查隐蔽工程签证手续是否完善	竣工验收
13	特殊情况 管材选择	（1）高寒环境下管材选择 （2）鼠害、白蚁等地区管材的特殊要求 （3）特殊施工地段管材的选择 （4）非埋地应用管材的选择	随工检验

3）竣工图

竣工图一般可利用原有工程设计图改绘或按建设单位要求办理。变更部分用红笔修改。变更较大的应重新绘制。竣工图应加盖竣工图章。竣工图章的基本内容应包括竣工图、施工单位、编制人、审核人、编制日期、监理单位。

竣工图绘制要求符合工程设计施工图的绘制要求。管道路由应能反映地形、地貌和障碍物、标石等，图纸上应标明地面距离（即标石间距）。水底管道部分应包括水下管道截面示意图。

第三部分：学习效果及评价

<table>
<tr><td>课次</td><td></td><td>课时</td><td></td></tr>
<tr><td>课堂笔记</td><td colspan="3"></td></tr>
<tr><td colspan="4">课后习题</td></tr>
<tr><td colspan="4">1. 通信管道的质量控制包括哪些?</td></tr>
<tr><td colspan="4">2. 通信管道工程竣工验收的项目有哪些?</td></tr>
<tr><td>评定等级</td><td></td><td>评定教师</td><td></td></tr>
</table>

任务八　市话电缆工程施工与监理

第一部分：课程导读

课次		课时	
课程地位	2021年我国电线电缆产量为5480万千米，同比增长4.5%。电线电缆行业的发展推动了电力输配、电能传输等行业的发展，随着我国电力、数据通信、城市轨道交通等行业的发展，又增加了对电线电缆的产品需求，促进了该行业规模的提升。在通信领域，市话电缆仍然有着广阔的市场需求		
主要内容	● 市话电缆工程施工的主要程序及质量控制点； ● 市话电缆线路器材、设备清点、检验； ● 市话电缆路由复测； ● 电缆配盘	教学目标	● 能说出通信市话电缆工程施工与监理流程； ● 能够辨别器材、设备的好坏，是否达到施工要求
课程重点	● 市话电缆工程施工的主要程序及质量控制点； ● 市话电缆线路器材、设备清点、检验	课程难点	● 市话电缆线路器材、设备清点、检验
课程小结	通信电缆工程施工监理过程有如下7个质量控制点： 1. 局内成端电缆质量控制； 2. 管道主干电缆敷设质量控制； 3. 交接设备质量控制； 4. 配线电缆质量控制； 5. 架空杆路质量控制； 6. 充气设备质量控制； 7. 新、旧局割接质量控制		
板书设计	1. 市话电缆工程施工的主要程序及质量控制点； 2. 市话电缆线路器材、设备清点、检验		

第二部分：学习内容

1. 市话电缆工程施工的主要程序及质量控制点

市话电缆施工的主要程序及质量控制点如图 5.17 所示。

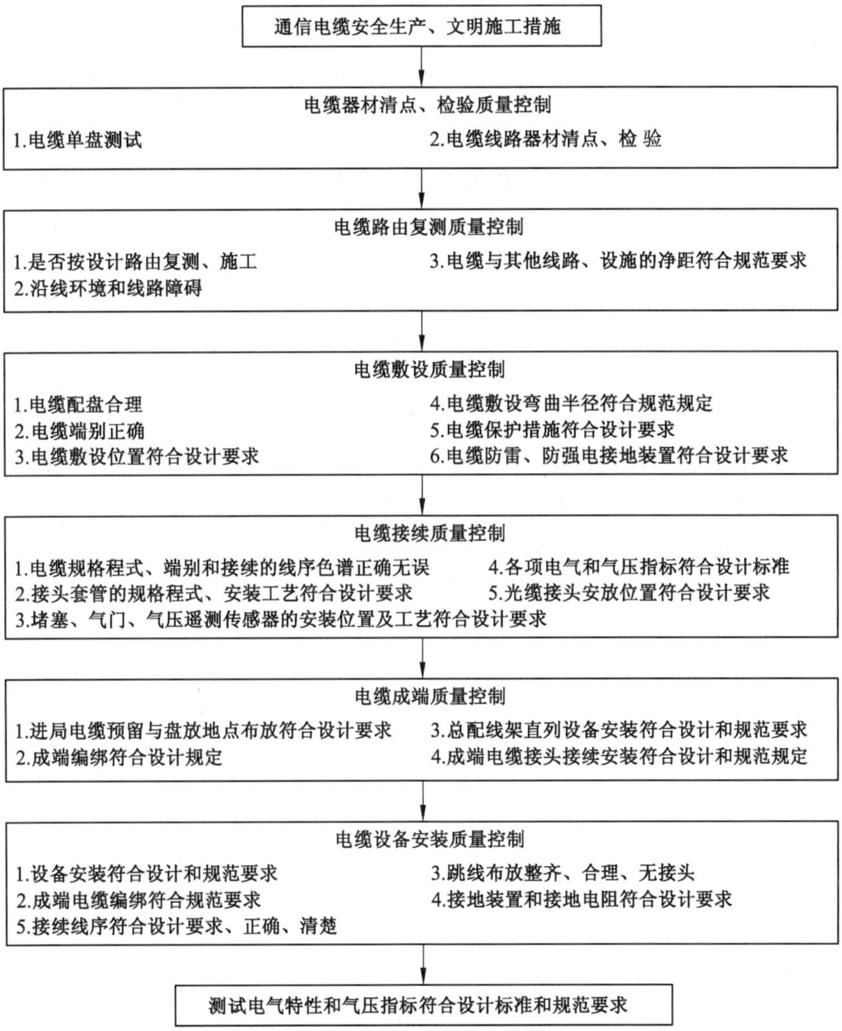
通信电缆安全生产、文明施工措施
电缆器材清点、检验质量控制
1.电缆单盘测试
2.电缆线路器材清点、检 验
电缆路由复测质量控制
1.是否按设计路由复测、施工
2.沿线环境和线路障碍
3.电缆与其他线路、设施的净距符合规范要求
电缆敷设质量控制
1.电缆配盘合理
2.电缆端别正确
3.电缆敷设位置符合设计要求
4.电缆敷设弯曲半径符合规范规定
5.电缆保护措施符合设计要求
6.电缆防雷、防强电接地装置符合设计要求
电缆接续质量控制
1.电缆规格程式、端别和接续的线序色谱正确无误
2.接头套管的规格程式、安装工艺符合设计要求
3.堵塞、气门、气压遥测传感器的安装位置及工艺符合设计要求
4.各项电气和气压指标符合设计标准
5.光缆接头安放位置符合设计要求
电缆成端质量控制
1.进局电缆预留与盘放地点布放符合设计要求
2.成端编绑符合设计规定
3.总配线架直列设备安装符合设计和规范要求
4.成端电缆接头接续安装符合设计和规范规定
电缆设备安装质量控制
1.设备安装符合设计和规范要求
2.成端电缆编绑符合规范要求
3.跳线布放整齐、合理、无接头
4.接地装置和接地电阻符合设计要求
5.接续线序符合设计要求、正确、清楚
测试电气特性和气压指标符合设计标准和规范要求

图 5.17　市话电缆工程施工的主要程序及质量控制点

监理人员除熟悉相关的国家建筑安装工程建设规范、工程强制性标准外，必须熟知相关集团公司制定的相关工程建设规范等技术性和指令性文件。监理人员要严格控制分包管理，及时了解施工单位班组人员情况，特别是加强对新引入施工单位、新进班组的管理督促和技术指导。监理人员还须熟悉蓝图设计内容，对有疑义的地方及时指出，杜绝因图纸设计失误而引起工程质量问题。监理人员须督促施工单位严格按照原材料检验检测要求对施工用材料做好检测工作；同时监理人员做好工程现场材料抽检工作，对检测不合格的材料，坚决要求退场，严格保证工程原材料的质量。监理人员要严格按规范要求标准和流程进行质量监理，

严格按照流程要求关键工序做好工程验收和全过程旁站工作。正常施工期间，监理人员可采取巡检方式，对现场进行管理并准确掌握所辖县区的工程施工动态，及时掌握现场情况，发现问题及时解决。监理人员发现质量安全隐患应及时提出整改意见并复查。项目部须建立工程月度例会制度，通报建设情况和存在问题，提出下阶段的工作部署，并做好会议纪要；协助建设单位开展工程初验工作，对验收中发现的问题派发整改通知单，落实整改复查等工作。

2. 市话电缆线路器材、设备清点、检验

电缆线路器材、设备清点、检验中，监理人员着重检查：材料要有质量合格证；乙方所供材料要使用人用材料厂家的材料且合格；甲方所供材料的质量合格。具体如下：

1）电缆单盘检验

在电缆敷设和接续前，首先要对单盘电缆进行检验。要求电缆外护套应完整无损；盘长、盘号应与出厂产品质量合格证一致。另外，检验的项目主要还有不良线对检验、电缆外皮密封性能检验、绝缘电阻检验、耐压检验等。

（1）不良线对检验。

混线：两根芯线相碰触，但接触电阻不一定为 0。本对线间相碰称为自混，不同线对间芯线相碰称为他混。

断线：单根芯线或一对芯线断开。

地气：芯线与电缆屏蔽层相碰触。

绝缘不良：芯线与芯线、芯线与屏蔽层之间因受潮或进水而使绝缘电阻降低。

反接：本对芯线的 a、b 线在电缆中间或接头中间错接。

差接（鸳鸯线）：本对芯线的 a（或 b）线错与另一对芯线的 a（b）线相接。

交接（跳对）：本对芯线在电缆中间或接头中错接到另一对芯线上，产生错号。

电缆中的不良线对如表 5.12 所示。

表 5.12　电缆中的不良线对

障碍种类		符　号	图　示
混线	自混	C	
	他混	MC	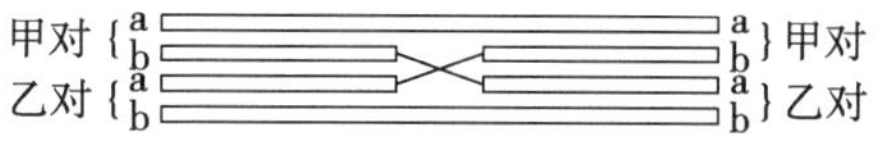
断线		D	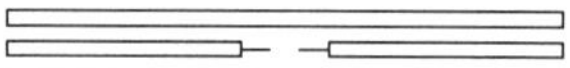
地气		E	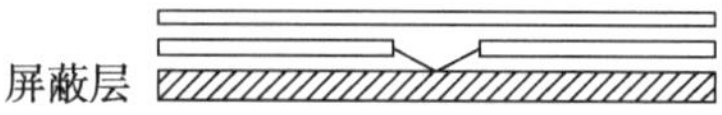
绝缘不良		INS	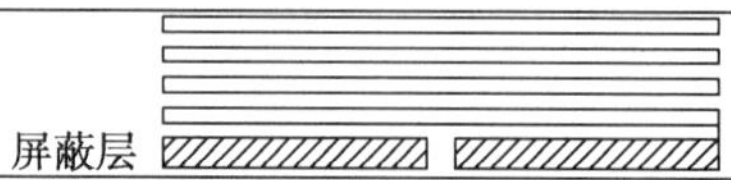
错接	反接（a、b 线颠倒）	反	
	差接（差线）	差	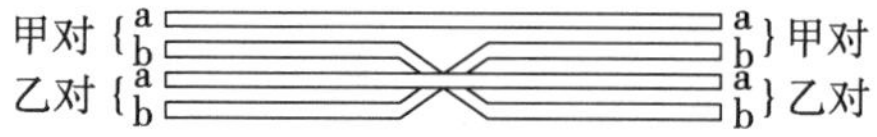
	交接（跳对）	交	

一般只对断线、混线、地气进行检验。检验时，通常使用耳机和电池来进行。将两端芯线束全部短路，并在测试端的芯线束中接出一根。测试引线与耳机及干电池（3 ~ 6 V）串联后，再接出一根“摸线”，然后，在测试端把芯线从线束中逐根抽出与“摸线”触碰。如耳机中听到“喀喀”声，即说明是好线，如无声表明是断线。断线检验如图 5.18 所示。

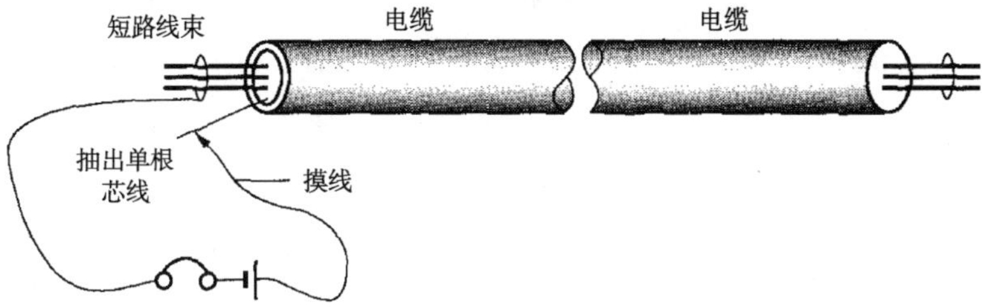

图 5.18　断线检验

混线检验如图 5.19 所示。测试端的接法与图 5.18 一样，只是另一端芯线全部腾空。当“摸线”与被测芯线接触时，耳机听到“喀”声，即表明有混线。

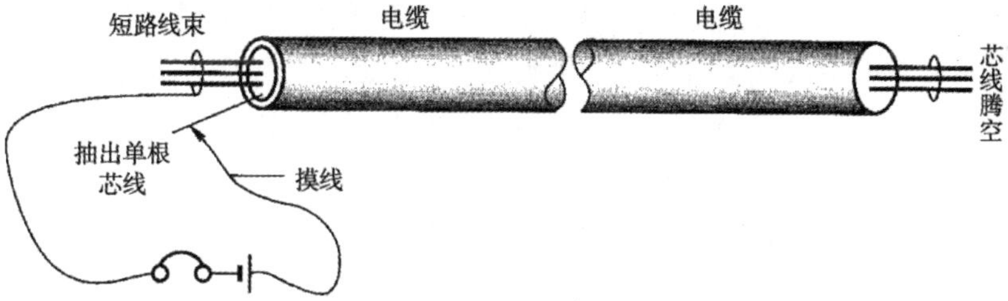

图 5.19　混线检验

地气检验如图 5.20 所示。电缆的另一端芯线全部腾空，测试端耳机的一端与屏蔽层连接，“摸线”与芯线逐一碰触，当听到“喀喀”声时，即表示有地气。

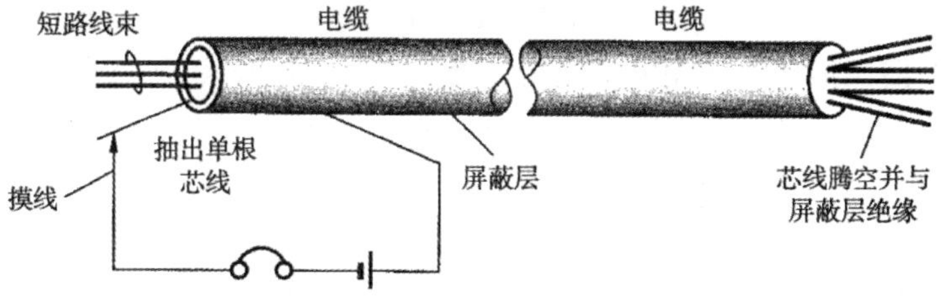

图 5.20　地气检验

（2）电缆气闭性能检查。充气 2 h 检查气压下降情况。

（3）绝缘电阻测试。用 500 V 绝缘电阻表进行绝缘电阻测试，要求严格时应使用 500 V 高阻计。测试步骤如下。

① 检查兆欧表。

② 接线。如图 5.21 所示，测芯线间绝缘电阻时，绝缘电阻表的 L 接被测芯线，E 接另一被测芯线，G 接地；测芯线对地绝缘电阻时，绝缘电阻表的 L 接被测芯线，E 接地，G 接绝缘层。

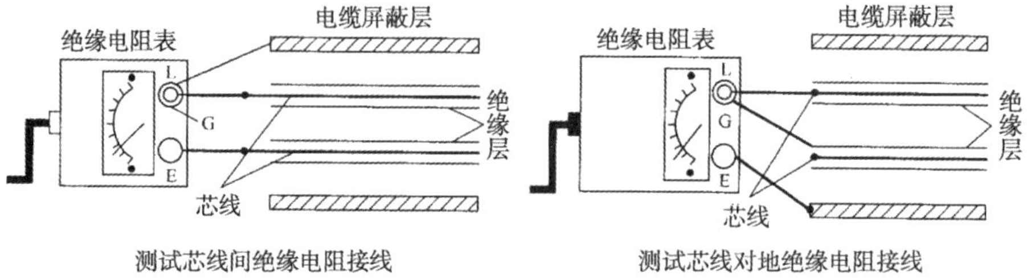

图 5.21　绝缘电阻测试接线

③ 以 120 r/min 摇动手摇发电机，当指针稳定后，即可读出绝缘电阻值。

④ 放电后拆线。

在温度为 20 °C，相对湿度为 80%时，一般填充型全塑电缆的绝缘电阻每千米不小于 3 000 MΩ，非填充型每千米不小于 10 000 MΩ，聚氯乙烯绝缘电缆每千米不小于 200 MΩ。

2）其他器材检验

堵塞剂、气压传感器应有入网证，堵塞剂应在有效期内。热缩套管外观表面光滑，无划痕，材质厚薄均匀，内壁涂敷热熔胶均匀，金属配件无锈蚀，零配件齐全有效。

组合式接头套管的金属件不得锈蚀，接头套管不得漏气，零配件齐全。

钢管、钢绞线、挂钩、铁件等镀锌器材锌层表面应均匀完整、表面光洁，不应有脱皮、剥落、开裂和针孔现象。

3）交接设备检验

立式交接配线架或墙挂式交接配线架要求骨架组合应牢固，选用的金属材料无锈蚀变形，涂漆完整光亮、无气泡，每列的模块背装架结合牢固端正，每列上端有标志牌，跳线环齐全牢固。

交接配线架下端有连接电缆屏蔽层的地线铜带，有安装上列电缆的走线槽道。在交接配线架左端或右端有安装气压表、气门嘴和告警设备的卡位。架顶防尘罩组件齐全，安装牢固。交接箱体有防雨、防尘措施，涂漆完整光亮、无气泡。门锁开关灵活，门上有排气孔。箱内骨架与箱体之间、骨架与背装架之间组装牢固、端正，每列有标志牌，跳线环齐全牢固。箱内下端有连接电缆屏蔽层的地线铜带安装牢固。

交接间配线架、交接箱的接线模块（保安接线排）在温度（20 ±5）°C，相对湿度 60% ~ 80%时，接线端子对外壳和接线端子间的绝缘电阻应不小于 1 000 MΩ（DC500 V 高阻计测试）。

4）分线设备检验

分线设备外观应整洁，防腐处理完整、无损伤；分线设备的配套零件齐全有效。在温度（20±5）°C，相对湿度 60% ~ 80%时，接线端子对外壳和接线端子间的绝缘电阻应不小于 1 000 MΩ（DC500 V 高阻计测试）。

5）充气设备检验

各种充气设备的规格、型号、数量应符合设计要求，电动机、空气压缩机、高压储气罐、低压储气罐、分子筛、干燥设备、电磁阀以及各种管路材料、接头等设备性能应符合设计要求或出厂标准。充气设备零配件完好无损，资料齐全。

3. 市话电缆路由复测

通过路由复测，除搞清工程沿线地上杆路、绿化、地下管线、障碍物、管孔情况外，还应摸清电缆进线室走线架（槽）和总配线架（MDF）直列等设备的安装位置等情况。

4. 电缆配盘

电缆配盘是指按一定的要求将每盘电缆进行编组、配盘，把长度不等和电性能不同的电缆安排在预计段落内，使接头的位置安全并便于安装和维护，也可以保证传输质量和合理的经济效益。

第三部分：学习效果及评价

课次		课时	
课堂笔记			
课后习题			
1. 市话电缆的质量控制点有哪些？			
2. 电缆设备安装质量控制有哪些要求？			
评定等级		评定教师	

任务九　光缆敷设工程监理

5.9　光缆敷设工程监理案例

第一部分：课程导读

课次		课时	
课程地位	通信光缆敷设是通信系统建设的一个重要环节，施工质量的好坏直接影响系统的通信质量。随着通信网络的快速发展，通信用户对通信光缆建设要求不断提高，迫切需要加快通信传输线缆建设的步伐。而对通信光缆施工实施全方位、全程的监理工作是必不可少的一个重要环节		
主要内容	● 通信光缆工程施工的主要程序及质量控制点； ● 光缆线路器材、设备清点、检验； ● 光缆路由复测	教学目标	● 能说出通信光缆工程施工与监理流程； ● 能够辨别器材、设备的好坏，是否达到施工要求
课程重点	● 通信光缆工程施工的主要程序及质量控制点； ● 光缆线路器材、设备清点、检验	课程难点	● 光缆线路器材、设备清点、检验
课程小结	在施工建设过程中，以光缆的接续损耗、外层表皮的破损、性能的整体衰减等问题发生的频率相对较大。这需要通信光缆工程施工建设单位对整体的光缆线路的施工质量做出有效控制，并针对光缆的外层表皮破损和性能整体衰减问题进行细致的原因分析，同时采取针对性的策略，在有效解决相关施工建设质量问题后，确保通信光缆工程建设能够满足相关标准的要求		
板书设计	1. 通信光缆工程施工的主要程序及质量控制点； 2. 光缆线路器材、设备清点、检验； 3. 光缆路由复测		
教学资源	5.9 光缆敷设工程监理案例		

第二部分：学习内容

1. 通信光缆工程施工的主要程序及质量控制点

光缆施工的主要程序及质量控制点如图 5.22 所示。

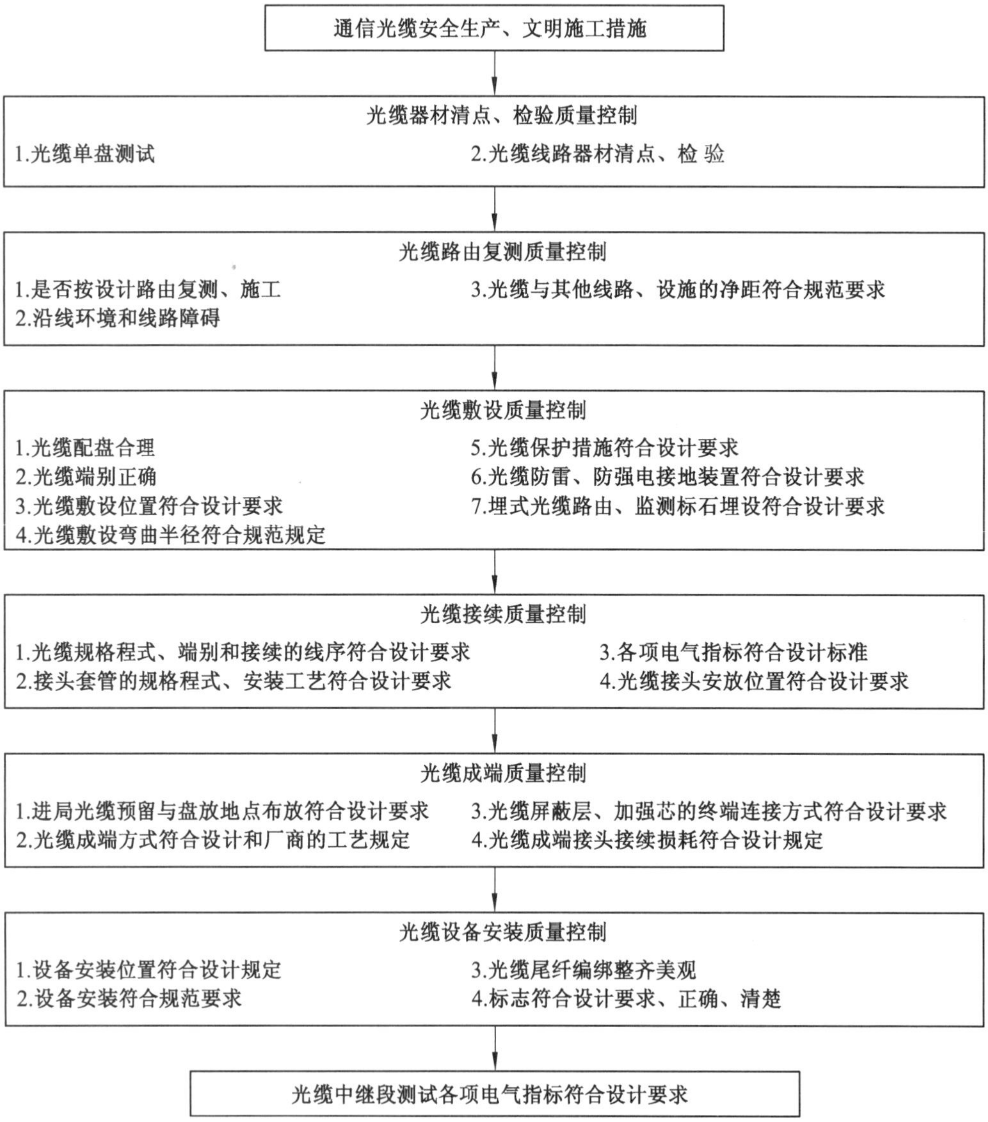
通信光缆安全生产、文明施工措施
光缆器材清点、检验质量控制
1.光缆单盘测试
2.光缆线路器材清点、检 验
光缆路由复测质量控制
1.是否按设计路由复测、施工
2.沿线环境和线路障碍
3.光缆与其他线路、设施的净距符合规范要求
光缆敷设质量控制
1.光缆配盘合理
2.光缆端别正确
3.光缆敷设位置符合设计要求
4.光缆敷设弯曲半径符合规范规定
5.光缆保护措施符合设计要求
6.光缆防雷、防强电接地装置符合设计要求
7.埋式光缆路由、监测标石埋设符合设计要求
光缆接续质量控制
1.光缆规格程式、端别和接续的线序符合设计要求
2.接头套管的规格程式、安装工艺符合设计要求
3.各项电气指标符合设计标准
4.光缆接头安放位置符合设计要求
光缆成端质量控制
1.进局光缆预留与盘放地点布放符合设计要求
2.光缆成端方式符合设计和厂商的工艺规定
3.光缆屏蔽层、加强芯的终端连接方式符合设计要求
4.光缆成端接头接续损耗符合设计规定
光缆设备安装质量控制
1.设备安装位置符合设计规定
2.设备安装符合规范要求
3.光缆尾纤编绑整齐美观
4.标志符合设计要求、正确、清楚
光缆中继段测试各项电气指标符合设计要求

图 5.22　通信光缆施工的主要程序及质量控制点

监理人员除熟悉相关的国家建筑安装工程建设规范、工程强制性标准外，必须熟知相关集团公司制定的相关工程建设规范等技术性和指令性文件。监理人员要严格控制分包管理，及时了解施工单位班组人员情况，特别是加强对新引入施工单位、新进班组的管理督促和技

术指导。监理人员还须熟悉蓝图设计内容，对有疑义的地方及时指出，杜绝因图纸设计失误而引起工程质量问题。监理人员须督促施工单位严格按照原材料检验检测要求对施工用材料做好检测工作；同时监理人员做好工程现场材料抽检工作，对检测不合格的材料，坚决要求退场，严格保证工程原材料的质量。监理人员要严格按规范要求标准和流程进行质量监理，严格按照流程要求关键工序做好工程验收和全过程旁站工作。正常施工期间，监理人员可采取巡检方式，对现场进行管理并准确掌握所辖县区的工程施工动态，及时掌握现场情况，发现问题及时解决。监理人员发现质量安全隐患应及时提出整改意见并复查。项目部须建立工程月度例会制度，通报建设情况和存在问题，提出下阶段的工作部署，并做好会议纪要；协助建设单位开展工程初验工作，对验收中发现的问题派发整改通知单，落实整改复查等工作。

2. 光缆线路器材、设备清点、检验

光缆线路器材清点、检验中，监理人员着重检查：材料要有质量合格证；乙方所供材料要厂家的材料且合格；甲方所供材料的质量合格。具体如下：

1）光缆单盘检验

光缆单盘检验要检查光缆的外包装是否完好，缆皮是否有损伤，合格证、随盘的测试记录及指示是否合格；检查光缆的规格、型号、盘长是否与发货记录相符合；开箱判别光缆的 A、B 端，并在光缆盘上做好标志，用光时域反射仪（OTDR）测试光缆的衰减常数、光纤总损耗、光纤长度（光纤的扭绞系数一般为 7/1 000）。

光缆工程施工前，必须对运到工地分屯点的光缆进行单盘检验测试。

（1）单盘测试前应检查光缆出厂的质量合格证和测试记录，并对到货光缆进行外观检查，以确定在运输过程是否受损。

（2）光缆开头检测，应核对光缆型号、端别、盘长、盘号、出厂检测记录，并将 A、B 端别和新编盘号在盘架上做醒目标注，端别按设计规定或供货厂商的判别方法进行确定。

（3）光缆单盘测试内容如下：

① 传输速率在 10 Gbit/s 以下时，只测光纤衰减常数和光纤电气长度，一般使用光时域反射仪进行测试，应将测试结果填入光缆单盘测试记录表。光纤衰减常数应符合设计要求。

② 采用 G.655 单模光纤，其传输速率达到 10 Gbit/s 及以上时，还应使用 PMD 分析仪测试偏振模色散。

（4）单盘光缆测试完毕，可随机抽几盘光缆进行熔接检验，若接续困难（接续损耗偏高）应分析原因。

（5）对单盘测试结果施工单位和监理单位应共同签认；若达不到要求，在确信数据准确无误时，要求施工单位及时报建设单位，请供货商到现场确认。

经过检验的光缆、器材应做记录，并在光缆盘上标明盘号、外观端别、长度、程式（指埋式、管道、架空、水缆等），配盘后补上使用段落。光缆单盘检验测试记录如表 5.13 所示。检验合格后及时进行光缆端头的密封、固定处理。

表 5.13　光缆单盘检验测试记录

工程名称：　　　　　　　　　　　　　　　　　　　　　　　　第　　页

光缆型号		出厂盘号		新编盘号	
光缆芯数		光缆长度		出厂长度	
尺码带		测试仪表型号		外观	
技术指标	1 310 nm	≤　　dB/km	1 550 nm	≤　　dB/km	
纤芯序号	1 310 nm（折射率　　）		1 550 nm（折射率　　）		
	测试衰耗系数值	测试光纤长度	测试衰耗值系数	测试光纤长度	
⋮	⋮	⋮	⋮	⋮	

测试人：　　　　　　　　测试日期：　　　　　　　　监理人员：

对检验不符合设计要求的光缆、器材应登记上报，不得在工程中使用。

2）光缆接头盒检查

清点光缆接头盒数量，应有一定的备品；清点光缆接头盒主套管、光纤热缩保护管、密封材料等附件，要求附件齐全。检查光缆接头盒的质量，光缆接头盒要有出厂合格证。对于光纤热缩保护套管，应检查材料表面工艺、金属棒是否笔直；必要时作抽样试验，试验方法是试作接头，或直接把光纤穿入，然后置于加热器上热缩，观察其热缩过程和收缩质量。光缆接头盒的绝缘和气闭性能应符合设计或出厂标准。一般要求如下。

（1）光缆接头盒内所有金属构件之间、金属构件与大地之间的绝缘电阻，在接头盒浸水 24 h 后测试，应不小于 20 000 MΩ（DC500 V 高阻计测试）。

（2）光缆接头盒内所有金属构件之间、金属构件与大地之间的耐压性能，在接头盒浸水 24 h 后测试，以 15 kV 在 2 min 内不击穿为指标。

监测装置的监测尾缆与绝缘密闭堵头连接，在浸水 24 h 后测试，缆芯对地及缆芯间的绝缘电阻应不低于 20 000 MΩ（DC500 V 高阻计测试）。

【案例 5.4】 某长途直埋光缆工程，承包单位从到达工地的接头盒中随机抽取 3 只做接头盒封装浸水检验，结果有 1 只漏水。承包单位提出接头盒有问题，供货厂商认为承包单位操作不当，此时监理应采取以下哪种措施？

（1）要求承包单位再做检验。

（2）要求供货厂商到现场进行封装操作示范。

（3）建设单位订的货，由建设单位确定处理办法。

（4）监理随机抽取样品送相关单位鉴定。

（5）要求承包单位随机抽取样品送监理、建设、承包单位共同指定的鉴定单位进行鉴定。

案例分析：

（1）承包单位检验的 3 只接头盒中有 1 只漏水，不排除封装工艺的问题，请承包单位再检验几个。经与承包单位联系，认为封装工艺没问题，是接头盒质量问题，不同意再做检验。

（2）要求供货厂商派人员来现场进行封装操作示范，经与供货厂商联系，回答是工作忙抽不出人。

（3）建设单位订的货，请建设单位确定处理办法不是不可以，考虑到监理与建设单位的长远合作关系，决定尽可能不把问题推给建设单位。

（4）监理随机抽取样品送相关单位鉴定，由于本案例委托监理合同中，没有关于器材鉴定费用的条款，鉴定费用不好处理，且送检的鉴定单位能否得到各方认可都是问题，故不可取。

（5）经与建设、承包单位商议，决定由承包单位随机抽取样品送监理、建设、承包单位共同指定的某大学进行鉴定，鉴定结果是送检的接头盒均不漏水，产品质量没问题。

3）光缆终端盒（分线箱、光纤配线箱）、光缆交接箱、光配线架检查

材料数量正确，零配件齐全，尾纤的规格、程式应符合设计要求。其他的材料、设备也要满足设计的质量要求。

4）其他器材检查

其他器材的检查包括塑料套管、光缆保护材料等的清点、质量检查。

3. 光缆路由复测

光缆路由复测是光缆配盘的依据，配盘又是控制光缆工程质量和投资的重要一环。通过路由复测，除掌握工程沿线地上杆路、绿化、地下管线障碍、管孔占用情况外，还应了解进线室走线架（槽）和光配线架等的安装位置和走向。

路由复测时要满足光缆与其他线路、设施的净距要求，确实无法满足相关隔距要求时，应采取相应保护措施。

（1）架空光缆线路与其他建筑物间距应符合要求。

（2）直埋光缆与其他建筑物最小净距应符合要求，如表 5.14 所示。

表 5.14　直埋线路与其他建筑物间最小净距

名　称		平行时/m	交越时/m
低压电力杆、通信杆、广播杆		15.0	5.0
通信管道边缘（不包括人孔）		0.75	0.25
非同沟的直埋通信线路		0.5	0.25
埋式电力电缆	电压<35 kV	0.5	0.5
	电压≥35 kV	2.0	
供水管	管径小于 30 cm	0.5	0.5
	管径 30～50 cm	1.0	
	管径大于 50 cm	1.5	
高压石油管、高压天然气管		10.0	0.5
油库、加油站、加气站、天然气加压站	市内	15.0	钢管保护可减至 10 m
	郊外	30.0	
热力管、下水管		1.0	0.5

注：1. 采用钢管保护光缆且用水泥墙防护时，与供水管、高压石油管、煤气管交越时的净距可降为 0.15 m。
2. 大树指直径 30 cm 及以上的树木。对孤立大树还应考虑防雷设施。
3. 穿越埋深与光缆相近的各种地下管线时，光缆宜在管线下方通过。
4. 直埋线路两侧各 3 m 范围内不准挖沙取土、钻探打井、挖沟及堆积笨重物品、垃圾、矿渣等。

第三部分：学习效果及评价

课次		课时	
课堂笔记			
课后习题			
1. 光缆敷设的质量控制点有哪些？			
2. 光缆接续的质量控制有哪些设计要求？			
评定等级		评定教师	

任务十　综合布线工程监理

第一部分：课程导读

课次		课时	
课程地位	综合布线被称为“信息高速公路的最后一公里”，监理对综合布线工程建设项目的投资、质量、进度目标进行有效控制，以达到维护建设单位和施工单位双方的合法权益，实现合同签订的要求及建设项目最佳综合效益的目的		
主要内容	● 综合布线施工的主要程序及质量控制点； ● 综合布线器材及测试仪表、工具、设备清点、检测； ● 设备安装检验； ● 缆线的敷设和保护方式检验； ● 缆线终接； ● 工程电气测试； ● 管理系统验收； ● 工程验收	教学目标	● 能说出通信光缆工程施工与监理流程； ● 能够辨别器材、设备的好坏，是否达到施工要求； ● 会进行缆线终接及电气测试
课程重点	● 综合布线施工的主要程序及质量控制点； ● 综合布线器材及测试仪表、工具、设备清点、检测； ● 缆线终接； ● 工程电气测试	课程难点	● 综合布线施工的主要程序及质量控制点； ● 综合布线器材及测试仪表、工具、设备清点、检测
课程小结	监理人员在综合布线施工中，主要监控：综合布线器材及测试仪表、工具、设备清点、检测；设备安装检验；缆线的敷设和保护方式检验；缆线终接；工程电气测试；管理系统验收；工程验收		
板书设计	1. 综合布线施工的主要程序及质量控制点； 2. 综合布线器材及测试仪表、工具、设备清点、检测； 3. 设备安装检验； 4. 缆线的敷设和保护方式检验； 5. 缆线终接； 6. 工程电气测试； 7. 管理系统验收； 8. 工程验收		

第二部分：学习内容

1. 综合布线施工的主要程序及质量控制点

综合布线施工的主要程序及质量控制点如图 5.23 所示。

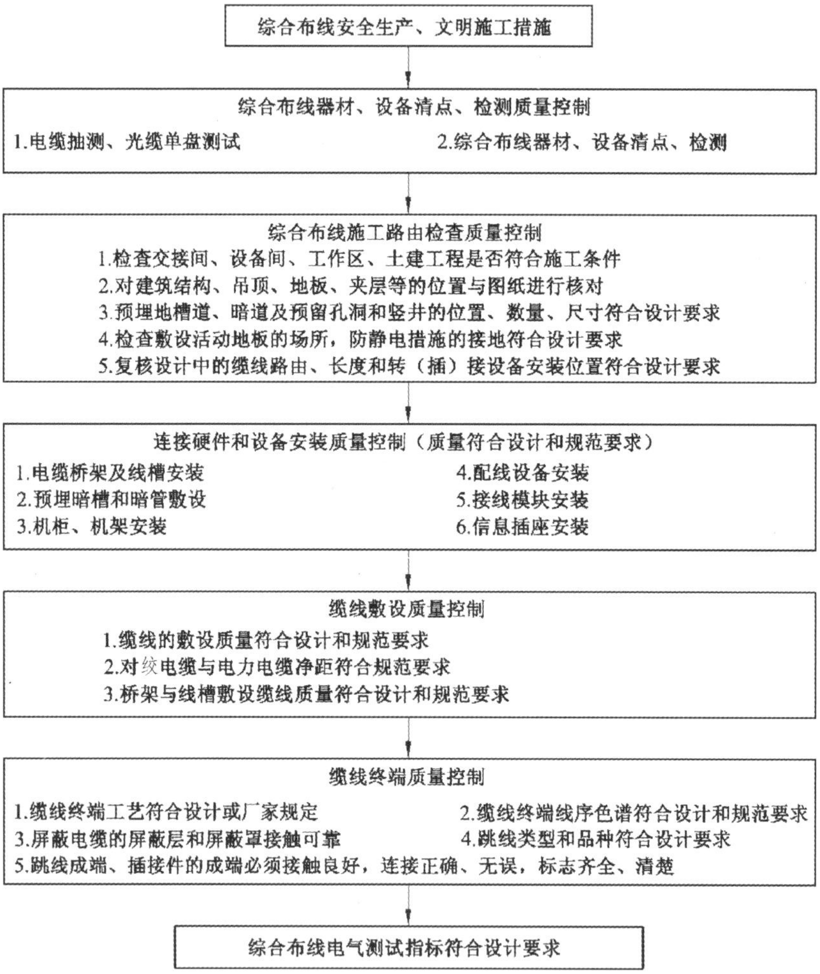
综合布线安全生产、文明施工措施
综合布线器材、设备清点、检测质量控制
1.电缆抽测、光缆单盘测试
2.综合布线器材、设备清点、检测
综合布线施工路由检查质量控制
1.检查交接间、设备间、工作区、土建工程是否符合施工条件
2.对建筑结构、吊顶、地板、夹层等的位置与图纸进行核对
3.预埋地槽道、暗道及预留孔洞和竖井的位置、数量、尺寸符合设计要求
4.检查敷设活动地板的场所，防静电措施的接地符合设计要求
5.复核设计中的缆线路由、长度和转（插）接设备安装位置符合设计要求
连接硬件和设备安装质量控制（质量符合设计和规范要求）
1.电缆桥架及线槽安装
2.预埋暗槽和暗管敷设
3.机柜、机架安装
4.配线设备安装
5.接线模块安装
6.信息插座安装
缆线敷设质量控制
1.缆线的敷设质量符合设计和规范要求
2.对绞电缆与电力电缆净距符合规范要求
3.桥架与线槽敷设缆线质量符合设计和规范要求
缆线终端质量控制
1.缆线终端工艺符合设计或厂家规定
2.缆线终端线序色谱符合设计和规范要求
3.屏蔽电缆的屏蔽层和屏蔽罩接触可靠
4.跳线类型和品种符合设计要求
5.跳线成端、插接件的成端必须接触良好，连接正确、无误，标志齐全、清楚
综合布线电气测试指标符合设计要求

图 5.23　综合布线施工的主要程序及质量控制点

在综合布线工程开工前，必须对施工现场进行安全检查。安全检查的目的主要是确定施工现场可能存在的安全隐患，通常在检查施工路由时进行。检查时对于施工过程中可能会遇到的安全隐患要做相应记录，每个在施工现场的工作人员都要对安全检查中所提出的安全隐患心中有数。

（1）进入施工现场必须持有安全保卫部门签发的用火证件、入室证件。

（2）交接间、设备间传输室等工作区内严禁存放易燃、易爆等危险物品，工作场所不准吸烟。

（3）始终保持交接间、设备间、传输室等工作面的整洁，无堆积物，保持环境卫生。

（4）不准私拉电源线，不准使用电炉；插销板、电源插座应完整良好。

（5）施工人员进入施工现场前，应进行安全教育培训。

（6）进场的测试仪表，应有年度计量检测证明；机具完好、安全、可靠，应能满足施工需要。

2. 综合布线器材及测试仪表、工具、设备清点、检测

（1）器材检验应符合下列要求：

① 工程所用缆线和器材的品牌、型号、规格、数量、质量应在施工前进行检查，应符合设计要求并具备相应的质量文件或证书，无出厂检验证明材料、质量文件或与设计不符者不得在工程中使用。

② 进口设备和材料应具有产地证明和商检证明。

③ 经检验的器材应做好记录，对不合格的器件应单独存放，以备核查与处理。

④ 工程中使用的缆线、器材应与订货合同或封存的产品在规格、型号、等级上相符。

⑤ 备品、备件及各类文件资料应齐全。

（2）配套型材、管材与铁件的检查应符合下列要求：

① 各种型材的材质、规格、型号应符合设计文件的规定，表面应光滑、平整，不得变形、断裂。预埋金属线槽、过线盒、接线盒及桥架等表面涂覆或镀层应均匀、完整，不得变形、损坏。

② 室内管材采用金属管或塑料管时，其管身应光滑、无伤痕，管孔无变形，孔径、壁厚应符合设计要求。

金属管槽应根据工程环境要求做镀锌或其他防腐处理。塑料管槽必须采用阻燃管槽，外壁应具有阻燃标记。

③ 室外管道应按通信管道工程验收的相关规定进行检验。

④ 各种铁件的材质、规格均应符合相应质量标准，不得有歪斜、扭曲、飞刺、断裂或破损。

⑤ 铁件的表面处理和镀层应均匀、完整，表面光洁，无脱落、气泡等缺陷。

（3）缆线的检验应符合下列要求：

① 工程使用的电缆和光缆形式、规格及缆线的防火等级应符合设计要求。

② 缆线所附标志、标签内容应齐全、清晰，外包装应注明型号和规格。

③ 缆线外包装和外护套需完整无损，当外包装损坏严重时，应测试合格后再在工程中使用。

④ 电缆应附有本批量的电气性能检验报告，施工前应进行链路或信道的电气性能及缆线长度的抽验，并做测试记录。

⑤ 光缆开盘后应先检查光缆端头封装是否良好。光缆外包装或光缆护套如有损伤，应对该盘光缆进行光纤性能指标测试，如有断纤，应进行处理，待检查合格才允许使用。光纤检测完毕，光缆端头应密封固定，恢复外包装。

⑥ 光纤接插软线或光跳线两端的光纤连接器件端面应装配合适的保护盖帽；光纤类型应符合设计要求，并应有明显的标记。

（4）连接器件的检验应符合下列要求：

① 配线模块、信息插座模块及其他连接器件的部件应完整，电气和机械性能等指标符合相应产品生产的质量标准。塑料材质应具有阻燃性能，并应满足设计要求。

② 信号线路浪涌保护器各项指标应符合有关规定。

③ 光纤连接器件及适配器使用形式和数量、位置应与设计相符。

（5）配线设备的使用应符合下列规定：

① 光、电缆配线设备的形式、规格应符合设计要求。

② 光、电缆配线设备的编排及标志名称应与设计相符。各类标志名称应统一，标志位置正确、清晰。

（6）测试仪表和工具的检验应符合下列要求：

① 应事先对工程中需要使用的仪表和工具进行测试或检查，缆线测试仪表应附有相应检测机构的证明文件。

② 综合布线系统的测试仪表应能测试相应类别工程的各种电气性能及传输特性，其精度符合相应要求。测试仪表的精度应按相应的鉴定规程和校准方法进行定期检查和校准，经过相应计量部门校验取得合格证后，方可在有效期内使用。

③ 施工工具，如电缆或光缆的接续工具：剥线器、光缆切断器、光纤熔接机、光纤磨光机、卡接工具等必须进行检查，合格后方可在工程中使用。

（7）现场尚无检测手段取得屏蔽布线系统所需的相关技术参数时，可将认证检测机构或生产厂家附有的技术报告作为检查依据。

（8）对绞电缆电气性能、机械特性、光缆传输性能及连接器件的具体技术指标和要求应符合设计要求。经过测试与检查，性能指标不符合设计要求的设备和材料不得在工程中使用。

3. 设备安装检验

（1）机柜、机架安装应符合下列要求：

① 机柜、机架安装位置应符合设计要求，垂直偏差度应不大于 3 mm。

② 机柜、机架上的各种零件不得脱落或碰坏，漆面不应有脱落及划痕，各种标志应完整、清晰。

③ 机柜、机架、配线设备箱体、电缆桥架及线槽等设备的安装应牢固，如有抗震要求，应按抗震设计进行加固。

（2）各类配线部件安装应符合下列要求：

① 各部件应完整，安装到位，标志齐全。

② 安装螺钉必须拧紧，面板应保持在一个平面上。

（3）信息插座模块安装应符合下列要求：

① 信息插座模块、多用户信息插座、集合点配线模块安装位置和高度应符合设计要求。

② 安装在活动地板内或地面上时，应固定在接线盒内，插座面板采用直立和水平等形式；接线盒盖可开启，并应具有防水、防尘、抗压功能。接线盒盖面应与地面齐平。

③ 信息插座底盒同时安装信息插座模块和电源插座时，间距及采取的防护措施应符合设计要求。

④ 信息插座模块明装底盒的固定方法根据施工现场条件而定。

⑤ 固定螺钉需拧紧，不应产生松动现象。

⑥ 各种插座面板应有标识，以颜色、图形、文字表示所接终端设备业务类型。

⑦ 工作区内终接光缆的光纤连接器件及适配器安装底盒应具有足够的空间，并应符合设计要求。

（4）电缆桥架及线槽的安装应符合下列要求：

① 桥架及线槽的安装位置应符合施工图要求，左右偏差不应超过 50 mm。

② 桥架及线槽水平度每米偏差不应超过 2 mm。

③ 垂直桥架及线槽应与地面保持垂直，垂直度偏差不应超过 3 mm。

④ 线槽截断处及两线槽拼接处应平滑、无毛刺。

⑤ 吊架和支架安装应保持垂直，整齐牢固，无歪斜现象。

⑥ 金属桥架、线槽及金属管各段之间应保持连接良好，安装牢固。

⑦ 采用吊顶支撑柱布放缆线时，支撑点宜避开地面沟槽和线槽位置，支撑应牢固。

（5）安装机柜、机架、配线设备屏蔽层及金属管、线槽、桥架使用的接地体应符合设计要求，就近接地，并应保持良好的电气连接。

4. 缆线的敷设和保护方式检验

1）缆线的敷设

（1）缆线敷设应满足下列要求：

① 缆线的形式、规格应与设计规定相符。

② 缆线在各种环境中的敷设方式、布放间距均应符合设计要求。

③ 缆线的布放应自然平直，不得产生扭绞、打圈、接头等现象，不应受外力的挤压和产生损伤。

④ 缆线两端应贴有标签，应标明编号，标签书写应清晰、端正和正确。标签应选用不易损坏的材料。

⑤ 缆线应有余量以适应终接、检测和变更。对绞电缆预留长度：在工作区宜为 3 ~ 6 m，电信间宜为 0.5 ~ 2 m，设备间宜为 3 ~ 5 m；光缆布放路由宜盘留，预留长度宜为 3 ~ 5 m，有特殊要求的应按设计要求预留长度。

⑥ 缆线的弯曲半径应符合下列规定。

a. 非屏蔽 4 对对绞电缆的弯曲半径应至少为电缆外径的 4 倍。

b. 屏蔽 4 对对绞电缆的弯曲半径应至少为电缆外径的 8 倍。

c. 主干对绞电缆的弯曲半径应至少为电缆外径的 10 倍。

d. 2 芯或 4 芯水平光缆的弯曲半径应大于 25 mm；其他芯数的水平光缆、主干光缆和室外光缆的弯曲半径应至少为光缆外径的 10 倍。

⑦ 缆线间的最小净距应符合设计要求。

a. 电源线、综合布线系统缆线应分隔布放，并应符合表 5.15 的规定。

表 5.15　对绞电缆与电力电缆的最小净距

条　件	最小净距/mm		
	380 V，<2 kV·A	380 V，2 ~ 5 kV·A	380 V，>5 kV·A
对绞电缆与电力电缆平行敷设	130	300	600
有一方在接地的金属槽道或钢管中	70	150	300
双方均在接地的金属槽道或钢管中②	10①	80	150

注：① 当 380 kV 电力电缆小于 2 kV·A，双方都在接地的线槽中，且平行长度不大于 10 m 时，最小间距可为 10 mm。

② 双方都在接地的线槽中系指两个不同的线槽，也可在同一线槽中用金属板隔开。

b. 综合布线与配电箱、变电室、电梯机房、空调机房之间最小净距宜符合表 5.16 的规定。

表 5.16　综合布线电缆与其他机房的最小净距

名　称	最小净距/m	名　称	最小净距/m
配电箱	1	电梯机房	2
变电室	2	空调机房	2

c. 建筑物内电、光缆暗管敷设与其他管线最小净距应符合表 5.17 的规定。

表 5.17　综合布线缆线及管线与其他管线的间距

管线种类	避雷引下线	保护地线	热力管		给水管	煤气管	压缩空气管
			不包封	包封			
平行净距/mm	1 000	50	500	300	150	300	150
垂直交叉净距/mm	300	20	500	300	20	20	20

d. 综合布线缆线宜单独敷设，与其他弱电系统各子系统缆线间距应符合设计要求。

e. 对于有安全保密要求的工程，综合布线缆线与信号线、电力线、接地线的间距应符合相应的保密规定。对于具有安全保密要求的缆线应采取独立的金属管或金属线槽敷设。

⑧ 屏蔽电缆的屏蔽层端到端应保持完好的导通性。

（2）预埋线槽和暗管敷设缆线应符合下列规定：

① 敷设线槽和暗管的两端宜用标志表示出编号等内容。

② 预埋线槽宜采用金属线槽，预埋或密封线槽的截面利用率应为 30% ~ 50%。

③ 敷设暗管宜采用钢管或阻燃聚氯乙烯硬质管。布放大对数主干电缆及 4 芯以上光缆时，直线管道的管径利用率应为 50% ~ 60%，弯管道应为 40% ~ 50%。暗管布放 4 对对绞电缆或 4 芯及以下光缆时，管道的截面利用率应为 25% ~ 30%。

（3）设置缆线桥架和线槽敷设缆线应符合下列规定：

① 密封线槽内缆线布放应顺直，尽量不交叉，在缆线进出线槽部位、转弯处应绑扎固定。

② 缆线桥架内缆线垂直敷设时，在缆线的上端和每间隔 1.5 m 处应固定在桥架的支架上；水平敷设时，在缆线的首、尾、转弯及每间隔 5 ~ 10 m 处进行固定。

③ 在水平、垂直桥架中敷设缆线时，应对缆线进行绑扎。对绞电缆、光缆及其他信号电缆应根据缆线的类别、数量、缆径、缆线芯数分束绑扎。绑扎间距不宜大于 1.5 m，间距应均匀，不宜绑扎过紧或使缆线受到挤压。

④ 楼内光缆在桥架敞开敷设时应在绑扎固定段加装垫套。

（4）采用吊顶支撑柱作为线槽在顶棚内敷设缆线时，每根支撑柱所辖范围内的缆线可以不设置密封线槽进行布放，但应分束绑扎，缆线应阻燃，缆线选用应符合设计要求。

（5）建筑群子系统采用架空、管道、直埋、墙壁及暗管敷设电、光缆的施工技术要求应按照本地网通信线路工程验收的相关规定执行。

2）保护措施

（1）配线子系统缆线敷设保护应符合下列要求：

① 预埋金属线槽保护要求。

a. 在建筑物中预埋线槽，宜按单层设置，每一路由进出同一过路盒的预埋线槽均不应超过 3 根，线槽截面高度不宜超过 25 mm，总宽度不宜超过 300 mm。线槽路由中若包括过线盒和出线盒，截面高度宜在 70 mm ~ 100 mm。

b. 线槽直埋长度超过 30 m 或在线槽路由交叉、转弯时，宜设置过线盒，以便于布放缆线和维修。

c. 过线盒盖能开启，并与地面齐平，盒盖处应具有防灰与防水功能。

d. 过线盒和接线盒盒盖应能抗压。

e. 从金属线槽至信息插座模块接线盒间或金属线槽与金属钢管之间相连接时的缆线宜采用金属软管敷设。

② 预埋暗管保护要求。

a. 预埋在墙体中间暗管的最大管外径不宜超过 50 mm，楼板中暗管的最大管外径不宜超过 25 mm，室外管道进入建筑物的最大管外径不宜超过 100 mm。

b. 直线布管每 30m 处应设置过线盒装置。

c. 暗管的转弯角度应大于 90°，在路径上每根暗管的转弯角不得多于两个，并不应有 s 弯出现。有转弯的管段长度超过 20 m 时，应设置管线过线盒装置；有两个弯时，不超过 15 m 应设置过线盒。

d. 暗管管口应光滑，并加有护口保护，管口伸出部位宜为 25 ~ 50 mm。

e. 至楼层电信间暗管的管口应排列有序，便于识别与布放缆线。

f. 暗管内应安置牵引线或拉线。

g. 金属管明敷时，在距接线盒 300 mm 处、弯头处的两端、每隔 3 m 应采用管卡固定。

h. 管路转弯的弯曲半径不应小于所穿入缆线的最小允许弯曲半径，并且不应小于该管外径的 6 倍，如暗管外径大于 50 mm 时，不应小于 10 倍。

③ 设置缆线桥架和线槽保护要求。

a. 缆线桥架底部应高于地面 2.2 m 及以上，顶部距建筑物楼板不宜小于 300 mm，与梁及其他障碍物交叉处的距离不宜小于 50 mm。

b. 缆线桥架水平敷设时，支撑间距宜为 1.5 ~ 3 m。垂直敷设时固定在建筑物结构体上的间距宜小于 2 m，距地 1.8 m 以下部分应加金属盖板保护，或采用金属走线柜包封，门应可开启。

c. 直线段缆线桥架每超过 15 m ~ 30 m 或跨越建筑物变形缝时，应设置伸缩补偿装置。

d. 金属线槽敷设时，在下列情况下应设置支架或吊架：线槽接头处、每间距 3 m 处、离开线槽两端出口 0.5 m 处、转弯处。

e. 塑料线槽槽底固定点间距宜为 1 m。

f. 缆线桥架和缆线线槽转弯半径不应小于槽内线缆的最小允许弯曲半径，线槽直角弯处最小弯曲半径不应小于槽内最粗缆线外径的 10 倍。

g. 桥架和线槽穿过防火墙体或楼板时，缆线布放完成后应采取防火封堵措施。

④ 网络地板缆线敷设保护要求。

a. 线槽之间应沟通。线槽盖板应可开启。

b. 主线槽的宽度宜在 200 ~ 400 mm，支线槽宽度不宜小于 70 mm。

c. 可开启的线槽盖板与明装插座底盒间应采用金属软管连接。

d. 地板块与线槽盖板应抗压、抗冲击和阻燃。

e. 当网络地板具有防静电功能时，地板整体应接地。

f. 至楼层电信间暗管的管口应排列有序，便于识别与布放缆线。

g. 网络地板板块间的金属线槽段与段之间应保持良好导通并接地。

h. 金属管明敷时，在距接线盒 300 mm 处、弯头处的两端、每隔 3 m 处应采用管卡固定。

i. 暗管内应安置牵引线或拉线。

j. 管路转弯的弯曲半径不应小于所穿入缆线的最小允许弯曲半径，并且不应小于该管外径的 6 倍，如暗管外径大于 50 mm 时，不应小于 10 倍。

⑤ 在架空活动地板下敷设缆线时，地板内净高应为 150 ~ 300 mm。若空调采用下送风方式，则地板内净高应为 300 ~ 500 mm。

⑥ 吊顶支撑柱中电力线和综合布线缆线合一布放时，中间应有金属板隔开，间距应符合设计要求。

（2）当综合布线缆线与大楼弱电系统缆线采用同一线槽或桥架敷设时，子系统之间应采用金属板隔开，间距应符合设计要求。

（3）干线子系统缆线敷设保护方式应符合下列要求：

① 缆线不得布放在电梯或供水、供气、供暖管道竖井中，缆线不应布放在强电竖井中。

② 电信间、设备间、进线间之间干线通道应通管道。

（4）建筑群子系统缆线敷设保护方式应符合设计要求。

（5）当电缆从建筑物外面进入建筑物时，应选用适配的信号线路浪涌保护器，信号线路浪涌保护器应符合设计要求。

5. 缆线终接

（1）缆线终接应符合下列要求：

① 缆线在终接前，必须核对缆线标识内容是否正确。

② 缆线中间不应有接头。

③ 缆线终接处必须牢固、接触良好。

④ 对绞电缆与连接器件连接应认准线号、线位、色标，不得颠倒和错接。

（2）对绞电缆终接应符合下列要求：

① 终接时，每对对绞线应保持扭绞状态，扭绞松开长度对于 3 类电缆不应大于 75 mm；对于 5 类电缆不应大于 13 mm；对于 6 类电缆应尽量保持扭绞状态，减小扭绞松开长度。

② 对绞线与 8 位模块式通用插座相连时，必须按色标和线对顺序进行卡接。插座类型、色标和编号应符合图 5.24 所示的规定。

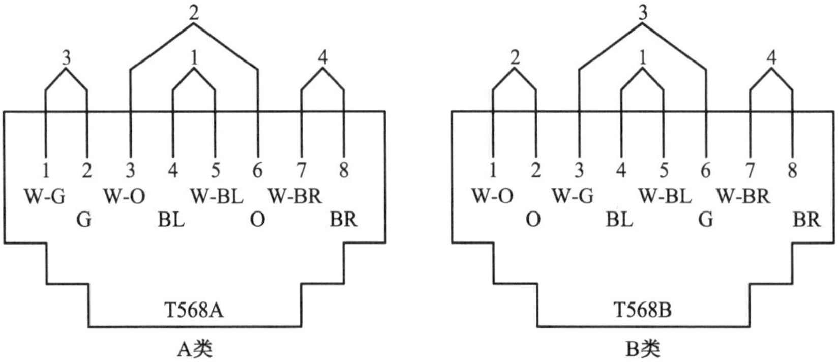

G（Green）—绿；BL（Blue）—蓝；BR（Brown）—棕；W（White）—白；O（Orange）—橙。

图 5.24　8 位模块式通用插座连接示意图

两种连接方式均可采用，但在同一布线工程中两种连接方式不应混合使用。

③ 7 类布线系统采用非 RJ45 方式终接时，连接图应符合相关标准规定。

④ 屏蔽对绞电缆的屏蔽层与连接器件终接处屏蔽罩应通过紧固器件可靠接触，缆线屏蔽层应与连接器件屏蔽罩 360°圆周接触，接触长度不宜小于 10 mm。屏蔽层不应用于受力的场合。

⑤ 对不同的屏蔽对绞线或屏蔽电缆，屏蔽层应采用不同的端接方法。应对编织层或金属箔与汇流导线进行有效的端接。

⑥ 每个 2 口 86 面板底盒宜终接两条对绞电缆或 1 根 2 芯/4 芯光缆，不宜兼做过路盒使用。

（3）光缆终接与接续应采用下列方式：

① 光纤与连接器件连接可采用尾纤熔接、现场研磨和机械连接方式。

② 光纤与光纤接续可采用熔接和光连接子（机械）连接方式。

（4）光缆芯线终接应符合下列要求：

① 采用光纤连接盘对光纤进行连接、保护，在连接盘中光纤的弯曲半径应符合安装工艺要求。

② 光纤熔接处应加以保护和固定。

③ 光纤连接盘面板应有标志。

④ 光纤连接损耗值应符合表 5.18 的规定。

表 5.18　光纤接续损耗值（单位：dB）

连接类别	多模		单模	
	平均值	最大值	平均值	最大值
熔接	0.15	0.3	0.15	0.3
机械连接		0.3		0.3

（5）各类跳线的终接应符合下列规定：

① 各类跳线缆线和连接器件间接触应良好，接线无误，标识齐全。跳线选用类型应符合系统设计要求。

② 各类跳线长度应符合设计要求。

6. 工程电气测试

（1）综合布线工程电气测试包括电缆系统电气性能测试及光纤系统性能测试。电缆系统电气性能测试项目应根据布线信道或链路的设计等级和布线系统的类别要求制定。各项测试结果应有详细记录，作为竣工资料的一部分。测试记录内容和形式宜符合表 5.19 和表 5.20 的要求。

（2）对绞电缆及光纤布线系统的现场测试仪应符合下列要求：

① 应能测试信道与链路的性能指标。

② 应具有针对不同布线系统等级的相应精度，应考虑测试仪的功能、电源、使用方法等因素。

③ 测试仪精度应定期检测，每次现场测试前仪表厂家应出示测试仪的精度有效期限证明。

（3）测试仪表应具有测试结果的保存功能并提供输出端口，将所有存储的测试数据输出至计算机和打印机，测试数据必须不被修改，并进行维护和文档管理。测试仪表应提供所有测试项目、概要和详细的报告。测试仪表宜提供汉化的通用人机界面。

表 5.19　综合布线系统工程电缆（链路/信道）性能指标测试记录

工程项目名称				电缆系统						
序号	编号			内容						备注
				电缆系统						
	地址号	缆线号	设备号	长度	接线图	衰减	近端串音	电缆屏蔽层连通情况	其他项目	
测试日期、人员及测试仪表型号、测试仪表精度										
处理情况										

表 5.20　综合布线系统工程光纤（链路/信道）性能指标测试记录

工程项目名称												
序号	编号			光缆系统								备注
				多模				单模				
	地址号	缆线号	设备号	850 nm		1 300 nm		1 310 nm		1 550 nm		
				衰减（插入损耗）	长度	衰减（插入损耗）	长度	衰减（插入损耗）	长度	衰减（插入损耗）	长度	
测试日期、人员及测试仪表型号、测试仪表精度												
处理情况												

7. 管理系统验收

（1）综合布线管理系统宜满足下列要求：

① 管理系统级别的选择应符合设计要求。

② 需要管理的每个组成部分均设置标签，并由唯一的标识符表示，标识符与标签的设置应符合设计要求。

③ 管理系统的记录文档应详细完整并汉化，包括每个标识符相关信息、记录、报告、图纸等。

④ 不同级别的管理系统可采用通用电子表格、专用管理软件或电子配线设备等进行维护管理。

（2）综合布线管理系统的标识符与标签的设置应符合下列要求：

① 标识符应包括安装场地、缆线终端位置、缆线管道、水平链路、主干缆线、连接器件、接地等类型的专用标识，系统中每一组件应指定一个唯一标识符。

② 电信间、设备间、进线间所设置配线设备及信息点处均应设置标签。

③ 每根缆线应指定专用标识符，标在缆线的护套上或在距每一端护套 300 mm 内设置标签，缆线的终接点应设置标签标记指定的专用标识符。

④ 接地体和接地导线应指定专用标识符，标签应设置在靠近导线和接地体连接处的明显部位。

⑤ 根据设置的部位不同，可使用粘贴型、插入型或其他类型标签。标签表示内容应清晰，材质应符合工程应用环境要求，具有耐磨、抗恶劣环境、附着力强等性能。

⑥ 终接色标应符合缆线的布放要求，缆线两端终接点的色标颜色应一致。

（3）综合布线系统各个组成部分的管理信息记录和报告应包括如下内容：

① 记录应包括管道、缆线、连接器件及连接位置、接地等内容，各部分记录中应包括相应的标识符、类型、状态、位置等信息。

② 报告应包括管道、安装场地、缆线、接地系统等内容，各部分报告中应包括相应的记录。

（4）综合布线系统工程如采用布线工程管理软件和电子配线设备组成的系统进行管理和维护工作，应按专项系统工程进行验收。

8. 工程验收

（1）竣工技术文件应按下列要求进行编制：

① 工程竣工后，施工单位应在工程验收以前，将工程竣工技术资料交给建设单位。

② 综合布线系统工程的竣工技术资料应包括以下内容。

a. 安装工程量。

b. 工程说明。

c. 设备、器材明细表。

d. 竣工图纸。

e. 测试记录（宜采用中文表示）。

f. 工程变更、检查记录及施工过程，需更改设计或采取相关措施，建设、设计、施工等单位之间的双方洽商记录。

g. 随工验收记录。

h. 隐蔽工程签证。

i. 工程决算。

③ 竣工技术文件要保证质量，做到外观整洁、内容齐全、数据准确。

（2）综合布线系统工程应按表所列项目、内容进行检验。检测结论作为工程竣工资料的组成部分及工程验收的依据之一。

① 系统工程安装质量检查中，各项指标符合设计要求，则被检项目检查结果为合格；被检项目的合格率为 100%，则工程安装质量判为合格。

② 系统性能检测中，对绞电缆布线链路、光纤信道应全部检测，竣工验收需要抽验时，抽样比例不低于 10%，抽样点应包括最远布线点。

③ 系统性能检测单项合格判定。

a. 如果一个被测项目的技术参数测试结果不合格，则该项目判为不合格。如果某一被测项目的检测结果与相应规定的差值在仪表准确度范围内，则该被测项目应判为合格。

b. 按《综合布线系统工程验收规范》（GB/T 50312—2016 规范）的指标要求，采用 4 对对绞电缆作为水平电缆或主干电缆，所组成的链路或信道有一项指标测试结果不合格，则该水平链路、信道或主干链路判为不合格。

c. 主干布线大对数电缆中按 4 对对绞线对测试，指标有一项不合格，则判为不合格。

d. 如果光纤信道测试结果不满足《综合布线系统工程验收规范》（GB/T 50312—2016 规范）的指标要求，则该光纤信道判为不合格。

e. 未通过检测的链路、信道的电缆线对或光纤信道可在修复后复检。

④ 竣工检测综合合格判定。

a. 对绞电缆布线全部检测时，无法修复的链路、信道或不合格线对数量有一项超过被测总数的 1%，则判为不合格。

光缆布线检测时，如果系统中有一条光纤信道无法修复，则判为不合格。

b. 对绞电缆布线抽样检测时，被抽样检测点（线对）不合格比例不大于被测总数的 1%，则视为抽样检测通过，不合格点（线对）应予以修复并复检。被抽样检测点（线对）不合格比例如果大于 1%，则视为一次抽样检测未通过，应进行加倍抽样，加倍抽样不合格比例不大于 1%，则视为抽样检测通过。若不合格比例仍大于 1%，则视为抽样检测不通过，应进行全部检测，并按全部检测要求进行判定。

c. 全部检测或抽样检测的结论为合格，则竣工检测的最后结论为合格；全部检测的结论为不合格，则竣工检测的最后结论为不合格。

⑤ 综合布线管理系统标签和标识按 10%抽检，系统软件功能全部检测。检测结果符合设计要求，则判为合格。

综合布线系统工程验收项目及内容如表 5.21 所示。

表 5.21　验收项目及内容

阶段	验收项目	验收内容	验收方式
施工前检查	1. 环境要求	（1）土建施工情况：地面、墙面、门、电源插座及接地装置；（2）土建工艺：机房面积、预留孔洞；（3）施工电源；（4）地板铺设；（5）建筑物入口设施检查	施工前检查
	2. 器材检验	（1）外观检查；（2）形式、规格、数量；（3）电缆及连接器件电气性能测试；（4）光纤及连接器件特性测试；（5）测试仪表和工具的检验	
	3. 安全、防火要求	（1）消防器材；（2）危险物的堆放；（3）预留孔洞防火措施	
设备安装	1. 电信间、设备间、设备机柜、机架	（1）规格、外观；（2）安装垂直、水平度；（3）油漆不得脱落，标志完整齐全；（4）各种螺钉必须紧固；（5）抗振加固措施；（6）接地措施	随工检验
	2. 配线模块及 8 位模块式通用插座	（1）规格、位置、质量；（2）各种螺钉必须拧紧；（3）标志齐全；（4）安装符合工艺要求；（5）屏蔽层可靠连接	

续表

阶段	验收项目	验收内容	验收方式
电、光缆布放（楼内）	1. 电缆桥架及线槽布放	（1）安装位置正确；（2）安装符合工艺要求；（3）符合布放缆线工艺要求；（4）接地	
	2. 缆线暗敷（包括暗管、线槽、地板下等方式）	（1）缆线规格、路由、位置；（2）符合布放缆线工艺要求；（3）接地	隐蔽工程签证
电、光缆布放（楼间）	1. 架空缆线	（1）吊线规格、架设位置、装设规格；（2）吊线垂度；（3）缆线规格；（4）卡、挂间隔；（5）缆线的引入符合工艺要求	随工检验
	2. 管道缆线	（1）使用管孔孔位；（2）缆线规格；（3）缆线走向；（4）缆线的防护设备的设置质量	隐蔽工程签证
	3. 埋式缆线	（1）缆线规格；（2）敷设位置、深度；（3）缆线的防护设施的设置质量；（4）回土夯实质量	
	4. 通道缆线	（1）缆线规格；（2）安装位置，路由；（3）土建设计符合工艺要求	
	5. 其他	（1）通信线路与其他设施的间距；（2）进线室设施安装、施工质量	随工检验隐蔽工程签证
缆线终接	1. 8 位模块式通用插座	符合工艺要求	
	2. 光纤连接器件	符合工艺要求	
	3. 各类跳线	符合工艺要求	随工检验
	4. 配线模块	符合工艺要求	
系统测试	1. 工程电气性能测试	（1）连接图；（2）长度；（3）衰减；（4）近端串音；（5）近端串音功率和；（6）衰减串音比；（7）衰减串音比功率和；（8）等电平远端串音；（9）等电平远端串音功率和；（10）回波损耗；（11）传播时延；（12）传播时延偏差；（13）插入损耗；（14）直流环路电阻；（15）设计中特殊规定的测试内容；（16）屏蔽层的导通	竣工检验
	2. 光纤特性测试	（1）衰减；（2）长度	
管理系统	1. 管理系统级别	符合设计要求	竣工检验
	2. 标识符与标签设置	（1）专用标识符类型及组成；（2）标签设置；（3）标签材质及色标	
	3. 记录和报告	（1）记录信息；（2）报告；（3）工程图纸	
工程总验收	1. 竣工技术文件	清点、交接技术文件	
	2. 工程验收评价	考核工程质量，确认验收结果	

注：系统测试内容的验收亦可在随工中进行检验。

第三部分：学习效果及评价

课次		课时	
课堂笔记			
课后习题			
1. 综合布线系统工程的竣工技术资料包括哪些内容？			
2. 光缆芯线终接应符合哪些要求？			
评定等级		评定教师	

任务十一　光缆线路的维护及施工维护安全

第一部分：课程导读

<table>
<tr><td>课次</td><td></td><td>课时</td><td></td></tr>
<tr><td>课程地位</td><td colspan="3">高速宽带网和光缆均直接接入用户，若通信光缆线路发生故障，则会造成较为严重的影响，严重时还会造成广大用户通信信号的中断，进而延长障碍的影响时间，造成传输数据的丢失，以及交换机的瘫痪，并对整个通信行业的声誉和经济收入造成严重的不良影响。同时，通信光缆线路的质量对于人民的日常工作和生活影响巨大，若不加强通信光缆线路的日常维护工作，则会增加光缆线路的故障发生率，导致数据的丢失、抢修不及时以及线路运行稳定性降低等</td></tr>
<tr><td>主要内容</td><td>● 光缆线路维护的目的和任务；
● 光缆线路维护的主要内容；
● 光缆线路故障的判断与处理；
● 通信线路施工维护安全技术</td><td>教学目标</td><td>● 能说出光缆线路维护的主要内容；
● 能够辨别光缆线路故障的原因，并进行处理</td></tr>
<tr><td>课程重点</td><td>● 光缆线路维护的主要内容；
● 光缆线路故障的判断与处理；
● 通信线路施工维护安全技术</td><td>课程难点</td><td>● 光缆线路维护的主要内容；
● 光缆线路故障的判断与处理；
● 通信线路施工维护安全技术</td></tr>
<tr><td>课程小结</td><td colspan="3">通信线路是传输各种信息及信息联络的重要设施，是构成通信网的组成部分。它具有点多线长、布局成网、分散维护、集中使用的特点。通信线路施工和维护是通信生产流程的重要环节，也是电信企业安全生产高危岗位管理主要对象之一</td></tr>
<tr><td>板书设计</td><td colspan="3">1. 光缆线路维护的目的和任务；
2. 光缆线路维护的主要内容；
3. 光缆线路故障的判断与处理；
4. 通信线路施工维护安全技术</td></tr>
</table>

第二部分：学习内容

1　光缆线路维护的目的和任务

1.1　光缆线路维护的任务和目的

光缆线路维护工作的基本任务是：保持设备完整良好，保持传输质量良好，预防障碍并尽快排除障碍。

针对维护工作的基本任务，其维护工作的目的在于：一方面通过正常的维护措施，不断地消除由于外界环境的影响而带来的一些事故隐患。同时，不断改进在设计和施工时不足的地方，以避免和减少由于一些不可预防的事故所带来的影响；另一方面，在出现意外事故时，能及时进行处理，尽快地排除故障，修复线路，以提供稳定、优质的传输线路。

因此，维护人员在工作中应贯彻“预防为主，防抢结合”的维护方针。维护工作要做到精心细致，并且采用科学的管理方式。这样，才能为光缆通信提供稳定、优质、大容量的传输线路。

1.2　维护内容与周期

1）维护内容

光缆线路的实际维护工作，主要包括路面维修，防雷、防蚀、防强电等。一般可分为“日常维护”和“技术维护”两大类。

（1）日常维护：由光缆段组织包线员实施。其内容主要包括：

① 定期巡回，特殊巡回，护线宣传和对外配合。

② 消除光缆路由上堆放的易燃易爆物品和腐蚀性物质，制止妨碍光缆和建筑施工，栽种树木，在光缆路由上砍树修路等现象。

③ 对受冲刷地段的路由培土及加固及沟坎护坡的修理。

④ 标石、标志牌、宣传牌描字涂漆、扶正培固。

⑤ 人（手）孔、地下室、水线房的清洁、光缆托架、水缆标志及地线的检查与修理。

⑥ 架空杆路的检修加固，吊线、挂钩的检修更换。

⑦ 结合徒步巡回，进行光缆路由探测，建立健全的光缆线路路由资料。

（2）技术维护：一般由局（站）光缆线路维护中心负责。主要包括以下内容：

① 光缆线路的光、电特性测试和金属护套对地绝缘测试以及光缆障碍的测试判断。

② 光缆线路的防蚀、防雷、防强电设施的维护和测试以及防止白蚁、鼠类危害措施的制定和实施。

③ 预防洪水危害光缆线路技术措施的制订和实施。

④ 光缆升高、下落和局部迁改技术方案的制订和实施。

⑤ 光缆线路的故障修理。

光缆线路维修工作必须严格按照操作程序进行。对于一些复杂的工作，就要事先制订周密的工作计划，并上报主管部门后方可执行，并与相关的机务部门联系。

值得注意的是：在执行维护工作的同时，必须认真执行原邮电部颁发的各项安全操作规定，防止发生人身伤害和设备仪表损坏事故。

2）维护的项目和周期

要使设备经常处于良好状态，维护工作就必须根据质量标准，按周期有计划地进行，需要掌握维护工作的主要项目和周期。长途光缆线路维护工作的主要项目和周期如表 5.22 所示。

表 5.22　长途光缆线路主要维修工作项目周期表

类别	项目			周期	备注
日常维护	路面维修	巡回		每月至少5次	其中徒步巡回不少于两次，可视具体情况增加，暴雨后应立即巡回。
		标石	除草培土	每年1次	或用水泥浆将标石底部封固，免去除草培土
			描漆描字	每年1次	含标志牌，宣传牌等视具体情况增加
		路由探测、砍草修路管道人孔检查清洁		全线每年1次	可结合徒步巡回进行
	架空光缆维修	杆路逐杆检修		每年1次	按长途明线维修质量标准
		检修吊线及保护装置		每年1次	
		整理和更换挂钩		每年1次	
		清除光缆及吊线上杂物、修剪树枝			结合巡回进行
技术维修	防雷	接地装置和接地电阻的检查测试		每年1次	雨季前
	防蚀	金属护套对地绝缘测试		全线每年1次	
	防汛	检查过河光缆及易受冲刷地段		每年1次	加固应在洪汛前完成，洪汛过后及时检查
	光电特性测试	光纤线路衰减测试		备用系统每年1次	主用系统视需要确定
		光纤后向散射曲线检查		备用系统每年1次	
		铜线直流特性曲线		每年1次	远供铜线视需要确定
		备用光缆测试		每年1次	
		仪表通电检查		每两周1次	
	光缆修理	外户套修理			发现问题及时修理
		接头修理			发现问题及时修理
		障碍测试及修理			发现障碍立即抢通

1.3　三防措施

1）防强电

在通信光缆中，光纤是非金属材料，传输的是光信号，不受外界电磁场的干扰，因此光纤可以不考虑强电的影响。但是，目前的通信光缆并不都是非金属光缆，而大多数光缆中都包含有金属材料。光缆结构中存在有金属加强构件，则光缆线路同样要受到强电线路的影响，所以对强电的防护问题必须考虑。

有铜线的光缆线路，其强电影响的防护措施与电缆通信线路基本相同；有金属加强构件而无铜线的光缆线路，一般需采取如下措施：

在光缆的接头处，两端光缆的金属加强构件、金属护套不作电气连通，以缩短磁感应电动势的积累的长度，有效地减小强电的影响；

在接近交流电气铁路的地段进行光缆施工或检修作业时，应将光缆中的金属加强构件作临时接地，以保证人身安全。

在接近发电厂、变电站的地网中，不应将光缆的金属加强构件接地，以避免将高电位引入光缆。

2）防　雷

光缆中的纤芯是非金属材料，不受雷电的影响。但由于光缆中尚有金属材料，因此也会受到雷电的危害。所以在维护工作中，采取必要的防雷措施还是很重要的。

光缆线路的防雷措施包括两个方面：一是在光缆线路上采取外加防雷措施；二是在光缆结构选型时，应考虑防雷措施。

外加防雷措施：

地下防雷线（排流线）：一般在光缆上方距离光缆 30 cm 处，平行敷设一（二）条防雷线（多采用 7/2.2 mm 镀锌钢铰线）。如采用两条防雷线，则相距 40 cm，并将两端引伸到大地导电率较好的地方，或在排流线的两端及中间每隔 200 m 装设接地装置（要求接地装置离开光缆 15 m 以上）。

消弧线：当埋式光缆与建筑物、矿泉、地下水出口等处的隔距不能达到如表 5.23 所示的要求时，可采用消弧线保护光缆。要注意的是，当消弧线与光缆相隔不足 5 m 时，消弧线不能对光缆起保护作用，这时光缆应绕道敷设。

表 5.23　光缆与大树、电杆及建筑物隔距

土壤电阻率 ρ/（Ω·m）	光缆与单棵大树隔距/m	光缆与弱电线路电杆、3 kV 以下电力杆及建筑物隔距/m
100 以下	15	10
101～500	20	15
500 以上	25	20

系统接地或对地电位悬浮式接续：对于有金属护套、金属加强构件及铜线的光缆，一般在光缆接头处，采用特殊的电气连接方式。

a. 将接头处两端及终端、金属护套及金属加强构件在电气上都连接起来，并作系统接地。

b. 接头处两端的金属护套及金属加强构件电气上互不连接，但在同一端的金属护套及金属加强构件上电气上互相连接并做接地处理。

c. 将接头处两端及终端、金属护套及金属加强构件在电气上互相绝缘，且都不接地，即对地绝缘。

上述方法，都可以避免感应电流在光缆中的积累而危及光缆，前两种接地装置较多，而

后一种方法，可减少很多接地装置，从而大大减少工程费用的维护量。

架空防雷地线：对于受雷击较严重的地方，可采用架空防雷地线，在雷击重点的地方，用避雷装置来防雷。

在光缆结构选型时，应考虑防雷措施。

在建设光缆线路实行光缆选型时，应尽可能采取无金属光缆或无金属加强构件的光缆或采用加厚 PE 层的光缆。

以上所述防雷措施，多指直埋光缆。而对于架空光缆来说，大多数是利用现有架空明线的杆路架空，因此原杆路的防雷设施同样对光缆起保护作用。而明线对光缆有一定屏蔽作用，因此，对架空光缆一般不设专门的防雷措施，最多是吊线每隔一段接地，或用原明线电杆的地线接地。

3）防　蚀

对于长途直埋光缆线路，由于途经地方的地理环境，易受周围介质的电化学或化学的作用，使金属护套及金属防潮层发生腐蚀，因而会影响光缆的使用寿命，因此保护好光缆的外护套，是光缆线路防蚀的重要工作环节。

在保护外护套的工作中，除了在施工时采取一些必要的措施，注意保护塑料护套的完好以外，对于防止白蚁蛀蚀和老鼠啃咬的工作也同样是主要的防蚀工作。

（1）防止白蚁蛀蚀的措施。白蚁不但啃咬光缆，而且还会分泌蚁酸，加速金属护套的腐蚀。在敷设光缆线路时，应尽量避免白蚁滋生的地方，光缆线路必须经过白蚁活动的地区时，可采用防蚁毒土埋设光缆或采用防蚁光缆，以起到防蚁的效果。

（2）防止鼠类啃咬光缆的措施。鼠类有磨牙利齿的天性，当遇到地下光缆阻挡空门的通道或寻找食物时，就会咬坏光缆。在光缆的路由上应避免一些多鼠的地方，由于鼠类的活动范围多在耕作层，因此应保证光缆埋深，可减少鼠类的危害。在必须经进鼠类活动频繁的地带时，用硬塑料管或钢管来保护光缆，并且将土夯实。对于管道光缆或直埋光缆钢（塑）管保护时，将钢（塑）管或子管用油麻或沥青封闭，也是很有效的防鼠措施。

除了对光缆外护套的保护之外，在防蚀的维护工作中，还应注意及时清除堆放在光缆线路路由上的腐蚀性物质，光缆路由与化工厂排污地、坟墓等腐蚀源的隔距应符合表 5.24 的规定。

表 5.24　直埋光缆与其他建筑物的最小净距

名　称		平行时/m	交越时/m
市话管道边线（不包括人孔）		0.75	0.25
非同沟直埋通信电缆		0.5	0.5
埋式电力电缆	35 kV 以下	0.5	0.5
	35 kV 以上	2	0.5
给水管	管径小于 30 cm	0.5	0.5
	管孔 30 ~ 50 cm	1	0.5
	管径大于 50 cm	1.5	0.5
高压石油天然气管线		10	0.5
热力下水管		1	0.5

续表

名　称		平行时/m	交越时/m
煤气管	压力小于 30 kg/cm²	1	0.5
	压力 3～8 kg/cm²	2	0.5
排水管		0.8	0.5
房屋建筑物边线（基础）		1	
树木	市内、村镇大树、果树	0.75	
	市外大树	2	
水井坟墓		3	
粪坑、积肥池、沼气池、氨气池等		3	

注：采用钢管保护时与水管、煤气管、石油管交叉跨越的净距可降为 0.15 m。

1.4　光缆线路维护的原则

为了提高通信质量，并且保证线路畅通，维护工作人员必须做好维护工作。要达到要求，就必须认真考虑到维护工作的基本原则。

1）认真做好技术资料的整理

光缆线路竣工技术资料是施工单位提供的重要原始资料，这个资料包括了光缆路由，接头位置，各通道光纤的衰耗、接头衰耗及总衰耗，以及两个方向的 OTDR 曲线等。有的单位还将竣工技术资料综合起来，绘制维护明细图表，并参照 OTDR 曲线，将这些数据表明在图表上。这样，这些资料不仅是将来线路维护检修的重要依据，而且，一旦发生故障，还可以在图纸上表明故障点的位置，有利于顺利修复。所以对这些资料应该很好地保存并认真地掌握。

2）严格制定光缆线路维护规则

应该根据光缆线路的具体情况，并结合对于线路的薄弱环节、接头部位，气候异常，环境变迁等特殊情况，制定切实可行的维护规则，并且还要严格实施。

3）维护人员的组织与培训

组织责任心强的维护人员队伍，并做好技术培训工作，使他们了解和掌握光缆线路的维护和检修技术，了解光缆线路的基本工作原理，明确保证通信线路畅通的重大意义，并且对维护人员加强管理、明确分工。

4）做好线路巡视记录

对光缆线路要组织维护人员定期巡视。检查时，若发现可疑和异常情况，应做记录，并继续观察。

5）进行定期测量

为了掌握光缆线路质量变化情况，应该对其中各条光缆通道的衰减进行定期测量，做记录并与竣工资料和以前的测量值进行比较。测量采用稳定可靠的方法：一般一季度或半年进行一次；最好每年一次用 OTDR 观察各通道的全程后向散射曲线，各段光纤有没有衰减的变化情况，并注意有无菲涅尔反射点与异常情况。

6）及时检修与紧急修复

光缆具有很大的传输容量，保证光缆线路长期稳定可靠是很重要的。在日常维护中，若发现任何异常情况或隐患，都应立即采取相应的措施排除隐患，做到及时处理，同时也要考虑光缆线路发生重大故障时，应具有能够迅速修复光缆线路的研究、训练和实施计划，以迅速完成从告警到修复的紧急任务。

2 光缆线路维护的主要内容

由于光缆线路敷设方式的不同，每种类型都有其不同的特点，其维护工作也同样是不同的。

2.1 架空光缆的杆路维护

（1）架空光缆的杆路维护。架空光缆的杆路有光缆的独立杆路，长市共用杆路，光缆附挂长途明线杆路等不同情况。因此，要明确产权归属，落实维护责任。

架空光缆杆路的维护质量标准和要求，与架空明线杆路相同。对光缆杆路的逐杆检修，每年应进行一次，要求做到：杆身牢靠，杆身正直，杆号清晰，拉线及地锚强度可靠，具体要求可参照《长途明线维护质量标准》。

（2）吊线检修。检查吊线终结，吊线保护装置及吊线的锈蚀情况：每隔 4 ~ 5 年检查 1 次吊线垂度；更换损坏的挂钩，并经常整理。

（3）检查光缆的下垂情况，观察外护层有无异常现象，有异常现象应及时处理。

（4）排除外力影响。剪除影响光缆的树枝，清除光缆及吊线上的杂物。检查光缆吊线与电力、广播线交越处的防护装置是否齐全有效符合规定，以及光缆与其他建筑平行接近和交越时的隔距是否符合表 5.25 和表 5.26 的规定。

表 5.25　架空光缆与其他建筑物树木的最小垂直净距离

名称		平行时		交越时	
		垂直净距/m	备注	直净距/m	备　注
街道		4.5	最低线路距地面	5.5	最低线路距地面
胡同		4	同上	5	最低线路距地面
土路				4.5	最低线路距地面
公路				5.5	最低线路距地面
铁路				7.5	低缆距铁轨面
房屋建筑				距脊 0.6 距顶 1.5	最低距线距 屋脊或平顶
河流				1	最低缆径距最高水位时最高桅杆顶
市区树木				1.5	最低缆线距树枝顶
郊区树木				1.5	最低缆线距树枝顶
通信线路				0.6	一方最高缆线与另一方最低缆线
电力线	用户皮线			0.6	一方最高缆线与另一方最低缆线
	1 kV			1.25	一般电力线上，光缆在下
	1 ~ 10 kV			2.0	一般电力线上，光缆在下
	20 ~ 110 kV			3.0	必须电力线上，光缆在下
	154 ~ 220 kV			4.0	必须电力线上，光缆在下

表 5.26　架空光缆与其他设施树木最小水平净距

名称	最小净距/m	名称	最小净距/m
消防栓	1.0	市区树木	1.25
铁道	地面杆高的 1.33 倍	郊区农村树木	2.0
人行道边石	0.5		

2.2　直埋光缆的维护

1）光缆埋深要求

光缆埋深一般应符合表 5.27 的要求，而且最浅不得小于标准的 2/3，否则对光缆应下落或采取必要的保护措施。光缆路由上新填永久性土方，其填土厚度超过原光缆标准埋深 1 m 以上时，一般应将光缆向上提升并对光缆采取安全可靠的保护措施。光缆包线员必须准确掌握光缆路由的情况。

表 5.27　直埋光缆埋深

敷设地段及土质	埋　深	备　注
普通土（硬土）	≥1.2	
半石质土（砂砾土、风化石）	≥1.0	
全石质	≥0.8	沟底加垫 10 cm 细砂
泥沙	≥0.8	
市郊、村镇	≥1.2	
市区人行道	≥1.0	
穿越铁路、公路	≥1.2	轨道渣或地面
沟渠、水塘	≥1.2	
农田的排水沟（沟宽 1m 以内）	≥0.8	

2）路面维护

光缆路由上无杂草丛生，无严重坑洼，无挖掘、冲刷、光缆裸露现象，无腐蚀性物质及易燃易爆品，无影响光缆的建筑施工；规定隔距内不得栽种树木等。

3）标石的设置与维护

光缆标石应埋在光缆的正上方。接头的标石，埋在直埋光缆上。转弯处的标石，埋在光缆线路转弯的交点上，面上内角。当光缆沿公路敷设间距不大于 100 m 时，标石可面向公路。标石应尽量埋在不易变迁、不影响耕作与交通的位置。标石的编号应根据传输方向，由 A 端向 B 端排列，一般以一个中继段为独立单位。光缆接头、特殊预留点、排流线起点、转弯处、同沟敷设光缆的起止点、与其他缆线交越点、穿越障碍地点和直线段每隔 100 ~ 150 m 处均应设置普通标石，需要检测光缆金属护套对地绝缘和电位。

对于下列情况应增设标石，并绘入维护图中。

① 处理后的障碍点；② 增加的线路设备点；③ 与后设的管线，建筑物的交越点；④ 标石间距大于 150 ~ 200 m 及寻找光缆有困难处；⑤ 介于或更换短段光缆处。

2.3 管道光缆的维护

（1）布防在长、市共用管道人孔内的光缆必须要有醒目标志，当人孔内敷有多条干线光缆时，还要标明光缆的具体路由、芯数、竣工日期、产权单位。标志牌可用防水防蚀材料制成，印刷字样应清晰耐久。

（2）定期检查人孔内光缆托架、托板是否完好，光缆标志是否醒目，光缆外护层、接头盒有无腐蚀、损坏、变形等异常现象，发现问题要及时处理。

（3）定期清除人孔光缆上的污垢。

（4）检查人孔内光缆走向是否合理，排列是否整齐，管孔口塑料子管是否封闭，人孔内蛇形保护管安装是否妥当，预留光缆是否牢固，发现问题要妥善处理。

（5）发现管道或人孔沉陷、破坏以及井盖丢失等情况，应配合管道维护单位及时采取措施进行修复。

（6）经常保持与管道维护单位的联系，施工单位或市话维护部门在管道内布防、更换光缆或者在人孔内进行施工作业时，应通知长途光缆的包线员到现场配合，防止损伤光缆。

2.4 水底光缆的维护

（1）标志牌和指示灯的规格应符合航道要求，安装牢固，指示醒目以及字体清晰。

（2）水线区内，禁止抛锚、捕鱼、炸鱼、挖沙。

（3）岸滩光缆易受洪水冲刷，发现问题应处理。

（4）新开或改道的河渠在不得不与光缆交越时，交越处光缆应首先采取下落措施。

（5）水线总端房应保持整洁、安全，禁止无关人员入内。

2.5 巡回和护线宣传

贯彻“预防为主”的维护方针，其中的一项重要措施，就是巡回和护线宣传。各级线路维护和维护工作人员可通过明确巡回工作的内容和要求，建立起完整的巡回制度，并搞好护线宣传的工作，可及时发现事故隐患。所以，巡回和护线宣传也是光缆维护工作的一项重要内容。

1）巡回的要求

（1）检查光缆线路附近障碍物以及动土、建筑等异常情况。

（2）检查光缆路由上有无严重的坑洼、光缆裸露等情况，以及挡土墙、护坡等加固设施有无损坏情况。

（3）检查光缆标石，标志牌有无丢失、损坏、倾斜等情况。

（4）检查水底光缆附近有无捕鱼、挖沙、船只抛锚等危及光缆安全和岸滩部分有无冲刷。

（5）检查架空光缆标路，吊线以及光缆有无不安全的情况。

（6）巡回中发现的问题要及时处理并详细记录，填好“巡回报告单”。遇有重大问题要及时上报。当时不能处理的问题应列入维修计划，尽快解决。

2）护线宣传和对外配合

（1）光缆维护人员必须熟悉光缆线路沿途的行政区和负责人员，经常与有关单位和个人保持联系，依靠当地政府和公安部门搞好护线。

（2）采用多种宣传形式，深入开展护线宣传工作。

（3）凡是光缆线路附近进行有碍光缆安全的施工时，应按照技术要求，事先会同建设单位和施工单位制定安全措施并签订协议。同时要主动配合施工，必要时应派人员日夜值守，确保光缆线路安全。

3　光缆线路故障的判断与处理

3.1　光缆线路故障简介

1）光缆线路障碍的定义

由于光缆线路原因造成通信业务阻断的叫作光缆线路障碍。

2）障碍的分类

一般障碍：由于线路原因使部分在用业务系统阻断的障碍称为一般障碍。

全阻障碍：由于线路原因使全部在用业务系统阻断的障碍为全阻障碍。

逾限障碍：当一般障碍、全阻障碍超过以下修复时限的为逾限障碍：

12 芯及以下	36 h
12 芯以上	48 h

重大障碍：当线路在执行重要通信任务期间内发生全阻、影响重要的通信任务，并造成严重后果的称为重大障碍。

3）查修要求

查修光缆线路障碍必须在相关机务部门的密切配合下进行。应不分白天黑夜、不分天气好坏、不分维护界限，用最快的方法，临时抢通恢复通信，然后再尽快修复。线路障碍未排除时，查修不得中止。

光缆线路维护单位应保持一定的抢修力量。抢修专用的器材、工具、仪表、机具及交通车辆，必须随时做好抢修力量。抢修专用的器材、工具、机具及交通车辆，必须随时做好抢修准备，一律不得外借和挪用。

3.2　障碍测量与判断

光缆线路障碍点的测试通常是用 OTDR 来实现的。大致步骤如下：

由 OTDR 显示屏上出现的非涅尔反射峰的位置，测试障碍点到测试点的大致距离。

同查障维修人员查找具体的障碍点位置。一般来说，通过对 OTDR 显示的波形，可判断出障碍可能产生的原因和地点，必要是可借助竣工资料中数据。

3.3　障碍处理

由于光缆线路的通信容量大，一旦发生障碍，就会严重地影响正常的通信，因此要求障碍的修复必须是分秒必争的，但光纤光缆的接续较复杂，很难在短时间内修复。所以，抢修是一般先在短时间内临时调通电路或布线应急光缆通路，然后再尽快组织力量进行正式修复。

1）应急抢修

（1）临时调度电路。在某一方向光缆线路全部阻断、某一方向光缆线路个别光纤阻断或某一方向光缆线路部分光纤阻断应根据原邮电部颁发的电信指挥调度制度的原则和预定的电路调度方案临时调通全部电路或部分主要电路，必要时可暂时次要电路。

（2）光纤的临时调度。由机线双方协商讨论好方案，在上级主管部门批准后，并在双方密切配合下完成。按原线序配对的光纤，只要由两端机务站按系统调度，倒换电路即可；而临时配对使用的则应在障碍点两侧中继站内光纤配线架（或终端盒）的连接器上进行调接。

2）布防应急光缆

布防应急光缆的条件：当某一方向光缆全部阻断，而没有条件临时调通全部或主要电路，或者临时调通部分电路尚不能满足大容量的通信需要时，应布防应急光缆。

应急光缆布防范围的确定：当光缆受自然灾害或外力影响发生阻断障碍，一般在测试障碍点的大致位置后，可根据路面异样比较容易找到障碍点，对确定应急光缆的布防范围比较容易。对于不容易确定的障碍点具体位置的情况，可对用 OTDR 获得的波形进一步分析，一般用 OTDR 都能够测试出障碍点的大体位置，且精确度比较高，可从障碍点两侧的中继站内测试加以确定。

3）正式修复

正式修复光缆线路障碍时，必须尽量保持通信，尤其不能中断重要电路的通信。施工质量必须符合光缆线路建筑质量标准与维护质量标准的要求。

光缆线路典型故障的处理方法如下：

（1）光纤接头故障的处理。接头盒和接头附近的障碍，应利用接头盒预留光缆进行修理，这样可不必增加接头。修复过程应在不中断通信的情况下进行。具体步骤如下：

首先将接头附近的预留光缆小心松开，并将清洁后的接头盒放在工作台上。打开光缆接头盒，将盘绕的预留光纤轻轻散开，找出有故障的光纤，仔细核对其序号，先观察其接头盒内是否有明显损伤的地方，若有则可判定为该点就是障碍点；若没有发现，可将接头保护管部分去掉再重新作一接头，接好后从站内终端处用 OTDR 测试，看障碍是否仍然存在，如障碍消失，则接头点就是障碍点；若障碍仍然存在，则将接头再次断开，并从断开处向两端使用 OTDR 分别测试，如有一端测不出去，则障碍就可能出在该侧且离接头点较近，可将该侧光纤再作细致检查，若接头盒内确实没有问题，故障就有可能在光缆里面，一般在开剥根部或接头预留处的可能性较大一些。如果是这种情况且接头预留有富余度的，应利用预留光缆进行接续，这样做不增加接头，只是将原接头重新做一次接续。

另外，对于非接头处的障碍修复，若附近有预留光缆的，应将障碍点断开，利用预留光缆进行接续，这样做只增加一个接头。

（2）光缆中间的部位的故障处理。对于非接头故障，可根据个体情况而定。

当故障点在局端的第一个接头点附近，而且局内余缆有富余时，可采用从局内往第一个接头点倒放光缆的方向（一般只适用管道光缆）。

① 故障点离端局较远时，而光纤各通道总衰减有富余，则采用更换一段光缆的方法，但此方法会增加接头数。

② 故障点离端局较远且光纤各通道的衰减值已不允许再增加接头时，则应采用更换整段光缆的方法。

无论是更换一段还是整段光缆，都应采用与被换下来的光缆是同一厂家、同一型号的光缆，这样才可以使整个修复后的系统符合原设计的总体要求。

为了保证时间，而又需要接续两个接头时，一般在先明确光纤割接顺序及联络方法时，同时使用两台熔接机接续。

4）更换光缆的顺序

前面已经提到过更换光缆的条件，而介入和更换光缆，光纤割接的一般顺序可按照以下规定处理：

首先应按照“电路调度制度”规定的调度顺序，再由机线双方共同商定光纤割接方案，报上级主管部门批准。

光纤割接的过程应尽量不中断电路（尤其不能中断重要电路）。由应急光缆割接还原新布放光纤，应首先接通备用光纤，用备用光纤作为替代线对，按原定的割接顺序，逐对割接还原电路，以原障碍光缆中的完好光纤临时配对调通电路，或原光缆无备用光纤的，应暂停次要电路，而首先割接该系统的光纤作为替代的线对，然后再按原定的割接顺序，逐对割接，还原电路。

4 通信线路施工维护安全技术

4.1 通信施工维护安全技术概论

通信线路是传输各种信息及信息联络的重要设施，是构成通信网的组成部分，它具有点多线长、布局成网、分散维护、集中使用的特点。通信线路施工和维护是通信生产流程的重要环节，也是电信企业安全生产高危岗位管理主要对象之一。从线路施工、维护过程中由于在管理、技术上的缺陷造成的高坠、触电和物体打击等事故的案例分析中可以看出，违章指挥、违章作业和违反劳动违纪是发生此类事故的根本，如果说抓住违章违纪，也就抓住了登高事故发生的主要矛盾，而抓住违章违纪的有效途径便是开展登高作业人员安全培训。

1）通信线路施工维护的基本任务和特点

通信线路施工和维护的基本任务：布设和维护通信的高空架设光（电）缆、直埋设光（电）缆、附设管道设光（电）缆、附设墙壁设光（电）缆等；线路施工维护器材的运输与装卸；杆坑、缆沟和地下管道的挖掘及杆塔架设；使用登高工具在高空进行接续、封焊作业；安装无线天线等。

通信线路施工和维护点多、面广和流动性大、分散作业的特点，施工维护作业中危险性大。工作条件差、不安全因素多，预防难度大。加之施工中使用大量民工，这些人缺乏必要的安全知识和自我保护意识，违章作业比较严重，导致事故频发。同时通信线路施工和维护还具有国家规定的登高作业的特殊性。

2）通信线路施工维护现场作业安全管理的基本任务

在通信线路施工和线路维护作业过程中的安全生产管理就是要研究作业人员在线路施工和线路维护中各种事故发生的机理、原因、规律、特点和防护措施；研究按作业规范来评价线路施工和线路维护作业的安全性和解决在作业中的安全问题。同时还要研究线路施工和线路维护作业中应采取的有效安全技术措施；研究并推广先进的线路施工维护作业安全技术，提高安全作业水平；制定并贯彻安全技术标准和安全操作规程；建立并执行各种安全管理制度；开展有关线路施工和线路维护作业人员安全意识和线路施工和线路维护作业安全知识教育工作；分析事故实例，开展事故预知预警活动，从中找出事故原因和规律，制定防范措施，在施工维护中减少事故发生。

3）线路施工维护作业人员安全行为教育与培训

施工维护作业人员持证上岗要求：

线路施工维护作业人员在独立上岗作业前，必须经市级以上安全生产监督管理局审查认可，并取得培训资格的培训单位进行与本工种相适应的、专门的安全技术理论学习和实际操作训练。

线路施工维护作业人员的安全技术培训考核标准和基本培训教材，由省公司按国家《特种作业人员安全技术培训考核标准》编写。

线路施工维作业人员经安全技术培训后，必须进行考核。经考核合格取得操作证者，方准独立作业。

4.2　通信施工维护的环境保护

1）防治大气污染

（1）施工现场的土方应集中堆放。

（2）拆除建筑物、构筑物时，应采用隔离，并应在规定期限内将废弃物清理完毕。

（3）施工现场土方作业应采取防止扬尘措施。

（4）施工垃圾运输应采取密闭式运输车辆或采取覆盖措施；施工现场出入口处应采取保证车辆清洁的措施。

（5）在城区、旅游景点、疗养区、重点文物保护地及人口密集区的施工现场应使用清洁能源。

（6）施工现场的机械设备、车辆的尾气排放应符合国家环保排放标准的要求。

（7）施工现场严禁焚烧各类废弃物。

（8）按国家环境保护的有关规定进行施工。

2）防治水土污染

（1）施工现场应设置水沟及沉淀池，施工污水经沉淀后方可排放到市政污水管网或河流。

（2）施工现场存放的油料和化学溶剂等物品应设有专门的库房，地面应做防渗漏处理。废弃的油料和化学溶剂应集中处理，不得随意倾倒。

（3）临时食堂、厕所应做渗处理设置隔油池，并应与市政府污水管线连接，保证排水通畅。

3）防治施工噪声污染

（1）施工现场应按照现行国家标准《建筑施工场界环境噪声排放标准》（GB 12523—2011）制定降噪措施。

（2）施工现场的强噪声设备宜设置在远离居民区的一侧，并应采取降低噪声措施。

（3）对因生产工艺要求或其他特殊需要，确需在夜间进行超过噪声标准施工的，施工前建设单位应向有关部门提出申请，经批准后方可进行夜间施工。

（4）运输材料的车辆进入施工现场，严禁鸣笛，装卸材料应做到轻拿轻放。

4）施工现场卫生与防疫

（1）施工现场应设专职或兼职保洁员，负责卫生清扫和保洁。

（2）施工现场应采取灭鼠、蚊、蝇、蟑螂等措施，并应定期投放和喷洒药物。

（3）施工现场作业人员发生法定传染病、食物中毒或急性职业中毒时，必须在 2 小时内向施工现场所在建设行政主管部门和有关部门报告，并应积极配合调查处理。

（4）现场施工人员患有法定传染病时，应及时进行隔离，并由卫生防疫部门进行处置。

4.3 通信线路施工维护中常见事故及其原因分类

（1）线路施工维护中主要危害及表现形式。电信线路施工中存在着一定程度的不安全、不卫生因素，对从业人员的安全和健康有一定的危害，其主要危害及表现形式如下：

由于作业环境复杂，使用多种机械设备，有时因机械或人为原因发生机械伤害事故；管道施工过程中有些沟壁支撑不牢固，发生局部坍塌，砸伤施员工员；立杆、拆线施工中，因杆根不牢、操作程序不当或安全防护措施不力时，容易发生高处坠落、倒杆伤人事故；在通信线过公路施工时，有些路过的机动车不服从施工现场指挥人员的指挥，强行通过施工现场将通信线拉倒，造成施工员伤亡；机动车辆拖运器材，由于人货混装，当发生交通事故时，造成人员伤亡事故；还有些线路维护人员安装用户电话时，将电话线甩到供电线路上，造成触电伤亡事故。

在电信线路维护作业中，由于部分通信线路与电力线、广播电视线间距过近，遇有电力线搭碰通信线、电力线搭碰广播电视线而广播电视线又搭碰通信线、高压电感应通信线、雷电侵入通信线等情况时，会发生线路维护人员触电伤亡事故；线路维护人员上杆维护线路时，因安全带和脚扣缺陷、操作不规范等因素，容易发生坠落事故；线路维护人员在管道入孔井作业时，有时因侵入和自身的有毒有害气体、通风不良等原因，发生中毒和爆炸事故。

（2）按发生的形式，线路施工维护作业事故可分为：人身伤害事故、道路交通事故、设备损毁事故等。

（3）按基本原因，人身伤害事故可分为以下几类：

① 高坠：在线路施工维护作业过程中由于违反作业规范，从电杆、楼房、窗台及梯凳上坠落事故。

② 触电：在线路施工维护作业过程中由于忽视作业规范，发生人身触及带电体造成的人身伤害事故。

③ 物体打击：在线路施工维护作业过程中由于不按作业规范进行作业，造成倒杆或其他物体伤害作业人员的事故。

4.4 通信施工维护安全生产知识

1）工作现场

（1）在下列地点工作，必须设置安全标志，白天用红色标志，晚间用红灯，以便引起行人和各种车辆的注意。必要时应设围栏，并请交通民警协助，维护交通，以保证安全。在铁路、桥梁及有船只航行的河道附近，不得使用红旗或红灯，以免引起误会造成事故，应使用市政有关规定的标志。

（2）信号标志设备应随工作地点的变动而转移，工作完毕应即撤除。

① 凡需要阻断公路或街道通行时，应事先取得当地有关单位批准。

② 在工作进行时，应制止一切非工作人员，尤其是儿童，走近工作地区。

2）车辆行驶

（1）驾驶机动车和非机动车，都要严格遵守交通法。

（2）施工和维护线务员所用的自行车，应装设保险叉子，并经常检查叉子及刹车的牢固情况。禁止在有危险地方冒险骑车。

（3）骑自行车时，不得将笨重料具放车把上，必须放在车后铁架上，并捆绑妥当；不得肩扛物件或携带竹梯或较长的杆棍等物，如需在自行车上携带三米以内的器材如帮桩等，只能顺着车身捆绑在车上。

3）消防设备

（1）光（电）缆地下室、水线房、无（有）人站，以及木工场地施工工地、材料库等处，应设置适当的消防设备，如各种型号的灭火器、消防水龙及用具等。

（2）消防器材应设置于明显的地方，并应注意分布位置合理，便于取用。

（3）对各种消防器材、设备，应定期检查，确保有效。

（4）所有工作人员对各种消防设备的性能均须深入了解，并应熟知其使用方法。

4）野外工作

（1）遇有地势高低不平的地方，勿贸然下跳，以防跌撞扎伤。地面被积雪覆盖时，应用棍棒试探前进。

（2）在农田中工作，注意爱护农作物。

（3）野外工作应根据不同地区，携带防毒及解毒药品，以备应急使用。架设帐篷时，应选择安全、合适的位置，注意山洪河泥石流的危害。

5）其他注意事项

（1）工作现场，首先应详细观察了解周围环境设备情况，对可能发生的灾害，采取有效防止措施。

（2）所有工作设施必须安全牢固，不可随意使用不合标准的材料，临时性质的设备，所用的材料，虽以经济为原则，但仍应要求达到安全需要之坚固程度。

（3）在离开工作地点时，应清除工地、杆下、沟坑内等地方的破碎割刺器材，并检点应用工具，防止遗失。

（4）施工作业前和作业中禁止饮酒，如有特殊情况，须经批准。

（5）使用有毒物品时，要保持通风，应配戴口罩、风镜及胶皮手套，必要时还需佩戴防毒面具，以防中毒。饭前一定要洗手消毒。携带有毒物品、易燃易爆物品，根据不同情况至少二人一同工作或携带，并做好隔热、防火、防爆或防寒措施。

（6）在气候特别寒冷，外出施工时，应备有足够的防寒用品。打冰凌时应注意安全，防止被落下的冰凌或折断的工具打伤，并注意脚下，以免滑倒跌伤。

4.5　通信施工维护的工具和仪表的使用与检查

1）一般安全规定

（1）工作时必须选择合适的工具，正确使用，不得任意代替。工具应保持完好无损，牢固适用，定期进行检查。发现有缺损的及时更换。

（2）有锋刃的各种工具（如刨、钻、凿、斧及各种刀类等），不准插入腰带上或放置在衣服口袋内；运输或存放时，锋刃口不可朝上向外，以免伤人。

（3）使用手锤、榔头不允许戴手套，双人操作时不可对面站立，应斜对面站立。

（4）传递工具时，不准上扔下掷。放置较大的工具和材料时必须平放，以免伤人。

（5）工具、器械的安装，应牢固、松紧适当，防止使用过程中脱落或断裂，发生危险。

（6）使用钢锯，锯条要装牢固、松紧适中，使用时用力要均匀，不要左右摆动，以免钢锯条折断伤人。

（7）使用扳手、钳子时，应进行检查，活动部件损坏或活动不自如，不准使用，不要用力过猛，不准相互替代，不准加长扳手的把柄。

（8）使用滑车、紧线器，应定期注油，保持活动部位活动自如。不准以小代大或以大带小。紧线器钥匙（手柄）不准加装套管或接长。

2）梯、高凳

（1）经常检查梯子是否完好；凡是已经折断、松弛，破裂、防滑胶垫脱落、腐朽的梯子，都不得使用。

（2）上下梯子不得携带笨重的工具和材料。

（3）梯子上不得有二人同时工作。

3）安全带及上杆工具

（1）使用安全带事项：

① 使用前必须经过严格检查，确保坚固可靠，才能使用。如出现有折痕，弹簧扣不灵活，或不能扣牢，皮带眼孔有裂缝的，安全带上绳索磨损和断头超过 1/10 者及有腐坏的，均禁止使用。

② 应与酸性物、锋刃工具等分开堆放和保管，也不得放在火炉、暖气片和其他过热过湿之处，以免损坏。

③ 使用时，切勿使皮带扭绞，皮带上各扣套要全数扣妥，皮带头子穿过皮带小圈。安全带的绳索和安全绳不得乱扣节，也不可吊装物件，以免损坏绳索。

④ 安全带每使用或存放一段时间应进行可靠性试检。试检办法是，可将 200 kg 重物穿过安全带，悬空挂起，无有伤痕、折断，扣紧处要牢靠，才能使用。

（2）切勿使用一般绳索或各种绝缘皮线代替安全带。

（3）使用脚扣注意事项：

① 经常检查是否完好，勿使过于滑钝和锋利，脚扣带必须坚韧耐用；脚扣登板与钩处必须铆固。

② 脚扣的大小要适合电杆的粗细，切勿因不适合用而把脚扣扩大窝小，以防折断。

③ 水泥杆脚扣上的胶管和胶垫根，应保持完整，破裂露出胶里线时应予更换。其他同一般脚扣要求。

④ 搭脚板的勾、绳、板，必须确保完好，方可使用。

⑤ 脚扣试检办法是：把脚扣卡在离地面 30 cm 左右电杆上，一脚悬起，一脚用最大力量猛踩。在脚板中心采用悬空吊物 200 kg，若无任何受损变形迹象，方能使用。

4）滑车及绳索

（1）各种滑车应经常检查注油，保持良好，如有损坏迹象或缺少零件不应使用。

（2）使用滑车拉起或放下任何重物时，切勿骤然动作。

5）喷　灯

（1）不得使用漏油、漏气的喷灯，加油不可太满，气压不可过高。不得将喷灯放在火炉上加热，以免发生危险。

（2）不准在任何易燃物附近点燃和修理喷灯。在高空使用喷灯时必须用绳子吊上或吊下。

（3）燃着的喷灯不准倒放。

（4）点燃着的喷灯不许加油，在加油时必须将火焰熄灭，稍冷之后，再加油。

（5）使用喷灯，一定要用规定的油类，不得随意代用，避免发生危险。

（6）不准用喷灯烧水、烧饭。

（7）喷灯用完之后，及时放气，并开关一次油门，避免喷灯堵塞。

4.6　器材储运

1）一般安全规定

（1）搬运器材时，必须检查：担、杠、绳、链、撬棍、滚筒、滑车、抬钩、绞车、跳板等能否承担足够的负荷。破损、腐蚀的不准使用。

（2）短距离采用滚筒等撬运、拉运笨重器材时，应注意以下事项：

① 物体下所垫滚筒（滚杠），须保持两根以上，如遇软土，滚筒下应垫木板或铁板，以免下陷。

② 撬拉点应放在物体允许承力位置，滚移时要保持左右平衡，上下坡应注意用三角木等随时支垫或用绳徐徐拉住物体。

③ 应注意滚筒和物体移动方向，听从统一指挥，脚不可站在滚筒运行的一侧，以免不慎压伤。

（3）铲车进行短距离运输时，器材要叉牢并离地不宜过高，以方便行驶为度。

2）杆　材

（1）汽车装运杆材时，杆材平放在车厢内，一般根向前，梢向后；装运较长电杆时，车上应装有支架，尽量使杆料重心落在车厢中部，用两只捆杆器将前后车架一齐拴住（如无捆杆器，则用绳索捆绑撬紧，勿使活动）。严禁杆杠超出车厢两侧，以免行车时发生挂碰事故。

（2）用板车装杆，应先垫好支架，随时调整板车前后重量的平衡，逐杆架起，用绳捆绑撬紧，卸车时应用木枕或石块塞住车轮前后。

（3）凡用车架运杆，无论汽车板车，杆上不能坐人。

3）光（电）缆

（1）光（电）缆盘用汽车或光（电）缆拖车载运为原则，不宜在地上作长距离滚动。如需在地上作短距离滚动时，应按光（电）缆绕在盘上的逆转方向进行；光（电）缆盘若在软土上滚动，地上应垫踩板或铁架。

（2）装卸光（电）缆时，必须有专人指挥，全体人员应行动一致。

（3）光（电）缆盘不可放在斜坡上；安放光（电）缆盘时，必须在盘两面垫以木枕，以免滚动。

（4）光（电）缆盘不可平放，也不能长期屯放在潮湿地方，以免木盘腐烂。若盘已坏朽，应立即更换好盘，倒盘时，各盘均应置在稳固的千斤顶上。

4.7 架空线路

1）勘　测

（1）勘查时，应对拟定的通信线路所经过的沿线环境进行详细的调查，如有毒植物、毒蛇、血吸虫、猛兽和狩猎器具、陷阱等，应告知测量和施工人员，采取预防措施。

（2）凡遇到河流、深沟、陡坎等，要小心通过，不能盲目泅渡和贸然跳跃。

（3）传递标杆，禁止抛掷，并不得耍弄标杆，以免伤人。

（4）移动大标旗或指挥旗时，遇有火车行驶，须将旗放倒或收起，以免引起火车驾驶人的误会。

（5）冬季在雪地测量，应戴防护眼镜，以免引雪光刺伤眼睛。

（6）雨季测量，要注意仪器的防雨。

2）打　洞

（1）在市区打洞时，应先了解打洞地区是否有煤气管、自来水管或电力光（电）缆等地下设备。如有上述地下设备时，应在挖到 40 cm 深后，改用铁铲往下掘，切勿使用钢钎或铁镐硬凿。

（2）靠近墙根打洞时，应注意是否会使墙壁倒塌，如有此种危险，应采取安全加固措施。

（3）在土质松软或流沙地区，打长方形或 H 杆洞有坍塌危险时，洞深在 1 m 以上时，必须加护土板支撑。

3）立杆、拆杆、换杆

（1）立杆必须由有经验的人员负责组织，明确分工。立杆前检查立杆工具是否齐全牢固，参加立杆人员听从统一指挥，各负其责。

（2）立杆时，非工作人员一律不准进入工作场地。在房屋附近立杆时，不要碰触屋檐，以免砖、瓦、石块落下伤人。在铁路、公路、厂矿附近及人烟稠密的地区，要有专人维持现场，确保安全。

（3）立起的电杆未回土夯实前，不准上杆工作。

（4）上杆解线和拆担前，应首先检查电杆根部是否牢固，如发现危险电杆时，必须用临时拉线或杆叉支稳妥后，才可上杆工作。

4）高处作业

（1）从事高处作业人员必须定期进行身体检查，患有心脏病，贫血、高血压、癫痫病以及其他不适于高空作业的人，不得从事高处作业。作业时，施工人员必须佩戴符合要求的安全帽，安全带。

（2）上杆前必须认真检查杆根有无折断危险，如发现杆根已折断、腐烂者或不牢固的因素，应进行加固，否则，切勿攀登。

（3）电杆周围是沥青路面或因地面冻结，无法检查杆根时，可用力推或肩扛电杆观察有无变化；同时，要顺着线路方向上杆。

（4）上杆前，应观察周围或附近有无电力线、电力设备或其他影响上杆及杆上作业的障碍物等情况。

（5）在杆上作业时，必须使用安全带。安全带围杆绳放置位置应在距杆梢 50 cm 以下，在杆上作业应戴安全帽。

5）过河飞线

（1）架设过河飞线，最好在汛前水浅时施工，如在汛期内施工，须注意水位涨落和水流速度，避免发生危险。

（2）各种工具在使用前，须详细检查与配置，注意绳、滑车、绞车等之粗细、大小、拉力、载重等是否安全。

6）在供电线及高压输电线附近工作

（1）作业人员应熟悉并注意供电线路设备。辨别高低压线路的要点是：

① 高、低压线路电杆单独架设时，高压线路电杆之间的距离较低压的大，电杆也较高。

② 高、低压线路同杆架设时，高压线路在上，低压线路在下；高压线路的横担较低压的长，线间距离较低压的大。

③ 高压线路的瓷瓶为针式绝缘子，为茶褐色，体积较大；低压线路的瓷瓶一般也为针式绝缘子，为白色，且体积较小。

（2）高、低压划分标准，我国习惯上以 1 kV 为界限，额定电压在 1 kV 以上的称为高压；额定电压为 1 kV 及以下称为低压。

（3）在高、低压电力线下方或附近作业，必须严防与电力线接触。在进行架线、紧线和打拉线等作业时，应保证最小空中距离：35 kV 以下线路为 2.5 m；35 kV 以上的线路为 4 m。

（4）在通信线路附近有其他线条时，没有辨明清楚该线使用性质时，一律按电力线处理，不得随意剪断。

（5）在拆除跨越电力线的通信线条时，必须事先与供电部门联系停止送电，拉闸断电后，须设专人看闸，作业前应验证经确属停电后，才能开始工作。

（6）开始上杆前，应沿电杆检查架空线条、光（电）缆及其吊线，确知其不与供电线接触，方可上杆。上杆后，先用试电笔检查该电杆上附挂的线条、光（电）缆、吊线，确知没有电后再进行工作。如发现有电，应立即下杆，并沿线检查与供电线接触之处，妥善处理。

4.8 地下及水底光（电）缆

1）地下室内工作

（1）进入地下电缆室或无人站工作时，须先进行通风，进入无人增音站作业时，必要时必须使用通风机通风，确知无有害气体，方可进入作业。

（2）进入无人站增音站工作时，应至少有二人在场，在增音站内用木炭烘干去潮时，站内不准留人。烘干完毕通风后方可进入，以免发生意外。

（3）地下室、人孔、无人站、水线房内，不得熬、配制电缆堵塞剂或绝缘混合物；严禁将易燃物品，如汽油等物带入站内，以防火灾。

2）启闭人孔盖

（1）开闭人孔盖应用钥匙，以免伤手。如不易揭开，应以一木块垫在铁盖边缘上，再用铁锤等敲打垫木震松，不可用锤直击铁盖，以免孔盖破裂。

（2）人孔周围如有冰雪，揭盖前必须先铲除，必要时，人孔周围可垫砂灰或草包防滑。

（3）人孔揭盖进行工作时，应设置市政规定的标志，必要时派人值守。工作完毕后，待盖好孔盖，方可撤除栅栏和标志。

3）人孔内工作

（1）打开人孔后必须立即通风。下人孔时必须使用小梯，不得踩蹬电缆或电缆托板。下人孔前必须确知人孔内无有害气体。人孔通风采用排风布或排风扇，排风布在井口上下各不小于 1 米，并将布面设在迎风方面。

（2）在人孔工作时，如感觉头晕呼吸困难，必须离开人孔，采取通风措施。

（3）在人孔内抽水时，抽水机的排气管不得靠近人孔口，应放在人孔的下风方向。

（4）在人（手）孔内工作时，必须事先在井口处设置井围、红旗，夜间设红灯，上面设专人看守。

（5）在人（手）孔内工作时，不准在人孔内点燃喷灯。点燃的喷灯不准对着电缆和井壁放置。在焊电缆时，谨防烧坏其他电缆。

4）地下光（电）缆

（1）敷设光（电）缆，千斤顶须放置平稳，千斤顶的活动丝杆顶心露出部分，不可超出全丝杆的 3/5；若千斤顶不够高，可垫以专用木块或木板，有坡度的地方，千斤顶底座下铲平垫稳。若电缆搁在汽车上施放，千斤顶必须打拉线，使其稳固。

（2）放光（电）缆前，盘上折下的护板、钉子必须砸平收放妥当，盘两侧内外壁上的钩钉应拔除，以免刺伤人和缆皮。

4.9　通信管道

1）一般注意事项

（1）工具和材料不得随意堆放在沟边或挖出的土坡上，以免落入地沟伤害人体。

（2）在工地堆放器材，应选择不妨碍交通、行人较少、平整地面堆放，远离交通路口、消火栓，不宜堆积太高，应采取有效的防火，防盗等安全措施，以保材料安全。

（3）在工地现场用车辆搬运器材时，必须指定专人负责安全，在公路上行车必须遵守交通规则。

（4）在有挡土板的沟坑中作业时，应随时注意挡土板的支撑是否稳固，以免碰伤人员。不得随便变动和拆除挡板和撑木。

（5）在沟深 1 米以上的沟坑内工作时，必须头戴安全帽，以保安全。

2）测　量

（1）测量仪器的放设地点，以不妨碍交通为原则。支撑三角架时，应拧紧螺丝，以免仪器突然倒下摔损。

（2）在十字路口和公路上测量时，应注意行人和各种车辆，必要时应与交警联系，取得协助。穿越马路测量时，若使用地链皮尺，应注意行人和自行车，不要影响车辆通行。

（3）进行测量时，仪器由使用人员负责保护，如使用人员因故需要离开仪器时，应指定专人看守。测量仪器与工具不用时，应放置在安全的地方，以防仪器被损坏。

3）土　方

（1）施工前，按照正式批准的设计位置，与有关部门办好挖掘手续，并与有关的居委会、工厂、学校、机关进行联系，做好施工安全宣传工作，劝告居民教育小孩不要在沟边或沟内玩耍。

（2）在开始挖土时，须在两端放设标志（如红旗或红灯、绳索等），以免发生危险。

（3）人工挖沟时，相邻的工人须有 2 m 距离。

（4）流砂、疏松土壤在沟深超过 1 m 时，均应装置护土板。一般结实土壤，某侧壁与沟底面所成夹角小于 115°时，须装置护土板。挖沟与装置护土板须视具体情况配合进行，工作人员不得相距太近，以免发生意外。

（5）如果挖交叉地沟或者挖填平的老沟，而填土未沉落坚实，在两沟互相穿通之处，必须支撑得特别牢固。

（6）挖沟时如发现在挖沟地区有坑道枯井，应立即停止进行，并报告上级处理。

（7）在斜坡地区内挖沟时，须防止由于有松散的石块、悬垂的土层及其他可能坍塌的物体滚下，而发生危险。

（8）由地沟坑内抛出土石于沟外时，应注意以下事项，以防伤人伤物。

① 使土石不致回落于有人的沟内。

② 不应堆积过高，并须有适当的坡度。

③ 及时运清行人要道及妨碍交通之处的土石。

④ 注意周围情况，不得乱扔工具、石子、土块。

⑤ 从沟中或土坑向上掀土，应注意沟、坑上边是否有人，沟坑深在 1.5 m 以上时，须有专人在上面清土。清除之土，应堆在距离沟、坑边沿 60 cm 以外之处。

⑥ 所挖出的土与石块，不得堆在沟边的消火栓井、邮政信筒、上下水道井、雨水口及各种井盖上面。

⑦ 挖掘土方石块，应该从上而下施工，禁止采用挖空底脚的方法，在雨季施工时应该做好排水措施。

⑧ 在靠近建筑物旁挖土方的时候，应该视挖掘深度，做好必要的安全措施。如采取支撑办法无法解决时，应拆除容易倒塌的房屋。

第三部分：学习效果及评价

课次		课时	
课堂笔记			
课后习题			
1. 光缆维护的“三防”指的是什么？			
2. 光缆维护的任务和目的是什么？			
评定等级		评定教师	

参考文献

[1] 李立高. 通信线路工程[M]. 西安：西安电子科技大学出版社，2008.
[2] 罗建标，陈岳武. 通信线路工程设计、施工与维护[M]. 北京：人民邮电出版社，2012.
[3] 王威，杜文龙. 通信线路施工技术[M]. 北京：机械工业出版社，2013.
[4] 刘世春. 通信线路维护实用手册[M]. 北京：人民邮电出版社，2007.
[5] 陈海昌. 通信电缆线路[M]. 北京：人民邮电出版社，2005.
[6] 寿文泽. 通信线路工程设计[M]. 北京：人民邮电出版社，2009.
[7] 杨光，马敏，杜庆波. 通信工程勘察设计与概预算[M]. 北京：人民邮电出版社，2013.
[8] 吴柏钦. 综合布线设计与施工[M]. 北京：人民邮电出版社，2013.
[9] 孙青华. 通信工程项目管理及监理[M]. 北京：人民邮电出版社，2013.
[10] 中国通信服务股份有限公司. 信息通信工程安全施工指南[M]. 北京：人民邮电出版社，2019.
[11] 罗建标. 通信线路工程设计、施工与维护[M]. 北京：人民邮电出版社，2020.